装备科技译著出版基金

微制造
——微型产品的设计与制造

Micro-Manufacturing
Design and Manufacturing of Micro-Products

［美］　穆阿姆梅尔·科驰(MUAMMER KOÇ)
　　　　图格鲁勒·欧泽勒(TUĞRUL ÖZEL)　主编

　　　　于化东　主译
　　　　王作斌　主审

U0340755

国防工业出版社

·北京·

著作权合同登记　图字:军-2013-050号

图书在版编目(CIP)数据

微制造:微型产品的设计与制造/(美)穆阿姆梅尔·科驰(Muammer Koc),(美)图格鲁勒·欧泽勒(Tugrul Ozel)主编;于化东主译. —北京:国防工业出版社,2017.1

书名原文:Micro-Manufacturing:Design and Manufacturing of Micro-Products

ISBN 978-7-118-10846-0

Ⅰ.①微…　Ⅱ.①穆…　②图…　③于…　Ⅲ.①工业产品-产品设计　②工业产品-制造　Ⅳ.①TB4

中国版本图书馆 CIP 数据核字(2016)第 235294 号

※

国防工业出版社出版发行

(北京市海淀区紫竹院南路 23 号　邮政编码 100048)

北京嘉恒彩色印刷有限责任公司

新华书店经售

*

开本 710×1000　1/16　印张 22½　字数 416 千字

2017 年 1 月第 1 版第 1 次印刷　印数 1—2500 册　定价 98.00 元

(本书如有印装错误,我社负责调换)

国防书店:(010)88540777	发行邮购:(010)88540776
发行传真:(010)88540755	发行业务:(010)88540717

主译主审者简介

于化东　男,1961 年出生,工学博士,长春理工大学机电工程学院教授,博士生导师,俄罗斯圣彼得堡国立研究型信息技术机械与光学大学荣誉博士。现任吉林省精密微制造、检测及装备重点实验室主任,同时担任教育部机械基础课程教学指导委员会副主任委员、纳米操纵制造与测量国际学会主席、中国计量测试学会副理事长、973 项目首席科学家。1998 年 4 月获得日本千叶大学博士学位,1998 年 4 月至 2000 年 12 月曾就职于世界著名工具制造商 Sandvik 日本公司技术研发部。多年从事硬脆材料精密加工技术、精密与超精密加工技术及微光机电一体化技术方面的教学与科研工作。近年来,他领导的团队致力于微制造系统开发、机械微制造技术以及相关微加工基础理论的研究,取得了丰硕的研究成果。先后获得省部级科研奖励 4 项,发表学术论文 70 余篇,申请发明专利 36 项。

负责全书的主译与统稿。

王作斌　男,1960 年出生,工学博士,长春理工大学电子信息工程学院教授,博士生导师,"长白学者"特聘教授,英国 Bedfordshire 大学和西交利物浦大学兼职教授。长春理工大学国家纳米操纵与制造国际联合研究中心主任,吉林省纳米操纵、装配与制造国际科技合作基地主任,吉林省纳米操纵与制造科技创新中心主任,长春市纳米制造技术与应用科技创新中心主任,3M – NANO 国际会议创始主席(http://www.3m – nano.org),3M – NANO 国际学会副主席兼秘书长。分别于 1982 年和 1985 年获长春光学精密机械学院(现长春理工大学)光学电子专业学士和硕士学位。1993 年,获原国家教委和英国文化委员会联合选派的中英友好奖学金(SBFSS)赴英国 Warwick 大学微工程与纳米技术中心攻读博士学位。1997 年 5 月博士毕业至 2010 年 6 月之间,在英国 Cardiff 大学先后任研究助理、高级研究员,参加并领导过多个欧盟框架项目。

近年来一直从事纳米测量与制造技术研究,主要研究包括:激光纳米制造技术和机器人纳米操纵技术。主持欧盟第七研究框架、国家 973 前期、国家国际合作专项、国家自然科学基金、博士点基金、吉林省科技厅研究计划等多个项目。近 5 年申请发明专利 17 项(已授权 7 项),发表国际杂志论文 30 余篇。

负责全书的校译与审核。

主编者简介

Muammer Koç 博士是美国国家自然科学基金委工业与大学合作精密成形研究中心主任,弗吉尼亚联邦大学机械工程系副教授,伊斯坦布尔城市大学工业工程系副教授。研究领域包括微制造过程与系统、微制造、微纳观功能表面结构设计以及产品创新。

Muammer Koç 博士

Tuğrul Özel 博士是美国罗格斯大学制造与自动化研究实验室主任,工业与系统工程系副教授。研究领域包括制造过程与自动化系统、加工过程计算模拟、激光微纳加工以及微型产品的设计与制造。

Tuğrul Özel 博士

撰稿者简介

ABU BAKAR

新加坡国立大学机械工程系。

ALI ASAD

新加坡国立大学机械工程系。

VAMSI K. BALIA

美国华盛顿州立大学机械与材料工程学院。

AMIT BANDYOPADHYAY

美国华盛顿州立大学机械与材料工程学院。

SGELDON A. BERNARD

美国华盛顿州立大学机械与材料工程学院。

SUSMITA BOSE

美国华盛顿州立大学机械与材料工程学院。

KUNIAKII DOHDA

日本名古屋工业大学工程物理、电子与机械系教授。

GANG FU

新加坡南洋理工大学机械工程系。

MUHAMMAD PERVEJ

新加坡国立大学机械工程系。

OMKAR G. KARHADE

亚利桑那钱德勒英特尔公司加工技术开发工程师。

MUAMMER KOÇ

美国国家自然科学基金委工业与大学合作精密成形研究中心主任,弗吉尼亚联邦大学机械工程系副教授,伊斯坦布尔城市大学工业工程系副教授。

THOMAS KURFESS

美国克莱蒙森大学自动化国际研究中心教授,BMW 产品制造负责人。

NGIAP HIANG LOH

新加坡南洋理工大学机械工程系。

SASAWAT MAHABUNPHACHAI

泰国国家金属与材料技术中心。

TAKEHIKO MAKINO

日本名古屋工业大学工程物理、电子与机械系助教授。

TAKESHI MASAKI

新加坡国立大学机械工程系。

TUĞRUL ÖZEL

美国罗格斯大学工学院制造自动化研究实验室主任,工业与系统工程系副教授。

MUSTAFIZUR RAHMAN

新加坡国立大学机械工程系教授。

BEE YEN TAY

新加坡南洋理工大学机械工程系。

KASIF TEKER

美国霜堡州立大学物理与工程系助教授。

THANONGSAK THEPSONTHI

美国罗格斯新泽西州立大学工业与系统工程系制造自动化研究室。

SHU BENG TOR

新加坡南洋理工大学机械工程系。

YOKE SAN WONG

新加坡南洋理工大学机械工程系。

BENXIN WU

美国伊利诺伊斯理工学院机械工程系激光辅助制造与应用实验室助教授。

DONGGANG YAO

美国佐治亚理工学院材料科学与工程学院副教授。

译 者 序

本书是由 Muammer Koç 博士和 Tuğrul Özel 博士牵头组织微制造领域世界著名专家学者共同编著而成的。本书针对广泛的主题和应用,系统描述了微制造领域相关的基础知识、基本理论和加工技术,既包含作者多年的科学研究成果,也包含了该领域的技术诀窍和科学发现,是世界范围内该领域著名学者的研究成果集大成。微制造技术是连接微观与宏观制造领域的桥梁技术,是 21世纪的重点发展方向,然而,与微制造技术相关的著作大多着重介绍基于MEMS 的硅微加工,很少涉及机械微加工,本书是首批关于非硅材料微制造的书籍之一。本书对于国内正在兴起的机械微制造技术研究具有重要的指导和参考价值,为致力于微制造领域研究的学生、研究人员、工程师、管理人员和教师提供有益的帮助。

3D 微小零件广泛应用于航空航天、国防、医疗、通信等领域,如微型传感器、引信、微卫星零部件、光学阵列元件、微型电子零部件、微马达、血管支架以及生物芯片等。微小零件不仅在尺寸上变得越来越小,在使用功能、材料特性、结构形状、可靠性等方面的要求也越来越高。结构形状的特异化、材料的复合多样化、尺寸与表面质量要求的高精度化成为微小型零件的显著特征。

LIGA、MEMS 等技术主要适合于 2D 和 2.5D 硅基材料微小零件的制造,存在一定的局限性,难以满足工程上的需求;采用机械微加工方法可利用多种工程材料制造几何形状复杂的微小零件,具有成本低、效率高、精度高等优点,已成为微制造领域的一个重要发展方向。

机械微加工技术已受到各国的高度重视。日本、欧盟、韩国和美国等发达国家都投入了大量的人力、物力和财力,开展相关技术方面的研究与开发。1991 年—2000 年日本产业技术综合研究所(AIST) 主导进行了微型工厂的开发计划,以开发各式超精密微加工设备、成型机用于精密微型零件的制造;欧盟自 2004 年起进行名为 4M – Multi Material Micro Manufacture Network of Excellence 的跨国性计划,整合了欧盟各成员国的研发资源,在 2004 年—2009年间累计已投入超过 30 亿欧元,以期能于最短的时间内获得最大的技术与应用突破;韩国也于 2004 年起投入 6000 万美元,进行名为 Development of Micro – Factory System for Next Generation 的 5 年计划;美国自 2005 年起,开始重视精密微机械制造(Micro/Meso Mechanical Manufacturing,M4) 技术的开发,其国家智库单位 WTEC(World Technology Evaluation Center, Inc.)和 NSF(National Science Foundation)等机构共同出资,针对国际上 Non – MEMS 微型加工技术研究发展现状与趋势组成考察团,分赴日本、韩国、欧盟等国家和地区的全世界 47 个微制造技术相关研发机构进行调查,调查报告中指出,Non – MEMS 超精密微机械制造技术将成为 21 世纪重要新技术,是改变传统加工理念(加工时间、地点、方式)的技术,是增强美国竞争优势的战略性技术。

目前,国内有清华大学、北京大学、哈尔滨工业大学、北京理工大学、华中科技大学、南京航空航天大学、长春理工大学、北京航空精密机械研究所等多所大学和研究所相继开展精密微加工技术及微制造系统方面的研究工作,取得了一些卓有成效的研究成果。

本书的突出特点:国际性:多个章节由不同研究机构的多名国际知名学者担任,全书汇集了国际微制造领域的最新成果;新颖性:在阐述经典基础理论的基础上,详述了 MEMS 制造、非硅微制造、微传感技术等当前微制造领域的最新成果;系统性:全书系统阐述了非硅机械微制造、激光微制造、微 EMD、微成形和分层微制造等加工方法,并介绍了微制造过程建模与分析、微尺度检测评价及控制等相关原理及应用。

编译工作由以下人员完成:

于化东教授(长春理工大学)负责第一章、第八章翻译,并负责全书的统稿;

翁占坤教授(长春理工大学)负责第二章、第六章翻译;

李一全副教授(长春理工大学)负责第三章翻译;

王世峰副教授(长春理工大学)负责第四章翻译;

于占江博士(长春理工大学)负责第五章翻译;

王春举副教授(哈尔滨工业大学)负责第七章、第九章翻译;

许金凯副研究员(长春理工大学)负责第十章翻译;

薛常喜副教授(长春理工大学)负责第十一章翻译。

我们殷切期望本书的翻译和出版能够对我国从事微制造相关技术的教学与科学研究工作的专家学者提供有益的启发、参考和借鉴,从而推动我国微制造领域的技术进步与发展。本书翻译力图保持原著的表达形式与写作风格,但限于译者的学识和专业水平,译文中难免有疏漏和不当之处,敬请读者批评指正。

译者

2016 年 10 月

前　言

自20世纪90年代初期开始,无论是日常生活还是工业领域对紧凑、集成化微小产品的需求日益增加。日常产品不仅变得更小,而且集成了越来越多的功能。此外,许多装置都具有微小化趋势,如便携式电源装置(蓄电池、燃料电池、微型涡轮机)、电子冷却系统、医学装置(起搏器、导管和支架)以及传感器等。这些装置中的零件也因此变得越来越小,达到了微/介观尺度,不久的将来有望达到纳观尺度。硅基材料的微制造技术已经得到了完善的发展并且广泛应用于电子产品制造,而且与半导体、微电子及微制造过程相关的书籍已出版成百上千种。该技术显然适合于上述微小产品以及微机电系统(MEMS)制造,然而,这些技术局限于硅基材料加工,当制造形状复杂的金属微小零件时,则应该采用微/介观的成形和切削技术。

本书在世界范围内收集了各领域著名学者的研究成果,是首批关于非硅材料微制造的书籍之一。我们的主要目标是,针对广泛的主题和应用,将相关经验、技术诀窍和科学发现进行系统整理,为致力于微制造领域研究的学生、研究人员、工程师、管理人员和教师提供有益的帮助。

本书第一章由M. Koç和T. Özel博士撰写,总结了当前微制造的最新进展,包括尺寸效应、微制造应用和模具等。第二章由K. Teker博士完成,介绍了硅基材料的微制造方法,以便读者将相关方法与其余各章所阐述的内容进行比较。T. Makino和K. Dohda博士撰写了第三章,详细阐述了微制造过程的建模与分析中的各种问题,并对不同方法进行了比较分析。O. Karhade和T. Kurfess博士在第四章中介绍了微尺度下测量、检测以及质量控制等的基本手段和方法。A. Bandyophadyay博士等在第五章中介绍了分层微制造技术及其在医学装置和传感器方面的应用。在第六章中,Wu和T. Özel博士通过相关实例叙述了激光微制造过程,并讨论了长短脉冲激光与材料间相互作用。Yao博士在第七章描述了高分子材料微注射成形技术。T. Özel博士及其合作者在第八章讨论了机械微加工技术。M. Koç博士与其同事Mahabunphachai博士撰写了第九章,介绍了微锻造、微冲压和微液压成形等微成形技术,并讨论了尺寸效应。Rahman博士及其研究团队完成了第十章,讨论了微细电火花加工技术及设备研制方法。Fu Gang 博士在第十一章中,通过实例介绍了微金属注射成形技术及应用。

我们向本书所有的撰稿者表示感谢,同时非常感谢 John Wiley 的 Anita Le-khwani 女士,感谢她对本书的编写和出版所提供的帮助。

Muammer Koç

Tuğrul Özel

2010 年 6 月

目　　录

第一章　微制造基础 ……………………………………………………… 1

1.1　引言 …………………………………………………………………… 1

1.2　微成形（微尺度变形加工） ………………………………………… 3

　　1.2.1　微成形加工中的尺寸效应 ……………………………………… 4

　　1.2.2　微尺度变形数值仿真 …………………………………………… 7

1.3　分立零件微制造的机械微加工 ……………………………………… 8

　　1.3.1　机械微加工中的尺寸效应 ……………………………………… 11

参考文献 ……………………………………………………………………… 14

第二章　半导体工业中的微制造工艺 …………………………………… 19

2.1　引言 …………………………………………………………………… 19

2.2　半导体衬底 …………………………………………………………… 19

　　2.2.1　硅 ………………………………………………………………… 19

　　2.2.2　硅片制造 ………………………………………………………… 20

　　2.2.3　硅的氧化 ………………………………………………………… 21

　　2.2.4　碳化硅（SiC）与砷化镓（GaAs） ……………………………… 22

2.3　化学气相沉积（CVD） ……………………………………………… 22

　　2.3.1　CVD 的类型 …………………………………………………… 23

　　2.3.2　CVD 生长的优缺点 …………………………………………… 24

2.4　光刻技术 ……………………………………………………………… 25

2.5　物理气相沉积（PVD） ……………………………………………… 26

2.6　干法刻蚀技术 ………………………………………………………… 28

2.7　湿法体材料微加工 …………………………………………………… 29

2.8　总结 …………………………………………………………………… 30

参考文献 ……………………………………………………………………… 30

第三章　微尺度建模与分析 ……………………………………………… 31

3.1　引言 …………………………………………………………………… 31

3.2　微尺度下连续介质模型局限性 ……………………………………… 32

3.3　修正的连续介质模型 ………………………………………………… 34

3.4　分子动力学模拟及其局限性 ………………………………………… 35

3.5 微尺度模拟方法实例及其相互比较 ·············· 36
　　3.5.1 均匀摩擦下多晶体各向异性有限元法 ·········· 36
　　3.5.2 利用第一性原理计算电子态获得原子间势对摩擦界面进行
　　　　　分子动力学模拟 ·························· 41
　　3.5.3 晶体塑性有限元与分子动力学结合（注射—镦粗） ···· 45
3.6 总结、结论以及待研究的问题 ·················· 50
参考文献 ································· 51

第四章 微尺度测量、检测与加工控制 ·············· 52
4.1 引言 ································ 52
4.2 空间检测 ····························· 53
　　4.2.1 光学方法 ························· 53
4.3 数字全息成像显微系统 ···················· 59
　　4.3.1 扫描式电子显微镜 ···················· 60
4.4 微坐标测量机——μCMM ·················· 61
4.5 扫描式探针显微镜 ······················ 62
　　4.5.1 微计算机 X 射线照相术 ················· 63
　　4.5.2 扫描声学显微镜 ····················· 64
　　4.5.3 微机械部件的测温 ···················· 65
4.6 机械特性的测量 ························ 66
　　4.6.1 拉曼光谱法 ······················· 66
　　4.6.2 弯曲测试 ························· 67
　　4.6.3 拉伸测试 ························· 67
　　4.6.4 界面特性 ························· 68
参考文献 ······························ 68

第五章 分层微制造 ························ 73
5.1 引言 ······························ 73
　　5.1.1 历史 ·························· 74
　　5.1.2 加工步骤 ························ 75
　　5.1.3 分层制造的优势 ···················· 80
5.2 分层制造工艺 ························· 81
　　5.2.1 分类 ·························· 81
　　5.2.2 工艺细节 ························ 81
5.3 材料和分层制造加工能力 ··················· 100
　　5.3.1 材料 ·························· 100
　　5.3.2 分层制造加工能力 ··················· 102

5.4 分层制造技术的应用 ·· 105
   5.4.1 快速成型 ·· 105
   5.4.2 快速模具 ·· 106
   5.4.3 快速/直接制造 ·· 109
5.5 发展趋势 ·· 112
参考文献 ·· 114

第六章 激光微加工 ·· 125
6.1 引言 ·· 125
6.2 激光辐射、吸收和热效应 ···································· 127
6.3 激光加工材料 ·· 129
   6.3.1 激光加工金属和合金 ·································· 129
   6.3.2 激光加工处理聚合物和复合材料 ·················· 130
   6.3.3 激光加工处理玻璃和硅 ······························ 130
   6.3.4 激光加工陶瓷与硅 ···································· 130
6.4 激光加工工艺参数 ·· 131
   6.4.1 激光光斑尺寸和光束质量 ·························· 131
   6.4.2 峰值功率 ·· 131
   6.4.3 脉冲持续时间 ·· 132
   6.4.4 脉冲重复率 ··· 132
6.5 超短脉冲激光烧蚀 ·· 133
   6.5.1 双温传热 ·· 133
   6.5.2 表面的电子发射和库仑爆炸 ························ 135
   6.5.3 电子发射形成早期等离子体 ························ 136
   6.5.4 流体动力学膨胀 ······································· 137
6.6 纳秒脉冲激光烧蚀 ·· 140
   6.6.1 烧蚀机理 ·· 140
   6.6.2 双脉冲激光烧蚀 ······································· 142
   6.6.3 纳秒激光诱导等离子体 ······························ 143
6.7 激光冲击强化 ·· 145
   6.7.1 激光冲击强化加工 ···································· 145
   6.7.2 激光冲击强化物理学 ·································· 146
   6.7.3 LSP 对材料机械特性的影响 ························ 149
   6.7.4 LSP 的优势、劣势和应用 ··························· 150
参考文献 ·· 151

第七章 聚合物微成型/成形工艺 ·································· 157
7.1 引言 ·· 157

7.2 微模具成型用聚合物材料 ……………………………… 159

7.3 微模具成型工艺分类 …………………………………… 160

7.4 微模具成型加工普遍动力学 …………………………… 163

7.5 微注射模具成型 ………………………………………… 166

    7.5.1 微注射成型设备 ………………………………… 167

    7.5.2 注射模具快速热循环 …………………………… 168

    7.5.3 微注射模具成型工艺策略 ……………………… 169

7.6 热模压 …………………………………………………… 170

    7.6.1 高效热循环 ……………………………………… 171

    7.6.2 恒温模压成型 …………………………………… 173

    7.6.3 贯穿厚度压印 …………………………………… 173

    7.6.4 壳体图案模压 …………………………………… 174

    7.6.5 模压成形压力实现 ……………………………… 176

7.7 微模具制造 ……………………………………………… 177

7.8 结论与正在进行的研究 ………………………………… 178

    参考文献 …………………………………………………… 181

第八章 机械微制造 ………………………………………… 186

8.1 引言 ……………………………………………………… 186

8.2 微尺度下材料去除 ……………………………………… 187

    8.2.1 尺寸效应 ………………………………………… 187

    8.2.2 极限切削厚度 …………………………………… 188

    8.2.3 微结构和晶粒尺寸影响 ………………………… 189

8.3 刀具几何、磨损与变形 ………………………………… 190

    8.3.1 微型刀具几何形状与涂层 ……………………… 191

    8.3.2 微切削刀具磨损机理 …………………………… 193

    8.3.3 动态载荷下刀具刚度和变形 …………………… 194

8.4 微车削 …………………………………………………… 196

    8.4.1 作为刀具材料的金刚石 ………………………… 196

    8.4.2 金刚石微切削 …………………………………… 197

8.5 微端铣 …………………………………………………… 198

    8.5.1 微型铣刀 ………………………………………… 199

    8.5.2 微铣削力学 ……………………………………… 200

    8.5.3 微铣削数值分析 ………………………………… 201

    8.5.4 微铣削动态特性 ………………………………… 204

    8.5.5 微端铣工艺规划 ………………………………… 204

8.6 微钻削 …………………………………………………… 207

8.7 微磨削 ……………………………………………………… 208

8.8 微机床 ……………………………………………………… 210

参考文献 ………………………………………………………… 211

第九章 微成形 …………………………………………………… 217

9.1 引言 ………………………………………………………… 217

9.2 微锻造 ……………………………………………………… 222

9.3 微压印/模压 ……………………………………………… 223

9.4 微挤压 ……………………………………………………… 225

9.5 微弯曲 ……………………………………………………… 227

9.6 微冲压成形 ………………………………………………… 228

9.7 微拉深成形 ………………………………………………… 228

9.8 微液压成形 ………………………………………………… 231

9.9 微成形应用设备和系统 …………………………………… 232

9.10 总结与未来工作 ………………………………………… 233

参考文献 ………………………………………………………… 234

第十章 微细电火花加工(μ–EDM) …………………………… 236

10.1 引言 ……………………………………………………… 236

10.2 微细电火花加工工艺 …………………………………… 237

10.2.1 微细电火花加工的物理原理 ……………………… 237

10.2.2 脉冲发生器/电源 …………………………………… 238

10.2.3 微细电火花加工的变型 …………………………… 242

10.3 微细电火花加工工艺的参数控制 ……………………… 246

10.3.1 电参数 ……………………………………………… 246

10.3.2 材料的性能参数 …………………………………… 248

10.3.3 机械运动控制参数 ………………………………… 249

10.4 微细电火花加工性能测试 ……………………………… 251

10.4.1 材料去除率 ………………………………………… 251

10.4.2 工具电极损耗率 …………………………………… 251

10.4.3 表面质量 …………………………………………… 251

10.4.4 电火花间隙/切缝宽度、间隙宽度 ………………… 252

10.4.5 微细电火花加工小型化的公差和限制 …………… 252

10.5 微细电火花加工工艺应用与实例 ……………………… 253

10.5.1 在线电极制备 ……………………………………… 253

10.5.2 利用微细电火花加工刀具 ………………………… 254

10.5.3 制造用于钻孔的微型钻头（孔的尺寸与钻头相同） …… 256

10.5.4 重复的模式转移批量处理 ………………………… 257

　　　10.5.5　成型加工微型腔和微型结构 ················· 260

　　　10.5.6　微细电火花铣削制造三维微特征和微模具 ··········· 261

　　　10.5.7　微细电火花铣削精细特征 ················· 262

　　　10.5.8　大深径比微孔和喷嘴制造 ················· 262

　　　10.5.9　微细电火花加工的其他创新应用 ·············· 263

　　10.6　微细电火花加工最近的发展和研究 ·············· 264

　　　10.6.1　LIGA 和微细电火花加工 ················· 264

　　　10.6.2　微细电火花加工和微磨削 ················· 265

　　　10.6.3　微细电火花加工和微细电解加工 ·············· 265

　　　10.6.4　微细电火花加工和微超声波加工 ·············· 266

　　　10.6.5　振动辅助微细电火花加工 ················· 267

　　　10.6.6　混粉微细电火花加工 ··················· 268

　　　10.6.7　微细电化学放电加工 ··················· 269

　　10.7　总结 ·························· 270

　　参考文献 ·························· 270

第十一章　微尺度金属粉末注射成型技术 ················ 275

　　11.1　金属注射成型技术介绍 ··················· 275

　　11.2　微金属注射成型技术 ···················· 276

　　11.3　原料准备 ························· 277

　　　11.3.1　粉末 ························· 277

　　　11.3.2　黏结剂 ························ 278

　　　11.3.3　原材料的混炼 ····················· 279

　　11.4　注射成型 ························· 281

　　　11.4.1　微金属粉末注射成型技术的设备及工艺参数 ········· 281

　　　11.4.2　微金属粉末注射成型技术的模具镶块 ············ 282

　　　11.4.3　微金属粉末注射成型技术的变模温 ············· 283

　　11.5　脱脂 ·························· 285

　　11.6　烧结 ·························· 286

　　　11.6.1　微结构的烧结 ····················· 287

　　　11.6.2　微齿轮的烧结 ····················· 288

　　11.7　结束语 ························· 289

　　参考文献 ·························· 289

　主题词索引 ·························· 296

第一章　微制造基础

MUAMMER KOÇ
美国国家自然科学基金委工业与大学合作精密成形研究中心
弗吉尼亚联邦大学
土耳其伊斯坦布尔城市大学

TUĞRUL ÖZEL
美国罗格斯大学工学院工业与系统工程系制造与自动化研究实验室

1.1　引言

近十年来,产品不断趋于小型化、紧凑化和集成化。微小产品应用非常广泛:①手机、掌上电脑等电子消费品;②微型分布式发电机、涡轮机、燃料电池以及换热器[1-4];③医学筛查和诊断芯片的微元件/特征、药物控制释放和细胞治疗的装置、生物化学传感器、芯片实验室系统(Lab – on – chip systems)以及移植片固定模(支架,斯滕特氏印模)等[5-8];④微型飞行器和微型机器人[9-12];⑤微型传感器和执行器[13,14](见图1.1),这些微小产品中的零件一般在介观到微观尺度。目前,微小系统和零件主要通过基于 MEMS 的技术采用硅基材料加工,并且相关技术也得到了广泛研究,主要方法有分层制造,如刻蚀、平版照相以及电化学沉积[15,16],这些技术很大程度上依赖于微电子制造技术和工艺。但是,MEMS 技术同时具有一些局限性和缺点:①材料类型(限于硅与溅射刻蚀金属薄膜的组合);②零件几何形状(仅为 2D 和 2.5D);③性能要求(如,可实现的机械运动类型、耐久性和强度等难以满足);④成本(因为其低效和顺序工艺难以实现批量生产)。

由于采用 MEMS 等技术加工微小产品存在上述问题,促使研究者们寻求新的加工方法,以便能够利用合金和复合材料来加工低成本 3D 微小零件,且具有良好的耐久性、强度和表面粗糙度。为实现上述目标,很多学者对机械微加工进行了广泛研究[15-17],例如,在塑料、金属、半导体、玻璃和陶瓷表面,采用激光微加工制造微结构(沟槽、细孔以及图案),特征尺寸可小到 5μm,纵横比可达到 10:1。由此,通过机械微加工方法可实现微尺度换热器、微薄膜、微化学传感器和微模具等的制造。然而,这些加工方法不适于大批量低成本加工[18,19]。

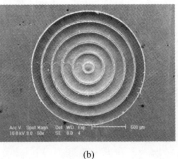
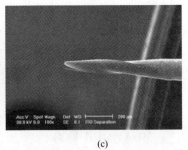

(a)　　　　　　　　　(b)　　　　　　　　　(c)

图1.1 （a）由激光微加工制造的微通道化学反应器[20]；（b）在黄铜上切出的深度变化至 125μm 的 127μm 宽同心通道；（c）直径为 127μm 的双齿端铣刀前部 SEM 照片[21]。

图 1.2 所示为采用机械微加工方法制造的典型零件和特征。

　　另一种可选择的方法是微成形技术，如微拉伸、微压印、微冲压以及微锻造等。由于微成形技术具有大批量、低成本制造零件的潜在优势，最先获得了广泛的研究[19,22-25]，图 1.2 所示为微拉伸微小零件。微成形过程中的主要困难是与材料成形加工有关的尺寸效应和摩擦影响。对于倍受关注的尺寸范围在 0.1~5mm 的微小零件，由于具有较大的表面积与体积之比，因此表面力作用显得更为重要。随着特征尺寸与晶粒尺寸之比的减小，变形特征会发生突然改变，同时材料的响应也会产生较大波动[26]。因此，将成形加工推广应用到微小尺度时，需要重新认识相关概念。早期的研究表明微成形加工是可行的，但需要对微/介观下材料、变形以及摩擦学行为具有基本的了解，才能实现微成形加工的工业化[24,27]。

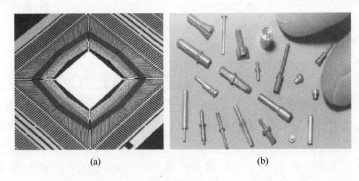

(a)　　　　　　　　　　　　　(b)

图1.2 （a）冲压成形电子连接器引线框（线距:300μm）[19]；（b）微挤压/锻造样件。

　　研究新方法和开发新仪器进行精确、有效的材料性能测试，对于微成形加工及其模具和产品的设计是非常必要的。众所周知，固体和流体在微尺度下将表现出不同于宏观情形的性质。随着尺寸的减小，表面和尺寸效应是影响材料响应和行为的主要因素，因此，从常规尺寸试样中获得的材料性能参数不再适

2

用于微尺度时的精确分析和设计。当微小零件特征尺寸接近微结构尺寸时,如多晶体材料的晶粒尺寸,材料的机械、摩擦和变形特性将与大体积时不同[22,27]。能否在微尺度下准确、合理及有效地描述以上材料特性,是影响微成形加工发展的最终挑战和根本性难点。

1.2 微成形(微尺度变形加工)

微成形是指至少两个维度方向的尺寸在毫米以下量级的金属零件的成形加工[27]。当成形加工尺度从宏观降到毫米以下时,工件的微结构、表面形貌等保持不变,这将导致零件尺寸与微结构或表面参数之比发生变化,通常称为尺寸效应。

只要对高度集成化的紧凑型装置有需求,尤其是在电子、消费产品、能源生产和存储、医疗设备以及微系统技术等领域,微小化趋势就不会停止。众所周知,金属成形加工具有生产率高、材料浪费低、近净成型、良好的机械性能和紧公差等优点。这些优势使得成形加工适合于微特征的制造,尤其利于大批量、低成本的产品加工[19,28]。然而,由于所谓的材料行为的尺寸效应,在宏观尺度下建立起来的较完善的金属成形技术难以简单地应用于微观情形。在微小尺度下仅需要变形区域的少数晶粒来描述加工特征,因此,材料不能再视为均质连续,材料流动则由单个晶粒控制,即取决于晶粒的尺寸和晶向[29]。由此,传统的材料性能参数在微小尺度进行精确分析时不再有效。另外,当晶粒尺寸与材料的特征尺寸之比变大时,材料的响应会产生波动,变形机理也将发生突变。当面积和体积之比增加时,表面作用和摩擦将变得非常重要[26,28]。为深入认识、定义和模拟尺寸效应,已有学者对这些问题进行了充分的考察。与成形加工相关的尺寸效应问题还包括成形力、回弹、摩擦和模拟结果发散等。

微成形系统包含5个主要部分:材料、工艺、模具、机器/设备以及产品,如图1.3所示,而尺寸效应在设计、选择、操作和维护这些基本要素中起主导作用。例如,微成形的主要问题在于工具的设计和制造(即硬模、镶件和模具),其复杂微小几何尺寸很难实现,尤其是要求紧公差和优良表面质量的时候。要克服这些困难需要特殊的刀具制造技术,认真选择刀具材料和简单形状/模式有助于降低制造成本,同时减小制造困难和提高刀具寿命。

对于微型机床和设备的一个关键性挑战是高速加工时的精度问题。一般而言,根据微小零件的类型和用途,加工过程中的定位精度要求为几微米甚至微米以下量级。另外,当零件尺寸非常小而且重量也特别轻时,由于存在黏结力(范德华力、静电力和表面张力),使操作和夹持微小零件变得非常困难。

因此,为克服上述困难,需要开发特殊的操作和装夹装置对微小零件进行放置、定位和集成。另外,微小零件加工时冲程及间隙在几百微米范围,宏观尺

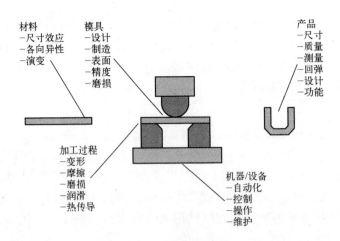

材料
—尺寸效应
—各向异性
—演变

模具
—设计
—制造
—表面
—精度
—磨损

产品
—尺寸
—质量
—测量
—回弹
—设计
—功能

加工过程
—变形
—摩擦
—磨损
—润滑
—热传导

机器/设备
—自动化
—控制
—操作
—维护

图 1.3　微成形系统

度下可以忽略的模具与冲头之间的间隙和侧隙,在微小尺度加工时将成为重要的问题[27]。成形过程中及加工后的尺寸参数测量,以及加工中的精确测量、检测和监测,也是挑战性课题。对于大批量、低成本产品微制造加工,自动化系统的研究和改进是另外一个必须解决的问题。

1.2.1　微成形加工中的尺寸效应

对于微成形加工的设计和精确分析,考虑尺寸效应的微小尺度下材料行为建模是非常必要的。金属材料中存在两种类型的尺寸效应,一种是"晶粒尺寸效应",另一种是"几何特征/试样尺寸效应"(见图 1.4)。前者通常由 Hall – Petch 定律描述为材料强度随晶粒尺寸减小而增大;后者是在零件微小化时观察到流动应力的降低。虽然"几何特征/试样尺寸效应"早在 1960 年左右就首先得到了研究,但直到目前,尚没有定量的模型来描述这一现象。为将微小化效应引入模拟工具中,定量描述上述现象是必要的。本章中,通过考虑单晶和多晶体的基本塑性性质来尝试定量分析尺寸效应对流动应力的影响。

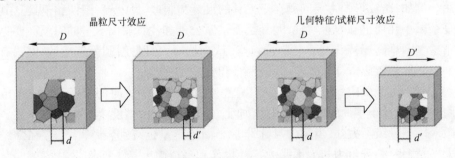

晶粒尺寸效应　　　　　　　　　　几何特征/试样尺寸效应

图 1.4　两类尺寸效应:"晶粒尺寸效应"和
"几何特征/试样尺寸效应"(彩图见书末插页)

Armstrong[30]和 Kim 等[31]人认为尺寸效应可分为两种类型来考察——"晶粒尺寸效应"以及"几何特征/试样尺寸效应"。"晶粒尺寸效应"符合 Hall – Petch 方程[32,33],而且纯粹取决于材料晶粒的平均尺寸,在材料宏观响应中占主导地位。然而,当几何特征/试样尺寸减小到微观尺度时,"几何特征/试样尺寸效应"对材料响应以及可加工性能具有很大影响。

根据材料测试方法或金属成形工艺,"几何特征/试样尺寸效应"可进一步区分为两类:"特征尺寸效应"和"试样尺寸效应"。一般而言,"试样尺寸"指测试和成形加工的毛坯(杆)直径或者压料板(薄片)厚度,而"特征尺寸"是在试样上最终形成的最小几何特征(沟槽、半径和凸体等),例如,微小针状挤压加工中,样件的尺寸是毛坯的初始直径,而特征尺寸是减小的截面直径。在初始为薄平板坯料上加工微沟槽时,板料的厚度为试样尺寸,此时更关心的是微沟槽特征,其宽度和高度代表特征尺寸。类似地,在薄片坯料胀形实验中,试样尺寸为坯料厚度,特征尺寸为胀形后的直径。在明确区分特征和试样尺寸效应的情况下,很明显拉伸实验仅用于研究材料行为的试样尺寸效应,而不是特征尺寸效应。

通过上述讨论,虽然可以区分这些尺寸效应,但是,当晶粒、试样和特征的尺寸变得越来越小而达到微观尺度时,这些效应之间是相互耦合的,因此必须同时加以考虑。Koç 和 Mahabunphachai[34]提出利用两个参数 N 和 M 来联合表征这些相互作用效应,其中 N 为试样与晶粒的尺寸之比,而 M 是几何特征与试样的尺寸之比。通过 N 和 M 的定义,所有相互作用效应的组合,即,晶粒和试样之间以及试样与特征之间的效应耦合,可以通过 N、M 和 $N \times M$ 来定量地表示。关于不同形式的尺寸效应及其相应特征参数的总结见表1.1,其中 d 为晶粒直径,t_0 为试样厚度,D_0 为试样直径,D_c 为模具腔体尺寸。

表 1.1 尺寸效应类型和特征参数

	尺 寸 效 应		
	晶粒尺寸	试样尺寸	特征尺寸
拉伸实验	d	t_0, D_0	—
胀形实验	d	t_0	D_c
冲压成形	d	t_0	D_c
挤压成形	d	D_0	D_c
特征参数	$N = t_0/d$ 或 D_0/d		$M = D_c/t_0$ 或 D_c/D_0

为考察"试样尺寸效应"(t_0 或 D_0)对于材料流动响应测试曲线的影响,在不同条件下对各种材料进行拉伸实验,如铜铝合金[35]、铜镍合金、铜锌合金[36]、黄铜[37]和铝[38,39]。而晶粒在所有尺度下对材料表现出强烈的尺寸效应(即从宏观到微观),当 N 尚未达到 10 ~ 15 时"试样尺寸效应"就开始影响材料的

响应[31,38,40]。

通常情况下,拉伸实验结果表明随着试样尺寸的减小流动应力呈降低的趋势(即 N 变小),如图 1.5(a)和 1.5(b)所示。在如图 1.5(c)所示铜、铜锌合金和锡磷青铜的镦粗实验[19]以及图 1.5(d)所示黄铜的胀形实验中,可观察到类似的现象。根据各种试验的研究,流动应力随着 N 减小而降低的趋势相当一致。然而,当 N 减小到 2~4 时,一些学者观察到当 N 进一步减小时流动应力增加。例如,Hansen[38]对 99.999% 铝棒的拉伸试验结果表明,当 N 从 3.9 减小到 3.2 时流动应力增加,如图 1.5(a)所示。在黄铜薄板料的微小尺度液压胀形实验中也观察到类似结果[37],实验中发现当 N 从 5 减小到 3.3 时流动应力增加($d = 60$mm, t_0 从 0.3 减小到 0.2mm),如图 1.5。在铜锌合金和99.0% ~99.5% 铝的弯曲试验中[36,39],当 N 减小到接近于 1 时也观察到流动应力增加(单晶变形)。但是,Kals 和 Eckstein[36]关于铜镍合金试样拉伸试验中,N 从 25 降低到 2.5(即 $d = 40$mm, $t_0 = 1.0$, 0.5, 0.1mm)的过程中,流动应力不断降低,如图 1.5(b)所示。现有文献中关于 N 对于流动应力的影响的总结如图 1.6 所示。

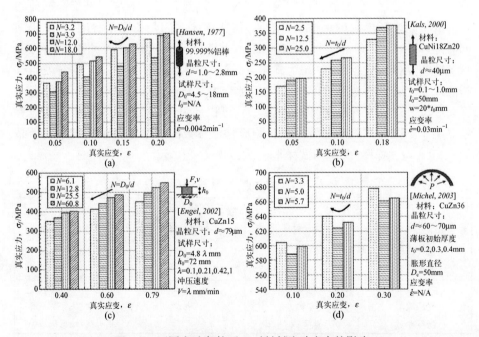

图 1.5　不同实验条件下 N 对材料流动应力的影响

相对而言,对于特征尺寸效应的研究很少且刚刚起步。在 Michel 和 Picart[37]的研究中,厚度为 0.25mm 的黄铜板料被胀成直径分别为 20 和 50mm 的形状,相应的 M 为 80 和 200。他们观察到当使用较小的胀形直径时材料的流动应力降

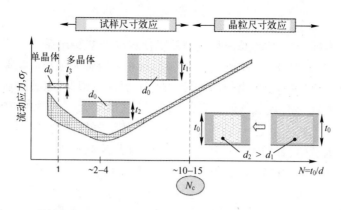

图 1.6　晶粒以及试样尺寸效应对流动应力影响函数(以 N 为变量)对比

低,揭示了特征尺寸效应对材料响应的影响。遗憾的是,在他们发表的文章中没有对这一现象进行关于特征尺寸效应(即胀形直径)的讨论和解释。对于特征尺寸效应(D_c 或 M)仍缺乏广泛的认识,并需要进一步定量和定性的考察,因为一个突出的现实是,在较大面积上微小尺度的沟槽或特征阵列越来越多地广泛应用于增强的热/质量传导的终端产品中。

1.2.2　微尺度变形数值仿真

有限元分析是一种重要的且倍受关注的研究手段,有些情况下,用来支持和解释来自实验或者传统理论方法的结果。就任何研究工具而言,其有效性严重依赖于使用者的技术和经验。尤其是对于微尺度成形研究,材料的性能不同于宏观情形,而且变形机制不明确,以及表面相互作用没有得到全面认识。由于微成形长度在几百微米量级,介于宏观尺度(毫米)和分子尺度(埃)之间,连续介质力学和分子动力学(MD)模拟似乎都是可行的。

MD 通过模拟分子运动来认识分子相互之间动态作用的物理现象。MD 模拟的目标是通过组成整个系统的分子特性来认识和预测宏观现象。随着方法的不断改进和计算机速度的提高,MD 研究扩展到更大系统、更大幅度构象变化和较长时间尺度。目前的研究结果清楚地说明 MD 在将来会有更加重要的应用[41]。

另一方面,在连续介质力学中,为使物理量(如能量和动量)得到简化,假定材料和结构性质是均匀的,问题归结为求解一组微分方程,其中仅仅关于所考察材料的微分方程称为本构方程,而其他方程反映物理定律,如质量守恒以及动量守恒,而关于固体和流体的物理定律并不依赖于坐标系的选取。尽管连续介质力学完全忽略结构中的非均质性,但其模拟分析已广泛成功应用于许多领域。连续介质力学原本用于模拟 $0.1 \sim 100 \mathrm{m}$ 尺寸范围的结构件,因此,当应用到微小尺度分析时,需要阐述材料在微观时的高度非均质性,而且应力、应变也

7

不再均匀分布。

与连续介质力学相比,MD 模拟的明显优势在于能给出系统动态特性的变化途径:输运系数、与时间有关的扰动响应、流变学特性和波谱。如果没有计算成本的限制,从某种意义上说其预测是"精确的"[42],即,可以达到我们想要的任何精度。然而,MD 模拟从原子尺度开始,并且时间在飞秒量级,难以实现尺寸和时间跨度均较大的系统的模拟。实际上,就计算性能而言,时间和空间尺度之间存在着竞争,如图 1.7 所示[43]。注意,非局部连续介质力学理论中加入了应变梯度或者包含空间尺度的位错密度演化方程。

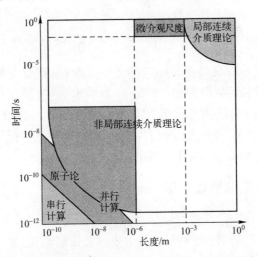

图 1.7　应变率和空间尺度对计算以及局部与非局部连续介质理论成立区域的影响

图 1.7 表明当模拟时间(与应变率负相关)增加,材料尺寸的大小主要受计算能力的限制。相似地,当材料尺寸增加,计算时间对应相当大的应变率(即较短模拟时间)。应变率低于 $10^6 s^{-1}$ 量级时已不适合于原子尺度的模拟。例如,即便在大型机上并行运算,10nm 立方区域的金属材料仅能模拟 $10^{-10} s$ 时间[43]。这种计算上的约束是阻碍进一步应用 MD 模拟大于纳米尺度结构的主要因素。

1.3　分立零件微制造的机械微加工

采用金属、聚合物、复合材料以及陶瓷进行快速、直接和大批量制造的微小化功能产品,这些微小装置的尺度从介观(1～10mm)到微观(1～1000μm),具有大纵横比和高级表面,在航空航天、汽车、生物、光学、军事和微电子封装等工业领域的应用快速增长[44,45]。

在近二三十年来,MEMS 领域极其活跃,诸如湿法刻蚀、等离子刻蚀、超声加工和 LIGA（光刻、电铸和注塑的德语首字母缩写）等微制造方法得到了发展并广泛应用于微小零件的加工[44,46]。然而，这些方法大多效率低，且局限于加工硅基材料[46]。另外，基于 MEMS 的方法为典型的 2D 或 2.5D 加工，不适于许多具有 3D 特征微小零件的制造，例如，微小零件塑料注射模具[46]。而且，上述大多数方法需要较长的系统搭建时间和较高的成本，因此，对于小批量产品生产并不经济。简言之，由于基于 MEMS 的方法受到材料、零件形状和产品数量的限制，难以应用于许多复杂微小零件的制造。

因为基于 MEMS 的方法不能满足所有要求，其他加工方法如结合数控机床技术的机械微加工（例如微铣削）等[47-49]成为了可选择的手段，如微细电火花（Micro - EDM）、激光束微加工（LBM）和聚焦粒子束（FIB）。这些加工方法填补了介观和微观制造之间的空白[50]，可直接制造分立零件、硬模和模具，从而利用微成形和微注射进行批量制造微小零件（见图 1.8）。

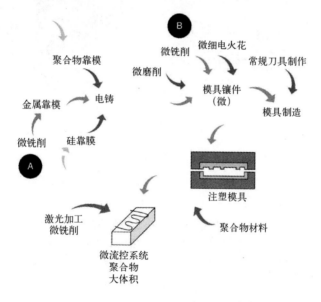

图 1.8　微注射模具的微加工过程[51]

由于能够利用多种材料生产 3D 精密功能零件，作为微缩版的车削、铣削和钻削等机械微加工方法（基于刀具的微加工），在工业应用中发展势头强劲[48,52-54]。

LBM 是另一种利用长（纳秒）或短（飞秒）脉冲激光加工微米尺度特征的方法，如图 1.9 所示，采用的材料包括透明/半透明、绝缘和弹性聚合物（丙烯酸塑料、聚碳酸酯、聚醚醚酮、有机玻璃、聚二甲基硅氧烷和热塑性弹性体等），以及难加工材料（硬金属、陶瓷、金刚石和玻璃），应用范围非常广泛，从生物传感器到微流体装置，以及太阳能电池表面（见图 1.10）、医学装置（冠状动脉支架）、光学和光量子学装置。

 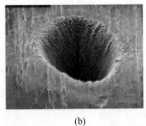 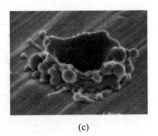

(a)   (b)   (c)

图 1.9　脉冲激光束微加工

(a) 掺钛蓝宝石系统(脉宽 120fs)在空气中加工的孔;(b) 真空中加工的孔;(c) 由 Nd:YAG
激光加工的孔(波长 1.06μm,脉宽 100ns,功率 50mW,2kHz)。来源:所有图片均
取自 Kovar foil 客户端 (感谢 Sandia 制造科学与技术中心的支持,http://mfg. sandia. gov)

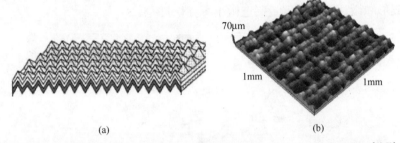

(a)   (b)

图 1.10　(a) 多功能太阳能电池表面设计;(b) 激光刻划形成的表面织构[45,50]。

微制造工艺能对多种材料进行加工并具有相应的加工性能规范。主要加工操作规范包括:最小特征尺寸、特征公差、位置精度、表面粗糙度和材料去除率(见表 1.2)。机械微加工中采用微型刀具、超高速主轴和高精度机床,然而,关于刀具尺寸等方面存在一些技术屏障。如,微钻削刀具的直径约为 25μm,微型铣刀直径为 20μm[17,48,52,53,55-57]。在 250nm 和 500nm 之间的特征公差误差补偿或者平整表面和圆形表面的加工等方面可能存在局限性。例如,微钻孔侧壁的粗糙度大约为 10~50nm,金刚石切削表面的粗糙度约为 5nm[17,48,52,53,55-60]。造成这些局限性的主要因素是多方面的,比如缺乏相关技术来制造切实可行和经济实用的更小尺寸的刀具,机床驱动的精度和可重复性,刀具变形和振动(尤其是微铣削加工),尺寸效应,以及粗晶粒多晶体微结构延性金属机械微加工中要求的极限切削厚度等[48,53,59,61]。

表 1.2　微制造过程基本原理、加工能力和操作规范

加工过程	原理	最小特征尺寸	公差	生产率	材料
微挤压	塑性变形	50μm	5μm	大批量精度一般	延性金属
微铸造	热融化与固化	20~50μm	5μm	大批量精度一般	聚合物/金属
机械微加工	切屑形成	10μm	1μm	高去除率高精度	金属/陶瓷/聚合物

加工过程	原理	最小特征尺寸	公差	生产率	材料
微细电火花	融化/击穿	10μm	1μm	高去除率高精度	导电材料
准分子激光器	激光束切除	6μm	0.1~1μm	高去除率高精度	聚合物/陶瓷
短脉冲激光器	激光束切除	1μm	0.5μm	低去除率高精度	几乎任何材料
聚焦离子束	离子束溅射	100nm	10nm	极低去除率高精度	工具钢/有色金属/塑料

同时,对高精度测量仪器的需求也不断增长。测量仪器的性能可总结为:大多数光学仪器的分辨率极限大约为1μm,扫描电镜约为1~2nm,激光干涉仪1nm,扫描探针显微镜0.1nm[45,50]。

然而,尽管有很多好处,将机械加工从宏观尺度缩到微小尺度并不像看起来那么容易。在宏观加工中可忽略的因素,在微小尺度加工中会突然变得非常重要,例如,材料微结构、振动和热膨胀等[52-54,60],导致机械微加工应用仍存在一定局限性。很多技术障碍需要克服,很多物理现象需要深入了解。在本章中,将对机械微加工进行简要回顾。

1.3.1 机械微加工中的尺寸效应

在微小零件制造方面虽然取得了成功,机械加工过程从宏观到微观的缩小仍遇到了一些困难(见图1.11 中的微小零件)。需要注意到的重要问题是当机械加工过程缩小时,在宏观加工中影响并不明显的材料去除过程中许多物理和机械特性,在微加工过程中却起到重要作用。结果是,一些具体情况仅在微加工中出现,例如,尺寸效应和极限切削厚度。在金属切削(切屑形成)中的术语"尺寸效应"的通常含义是:切削比能随待切厚度减小而呈非线性增加。如图1.12 所示,Vollertsen 等[62]通过分析 Taniguchi 等[63]的 SAE 1112 钢切削实验和 Backer[64]的拉伸实验,展示了单位体积剪切能曲线呈下降趋势。

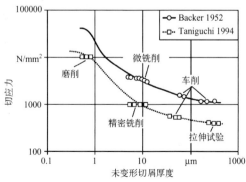

图1.11　微电火花加工的介观尺度
步进电机(10mm×10mm×5mm)
来源:Sandia 制造科学与技术中心

图1.12　微制造过程中材料分离时的切应力
随未变形切屑厚度的减小而增加[62]

11

在大多数金属中,流动应力随应变率增加而增大,对应于切削类型加工(应变率 $> 10^4 s^{-1}$),流动应力的应变率敏感性也会迅速增加,因此单位面积切削压力随切削厚度的降低而增大。

机械微加工质量将受到工件材料微结构的影响,如各向异性、晶向、晶粒尺寸和晶界[65-67]。如钢、铝等多数常用的工程材料晶粒长度在 100nm 到 $100\mu m$ 范围,与微小几何特征相当。因此,在机械微加工中剪切滑移不同于宏观加工时那样沿着晶界发生,而是发生在晶粒内部。多晶体(晶粒)和多相材料(材料相)特征尺寸与刀具及切削厚度在量级上相当,单个晶粒的弹性及塑性行为是各向异性的,因此当切削运动通过不同晶粒时经历不同的机械性质[56,66-68],切削力幅值、前刀面磨擦以及弹性恢复都将发生变化。总而言之,材料微结构在机械微加工中具有重要影响。

图 1.13 为展示尺寸效应的一个实例。利用微型铣刀进行端铣加工,测量比切削力随每齿进给减少(切削厚度减小)的变化,意味着切削厚度减小。可以看出,切削厚度小于 $1\mu m$ 时,比切削力呈非线性增加[60]。

在机械微加工中,由于微型刀具刃口强度较低,切削厚度受到限制,当其尺寸与刀具刃口相当或更小时,无法产生切屑。要想实现材料去除,即产生切屑,切削厚度应达到一个临界值,即所谓的极限切削厚度[69]。极限切削厚度被视为可达到的最高精度[70,71]。切削厚度小于临界值时,无切屑产生,整个材料只是在刀具的作用下产生变形。尤其是微铣削加工,弹性变形部分在刀具经过后将恢复[52,72,73]。

切削力、刀具磨损、表面粗糙度和稳定性等[55,72,73]与极限切削厚度直接相关,也由此严重影响切削加工性能。因此,深入认识极限切削厚度对于选择适当的切削参数非常重要。预测归一化极限切削厚度的主要手段包括,实验[72,73]、MD 模拟、微结构尺度切削力模型[56]以及解析的滑移线塑性力学模型[75]。

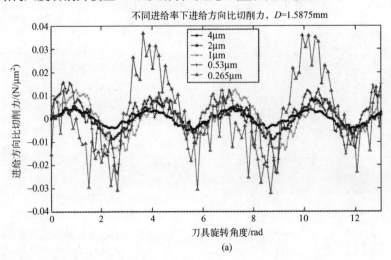

(a)

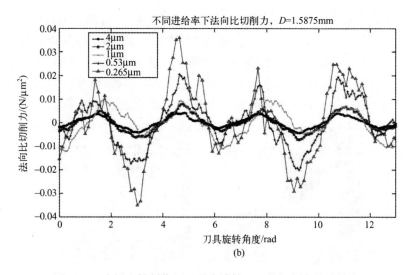

图 1.13 全浸入铣削作用于平头端铣刀上的切削力尺寸效应

（a）每齿进给力减小效应；（b）每齿进给法向力减小（两齿端铣刀，螺旋角 30°，转速 6000r/min）[60]。

极限切削厚度被认为与材料抵抗塑性变形的能力有关，如压痕硬度。目前已发现，极限切削厚度强烈依赖于切屑厚度与刀具刃口钝圆半径之比，以及工件材料与刀具的组合。图 1.14 给出了一些刀具刃口钝圆半径的图像，可以看出对于不同材料，刃口钝圆半径在 5% 到 38% 之间[75]。

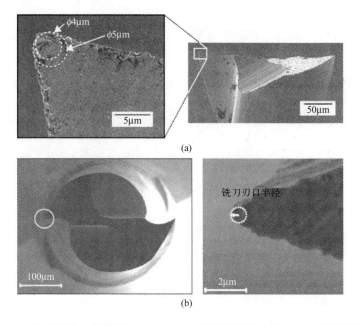

图 1.14 （a）硬质合金微端铣刀刃口的 SEM 照片显示较大的刃口和钝圆半径[59]；
（b）直径 500μm 的微端铣刀刃口半径。

为深入了解变形，一些研究者对单晶体材料（铜、铝）和多晶体材料（铝合金、铸铁和钢）进行了微切削有限元模拟[56,60,74,76-78]，考察了微结构和晶粒尺寸效应以及刀具刃口钝圆半径对微铣削的影响。通过有限元模拟分析了微切削中的塑性变形、白带形成、亚表面变化和残余应力。另外，微型端铣刀几何形状以及切削参数也可以通过有限元模拟来进行考察（见图 1.15）[60]。

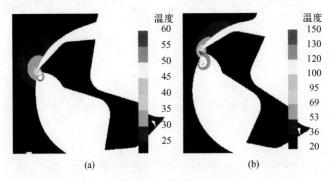

温度
60
55
50
45
40
35
30
25

温度
150
130
120
100
95
69
53
36
20

(a)   (b)

图 1.15　微铣削 FEM 模拟

(a) AL2024 - T6 铝；(b) AISI4340 钢[60]。

参 考 文 献

［1］ Rachkovkij DA,et al. Heat exchange in short micro tubes and micro heat exchangers with low hydraulic
losses. J Microsyst Technol 1998;4;151 - 158.

［2］ Lee SJ,et al. Design and fabrication of a micro fuel cell array with flip - flop interconnection. J Power
Sources 2002;112;410 - 418.

［3］ Meng DS,Kim J,Kim CJ. A distributed gas breather for micro direct methanol fuel cell. Proc IEEE 2003;
534 - 537.

［4］ Khanna R. MEMS fabrication perspectives from the MIT microengine project. Surf Coat Technol 2003;163
- 164;273 - 280.

［5］ Trackenmueller R,et al. Low cost thermoforming of micro fluidic analysis chip. J Micromech Microeng
2002;12;375 - 379.

［6］ Aoki I,et al. Trial production of medical micro tool by metal deformation processes using moulds. Proc
IEEE 1995;344 - 349.

［7］ Chu M. Design and Fabrication of Active Microcage [MS thesis]. Los Angeles (CA);Mechanical and
Aerospace Engineering Department,University of California;1998.

［8］ Chovan T,Guttman A. Microfabricated devices in biotechnology and biochemical processing. Trends Bio-
technol 2002;20(3);116.

［9］ Yeh R,Kruglick EJJ,Pister KSJ. Surface - micro machined components for articulated micro robots. J
MEMS 1996;5(1);10 - 17.

［10］ Hayashi I,Iwatsuki N. Micro moving robotics. International Symposium on Micro mechatronics and Human
Science;1998 Nov. 25 - 28;Nagoya. 1998. pp 41 - 50.

14

[11] Dudenhoeffer DD, Bruemmer DJ, Anderson MO, McKay MD. Development and implementation of large – scale micro – robotic forces using formation behaviors. Idaho National Engineering and Environmental Laboratory (INEEL), ID 83415 INEEL Long – Term Research Initiative Program under DOE Idaho Operations Office Contract DE – AC07 – 99ID13727 and through DARPA Software For Distributed Robotic program contract J933.

[12] Kim J, Koratkar NA. Effect of unsteady blade motion on the aerodynamic efficiency of micro – rotorcraft. Proceedings of the 44th AIAA/ASME/ASCE/AHS Structures, Structural Dynamics and Materials Conference; 2003 Apr 7 – 10; Norfolk, VA. 2003.

[13] Eddy DS, Sparks DR. Application of MEMS technology in automotive sensors and actuators. Proc IEEE 1998; 86: 1747 – 1755.

[14] Fujita H. Micro actuators and micro machines. Proc IEEE 1998; 86: 1721 – 1732.

[15] Choundhury PR, editor. Handbook of microlithography, micromachining and microfabrication. Volume 2: Micromachining and microfabrication. Bellingham (WA): SPIE Press; 1997.

[16] Fukuda T, Menz W, editors. Micro mechanical systems: principles and technology. Amsterdam: Elsevier; 1998. pp 260 – 271.

[17] Friedrich CR, Vasile MJ. Development of the micro milling process for high aspectratio micro structures. J MEMS 1996; 5: 33 – 38.

[18] Ashida K, et al. Development of desktop machining micro factory—trial production of miniature machine products. Proceedings of Japan – USA Flexible Automation Conference; 2000 Jul 23 – 26; Ann Arbor, MI. 2000.

[19] Engel U, Eckstein E. Microforming – from basics to its realization. J Mater Process Technol 2002; 125 – 126: 35 – 44.

[20] Pacific Northwest National Laboratory Web Site. Available at www. pnl. gov. (accessed on May 1, 2010).

[21] Ni J. Meso scale mechanical machine tools and micro milling process development for future micro factory based manufacturing. Proceedings of SATEC '03; China. 2003.

[22] Geiger M, Messner A, Engel U. Production of micro parts – size effects in bulk metyaal forming, similarity theory. Prod Eng 1997; 4(5): 15.

[23] Raulea L, et al. Grain and specimen size effects in processing metal sheets. Volume II, Proceedings of the 6th ICTP: Advanced Technology of Plasticity; 1999 Sep 19 – 24; Nuremberg, Germany. 1999. pp 939.

[24] Saotome Y, Iwazaki H. Superplastic backward micro extrusion of micro parts for micro – electro – mechanical systems. J Mater Process Technol 2001; 119: 307 – 311.

[25] Ike H, Plancak M. Coining process as a means of controlling surface microgeometry. J Mater Process Technol 1998; 80 – 81: 101 – 107.

[26] Tiesler N, Engel U. Microforming – effects of miniaturization. In: Pietrzyk M, et al., editors. Proceedings of the International Conference on Metal Forming. Rotterdam, Netherlands: Balkema; 2000. pp. 355.

[27] Geiger M, Kleiner M, Eckstein R, Tiesler N, Engel U Microforming. Ann CIRP 2001; 50(2): 445. Keynote paper.

[28] Vollertsen F, Hu Z, Schulze Niehoff H, Theiler C. State of the art in micro forming and investigations into micro deep drawing. J Mater Process Technol 2004; 151: 70 – 79.

[29] Engel U, Egerer E. Basic research on cold and warm forging of microparts. Key Eng Mater 2003; 233 – 236: 449 – 456.

[30] Armstrong RW On size effects in polycrystal plasticity. J Mech Phys Solids 1961; 9: 196 – 199.

[31] Kim G, Koç M, Ni J. Modeling of the size effects on the behavior of metals in micro – scale deformation

processes. J Manuf Sci Eng 2007;129:470 –476.

[32] Hall EO. Deformation and ageing of mild steel. Phys Soc Proc 1951;64(B381):747 –753.

[33] Petch NJ. Cleavage strength of polycrystals. J Iron Steel Inst 1953;174:25 –28.

[34] Koç M,Mahabunphachai S. Feasibility investigations on a novel micro – manufacturing process for fabri-
cation of fuel cell bipolar plates:Internal pressure – assisted embossing of micro – channels with in – die
mechanical bonding J Power Sources 2007;172:725 –733.

[35] Miyazaki S,Fujita H,Hiraoka H. Effect of specimen size on the flow stress of rod specimens of polycrys-
talline Cu – Al alloy. Scripta Metall 1979;13:447 –449.

[36] Kals TA,Eckstein R. Miniaturization in sheet metal working. J Mater Process Technol 2000;103:95
–101.

[37] Michel JF,Picart P. Size effects on the constitutive behaviour for brass in sheet metal forming. J Mater
Process Technol 2003;141:439 –446.

[38] Hansen N. The effect of grain size and strain on the tensile flow stress of aluminium at room temperature.
Acta Metall 1977;25:863 –869.

[39] Raulea LV,Goijaerts AM,Govaert LE,Baaijens FPT. Size effects in the processing of thin metals. J Ma-
ter Process Technol 2001;115:44 –48.

[40] Onyancha RM,Kinsey BL. Investigation of size effects on process models for plane strain microbending.
Proceedings of the International Conference on Manufacturing Science and Engineering (MSEC);2006
Oct 8 –11;Ypsilanti,MI. 2006.

[41] Karplus M. Molecular dynamics of biological macromolecules:a brief history and perspective. Biopoly-
mers 2003;68:350 –358.

[42] Allen JP,et al. Nested stamped sheet metal plates to make an internal chamber. US patent 6,777,126.
2004.

[43] Horstemeyer MF,Baskes MI,Plimpton SJ. Computational nanoscale plasticity simulations using embed-
ded atom potentials. Theor Appl Fract Mech 2001;37:49 –98.

[44] Alting L,Kimura F,Hansen HN,Bissacco G. Micro engineering. Ann CIRP 2003;52(2):635 –657.

[45] De Chiffre L,Kunzmann H,Peggs GN,Lucca DA. Surfaces in precision engineering,microengineering
and nanotechnology. Annals of the CIRP 2003;52/2:561 –577.

[46] Madou M Fundamentals of microfabrication. Boca Raton,FL:CRC Press;1997.

[47] Masuzawa T,Tonshoff HK. Three – dimensional micro – machining by machine tools. Ann CIRP 1997;
46(2):621 –628.

[48] Dornfeld D,Min S,Takeuchi Y. Recent advances in mechanical micromachining. Ann CIRP 2006;55
(2):745 –768.

[49] Liow JL. Mechanical micromachining:a sustainable micro – device manufacturing approach? J Clean Prod
2009;17:662 –667.

[50] Rajurkar KP,Levy G,Malshe A,Sundaram MM,McGeough J,Hu X,Resnick R,DeSilva A. Micro and
nano machining by electro – physical and chemical processes. Ann CIRP 2006;55(2):643 –666.

[51] Bissacco G,Hansen HN,Tang PT,Fugl J. Precision manufacturing methods of inserts for injection mold-
ing of microfluidic systems. Proceedings of the ASPE Spring Topical Meeting;Columbus,OH. 2005. pp
57 –63.

[52] Cao J,Krishnan N,Wang Z,Lu H,Liu WK. Microforming – experimental investigation of the extrusion
process for micropins and its numerical simulation using RKEM. J Manuf Sci Eng 2004;126:642 –652.

[53] Chae J,Park SS,Freiheit T. Investigation of micro – cutting operations. Int J Mach Tools Manuf 2006;

16

46:313.

[54] Asad ABMA, Masaki T, Rahman M, Lim HS, Wong YS. Tool – based micromachining. J Mater Process Technol 2007;192 – 193:204.

[55] Wuele H, Huntrup V, Tritschle H. Micro – cutting of steel to meet new requirements in miniaturization. Ann CIRP 2001;50(1):61 – 64.

[56] Vogler MP, DeVor RE, Kapoor SG. Microstructure – level force prediction model for micro – milling of multi – phase materials. J Manuf Sci Eng 2003;125:202 – 209.

[57] Asad ABMA, Masaki T, Rahman M, Lim HS, Wong YS. Tool – based micromachining. J Mater Process Technol 2007;192 – 193:204.

[58] Eda H, Kishi K, Ueno H. Diamond machining using a prototype ultra – precision lathe. Precis Eng 1987; 9:115 – 122.

[59] Filiz S, Conley CM, Wasserman MB, Ozdoganlar OB. An experimental investigation of micro – machinability of copper 101 using tungsten carbide micro – endmills. Int J Mach Tools Manuf 2007;47:1088 – 1100.

[60] Dhanorker A, Özel T. Meso/micro scale milling for micromanufacturing. Int J Mechatronics Manuf Syst 2008;1:23 – 43.

[61] Özel T, Liu X. Investigations on mechanics based process planning of micro – end milling in machining mold cavities. Mater Manuf Process 2009;24(12):1274 – 1281.

[62] Vollertsen F, Biermann D, Hansen HN, Jawahir IS, Kuzman K. Size effects in manufacturing of metallic components. CIRP Ann—Manuf Technol 2009;58:566 – 587.

[63] Backer WR, Marshall ER, Shaw MC. The size effect in metal cutting. Transact ASME 1952;74:61 – 72.

[64] Taniguchi N. The state – of – the – art of nanotechnology for processing ultra – precision and ultra – fine products. Precis Eng 1994;16(1):5 – 24.

[65] vonTurkovich BF, Black JT. Micro – machining of copper and aluminum crystals. J Eng Ind Transact ASME 1970;92:130 – 134.

[66] Ueda K, Manabe K. Chip formation mechanism in microcutting of an amorphous metal. Ann CIRP 1992; 41:129 – 132.

[67] Zhou M, Ngoi BKA. Effect of tool and workpiece anisotropy on microcutting processes. Proc Inst Mech Eng (IMechE) 2001;215:13 – 19.

[68] Egashira K, Mizutani K. Micro – drilling of monocrystalline silicon using a cutting tool. Precis Eng 2002; 26:263 – 268.

[69] Ikawa N, Shimada S, Tanaka H. Minimum thickness of cut in micromachining. Nanotechnology 1992;3: 6 – 9.

[70] Lucca DA, Rhorer RL, Komanduri R. Energy dissipation in the ultraprecsion machining of copper. CIRP Ann—Manuf Technol 1991;40:69 – 72.

[71] Lucca DA, Seo YW, Rhorer RL, Donaldson RR. Aspects of surface generation in orthogonal ultraprecision machining. CIRP Ann—Manuf Technol 1994;43:43 – 46.

[72] Vogler MP, DeVor RE, Kapoor SG. On the modeling and analysis of machining performance in micro – endmilling. Part I:Surface generation. ASME J Manuf Sci Eng 2004;126:685 – 694.

[73] Vogler MP, DeVor RE, Kapoor SG. On the modeling and analysis of machining performance in micro – endmilling. Part II:Cutting force prediction. ASME J Manuf Sci Eng 2004;126:695 – 705.

[74] Shimada S, Ikawa N, Tanaka H, Ohmori G, Uchikoshi J, Yoshinaga H. Feasibility study on ultimate accuracy in microcutting using molecular dynamics simulation Ann CIRP 1993;42:91 – 94.

[75]　Liu X, DeVor RE, Kapoor SG. An analytical model for the prediction of minimum chip thickness in micromachining. ASME J Manuf Sci Eng 2006;128;474 – 481.

[76]　Torres CD, Heaney PJ, Sumant AV, Hamilton MA, Carpick RW, Pfefferkorn FE. Analyzing the performance of diamond – coated micro end mills. Int J Mach Tools Manuf 2009;49;599 – 612.

[77]　Lai X, Li H, Li C, Lin Z, Ni J. Modelling and analysis of micro scale milling considering size effect, micro cutter edge radius and minimum chip thickness. Int J Mach Tools Manuf 2008;48;1 – 14.

[78]　Woon KS, Rahman M, Neo KS, Liu K. The effect of tool edge radius on the contact phenomenon of tool – based micromachining. Int J Mach Tools Manuf 2008;48;1395 – 1407.

18

第二章 半导体工业中的微制造工艺

KASIF TEKER
美国霜堡州立大学物理工程系

2.1 引言

过去的几十年里,集成电路(ICs)的新发展促进了电子工业的快速成长,其中硅是用来制造 IC 的最通用的材料。用于制造 IC 的微制造技术也被用于制备各种结构,如:薄膜器件及电路、微磁性元件及光学器件、微机械结构以及微机电系统(MEMS)。在一些应用中,这些器件和结构已被集成到包含电路的芯片中。

本章讨论 IC 和微型机械的常用微制造技术。第一部分介绍硅晶体结构、晶体生长、硅片制备、硅的氧化及其他半导体衬底片(如 SiC 和 GaAs),其次,介绍化学气相沉积(CVD)技术。该技术是将气源导入反应腔,在衬底片表面生成预期的薄膜。接下来,对薄膜沉积的物理过程(溅射和蒸发)进行讨论。随后,讨论光刻技术,该技术利用光敏材料将图案转移到衬底表面上。最后,介绍负片图案转移技术、干法和湿法刻蚀技术。

2.2 半导体衬底

2.2.1 硅

硅是电子工业中最重要的半导体材料,并且在未来的多年内也是难以替代的重要材料。硅在地壳中的含量约占 26%。

固体分晶态和非晶态两种形式。在固体的晶体结构中,较大的范围内原子呈现周期性有规则排列,就是长程有序。在非晶态中,原子的长程有序是不存在的。晶体材料可分为单晶体和多晶体。如果原子在整个固体内部呈理想的周期性排列时,材料为单晶体;当固体由许许多多小晶粒组成时,则为多晶体。用于 ICs 的原料是单晶硅。

晶胞是描述晶体的最基本的结构单元。晶胞代表晶体结构的对称性,晶体中所有原子的位置可以通过沿着每个晶胞的边缘复制完整的晶胞而形成。晶体材料中,描述晶向和晶面是非常方便的,约定 3 个指数或整数来命名晶面和晶向。晶面被描述为 Miller 指数(hkl),任意两个相互平行的晶面是等价的,且具有相同的晶面指数。Miller 指数的确定方法如下:

(1) 晶面的截距表示为晶格常数 a,b,c 的整数倍;

(2) 取第一步中 3 个整数的倒数;

(3) 通过除或乘系数将 3 个数字变成最小整数比。

通过类似的方法描述晶向,用方括号内 3 个整数表示,即 $[uvw]$。对于立方晶体,晶向(hkl)垂直于一个具有相同指数的晶面(hkl)。如果已知了一个晶向或晶面,则容易判断与之对应的垂直的晶面或晶向。

硅是金刚石型立方晶体结构,该结构可视为两个面心立方晶格套构而成。图 2.1 展示了一个硅晶体的 3D 结构。每个原子有 4 个近邻原子,决定了硅的电子结构。硅是Ⅳ族元素,且有 4 个价电子,每一个价电子与近邻原子的 4 个价电子中的一个形成共价键而构成共用电子对。由于硅晶体中所有的价电子均参与成键,因此,没有可用于导电的自由电子。但是,这些共价的电子能够被(热或光)激发,进而获得可导电的自由电子。改变半导体导电特性的常规方法是通过掺杂的方式引入电活性杂质。Ⅴ族元素被用作替位式施主(n - 型),而Ⅲ族元素被用作受主(p - 型)。杂质掺入硅晶体后,施主提供一个电子,而受主接受一个电子。正电荷(空穴)和负电荷(电子)的载流子都对导电性有贡献。ICs 和微机械的制造要求对半导体衬底进行 n - 型或 p - 型的掺杂,通常在衬底选区进行掺杂。两种常用的掺杂方法是扩散和离子注入。

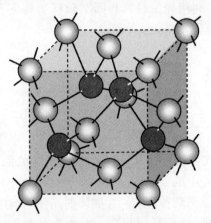

图 2.1　硅晶胞(金刚石型立方晶系结构)

2.2.2　硅片制造

ICs 制造要求高质量的硅衬底片。1949 年,Teal 报道了 ICs 晶体管生产过程中单晶材料的重要性[1],他认为多晶材料晶界处的缺陷显著地降低器件的性能。所以,使用高质量单晶硅衬底制备半导体器件是非常关键的。获得高质量单晶硅衬底片的方法包括如下步骤:

(1) 原材料(如硅石,一种砂石)精炼至电子级多晶硅(EGS)。

(2) 利用 EGS,通过提拉生长法(CZ)或区熔晶体生长法(FZ)生长单晶硅。

CZ 生长法是从熔融硅中凝固成单晶。EGS 被装入真空腔中的熔融石英坩埚,并在惰性气体中,将装载有 EGS 的石英坩埚加热至约 1500℃。接着,一个小的籽晶(直径约 5mm,长约 10cm)被缓慢的降到石英坩埚中,使其与熔融硅接触。籽晶必须有确定的晶向,因为它将是较大晶体的模板,也称作晶锭。籽晶以可控的速度提拉。在提拉的过程中,籽晶与熔融硅的坩埚以相反的方向旋转。在坩埚中的熔融硅形成单晶硅的生长过程中,非常关键的一点是,不要搅拌熔液以阻止氧进入晶体。FZ 生长工艺是生长单晶硅的另一个重要的技术。高纯多晶硅棒通过射频加热丝处理,形成一个局部熔区,由此生长单晶硅锭。硅在腔内仅仅与周围的气体相接触,可见,FZ 生长工艺较 CZ 生长法可获得更高的纯度。对于低掺杂浓度要求的应用(如探测器和功率器件等)FZ 生长硅晶体是理想的方法。目前,硅锭的直径可以达到 300mm,长度达 1~2m[2]。图 2.2 中,展示了硅片生产的基本工艺过程。

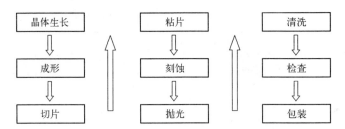

图 2.2　硅片制备的基本步骤

2.2.3　硅的氧化

能形成化学稳定的二氧化硅是硅成为优异半导体材料的最重要原因之一。当硅在高温下(从 700℃到 1300℃之间)被曝露于氧化环境(氧气或蒸汽流)时,能形成稳定的氧化物,这就是熟知的热氧化过程。硅甚至于能在室温环境下氧化,形成厚度约 2nm 的氧化膜。当在水蒸气中发生氧化时称为湿氧化;在纯氧中氧化时,称为干氧化。氧化反应发生在 SiO_2 - Si 界面处。随着氧化层的生长,硅被消耗,SiO_2 - Si 界面向硅衬底内部移动。高温有助于氧通过表面氧化层扩散至 SiO_2 - Si 界面,而形成快速氧化。热氧化过程包括 3 个步骤:①氧源气相输运至表面;②氧源经过形成的氧化物扩散至 SiO_2 - Si 界面;③在 SiO_2 - Si 界面处进行氧化反应[3]。氧化速度依赖于硅晶体的晶向、掺杂水平和氧化气体的压力。例如：(111)面的氧化速度是(100)面氧化速度的1.7倍。通过热氧化形成的 SiO_2 通常用作绝缘层、模板以及作为牺牲层。

2.2.4　碳化硅（SiC）与砷化镓（GaAs）

碳化硅（SiC）具有许多优异的性能，诸如带隙宽、高热导率、高饱和电子漂移速度、高击穿电场强度、化学稳定性及抗辐射损伤特性等，满足高温、高频和高功率器件应用的要求。而且，在超过300℃时它具有良好的电稳定性，对微机械而言是一种优异的材料。该材料还展现出了压阻特性。通过掺杂可得到n－型和p－型的 SiC，且 SiC 表面可发生自然氧化。SiC 存在多种类型，最常见的两种是3C－SiC（立方相）和6H－SiC。目前，6H－SiC 衬底在高温和高功率器件中的应用已商业化。

砷化镓（GaAs）是重要的Ⅲ－Ⅴ族半导体材料，通常被用于制备微波频率ICs、红外发射二极管、激光二极管、太阳能电池和光学窗口等器件。满足于高速、低功率应用的 GaAs 电路已商业化。尽管在 IC 产业中基于 GaAs 能生产出更快的器件，但由于其成本太高，导致应用受到了限制。GaAs 通常被作为衬底材料来外延生长其他Ⅲ－Ⅴ半导体化合物。表2.1 比较了几种用于 ICs 和微机械领域的常见的半导体材料的性能。

表2.1　一些常见的半导体材料性能比较

	Si	GaAs	3C－SiC	6H－SiC	GaN	金刚石
晶格常数(Å)	5.43	5.65	2.36	$a=3.09$ $c=15.12$	$a=3.189$ $c=5.185$	— —
带隙/eV(300K 时)	1.11	1.43	2.23	3.02	3.39	5.5
最高工作温度/℃	250	150	>600	>600	—	1000
熔点/℃	1420	1238	升华	>1800	—	相变
击穿电压/(10^8 V/cm)	0.3	0.4	—	3	5	10
电子迁移率/(cm^2/Vs)	1400	8500	1000	600	900	2200
空穴迁移率/(cm^2/Vs)	600	400	40	40	150	1600
饱和电子漂移速度/(10^7cm/s)	1	2	2.7	2	2.7	1.5
热导率/(W/cm)	1.5	0.5	5	5	1.3	20

2.3　化学气相沉积（CVD）

化学气相沉积是指从不同的化学物质组成的气相形成固相[4]。反应气体被导入反应腔，并在加热的表面反应而形成固态薄膜（见图2.3），明显不同于蒸发或溅射等物理气相沉积（PVD）工艺。PVD 仅发生物质冷凝过程，而不存在化学变化。CVD 是半导体工业中应用最为广泛的沉积技术,用来沉积从绝缘材料至金属材料等大范围的材料。CVD 工艺可被总结为如下步骤:

（1）在主气流区域,将反应物与载体气体从反应腔入口输运到沉积区;

（2）气体反应物以气相输运到衬底片表面;

（3）反应物被吸附到待生长表面,被吸附的物质称为吸附原子;

（4）吸附原子迁移到生长区域发生化学反应从而形成固态膜;

（5）气态的副产物从沉淀区表面解吸,副产物扩散到主气流区域,随气流从沉淀区到反应腔出口排出。

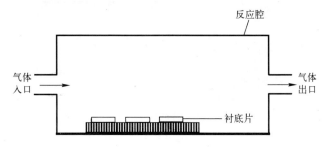

图 2.3　CVD 反应腔简图

2.3.1　CVD 的类型

CVD 可根据加热类型、工作压力和反应源等进行分类。根据使用的加热方式,反应器分为热壁式和冷壁式。热壁式反应器中,通常采用电阻加热,整个反应管道和内部都被加热,在衬底和反应腔壁均发生反应形成薄膜。冷壁式反应器通常采用对衬底的射频感应或红外辐射加热,使腔壁处于适当的低温。另外,根据使用的反应物质,如果反应物之一是金属有机物,该工艺则称作金属有机化学气相沉积(MOCVD)。图 2.4 展示了一个径向流配置的多衬底片 MOCVD 反应腔的俯视图。根据工作压力,CVD 反应器可归类为常压 CVD(APCVD)和减压 CVD。此外,减压 CVD 被分为两组:①低压 CVD(LPCVD),其能量完全源自于加热;②等离子增强 CVD(PECVD),其部分能量源自于等离子体,事实上,是利用等离子体降低生长温度。图 2.5 例举了 CVD 反应器的类型[5]。

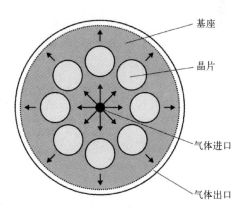

图 2.4　径向流配置的多衬底片
CVD 反应器俯视图
（箭头表示反应腔的气流分布）

23

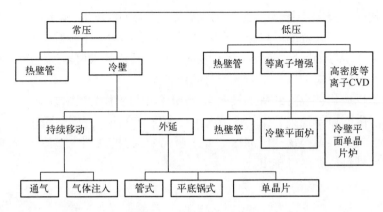

图 2.5 CVD 反应器类型

2.3.2 CVD 生长的优缺点

CVD 生长技术的优点:灵活、突变界面、纯度高、反应器简单、均匀性好、大尺度、高生长速度、可选择性生长以及可原位监测。

然而,CVD 生长技术也有不利的一面:反应物昂贵、要求实验参数精确控制以及反应前驱体有潜在的危险性。

气体在反应腔内的流动与管壁方向平行,流速相对较低,流过等温、恒径管道时形成层流。气体流速的大小为径向位置的光滑函数,在管壁处速度为 0。层流的特征雷诺数给定为

$$N_{Re} = \frac{v\rho d}{\mu} \tag{2.1}$$

式中:v 是沿着管道的流速;d 是管道直径;μ 是绝对黏度;ρ 是流体密度。层流和湍流转变的交叉区域通常为雷诺数在 2000 ~ 3000 之间。因此,为了确保 CVD 反应器工作在层流状态,雷诺数通常应该低于临界值的 20 倍以下。

边界层模型可为日常操作和反应器设计提供指导。这一模型广泛用于多数气相晶体生长系统的传质控制范围内的生长速率计算。它将速度边界层(固体表面和自由气流间的过渡区)看作真正的滞流层,经过它质量传递仅以扩散形式发生。边界层的厚度 $\delta(x)$ 被定义为从边界层壁面开始,到流动速度沿平行于管壁方向达到自由流速度 99% 的位置的距离,并给定 $x > \delta(x)$ 的条件,即

$$\delta(x) \approx 5\left(\frac{\mu x}{\rho v}\right)^{1/2} \tag{2.2}$$

式中:x 为从基体进气边测量的距离。边界层厚度随着流速增加而减少。边界层厚度也随着衬底片边缘(基体进气边)的距离而增加。由此提出倾斜基座的方法,来补偿气相损耗影响,以及限制由于浓度分布剖面形成导致沿流动方向的边界层厚度增加。这个模型已被证明在进行实验分析和解释实验结果

24

时非常接近。

2.4 光刻技术

IC 和微机械制造需要光刻技术,利用该技术转移图案到衬底表面。最常用且广泛应用的光刻技术是平版照相。先进的 IC 制备可以做到 20 个掩膜层以上。而且,光刻占据整个半导体制造中的大部分成本。

图 2.6 所示为光刻工艺的基本步骤。例如:硅衬底的氧化与正性光刻胶(光敏材料薄膜)结合使用,通过旋涂在衬底片形成光刻胶薄膜。接着,通过掩模版对旋涂的光刻胶进行曝光(如紫外光)。掩模版上包含透明和不透明特征,确保图形在光刻胶上形成。光刻胶被曝光的区域可在显影液中溶解,即显影。曝光的衬底片经显影液后除去曝光区域的光刻胶,在衬底片表面留下裸露的图案和覆盖有光刻胶的氧化物的图案。掩模上的光刻胶图案是凸出的。如果未曝光区域被显影移除,图案则是凹的,光刻胶则被称为负性光刻胶。紧接着,衬底片被浸入 HF 溶液中,选择性去除裸露区域的氧化物,而不溶解光刻胶和它底层的 Si。光刻胶保护了其覆盖的氧化层。刻蚀氧化物后,剩下的光刻胶可以用强酸,如 H_2SO_4,或有机溶剂移除。这种带有刻蚀窗口的经氧化的硅晶片可用于下一步的制造工艺。光刻胶承担两个重要角色:①抗蚀,形成精细图案;②在各种移除(例如:刻蚀)或添加(例如:离子注入)工艺中保护下面的衬底。尽管正性光刻胶和负性光刻胶都可用于半导体微制造工艺,但正性光刻胶的分辨率较好,针对更小的特征尺寸时,被优先选择。

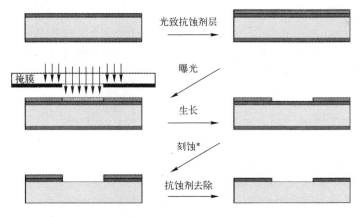

图 2.6 使用正性光刻胶和氧化硅晶片的光刻工艺基本步骤
(星号表示刻蚀或添加处理阶段)

掩模版定义为一种包含能被转移到晶片表面的图案的基片。光学掩模版由铬薄膜图案(吸收体)和非常平整的玻璃片或石英片(可透过紫外光)构成,掩模版本身不透紫外光。掩模版上的吸光图案通过电子束光刻获得,比光学光刻的分辨率高。

2.5 物理气相沉积(PVD)

物理气相沉积(PVD)技术是基于材料气化实现沉积成膜的一项技术。在ICs和微机械领域,诸如蒸发和溅射的PVD技术被广泛用于各种薄膜的沉积。通常情况下,PVD工艺步骤描述如下:

(1)原材料(固体或液体)被转化为气态;

(2)气态物质从源点经过低压区输送到衬底表面;

(3)气态物质在衬底表面凝结形成薄膜。

在早期的半导体技术中,广泛采用热蒸发实现金属层沉积。目前,相比于蒸发技术,溅射技术更为常用,因为它有较好的台阶覆盖能力并且更易于合金化。为获得高气压以实现高速沉积,需要对熔化的样品进行蒸发。图2.7展示了一个简单的扩散泵薄膜沉积蒸发系统。样品达到10mTorr(1mTorr = 1133.3224mPa)或更高的气压,是实现合理沉积率的必要条件。蒸发镀膜可分为三类:①电阻加热蒸发;②感应蒸发;③电子束蒸发。在电阻加热蒸发方法中,利用大电流通过一个难熔的金属丝或烧盘使得金属蒸发。电阻加热蒸发非常容易受到来自加热丝或金属烧盘

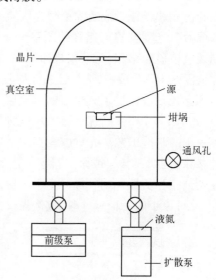

图2.7 简单的扩散泵
薄膜沉积蒸发系统

的污染影响,因此,该方法没有被推广到工业应用中。在感应蒸发方法中,水冷的射频线圈围绕着装有即将蒸发的原材料的坩埚。感应加热系统对耐高温金属材料沉积非常有效,不过,由于采用坩埚加热,仍存在污染的问题。只有通过加热源材料并冷却坩埚才能避免这些不利的影响。改善污染的方法就是利用电子束蒸发。在电子束蒸发中,电子束枪(3~20keV)被聚焦到位于凹处的水冷铜炉内的源材料上。电子束被磁力偏转到源材料上,实现局部熔融。这样,源材料以其自身为坩埚,从而减少坩埚污染的问题。电子束能以高速沉积并获得高质量的沉积膜。尽管有这些优势,电子束仍存在引起X – 射线损伤衬底及设备、比其他两种技术复杂等不利因素。

26

在 ICs 和微机械领域,溅射技术是主要的金属层沉积技术,1852 年由 Grove 首次发现[7],1923 年 Langmuir 开发了该技术[8]。溅射技术基本原理是,在真空腔内放置一个平行板等离子体反应器(见图 2.8),用高能离子产生的等离子体轰击用来沉积的靶材,溅射系统中距离(小于 10cm)很近的阴极与阳极收集大量的喷射靶原子。溅射技术作为优选镀膜方法的主要原因有:①选材广泛;②更好的实现台阶覆盖;③合金效果好;④与衬底形成较好的黏附力等。对单体金属沉积而言,由于直流溅射具有较高的沉积速率而成为首选的技术。但是,射频等离子技术则常被用于制备绝缘层[9]。溅射沉积的速度取决于射向靶材的离子流

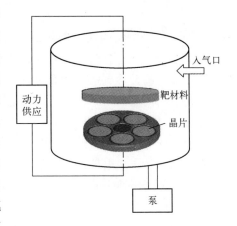

图 2.8　平行板溅射系统腔

速、靶材以及喷射原子输运到基底的能力。每种靶材都要求最小离子能量,范围在 10～30eV[10],低于最小离子能量,将不会发生溅射。离子能量很大程度上决定了溅射率(每注入一个离子产生的原子喷射数量)。在达到形成溅射的离子能量范围内,溅射率随入射离子能量和质量的增加而增大。溅射离子的能量上升到约 100eV 时,溅射率与溅射离子能量呈平方关系,并随能量上升至 750eV 呈线性变化。在离子开始注入之前,溅射率的增加很小[11]。此外,在离子的能量达到约 1keV 时,获得最大溅射率。以 Cu、Pt 和 Au 为靶材有高溅射率,而针对 Ta 和 Mo 靶材的溅射率则较低。

当高能离子轰击材料表面时,将发生不同的相互作用情况,其类型取决于离子能量。低能离子(小于 5eV)可在靶材表面产生反射;能量达到约 10eV 时,离子可被靶材表面吸附;在更高的离子能量时(大于 10KeV),离子在减速和释放能量之前,透入靶材基体,这样,这些高能离子被埋入靶材。在入射的离子能量中,部分的离子能量以产生热或晶体损坏的形式被转到固体中,另一部分的能量从靶材的表面形成喷射原子。喷射原子和原子束的能量约 10～50eV,大约是蒸发原子能量的 100 倍。而且,较蒸发的原子而言,溅射的原子有更高的表面活性。结果提高了衬底表面台阶的沉积原子覆盖,为使更多的喷射原子沉积到衬底上,该方法是非常可取的。对于 40nm/min 的沉积速率,每秒可形成约两层沉积薄膜。随着器件的需求增长,化合物和材料的沉积变得复杂,即便如此,溅射技术仍然能够为半导体工业提供解决方案。

2.6　干法刻蚀技术

刻蚀是利用刻蚀剂通过物理或化学工艺从衬底上选择性移除某些材料。通常情况下,刻蚀的主要目的是,通过选择性移除未覆盖区域材料,将掩模版上形成的图案精确转移到晶片表面。干法刻蚀涉及气体或气相,包括物理的、化学的(等离子体刻蚀)和物理—化学刻蚀(离子增强刻蚀)。刻蚀的效率可通过刻蚀速率、选择性、均匀性、表面质量、重复率、表面损伤及图案转移的精度来评估。刻蚀速率可定义为从选择区域移除材料的速率。

物理刻蚀是指在电场里加速氩或其他惰性离子向衬底表面发射,刻蚀机制是从入射离子到刻蚀表面的动量转移。由于物理刻蚀涉及到高能离子,刻蚀速率几乎不受材料限制,也就是大多数材料的刻蚀速率都很接近。通常情况下,物理刻蚀方法相对于化学刻蚀方法速率非常小(仅仅约 $20 \sim 50 \text{nm/min}$)。而且,离子轰击能在衬底表面造成不容忽视的损伤,这些损伤有可能通过退火逆转。物理刻蚀的另一个局限性在于不能将图案精确地转移到衬底表面。这可能是由非挥发性产物或离子与表面相互作用等因素所致。物理刻蚀存在一些局限性如下:①离散面(倾斜壁或特征);②沟或槽(由于离子倾斜入射);③刻蚀材料再次沉积到壁上(尤其是针对高纵横比特征)。尽管存在这些局限性,物理刻蚀仍在半导体制造业中得到广泛应用。

在化学(等离子体)刻蚀中,将等离子体产生的活性化学元素(物质)输运到衬底表面进行刻蚀。为了达到与衬底进行化学反应而刻蚀的目的,产生反应元素的气体需经过选择。反应生成物被真空泵抽走。等离子体的功能是提供进行刻蚀的反应物。等离子体刻蚀的优点有:①高刻蚀速度;②各向同性刻蚀;③有选择性刻蚀;④避免高能离子损伤;⑤不需要高真空(气压大于 1mtorr)。有效等离子体刻蚀包含如下步骤:①通过等离子体在原料气体中形成活性化学物质;②这些反应物(活性化学物质)必须扩散到衬底表面并被吸附;③发生化学反应,生成挥发性副产物;④副产物必须解吸,并从衬底扩散离开,由主气流带出刻蚀反应器,它的最小速率决定了整个刻蚀速率。有时候,不需要等离子体产生中性反应物。例如,用 XeF_2 刻蚀硅,就不需要等离子体产生反应物(活性化学物质)。据报道,用 XeF_2 刻蚀硅的速率高达 $10 \mu \text{m/min}$ [12]。也有报道称,与二氧化硅、氮化硅、铝和光刻胶比较,XeF_2 对硅展示了极高的选择性刻蚀。纯化学刻蚀的最大缺点之一是消弱了各向同性刻蚀的作用。因此,单纯的化学刻蚀不适合刻蚀特征尺寸小于 $1 \mu \text{m}$ 。所以,将物理因素加入化学刻蚀可更好地解决刻蚀中的问题。

基于物理与化学相结合的干法刻蚀与单纯的物理刻蚀相比,提供了可控的各向异性和更高的选择性。在离子增强刻蚀中,离子轰击能诱导表面更多与等离子体产生的反应物发生反应(如:通过产生表面损伤)。离子增强刻蚀获得的刻蚀速率比物理刻蚀有显著提高。例如:在 Ar 气中物理刻蚀硅的刻蚀速率约为 10nm/min,当选择反应气为 CCl_2F_2 时,刻蚀速率约为 200nm/min。而且,离子增强刻蚀能对多种材料具有良好选择性且将掩模版图案精确地转移到衬底片上。含氯的等离子体常被用于 Si,GaAs 及铝基金属镀层的各向异性刻蚀。含氯气体,如:CCl_4,BCl_3 和 Cl_2,有高的蒸气压,这些气体和它们的刻蚀产物较溴化物和碘化物易于处理。在离子增强刻蚀中,刻蚀速率可高达 $1.0\mu m/min$。

2.7　湿法体材料微加工

在湿法体材料微加工中,通过各向同性和各向异性湿法刻蚀剂刻蚀衬底材料,如 Si,SiC,GaAs 和 InP,形成特征结构。湿法刻蚀是体材料微加工中的主要工艺[13-15]。常规的各向同性刻蚀溶液是 HF 和 HNO_3 混合的水溶液。整个反应如下:

$$Si + HNO_3 + 6HF \rightarrow H_2SiF_6 + HNO_2 + H_2 + H_2O \qquad (2.3)$$

通常,乙酸代替水作为稀释剂。不过,通过湿法刻蚀剂进行各向同性刻蚀获得的图形轮廓难于控制并且常常在掩膜下面引起钻蚀(见图 2.9)。显著的钻蚀现象限制了微加工中各向同性刻蚀剂的使用。

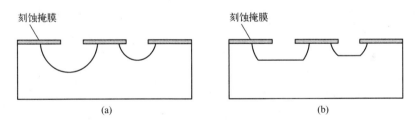

图 2.9　Si 的各向同性刻蚀轮廓
(a) 搅拌;(b) 无搅拌。(两种刻蚀轮廓也在掩膜下面展示了显著的钻蚀。)

各向异性刻蚀剂使得在硅衬底片上产生定义的晶面特征。最普通的 Si 的各向异性刻蚀剂是氢氧化钾(KOH)。由于在 <100> 方向有较快的刻蚀速率,且在 <111> 方向刻蚀速率低,称为各向异性刻蚀。两个方向的刻蚀速率比能达到几百。对于单晶硅,{100}晶面和{111}晶面间的夹角是 54.74°。如果掩模版窗口恰好与最初的定向方向([111]方向)匹配,从刻蚀开始,仅仅{111}面被作为侧壁。

正方形掩模窗口将形成倒金字塔形的刻蚀特征,且刻蚀深度取决于{111}面的交叉点。如果刻蚀在到达{111}交叉点前停止,则形成一个截断锥体的金字塔的腐蚀腔(见图 2.10)。在商业化应用中,各向异性刻蚀剂与恰当的模版匹配将解决这个问题。例如,使用各向异性湿法刻蚀 Si 获得压阻传感器薄膜。

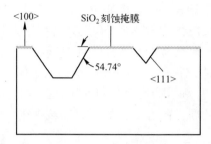

图 2.10　在 Si(100)衬底片各向异性的刻蚀特征的断面

2.8　总结

讨论了 ICs 和微机械中使用到的微制造工艺。阐述了薄膜沉积技术,如 CVD 和 PVD。进一步讨论了负性图案转移技术、干法刻蚀和湿法刻蚀。最后,描述了光刻技术,及该技术在衬底表面转移图案中的应用。

参 考 文 献

[1] Teal G K. IEEE Trans Elect Dev 1976;ED 23;621.

[2] Campbell S A. Fabrication engineering at the micro – and nanoscale. New York (NY);Oxford University Press,Inc. ;2008.

[3] Deal B E,Grove A S. J Appl Phys 1965;36;3770 – 3778.

[4] Shaw D W. J Cryst Growth 1975;31;130.

[5] Wolf S,Tauber R N. Silicon processing for the VLSI era. Sunset Beach (CA);Lattice Press;2000.

[6] Stringfellow G B. Organometallic vapor phase epitaxy;theory and practice. San Diego (CA);Academic Press;1999.

[7] Grove R W. Philos Trans Faraday Soc 1852;87.

[8] Langmuir I. General Electric Rev 1923;26;731.

[9] Wehner G K. Adv Electron Phys 1955;VII;253.

[10] Stuart R V,Wehner G K. J Appl Phys 1962;33;2345.

[11] Wehner G K. Phys Rev 1956;102;690.

[12] Hoffman E,Warneke B,Kruglick E,Weigold J,Pister K S J. Proceedings of IEEE Micro Electro Mechanical Systems (MEMS 1995);Amsterdam,the Netherlands. 1995. pp 288 – 293.

[13] Madou M. Fundamentals of micro – fabrication. Boca Raton (FL);CRC Press;2002.

[14] Kovacs G. Micro – machined transducers sourcebook. Boston (MA);WCB McGrawHill;1998.

[15] Kendall D L,Fleddermann C B,Malloy K J. Volume 17, Semiconductors and semimetals. New York (NY);Academic Press;1992.

第三章　微尺度建模与分析

TAKEHIKO MAKINO,KUNIAKI DOHDA
日本名古屋工业大学工程物理、电子与机械系

3.1　引言

为什么要对微观制造与宏观制造进行严格区分？本章重点讨论针对微制造中产生的现象进行研究时必须采用不同于宏观过程的方法，由此给出这一问题的答案。诚然，如果微制造过程完全可以通过宏观制造过程按比例缩小来实现，并且所加工产品具有较高的相对精度，可以认为微观尺度与宏观尺度下制造的物理过程完全相同。然而，不能简单地将微制造理解为在微小尺寸材料上的加工，而是意味着在制造过程中材料所表现出微观或更小尺度下的特征，这些特征在模拟和分析中必须予以考虑。

模拟和分析的目标有两个，如表 3.1 所列，一是通过数值方法预示实际加工过程，提高产品设计的效率。在采用唯象模型进行数值模拟时，为使计算结果尽可能地与实验相符，通常需要很多参数，但所采用参数的物理意义往往不够明确。模拟分析的第二个目标，也是本章重点考察的内容，是认识加工过程中关键现象产生的机理。为此，分析模型应能够描述产生现象的物理根源，同时，要求模型中应涉及较少的具有明确物理意义的参数。

表 3.1　分析和模拟的目标

目　　标	数 值 预 测	机 制 阐 述
模型	唯象模型	物理模型
尺度	宏观	微观
参数	拟合实验值	物理意义

本章所讨论的制造过程仅限于微观尺度（确切地说是介于宏观与微观之间的微小尺度）的金属塑性成形，是利用硬度较高且具有相反形状的模具使金属材料产生塑性变形而获得所期望形状的零件加工方法。金属成形加工中，材料在保持体积不变的情况下沿着模具表面产生塑性流动，成形后材料的微结构将发生变化。锻造和挤压是两种典型的金属塑性成形加工。金属成形中必须考

虑多晶体金属材料的塑性变形特征、材料/模具间的摩擦行为,以及塑性变形和摩擦间的相互影响,如图 3.1 所示。

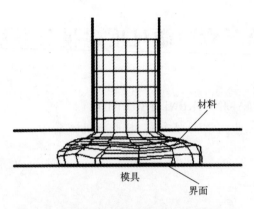

材料

模具

界面

图 3.1　典型金属成形加工的重要组成部分

微小尺度的金属成形就是利用改进的传统成形技术进行亚毫米尺度的成形加工。为方便起见,此后将微/介观尺度简称为微观尺度。以下各节将详细讨论微小尺度及宏观尺度成形加工中的各种影响因素。

3.2　微尺度下连续介质模型局限性

在宏观尺度金属成形加工中,变形特征可以通过连续介质模型来描述。塑性变形由屈服准则和本构方程(应力—应变关系)来表征。Von Mises'(Huber – Mises)屈服准则为

$$(\sigma_y - \sigma_z)^2 + (\sigma_z - \sigma_x)^2 + (\sigma_x - \sigma_y)^2 + 6(\tau_{yz}^2 + \tau_{zx}^2 + \tau_{xy}^2) = 6k^2 \quad (3.1)$$

式中:σ 和 τ 为应力分量;k 为材料屈服参数。该准则的物理意义是当弹性畸变能达到极限值时材料开始屈服。本构方程揭示材料宏观应力与应变之间的关系,Reuss 方程为

$$d\varepsilon_{ij}^p = \sigma_{ij}' d\lambda \quad (3.2)$$

式中:$d\varepsilon^p$ 和 σ' 为塑性应变增量和应力偏张量;$d\lambda$ 为标量比例因子,由应力应变实验曲线获得。该方程描述了应力和塑性应变增量之间的关系。

这个模型属于一种唯象理论。通常利用辅助实验,如拉伸实验,来确定连续介质塑性模型中的参数。

无论从物理和微观角度来看,塑性变形都是由密排晶面滑移造成的。滑移是位错运动引起的,位错是晶体中形成的一种晶格缺陷,称为线缺陷。位错沿晶体中原子密排面(滑移面)的密排方向(滑移方向)运动。由滑移面和滑移方向构成滑移系,当剪应力足够高时滑移系开动。如果 5 个独立的滑移系同时开

32

动可保证晶体变形协调,从而在多晶体中可产生任意方向的塑性变形。因此,如果材料中包含足够多且分布均匀的晶粒时,塑性变形的外部形状特征可认为是均匀的和各向同性的。

因为微小尺度下材料中的晶粒尺寸与材料外部形状相比较大,如图3.2所示,材料均匀性假定不再成立。在这种情况下,晶粒数量有限而且变形不均匀性很明显。应力和应变是否能够按宏观情形来处理,自始至终都取决于晶粒和材料外部特征尺寸之比。如果比值很小(接近于零),即使外部尺寸小于0.1mm,材料变形也可视为均匀的。

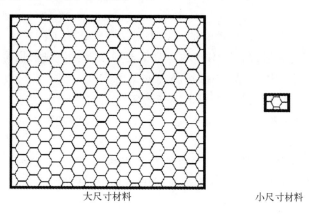

大尺寸材料　　　　　　　　　　　　　　小尺寸材料

图3.2　晶粒和材料外部尺寸

每个晶粒具有不同的晶体学方向,其变形沿着晶体学平面进行滑移。因此,不同晶粒进一步变形将引起应力应变关系非均匀性。如果利用变形来实现一个金属零件的制造,加工过程通常需要多步来完成。对于后续的加工过程而言,先前对材料施加的变形将累积形成某种织构。因此,当采用传统连续介质模型来模拟最终的加工过程时,模拟之前需要针对一系列加工步骤进行多轴拉伸实验,获得相应的输入参数。例如,塑性变形各向异性的屈服准则通过参数和应力分量表述为

$$F(\sigma_y - \sigma_z)^2 + G(\sigma_z - \sigma_x)^2 + H(\sigma_x - \sigma_y)^2 + 2L\tau_{yz}^2 + 2M\tau_{zx}^2 + 2N\tau_{xy}^2 = 1$$

$$(3.3)$$

式中:F, G, H, L, M 和 N 为各向异性系数;σ 和 τ 为应力分量(如果材料是各向同性的,$L = M = N = 3F = 3G = 3H$)[1]。应力和塑性应变增量之间的关系也包含各向异性系数。相似地,如果按顺序模拟一系列加工步,需要收集每种情形的实验结果作为各分析步的输入参数。这些方法,尤其是后者,显然在实际中难以实现。材料变形历史在传统模型中很难处理。虽然如此,变形历史对微观成形过程影响较之宏观过程更为严重,因为材料在小尺度下要比大尺度时通常经历更多的过程(如,进一步的旋压)。因此,最终成形操作前加工中形成的

织构强烈影响最终形状、质量和微小零件的微结构。

与变形特征的情形相似,摩擦在宏观尺度金属成形过程中通常被描述成唯象模型。可认为摩擦是均匀的,由以下常数表示:

$$F = \mu N \tag{3.4}$$

式中:F 为摩擦力;μ 为摩擦系数;N 为法向压力。这个表达式源自无宏观变形的摩擦定律。摩擦系数需要通过实验来确定,如产生塑性变形的圆环压缩实验。刀具与工件材料间的摩擦将影响界面处材料的滑动和变形。因为在微小尺度下接触面积与体积之比更大,摩擦对变形的影响要比宏观情形更为严重。

在微观尺度下,相对滑动时的摩擦主要是由较软的工件材料与硬度较高的刀具隆起表面的接触点黏结引起的。对于宏观金属材料成形加工中,则在比较大的刀具表面上产生黏结,是影响磨擦的重要因素。在宏观尺度下,由于接触面积加大,工件材料与刀具之间摩擦非均匀性将被平均和削弱。然而,在微观尺度下,因为模具表面使用切削和抛光等方法加工,在微观下并不均匀,从一部分到另一部分的摩擦将表现出很大的差别。另外,摩擦随加工过程而变化,其特征很难象宏观尺度那样进行参数拟合并表达为简单的函数。接触表面的非均匀性和相应的摩擦条件变化在微观尺度下必须予以考虑,但问题是如何在模型中进行准确和适当地描述。

在微观尺度下模拟变形和摩擦,较之宏观情形需要更好地把握成形物理本质。到目前为止,模拟微观尺度金属成形的仿真方法还没有完全建立。在 3.3 节和 3.4 节中将讨论变形和摩擦模拟的可能途径。

3.3　修正的连续介质模型

为修正连续介质模型对微尺度变形分析的局限性,晶体塑性理论是首要考虑的最重要因素。Taylor[2] 最早尝试将晶体塑性理论应用于宏观应力应变关系,采用了下述三个假定:①多晶体中单个晶粒内塑性应变是相等的;②各滑移系屈服剪应力相等(Taylor 等向硬化准则);③滑移系联合作用从而使产生滑移需要的滑移系数量最少。由上述假定,多晶体中晶粒总剪切应变通过 Taylor 因子与宏观塑性应变联系起来。

$$\sum_r |d\gamma^{(r)}| = M dE_{ij}^p \tag{3.5}$$

式中:$d\gamma^{(r)}$ 是第 r 滑移系的剪应变增量;M 为 Taylor 因子;dE^p 是宏观塑性应变增量。与 3.2 节宏观连续介质模型对比可知,此处屈服条件取决于各滑移系的临界剪应力。

通过将 Taylor 晶体塑性模型和有限元相结合,可建立多晶体有限元法

（FEPM）[3,4]，多晶体中每一个具有唯一晶向的晶粒为一个单元。FEPM通过引入虚拟外力能够模拟多晶体塑性变形，这种力被处理为一种初应变施加于各节点上，表示为

$$Ku = F + F^p \tag{3.6}$$

式中：K 为刚度矩阵；u 为节点位移增量矩阵；F 为节点力列阵；F^p 为虚拟外力列阵，是由塑性应变和塑性转动引起的（晶向的刚性旋转）。晶向改变由一种数学旋转规则确定。在FEPM方法中，通过逐次积分方法确定开动的滑移系组合以及滑移数量（剪应变）。

利用晶体塑性理论，FEPM可以分析材料的变形历史。FEPM已经应用于分析宏观尺度材料各向异性的产生与变化。而现在，将采用该方法分析微成形后的材料形状。在这一方法中，需要的参数仅限于作用于滑移系上的临界切应力，具有明确的物理意义，并且在表征晶体塑性时考虑了微观尺度现象。通过宏微观相结合，微观尺度现象能够在宏观应力应变中得到合理阐释。在下节中，将探讨微小尺度下的摩擦。

3.4 分子动力学模拟及其局限性

通过对材料和刀具界面模拟分析来直观地认识和估测微尺度下摩擦行为并非易事。一方面，非均匀表面间相对运动行为不能通过"连续性"来描述，而且，由于真实界面包含刀具和材料表面的各种成分，如氧化物和油膜等，因此，获得用于模拟的实验结果受到很大限制。即便能获得足够多严格条件下的实验结果，而不同于连续介质模拟的方法也还没有真正起步。正如3.2节所述，界面间摩擦与黏结过程有关，并非在微尺度下而是在原子尺度下才能理解黏结过程，因此，回到原子尺度上进行模拟才是合理的。

分子动力学是通过作用于每一原子上预先给定的作用势来计算"孤立"的原子或分子运动。作用势表征原子间的相互作用。如果能适当地计算工件材料和刀具界面间作用势，就可以预测原子量级界面动力学行为，而原子（原子核）在相互作用下的运动可以通过如下经典牛顿力学的方程来计算：

$$m \frac{\mathrm{d}^2 r_i^2}{\mathrm{d}t^2} = F = \frac{\mathrm{d}\phi}{\mathrm{d}r_i} \tag{3.7}$$

式中：m 为原子质量；r_i 为第 i 个原子的位置坐标；t 表示时间；F 是作用于第 i 个原子上的力；ϕ 为原子间作用势。原子间相互作用取决于原子核周围的电子，而电子态由量子力学的薛定谔方程确定：

$$\hat{H}\psi = E\psi \tag{3.8}$$

式中：$\hat{H}$ 是与动能和势能相关的哈密尔顿算子；ψ 为表示电子密度的波函

数; E 为系统的能量。

确定电子态的计算方法是,首先给出作用于每个电子上的作用势,然后求解薛定谔方程。如果作用势仅取决于原子数量,可利用第一性原理(ab initio)来计算。在实际计算中,通常并非采用真实的第一性原理的作用势,而是利用仅涉及价电子和一些可调节参数的准作用势,能够在较大范围内预测物理特性。

通过电子态计算来构造原子作用势的第一步,是对模拟界面的原子排列进行电子态计算,例如,表面和其上距离变化的黏附原子。然后,利用所计算电子态对应的能量变化来拟合原子作用势函数。在这种情况下,原子排列和作用势函数的选取决定所提出模型的近似程度。因为记录下了每一个原子的坐标随时间步的变化,很容易对计算结果进行可视化分析。

这一方法重要的一点是能利用最少的实验结果来进行仿真分析。该方法的优点是仅需要输入原子的数量,任何刀具和工件材料的组合都可以模拟。这意味着可以通过选择合适的刀具材料来降低摩擦。

分子动力学模拟方法没有本质性的缺点,一些明显的问题源于如何处理原子尺度,即,模拟的原子数量受到限制以及时间尺度非常短。虽然在塑性变形中,可以利用简单叠加方法将微观应变与宏观应变联系起来,但到目前为止,并未发现微观情况下界面间摩擦行为与宏观摩擦直接相关,这就是所谓的尺度间缺少的一环。在下面一节中将回顾与黏结相关的原子行为,并且阐述原子行为和微观变形是如何结合在一起的。

3.5 微尺度模拟方法实例及其相互比较

主要内容包括:①均匀摩擦下各向异性塑性变形 FEPM(多晶体有限元法);②利用第一性原理计算电子态从而导出原子间作用势,在此基础上采用分子动力学方法研究摩擦界面;③采用与分子动力学相结合的各向异性晶体塑性有限元法,在非均匀摩擦下进行微观尺度下的模拟,并且将仿真结果与实验进行对比分析。

3.5.1 均匀摩擦下多晶体各向异性有限元法

在微尺度金属成形加工中,晶体变形将表现出与宏观连续介质不同的特征[5]。由于微尺度下晶体变形具有强烈的各向异性,存在形状扭曲和不良公差的风险。不管怎样,这是材料在微小尺寸下经历严重变形过程中的共性问题,如拉拔加工,最终成形前已经变形到了很小的尺寸。晶粒及其晶向与材料热—机械历史有关,是材料的变形特征和小零件形状预测的关键因素。因此,需要提出一种分析方法,能够处理晶粒尺度、晶体方向及其变化历史,从而预测最终的变形行为。如果宏观尺度的分析方法不能直接应用于微观过程,在应用时就必须提出相应的修正。本节的目的就是,搞清楚材料中晶体数量影响以及预变形效应,并通过实验验证关键结果。

3.5.1.1 方法

这里,采用圆环形进行分析,因为圆环具有较大的自由表面,很容易分辨出其形状变化。另外,圆环压缩实验是众所周知的估计刀具和工件材料间摩擦的方法。通过利用晶体塑性理论,FEPM 能够处理材料的变形历史。这里采用由Takahashi[4]开发的 FEPM 软件。

工件材料为铜,其材料参数见表 3.2,其中由拉伸实验获得的加工硬化规律与单晶体屈服切应力直接相关。圆环的轮廓比为 6:3:2(外径:内径:高度)。圆环自由表面占总表面的 57%。单元划分与晶粒数量相等,为 288,384,600,900 和 1728。在圆环整体尺寸相同的情况下,这些数量与晶粒尺度有关。假定晶粒尺寸分布均匀,当圆环的外径为 0.6mm 时,与上述单元数量对应的晶粒尺寸为 52μm,48μm,41μm,36μm 和 29μm。圆环由刚性平头工具平行压缩50%。本节的主要内容为微尺度材料变形行为,因此,假定材料和刀具间无摩擦。为考察预变形对最终成形的影响,对环状材料事先进行不同程度的拉伸与压缩。预变形后,仅将晶向信息施加于原始尺寸为(6:3:2)圆环中进行最后压缩。在通过压缩变形考察晶体塑性的简单例子中,初始外形相同但改变晶粒数量。

表 3.2 材料参数

晶 体 结 构	面 心 立 方
晶体学方向	随机,织构
单元数量	288,384,600,900 和 1728
杨氏模量、泊松比	110GPa,0.34
硬化律	$\sigma = 320\varepsilon^{0.14}$
摩擦	0
压缩量	

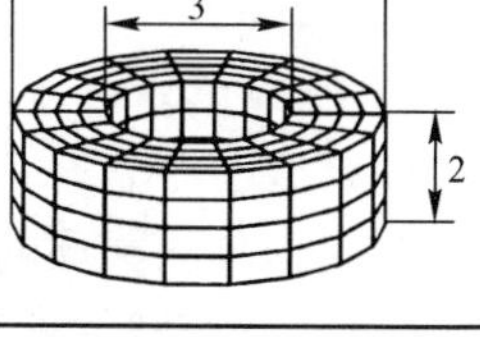

3.5.1.2 结果讨论

采用 FEPM 分析压缩变形的第一步中,晶向被设置为随机分布。图 3.3 为圆环压缩前后(111)晶向随机分布极图。图中数量即为要划分的单元数。当单元数增加时圆环变得趋向于各向同性。但是,内外表面都表现得较为粗糙。

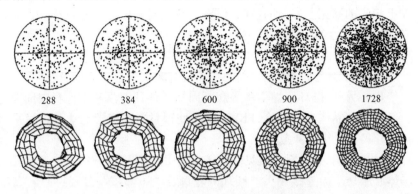

图 3.3　随机分布的(111)极图与圆环最终形状

　　为研究形状控制的可能性,通过预变形获得晶体学织构。图 3.4 所示为预拉伸和压缩后的(111)晶向极图。圆环中单元数为 600。图中数字表示预拉伸名义应变的百分数。当预拉伸应变增大时(111)晶面方向逐渐集中于拉伸轴。随预拉伸应变增加,圆环形状变得平滑。

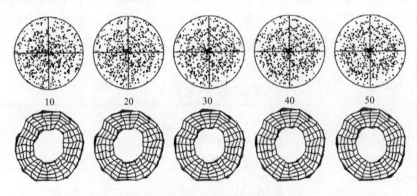

图 3.4　预拉伸试样的(111)极图与圆环最终形状

　　图 3.5 所示为预压缩和最终压缩的(111)极图。采用与预拉伸时相同的圆环初始方向,当压缩应变增加时几乎一半的(111)晶面方向集中于压缩轴附近。随预压缩应变增大,圆环最终压缩形状变得更加扭曲。

3.5.1.3　与实验结果对比分析

　　工件材料选择典型面心立方结构的铜,与黄铜类材料相比其变形特征简单并且压缩时趋于形成孪晶。圆环的轮廓为 0.6mm:0.3mm:0.2mm（外径:内径:高度）。圆环是通过拉拔管状体然后切割而成。对两端面进行了抛光处理使得粗糙度达到 0.05μm。一些圆环经过了 873K 温度下保持 2 小时退火处理,以使晶粒变大并且削弱拉拔时形成的织构,其他一些圆环保持拉拔后状态使用。在压缩前利用光学显微镜观察圆环中的微结构。

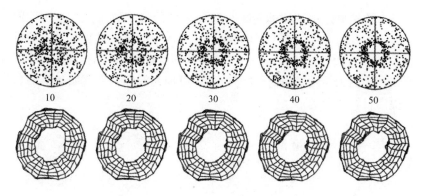

图3.5　预压缩和最终压缩的(111)极图

　　其中一个端面利用耐水纸和金刚石研膏进行抛光后由氯化铁浸蚀。利用表面粗糙度为0.1mm的平头工具将圆环压缩至50%。为获得与摩擦无关的塑性变形特征,应尽可能减小摩擦,因此,在材料和工具间同时放置厚度为25μm的聚四氟乙烯纸(PTFE)和具有运动黏性为430mm²/s的润滑油。图3.6所示为圆环在压缩50%前后的光学显微图像。可观察到退火后圆环内的等轴晶粒尺寸分布在20~60μm范围内(见图3.6(b))。晶粒在拉拔状态下严重变形,端面观察的晶粒直径大约为8μm,如图3.6(e)所示。与拉拔试样相比退火后再压缩晶粒形状较为粗大,如图3.6(c)、(f)所示,图中黑色为黏结的PTFE纸。即使是受到压缩变形,拉拔试件仍具有高度各向同性。

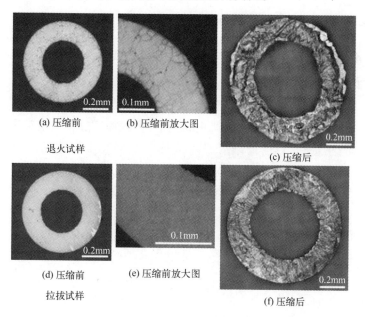

图3.6　退火与拉拔状态的压缩前后光学显微图像

39

通过实验结果发现预拉伸是减少各向异性的最有效手段。为比较预变形对单元数量和各向异性之间关系的影响，对包含不同数量晶粒且晶向随机分布的材料进行50%的预拉伸和压缩。图3.7为压缩前(111)预拉伸圆环极图和压缩后形状。与图3.3结果相比，最终的形状更加光滑。结果表明适当的预变形可能会提高材料变形的形状精度。

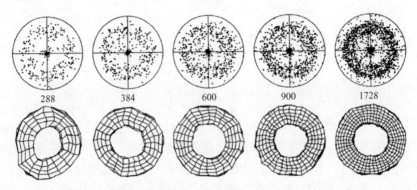

图3.7 试样在预拉伸50%然后压缩的(111)极图和最终形状

晶粒数量很小的晶体材料在微尺度变形时会表现出更强的各向异性。晶体学织构可以增强或减弱各向异性，预压缩变形将使得受压圆环各向异性增强，预拉伸变形则使得圆环各项异性减弱。因此，适当的热—机械历程有助于控制微尺度金属成形。

图3.6(b)所示为退火后圆环微结构图，可以看出等轴晶粒尺寸分布在20~60μm范围。在FEPM分析中，单元的体积设置为基本相等。因此，绘制实验结果时必须知道晶粒数量。端面晶粒数量大约为160（1/4表面约为40个）。圆环端面的单元数为120~180，相应的总单元数为600~900。

拉拔圆环压缩后的高度各向同性源于数量极大的晶粒和强烈的织构。小尺度材料在最终成形前通常经历严重的变形，一般加工过程中很难出现微尺度现象。然而，注意到，目前的结果显示晶体学织构在微尺度成形历程中非常重要。

对于宏观成形问题，利用实验估计每一步加工过程材料各向异性参数，由此来实现微尺度塑性成形分析。微尺度成形具有变形历史敏感性，可以不通过实验测试而采用FEPM预测变形，这是FEPM的一个优势。通过利用初始晶向的EBSP（电子背散射衍射花样）数据能够提高预测精度。然而，目前分析的价值在于可以利用较少的参数。即便是定性分析也将要求获得更多的信息。这一方法用来分析微尺度下具有强烈各向异性材料的变形，如六方密排晶格。另外，分析方法对于变形历史敏感的加工过程具有很好的应用前景，例如，微尺度多工位成形。

3.5.1.4　小结

利用简单圆环的压缩实验和多晶体塑性分析方法对微尺度变形特征进行了考察,主要结论如下:

(1) FEPM 分析展示了晶粒数量较少且晶向随机分布的金属小零件的形状扭曲,退火圆环压缩后形状产生扭曲。

(2) 在压缩成形加工时,通过预拉伸获得织构是一种有效的控制形状的方法,相反,预压缩产生的织构不适于形状控制。拉拔圆环的压缩变形具有高度各向同性。适当的热—机械耦合历史有助于微尺度金属成形。

3.5.2　利用第一性原理计算电子态获得原子间势对摩擦界面进行分子动力学模拟

利用前节描述的原子模型,对摩擦界面的黏结行为进行考察[6]。图 3.8 所示为模拟变薄拉深过程的原子模型,其中刚性刀具的运动方向与材料表面平行,刚性刀具表面的晶体学平面为(100)。模型中在宽度方向施加了周期性边界条件,以实现半无限平板的模拟。工件材料和刀具具有不同的晶格常数,在施加周期性条件时要考虑最小的常数公因子,模拟结果和真实的晶格因子之间相差小于1%。模型中刚性刀具(表面具有硬涂层)的材料成分为 TiC,TiN 和 VC,工件材料为铝和铜。非均质材料之间的界面能够通过原子间势来表达,原子间势通过如下方法来获得。利用 ABINIT[7] 开发的第一原理电子态计算软件,计算如图 3.9 所示的原子排列总能量。计算元胞中的原子被排列成表面和黏结原子。电子态计算是通过无限排列的元胞来执行的,并且总能量随黏结原子(变形材料成分)和表面间距离变化而改变。从所计算总能量中提取电子势时,假定对于每一个原子包含 9 个最邻近的原子来计算总能量差,如图 3.10 所示,作用于一对原子的原子间势(两体势)以及势函数可近似为 Morse 型函数,即

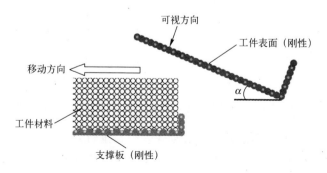

图 3.8　变薄拉深模拟原子模型

$$\boldsymbol{\phi}(\boldsymbol{r}) = D_1 e^{-\lambda_1(r-r_0)} - D_2 e^{-\lambda_2(r-r_0)} \qquad (3.9)$$

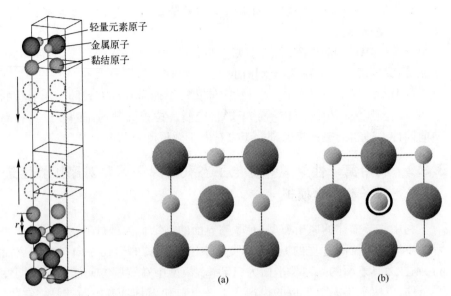

图 3.9 用于第一性原理计算的
构成工具和材料的原子排列

图 3.10 原子排列
（a）与金属原子黏结的原子；（b）与轻量元素原子黏结。

式中：D_1,D_2,λ_1 和 λ_2 为参数；r 为原子间距；r_0 为截断半径。通过拟合来获得函数中的这些参数,以便满足替换中心原子时的能量差,如图 3.10 所示,所得势曲线如图 3.11 所示。图 3.12 所示为提取的非均质原子对的原子间势。对变薄拉深模型施加原子间势,可追踪材料和刀具界面原子的运动。

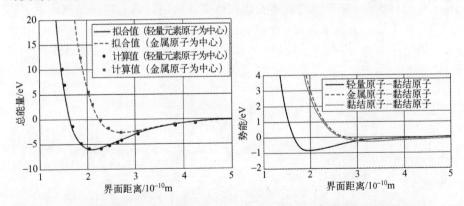

图 3.11 总能量随界面距离的变化

图 3.12 势能随原子距离的变化

利用计算结果可视化,能够通过刚性模在其垂直方向上观察黏结原子。当原子恰好位于刚性模下方,并且在某一时期内以同样速度与模一起运动,就可确定这些材料组分原子为黏结原子。

42

图 3.13 所示为变薄拉深过程某一时刻的快照。图 3.14 所示为变薄拉深开始后同一时间铝原子与各种模具表面的黏结(TiC,TiN 和 VC)。在各表面中整个接触区域内均发现有黏结原子且排列规则。图中,灰色原子在第一层而黑色原子在第二层。不同模具第一层原子在径向的分布如图 3.15 所示,利用该图可考察原子排列的规则性。即便原子数量有限,规则程度也可由径向分布的峰值来确定。第一层原子排列和第二层原子黏结的增长模式具有一定的关系。例如,TiC/Al 系统中第二层原子数量很大,第一层原子排列与模具表面晶格非常接近,这意味着第一层原子排列接近于铝的 FCC(面心立方)结构,引发第二层或更多层的增长。另一方面,其他系统的径向分布,如 TiN/Al 和 VC/Al,离第二层最近的原子数量小于距第一层最近的原子数量。这意味着,原子排列与模具表面晶格阵列不同。比较 TiC/Al 组合,上述两种情形中第一层原子排列与铝的 FCC 结构不同,不引起更进一步的黏结增长。

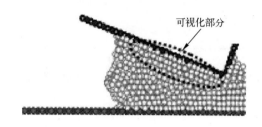

可视化部分

图 3.13　变薄拉深快照

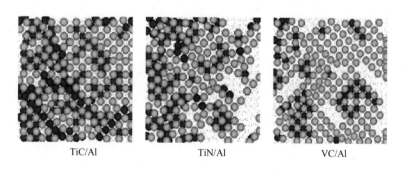

TiC/Al　　　　　　　TiN/Al　　　　　　　VC/Al

图 3.14　通过模具观察的原子排列

图 3.16 所示为在各种模具(TiC、TiN 和 VC)表面的黏结铜原子。三种组合之间第一层黏结趋势不同。在 VC/Cu 系统中,黏结原子分布于整个接触区域并且排列整齐;TiC/Cu 系统中,通过动态观察,第一层黏结原子不稳定;在 TiN/Cu 系统中无稳定黏结原子。根据预测,铜原子在这些模具表面难以形成稳定排列。图 3.17 所示为 VC 表面第一层铜原子径向分布。虽然观察到具有周期性,但是第一层原子的排列与模具表面晶格无关,而且,第二层原子很难观察周期性。因为铜在第一层 FCC 结构的差异,进一步的黏结是不存在的。

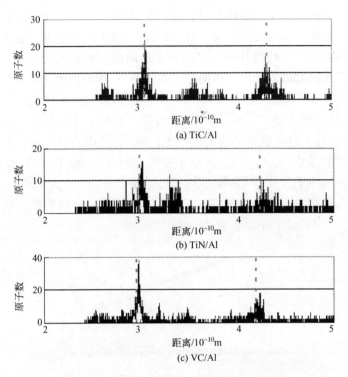

(a) TiC/Al

(b) TiN/Al

(c) VC/Al

图 3.15　各模具表面第一层黏结原子径向分布

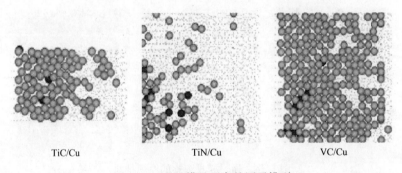

TiC/Cu　　　　　　TiN/Cu　　　　　　VC/Cu

图 3.16　通过模具观察的原子排列

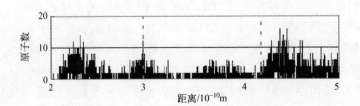

图 3.17　各模具表面第一层原子径向分布

通常情况下,将这些计算结果与实验进行对比分析难度较大,然而,采用如下途径可以实现。首先利用 Kelvin 探针测量模具表面在摩擦期间及之后的情况,获得接触势的差,其数值为探针表面和目标材料表面的功函数差。功函数是从材料表面移动一个电子的最小能量,对表面条件非常敏感。具有黏结原子的表面功函数可通过第一性原理进行预测。因此,结合第一性原理和分子动力学有助于比较计算和实验结果。

3.5.2.1 小结

本节中,利用第一性原理计算和分子动力学模拟,对工件和刀具之间的材料原子运动进行追踪,总结如下:

①考察了不同材料/刀具组合的黏结行为;②黏结原子在第一层排列整齐,并且受到模具表面晶格排列的影响;③经过第二层后黏结增长受到第一层原子排列的影响。当第一层原子排列与模具表面晶格不同时,黏结增长受到抑制。

3.5.3 晶体塑性有限元与分子动力学结合(注射—镦粗)

在3.5.1节中,对简单圆环压缩时的塑性变形各向异性进行了讨论,本节将阐述 FEPM 在更加复杂变形中的应用,如具有非轴对称变形历史。然后,通过3.5.2节应用于界面的原子模型提出包含摩擦系数估测的模型[8,9]。

正如3.5.1节所述,在微尺度成形中材料通常在最终成形前经历多步变形。虽然变形前材料状态很难识别,但对成形后影响很大,必须对变形历史影响进行预测,才能够确定最终变形状态。等通道转交挤压(ECAP),是一种典型的严重塑性变形加工,可以用来分析变形历史。

等通道转交挤压(ECAP)过程中,将具有圆形或矩形横截面的试件,通过弯曲槽拉伸并且在角部产生强烈剪切变形。ECAP 的优点是变形模式为非轴对称。另一优势是试件横截面不发生改变。通过这些特征可知,只需采用一套模具就可控制变形程度,而且,无论改变变形方向与否加工过程都能多次重复进行。图3.18所示为微尺度下的 ECAP。这一装置的重要部分是两个通道在一个特定角度下的连接。在目前的状态下,通道的直径为1.50mm,采用两个具有高精度微小通道的边缘切断块体(硬模)相固结,设置两通道间角度为90°。

利用填入后续试件来推压实现前一试件弹出,并完成整个长度的变形。多通道(4通道)ECAP 路径为:A——重复同一方向,Ba——重复 +90°和 −90°旋转(+:逆时针),Bc——重复 +90°旋转,C——重复180°旋转,如图3.19所示。实验中,实施了典型轴对称零件锻造加工的正挤压,作为后续的成形加工。正挤压过程中柱形试样被推入阶梯模具(宽或窄)。

3.5.3.1 各向异性评价装置

可利用注射—镦粗加工来评价最终变形的各向异性。注射—镦粗过程中,圆柱形试件被压入上下相对的模具间通道并推射到模具间的空隙。加工后的典型形状像钉子的头部。在测试设备中,具有通道入口和凸缘的上模具连接于盘状的具有间隙的下模具。

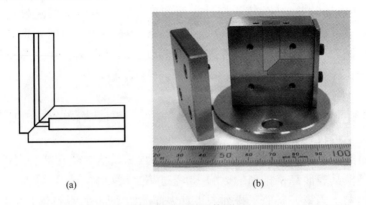

(a) (b)

图 3.18　ECAP 装置

(a) 模具示意图;(b) 装置照片。

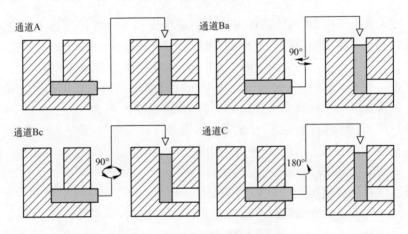

图 3.19　ECAP 过程多通道路径

圆柱试件在通道中被盘状模具挤压而实现注射—镦粗成形,即使变得很薄也不会发生弯曲。观察注射—镦粗试件的断面形状,通过偏离圆形的程度可以评价其各向异性,因为端面可以不受工具限制而产生放射状变形。在这一测试中,不必通过预变形来改变试件的形状,仅需要对试样端面进行抛光处理以保证在预变形后端面和轴线相互垂直。图 3.20 所示为连接于一套具有打孔模具的装置以及注射—镦粗加工模拟形状。

3.5.3.2　实验条件

各设备通道的尺寸见表 3.3。实验是利用 50kN 的 Shimadzu AG – IS 来完成的,压入速度为 1.0mm/min。初始材料为原始纯铝(冷拔),直径为 1.5mm。在所有加工中,均采用了高运动黏度(313K 温度下 430mm²/s)的润滑油来降低摩擦。

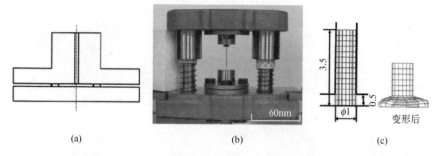

(a)   (b)   (c)

图 3.20　评价销钉各向异性的注射—镦粗实验装置

（a）模具示意图;（b）包括模具的装置照片;（c）注射—镦粗加工的模型形状。

图 3.21 所示为经过各种 ECAP 加工路线的整个试件中晶向变化结果。路线 A 的结果表明,晶带分布很明显由[211]转向[111]。在路线 A 和 Ba 中,可观察到强烈的[111]方向织构,在路线 Bc 和 C 的结构中分布不同。然而,未发现分布集中于某一方向。图 3.22 所示为各 ECAP 加工路线的端面形状的实验和计算结果。实验中,未观察到计算结果的强烈趋势,然而,在路线 A 和 Ba 中存在同样严重的各向异性。尤其是在 Ba 中,各向异性倾角与实验结果对应。在路线 Bc 和 C 中,无论是实验还是计算结果,都呈现较弱的各向异性,可以确信,FEPM 计算对于模拟影响最终变形的复杂历史效应是可行的。

表 3.3　三种装置通道尺寸

装置	直径/mm	长度/mm
ECAP	1.50/1.50	20/2
挤压	1.50/1.00	15/1
注射—镦粗实验	1.00	0.50(间隙)

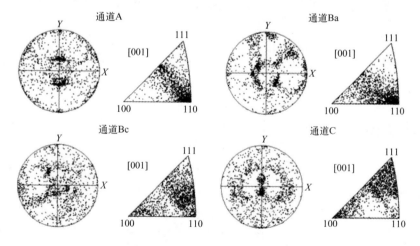

图 3.21　各路径对应的 ECAP 加工后整个试样中的晶向

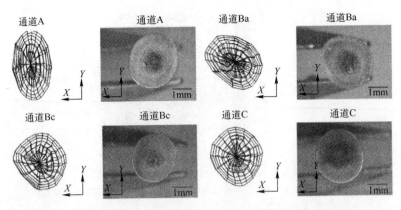

图 3.22　ECAP 加工后各路径对应的端面形状的计算与实验结果

3.5.3.3　摩擦模拟

宏观模型中,假定模具和材料间的接触情况为均匀。然而,在真实的微观世界,接触情况并非如此。由于表面积与体积之比较大,接触情况对变形的影响不能忽略,因此,需要采用新方法来分析微观情况下的非均匀性。

在前述章节中已表明,材料在微尺度下成形时应视为多晶体。材料在界面上的晶向分布及变化很可能影响界面间摩擦。在提出的计算方法中,模具和材料间的接触通过原子尺度来模拟,其中包含了晶向信息。虽然黏结行为在原子尺度难以直接与微尺度摩擦相联系,但可以将晶向作为原子尺度计算的预设条件,而且摩擦将随晶向变化而不同。

在本节的剩余部分,将基于晶向来提出原子尺度摩擦模型和微尺度变形模型相关联的方法,同时,将讨论非均匀接触对变形的影响。利用改变材料中的晶向,由 3.5.2 中导出的原子间势来计算摩擦系数。事先,将构造摩擦系数的数值表,在注射—镦粗加工的晶体塑性计算中,按照预设的摩擦系数对包含不同晶向晶粒的界面运动进行计算。

3.5.3.4　摩擦系数计算

在 3.5.2 节中,提出了原子尺度的黏结行为处理方法。在本节,将利用 3.5.2 节中与摩擦系数相关的原子间势来估测界面上的作用力。让材料与工具间相互滑动,由刚性材料(Al)原子和刚性工具(TiC)原子间的法向和横向作用力来计算摩擦系数。因为材料和模具中的原子不允许移动,因此计算结果是静态的。

成形加工中估算摩擦时,塑性变形和黏结是需要考虑的重要因素。但是,在目前所考察的情况下,两者本质上过于动态而难以引入到摩擦系数的预测中,只有通过改变材料中的晶向来获得摩擦系数。由于晶体具有周期性,所得摩擦系数产生周期性波动,如图 3.23 所示。对于某一晶向的摩擦系数是利用波动部分的平均值来计算。在每一步变形中,用预先计算的摩擦系数表征晶体在界面上的摩擦,同时沿晶向的分段数限制为123。

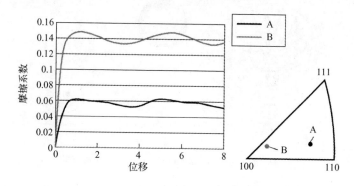

图3.23 材料中某一晶向的摩擦系数实例

3.5.3.5 计算条件

计算模型中,注射—镦粗加工中的圆柱直径为1mm,长度为3.5mm,压入0.5mm间隙的空间中镦粗到1.3mm。这一过程中摩擦在接触面上对变形影响很大,因此适合于考察摩擦效应。在冷拔状态下将晶向随机分布的试件进行拉伸产生初始晶向,如图3.24所示。试件材料为纯铝,杨氏模量为70GPa,泊松比为0.3,硬化律为 $\sigma = 160\varepsilon^{0.25}$,单元数为1568(径向×周向×高度 = 7×16×14)。

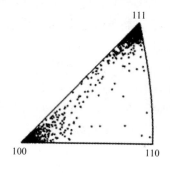

图3.24 注射—镦粗材料的初始晶向分布

3.5.3.6 结果与讨论

注射—镦粗试件的端面形状以及晶向如图3.25所示,镦粗时施加了依赖于晶向的摩擦系数。晶向由灰度级别进行编码,取决于其位置偏离中心的距离。为便于比较,图3.26所示为均匀摩擦时试件端面形状和晶向。两者在镦粗后,晶向趋于从[211]面转向[111]面。

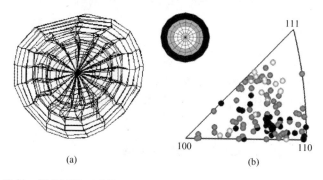

(a) (b)

图3.25 (a)注射—镦粗后端面形状;(b)施加依赖于晶向的摩擦系数后端面最终晶向分布。

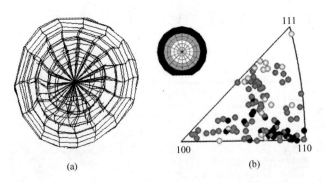

图 3.26　(a) 注射—镦粗后端面形状;(b) 施加依赖于晶向的摩擦系数后端面最终晶向分布。

虽然上述两种情形端面中心部分都保持同轴方式,但对于外围部分形状,图 3.25 所示要比图 3.26 表现更强的各向异性。已观察到晶向随镦粗位移而改变,而且晶向改变量取决于晶体在端面中的位置。为考察晶向改变对摩擦系数的影响,图 3.27 给出平均摩擦系数随镦粗位移的变化曲线,包括整个面积、外围部分以及中心部分三种情形。即便考虑到由于沿晶向分段数有限而使得平均摩擦系数不连续,还是可确认整个面积上的平均摩擦系数有少许增加,尤其是镦粗初期阶段,另外,不同区域间的摩擦系数差别很大。这种差别的原因是在镦粗加工时考虑了摩擦系数的非均匀性导致了端面形状的各向异性(见图 3.25)。

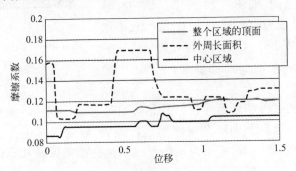

图 3.27　随镦粗位移变化的平均摩擦系数

3.5.3.7　小结

提出了利用晶向将原子摩擦模型和微尺度变形相结合的方法,并讨论了非均匀接触条件对变形的影响,主要结论是摩擦系数取决于晶向且影响变形行为。在目前的情况下,从原子计算导出的摩擦系数需要得到进一步改进。

3.6　总结、结论以及待研究的问题

本章采用阐明机理的方式讨论了微尺度金属成形的模拟和分析,主要考察

了以下几点：

（1）变形的晶体塑性效应；

（2）变形历史效应；

（3）寻求较好的模具/材料组合以及表面改性；

（4）材料及其晶体状态与摩擦的关系。

对金属微成形模拟研究所得到的认识，可以用于相关零件构造的微尺度机械结构设计。零件中诸如晶向等内部结构控制对微尺度设计变得更加重要。在纳米技术领域，计算实验已经得到认可和接受，在实验验证前对分子结构进行预测、计算并对其功能进行探讨。材料的选择与组合在将来会变得非常重要，因此，需要利用较少的实验结果来建立模型。余下的问题与界面现象有关。摩擦模拟还有很长的路要走。结合变形和摩擦仍然是一个很困难的课题。在目前的情形下，选择晶向差异作为决定摩擦系数的变量，这仅仅是一种选择而已。黏结现象在表面工程中的表面改性非常重要，对于减小成形工程的摩擦也有重要意义。从阐述机理方法的角度出发，开展关键现象的模拟要比提高数值预测精度更加重要。

参 考 文 献

［1］ Hill R. The mathematical theory of plasticity. New York：Oxford University Press；1950. pp 317－321.

［2］ Taylor GI. Plastic strain in metals. J Inst Metals 1938；62：307－324.

［3］ Takahashi H，Motohashi H，Tokuda M，Abe T. Elastic－plastic finite element polycrystal model. Int J Plasticity 1994；10：63－80.

［4］ Takahashi H. Polycrystal plasticity. Tokyo：Colona Publishing；1999.

［5］ Makino T，Dohda K，Ishitani A，Endo C. Finite element polycrystal method analysis of micro/meso－scale ring compression Proceedings of the 2nd International Conference on Micro－Manufacturing（ICOMM 2007）；Greenville，SC. 2007. pp 207－212.

［6］ Makino T，Dohda K，Ishikawa M. Atomistic elementary process of galling on tool surface. The Proceedings of the 2008 Japanese Spring Conference for the Technology of Plasticity；Tsudanuma，Japan. 2008. pp 369－370.

［7］ Gonze X. First－principles computation of material properties：the ABINIT software project. Comput Mater Sci 2002；25：478－492. Available at http：//www. abinit. org/.

［8］ Makino T，Dohda K，Ishitani A，Zhang H. Anisotropy of plastic deformation in micro/meso－scale metal forming. Transact North Am Manuf Res Inst SME 2009；37：333－340.

［9］ Makino T，Dohda K，Ishikawa M. Analysis of deformation behavior at tool/material interface in micro/meso－scale metal forming. The Proceedings of the 60th Japanese Joint Conference for the Technology of Plasticity；Nagano，Japan. 2009. pp 261－262.

第四章　微尺度测量、检测与加工控制

OMKAR G. KARHADE
亚利桑那钱德勒英特尔公司
THOMAS R. KURFESS
美国克莱蒙森大学自动化国际研究中心

4.1　引言

由于机械微加工技术的进步,可实现复杂微小产品的设计与开发。为满足产品小型化需求,更小的外形尺寸、精确的材料特性、精密的加工制造、无应力部件,以及高可靠性成为发展目标。有各种检测技术可满足这些特性的测量,为保证较高的成品率,这些技术对于监测部件制造的生产过程也是非常关键的。

这些特性的量化需要在微尺度下进行测量,是一件非常具有挑战性的任务。在微尺度下,相同的材料与其在常规体积下呈现不同的特性。而且,当整体尺寸缩小时微机械零件加工制造的尺寸精度要求更高。机械微加工技术也远不同于常规体积的机械加工(例如,机械微加工中使用化学沉积、氧化和淬火工艺)。这些工艺可能引起不同微机械零件内的高应力,从而严重影响这些零件的功能性和可靠性。

传统的常规尺寸测量技术能够部分解决上述问题。研究人员进行了广泛的研究并开发出更新的技术,这些技术有些是源自常规尺寸度量技术,有些则在根本上完全不同。

通常,检测工作都是离线进行的,也就是说需要把被测零件从生产线上取出,再移至检测工具处,才能进行测量。不仅对生产周期有负面影响,也无法对零件缺陷进行早期检测。因此,很多卓有成效的研究正是希望能够实现零件的在线检测。

本章将介绍用于微小零件检测的各种技术,这些技术通常被分为空间测量、温度测试和材料特性表征三类。空间测量不只涉及零件外部及内部尺寸的确定,还探索对各种动态量(例如位移和振动)的测量技术,这些方法包含光学、接觉、声学和有损检测等不同的手段。在加工制造过程中,不同的热特征将导致微小零件呈现出不同的机械特性,因此,本章还将详细讨论用于微系统的热成像技术。另外,本章还将阐述用于微小零件的机械特性测试技术。

4.2 空间检测

4.2.1 光学方法

4.2.1.1 光学显微检测法

光学显微检测法是用于微小物体检测与测量的最古老的方法之一。这种快速无损的测量方法能够达到亚微米级的分辨能力。若结合恰当的图像处理仪器,这种方法能够测量静态和动态的空间尺寸。在光学显微检测法(显微镜)中,透镜系统能够产生物体被测表面的放大图像,该图像包含了在焦平面上的物体表面的大部分信息。这样,尺寸信息也就被限定在了二维空间内。

图像的分辨率极限受控于光的衍射,这可以根据经验使用瑞利准则来决定。为实现数字信号的分析方式,通常使用 CCD(电荷耦合器件)相机来进行图像的捕捉。硬件及光照条件(例如同轴光照、环形光照)还可能影响到 CCD 的有效分辨率。

微机械零件的测量通常需要对其边沿进行定位,这是比较困难的,因为在光照、噪声以及观测角度等条件变化时,不同的边沿定位算法会计算得到不同的观测值[1]。另外,还有一些典型的光学技术的显著误差来源,如干涉、谐振、遮影、二次反射以及光学镜片的形变[2,3]。

光学显微镜可以用于微小零件的检测,但它有一个重要的局限就是无法取得被测零件的真实三维数据。有些光学显微镜还集成图像处理软件,用来计算扫描时的 Z 轴高度。最新水平的软件使用投射出来的朗奇光栅来判断显微镜所聚焦的图像区域的高度[4],如果选定的区域具有多重焦点(比如选定区域不是单平面),算法将计算 Z 轴高度的均值。进一步运行边沿检测算法来提取显微镜图像的 X 轴和 Y 轴数据。理论上来说,这种技术能够获得图像的三维数据,但所用算法是在假定所有数据都在同一平面基础上来计算 Z 轴高度的。

大多数使用光学显微法的都是针对一个静止的零件进行的,而很多微小装置是具有典型的动态特性的,对这些平面外范围的动态测量都较为困难。频闪法与光学显微镜相结合可用来判定感兴趣平面内的动态位移。例如,光学测量法已经与相移闪频干涉仪相结合来实现三维动态测量[5]。

4.2.1.2 共聚焦显微法

光学显微法是用来观测焦平面上的被测物表面的光反射的。在一些情况下,光学显微法不能得到良好的对比度,例如测量三维和/或半透明零件时,在焦点外平面有显著的光信号。共聚焦显微法由光学显微法衍生而来,其主要目的是去除焦点外的光而增加图像的对比度,这种技术使得对被测物进行三维空间上的图像切片变为可能。

在各种共焦法中,共焦激光扫描显微镜(CLSM)是目前应用最为广泛的。它包含了一个具有采集扫描系统的共焦显微镜,可用以采集三维数据。如图4.1所示,是这种显微镜的一种典型结构。一个CLSM由点光源、点探测和共焦透镜系统组成。扫描动作主要靠移动光束来进行,这样能够缓解由于物镜的扫描而引起的对焦问题且比样本扫描速度快[6]。通过移动探测小孔可对不同的平面成像,增加了扫描系统后,CLSM系统具备了对不同成像面进行多次扫描的能力,这样就最终获得了所需的三维数据。CLSM令多维度测量变为可能,这使得微米级尺寸测量具有纳米级的精度。

共焦显微法的一个非常重要的优点,也是其他光学显微法都做不到的,就是它能够测量具有最低表面粗糙度的零件上近乎90°的陡直斜坡。这种测量需要较高的分辨率、高数值孔径物镜,并且只能测量二维区域而不适合测量整个物体。由于这种局限,就需要进行一种合缝处理,把若干次物方扫描整合为被测部件的一个全局图片。机械式扫描有两个缺点:一个是大幅降低了检测速度,二是检测精度受限于不同的机械动作。Shin等人开发了一种克服上述缺点的单光纤共焦显微镜(SFCM),该SFCM具有一种微机电(MEMS)扫描器和一个微型物镜[7]。Riza等人则展示了一种没有机械式扫描而使用电控液晶透镜的CSLM[8]。

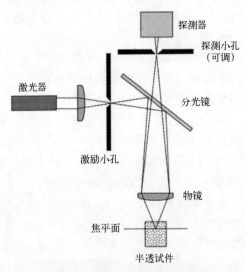

图4.1 共焦显微镜的光路示意图

4.2.1.3 条纹投影显微法

在被测表面上投射已知栅格并且分析这些条纹的形变,可以使二维图像产生三维信息,条纹投影显微法就应用了该原理。这个办法在度量物体表面粗糙

54

度方面非常著名,它具有数据采集速率非常高的优点。在进行条纹投影显微法时,将在感兴趣的被测表面投射一个已知的栅格(光学条纹),由于被测表面的凹凸不平会使这些栅格的线条扭曲变形,然后再使用图像采集装置将这些二维图像采集起来并分析数据从而解读被测面的表面粗糙度。如图4.2所示,是一个使用条纹投影法采集到的图像,从中能够看出被测面的高度变化。

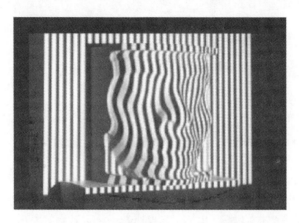

图4.2　某测量实例中的条纹投影成像,显示出变化的被测面高度图像

　　分辨率取决于光学系统和数据采集的硬件,主要受到系统的放大倍率和光圈大小的影响。即便所应用的技术已经达到20nm的分辨率,但典型的分辨率在100nm的数量级[11]。条纹投影法的速度能够胜任半粗糙的表面(>300nm RMS),但还没有共焦显微法或白光干涉法的平面外分辨率高[12]。尽管分辨率方面受限,微小机械零件的测量还是在使用条纹显微法。使用条纹投影显微法的零件动态成像是可行的[13],该项技术还能应用于长距离测量和在线测量。

4.2.1.4　自动对焦探针法

　　另外一种能够产生 Z 轴(平面外)高度信息的办法是成熟的自动对焦技术,该技术已经应用于 CD 和 DVD 播放器中。自动对焦探针通过扫描被测区域来跟踪 Z 轴高度。探针沿着 Z 轴在每一个被测面的点上方移动并使用音圈机构来对焦在被测面上。图4.3是一个自动对焦探针的结构示意图。如果被测面移出焦点,形成于四象限光电管中的光斑形状将变化,这将给音圈机构一个反馈信号,使得探针不断移动,直到被测面能够聚焦。由于光学系统的焦距是恒定的,所以音圈中的信号对应被测面的 Z 轴高度而变化。

　　使用文献[14]中介绍的技术可以使 Z 轴维度上获得亚微米的测量精度,这种技术已经应用于非接触式的三坐标测量机中(CMM)[15],被测面上的几个离散点的位移都能够被捕捉于图像上[16]。可以看出对于一个单独点的动态带宽能够达到约10kHz,其限制是由音圈和控制算法造成的。

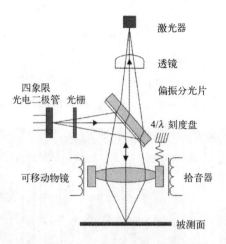

图 4.3　光机自动对焦探针法示意图

和很多依赖于反射光测量技术一样,当光不能直接反射回探针时,DVD 的探针将无法聚焦,比如倒槽、肩角和其他相对陡然立起的侧壁(与水平面夹角 <20°)的测量。另外,良好对焦需要相对较高的反射率,由于相对较慢的扫描速度,被测面的动态成像也较为困难。

4.2.1.5　扫描干涉法

干涉能够令 Z 轴方向的测量更加精确。由高度差引起的光波的干涉现象对被测物的高度变化非常灵敏,利用这种方法非常容易测量小于光线波长的高度差。扫描激光干涉法和扫描白光干涉法(SWLI)都是基于这种原理。

在图 4.4 所示的干涉仪中,光束被物镜分光,分开的光一束向被测面传播,另一束则打在参考面上。这两束光反射后相互干涉,形成了明暗相间的带状图形,这种图形被称为条纹。在一些扫描干涉仪中,在沿着垂直于被测面方向上,使用压电晶体来产生微小位移。当参考面在物镜范围内移动时,反射光的混合使得图形变化多样。当干涉图形,或称条纹,产生偏移时,通过光线的波长参与计算,就能够解算出坐标数据[17]。

目前,SWLI 被用于测量微机械零件的空间尺寸[18]。白光干涉仪在扫描方向上具有亚纳米分辨率,在横向上最高分辨率能达到亚微米,这样的白光干涉仪可以用在大量具有不同表面粗糙度零件的测量[19]。通常情况下,扫描式干涉仪使用白光,是因为它可以通过对比多个波长的数据来得到更高的分辨率。另外,能够解算出阶梯高度大于 $\lambda/4$ 的变化[20]。这项技术能够快速测量阶梯高度变化和偏移,而且,当结合图像处理系统时,还能够测量横向尺寸。然而,商用版的扫描式激光干涉仪横向分辨率不高,除非配备高倍物镜,这又使得视场受到限制。此外,当物镜的放大倍率下降时,能够识别出的斜面倾角也会随之下降,使得这些设备对倾斜表面的测量能力不足。

56

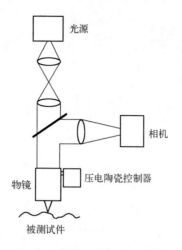

图 4.4　扫描式激光干涉仪原理示意图

　　尽管有多种限制,白光干涉仪仍大量应用于 MEMS 工业领域,用来判别表面粗糙度、支撑结构分析、倾角曲线判定以及材料特性分析。还有文章称使用 SWLI 测量介观尺寸的装置也比较成功[21]。使用闪频光技术的白光干涉仪能够实现动态度量,Veeco 的 DMEMS 系统能够提供 15Hz ~ 1MHz 频率并具有 0.1nm 数量级的分辨率[22]。在 3 个维度上同步测量的数据能够产生移动系统的视频,如图 4.5 所示,是一幅利用 SWLI 获得的微机械光栅结构的三维图样。

图 4.5　由 SWLI 采样的微机械真实光栅结构三维图

4.2.1.6　微制造扫描式光栅干涉仪——μSGI

　　微制造扫描式光栅干涉仪,也叫 μSGI,是一种可以动态或静态平行扫描的仪器[23,24]。μSGI 是从传统的激光干涉仪发展而来的,但是它能够在微小尺度下进行操作。系统由标准的硅处理技术制造,利用反射的衍射光栅来测量距离。利用回流技术将衍射光栅焊接起来,并置于有透镜的透明基底上,光电二极管接收被衍射光栅反射后的光。系统如图 4.6 所示,衍射光栅被焊在薄膜上,这些薄膜能够主动降低噪声。

57

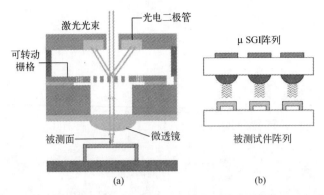

图 4.6　(a)微制造扫描式光栅干涉仪示意图;(b)测量阵列示意图。

　　对于所有干涉仪而言,光强都会因被测位移变化而呈现正弦波波形方式改变。衍射光栅由可变形材料制成,通过保持在正弦波内的线性分段来得到更高的纵向位移灵敏度。这种方法的纵向分辨率能够达到 0.5nm,横向分辨率达到 1μm。

　　与传统干涉仪相比,该系统具有几个明显的优点。首先,这种干涉仪设计为阵列形式,而且并行使用几个 μSGI 结构,这使得检测速度更快。其次,该系统具有执行静态和动态测量的能力。它使用高带宽可转动栅格激励来实现复现标定法,从而降低 μSGI 中的噪声。这个算法在低频处降噪能力大于 40dB,且全频降低 6.5kHz 的噪声。在光电探测器带宽的限制下,μSGI 能实现 $2 \times 10^{-5}\,\mathrm{nm/Hz^{\frac{1}{2}}}$ 的宽幅带宽(GHz)[25],它还可以进一步改良来进行远距测量[26]。图 4.7 是一个 μSGI 扫描的振动 AFM 示例。

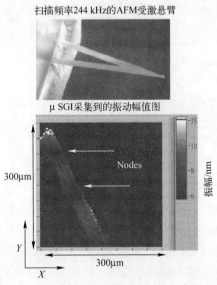

图 4.7　由 μSGI 扫描出来的 AFM 悬臂振幅图
(受到其第三谐振频率激励,图中箭头所示为两个节点)

4.2.1.7 扫描式激光多普勒振动测量法

激光多普勒振动测量法(LDV)是一种利用了多普勒效应的非接触式振动测量技术。

LDV 被设计用于测量工件的动态位移,当光束被移动目标反射时,能够观测到频移。如果目标远离光源移动,则反射光表现出频率降低;当目标移向光源时,则频率增高。这种频移能够通过将反射光与参考光相干而测量到。一个扫描的激光光斑可以测量物体表面的动态形貌。

如图 4.8 所示,一束相干激光光束经过一系列分光镜和透镜传输。参考光为来自固定的全反射镜的光束的一部分,光束的另一部分被移动目标反射,反射光承载着移动目标的位移和速度信息。一个声光装置,布拉格盒,用来将光信号转化为频移,再送给参考光,这样能防止干涉仪典型的方向不定现象[27]。

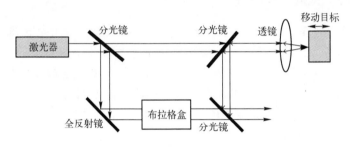

图 4.8　扫描式多普勒振动测量法示意图

LDV 可以工作于长距条件,通常被用于无损动态测量法。由于信号依赖于被测面的反射率,所以陡峭斜面的动态测量是十分困难的。横向分辨率受限于衍射光。Lawrence 等人使用 LDV 来测量双轴 MEMS 的动态振动[28],LDV 还可以结合扫描式白光干涉仪来测量被测面的表面形貌[29]。

4.3　数字全息成像显微系统

数字全息成像显微系统已经开发出来许多年了,它被用来测量振动机构的位移。在该项技术里,利用数字相机来记录参考光与被测面的反射光相干的全息图像。全息图像被存储后,与目标位移或形变产生的全息图像相对比。使用标准相位移动法或者其他的干涉技术可以将这些形变量化。结合全息成像和闪频技术,该系统能够测量机构平面外高达几兆赫兹的跳动[30]。具有离轴模式的全息成像系统可以只进行一次图像采样,就能够获得一个完整零件的信息,该图像可以重构零件的任何目标平面,而且数字全息成像显微法(DHM)甚至可以用于长基准距离(20～30cm)的测量。DHM 的横向分辨率相对较高(约为300nm),纵向分辨率达到亚纳米级[31]。然而,这样的分辨率既适合静态测量,也适合低带宽测量[32]。

图像重构有很多种方法,包括菲涅尔法、傅里叶法和卷积法。没有任何传统光学组件,无透镜傅里叶全息成像法是最快的也是最适合测量小目标的方法,它的横向分辨率范围从几个微米到几百个微米[33]。在数字全息成像法中,由于条纹计数问题的存在,相位展开仍然是必须的。

在时间平均的光电全息成像显微法(EOHM)中,将曝光时间额外延长一段时间(相对于振动周期)来成一次像,用这种方法比较容易找到共振频率并得到模态振型。虽然操作的带宽不受限,但在时域中的一次给定测量中只能对一个频率进行分析。DHM方法还有一些像差,如球差(离轴模式)、彗差或像散、场曲、或者畸变[34]。

4.3.1　扫描式电子显微镜

任何光学测量法的横向和纵向分辨率都主要受限于所用光的波长,波长越短分辨率越高。电子显微镜使用电子束,具备产生埃米级分辨率的能力。电子显微镜主要分为透射式电子显微镜(TEM)和扫描式电子显微镜(SEM)两种类型。在TEM中,电子束穿过试样薄硅在另一侧成像。而另一方面对于SEM来说,在真空中用一个聚焦的高能电子束穿过一个导电试件来工作,当电子束轰击到试件表面时,激发出次级电子,而这些次级电子被用于产生试件的图像。如图4.9所示,为一个SEM的示意图。目前,商用的SEM能够具备亚纳米级的纵向分辨率以及最高200万倍的放大倍率。SEM是对于微机械零件三维结构和高精度细节可视化成像的普遍应用的测量方法之一[35]。

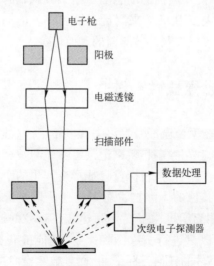

图4.9　扫描式电子显微镜示意图

由于 SEM 对试件以正常摄像速度进行成像,这使得对高频动态振动的测量变得十分困难。SEM 的闪频技术可以将摄像设定为多种拍摄速度。对于其他的频率设定,拖影区域可以评估横向振动的幅值大小,从而设定真空中动态装置的因数 $Q^{[36]}$。Wong Cl 和 Wong Wk 进行了平面内的由次级电子探测器的信号控制曝光时间的动态闪频成像实验,通过对像素模糊分析来获得动态测量中的瞬时速度[37]。

SEM 的成像精度很大程度上取决于机器性能和被测的具体零件[38],杆状试件的电感效应(例如充放电效应)将影响检测效果。另外,虽然 SEM 的分辨率较高,典型情况下,电子探测器产生的输出直接在屏幕上显示为二维图像,使用 SEM 的软件直接进行超出线宽的分析变得比较困难。因此,使用 SEM 进行 MEMS 零件的可视化是理想的,但进行 MEMS 装置的定量分析还不能胜任(见图 4.10)。

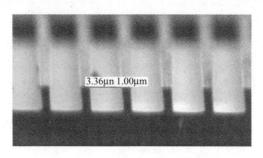

图 4.10　某微机械栅格的样图

基于 SEM 的测量方法还有很多弊端。使用 SEM 时,图像中的边沿呈现强烈的变化[3],因此边沿的位置可能难以确定,这取决于所使用的图像分析技术,而这可能导致差异较大的测量结果。SEM 在真空中的压力也可能致使在扫描时使精密的 MEMS 产生弯曲现象[39]。真空条件和被测物导电的需求也增加了扫描式电子显微法的复杂度。

SEM 处理的另一种方法叫 X – SEM。这种处理是有损的,并且需要对试件的横截面进行成像。这项技术经常被用于判定侧壁和高度特征[40]。当采用自顶向下型 X – SEM 来表达 SEM 的图像特征时,需要对强度进行解读,这种处理对于侧壁的几何特征非常灵敏[41]。自顶向下型 SEM 通常用于微结构的特征探测。

4.4　微坐标测量机——μCMM

CMM 是一种用来测量零件的表面形貌的接触式测量方法,使用一个探针对零件表面进行扫描并产生接触位置的平面上点的坐标。有人研究能否使用低精度的 CMM 来进行微机械零件的几何特征的探测[42]。这些装置的工作空间可达到 $400 \times 400 \times 100\text{mm}$[43]。还有人尝试使用纳米分辨率来探讨亚微米的不确定性[44]。还有很多研究工作,都尝试把传统 CMM 的部件尺寸降下来[45,46],主要的工作集中在尺寸、质量和用于检测的探针针尖的标定上。可以看出,探测微小位移力的传感系统的设计仍然具有挑战性,此外,光学的测量方法能够达到纳米级分辨率,当进行大于 $25\text{mm} \times 25\text{mm} \times 10\text{mm}$ 的商用三维(CMM)测量时,需要使用具有复合显微镜的激光扫描器。

4.5　扫描式探针显微镜

　　扫描式探针显微镜(SPM)是另一种具有高分辨率的接触式检测技术。最广泛使用的两种 SPM 是扫描隧道显微镜(STM)和原子力显微镜(AFM)。在STM 中,使用金属材质探针置于十分接近导体表面的地方,这样在二者之间能够有非常微弱的电流流过,使用反馈电路将这个电流控制为恒定,这样就可以使探针跟踪被测面的高度[3]。在被测面的纵向方向上可以达到亚埃米级分辨率,在横向上可以达到埃米级分辨率。

　　AFM 具有与 STM 相似的分辨率,但它的使用不受限于被测面是否导电[49]。使用 AFM 进行测量时,使用锋利的探针在被测零件的表面上收集一系列的扫描线,所使用的探针十分接近试件,通过测量针尖的引力和斥力而得到零件的形貌数据。图 4.11 为一个 AFM 的示意图,AFM 的悬臂上有一个锋利的探针,探针非常逼近试件的表面。表面力的变化,如范德华力、机械接触力、毛细作用力,这些力会致使悬臂弯曲,通过测量激光光束的位移变化就可以来探测这些力的大小。用这个信号作为反馈信号来驱动 AFM 悬臂跟踪试件表面,并记录试件表面的形貌数据。

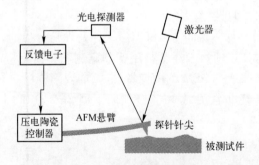

图 4.11　原子力显微镜示意图

　　取决于反馈力的大小,AFM 可工作于接触和非接触两种模式来收集表面数据。在接触模式下,数据的获取与表面粗糙度测量仪相类似,探针针尖都是沿着被测面滑过来进行高度变化的测量。探针针尖在零件的被测面滑过时产生的剪切应力是由探针针尖在被测面上的一个摆动机构来消除的,这种也被称作是轻敲模式。在非接触模式下,测量探针针尖和试件之间的范德华力并转换为坐标数据,所以非接触方法能够消除针尖的腐蚀效应[50]。这种模式的分辨率较低,而且比滑过和轻敲模式的稳定度低些。

对于 SPM 来说还有某些局限,尤其是测量高纵横比零件。就像前面提到过的,只能局限于具有导电表面的零件。电子的不均匀性也对由探针产生的形貌图像有很大的影响[51]。探针机械结构的振动同样也令针尖和被测面间的缝隙大小不稳定,相应的会影响到测量的保真度。在测量一个表面上或两个表面之间的最大倾斜变化时,和白光干涉仪一样,所有的 SPM 都有局限性。当扫描到垂直侧壁的时候,典型的数据将呈现出一个实际上并不真实的斜坡或阴影[52]。SPM 在 Z 轴方向(平面外)具有原子级的分辨率,但却只局限于微米级的范围。上述这些局限严重限制了对毫米级高纵横比零件的检测,因为扫描范围受到限制,这使对零件的整个表面全覆盖扫描变得不可行。

近年,AFM 已经能够成功测量 $2\mu m$ 高的零件侧壁[54,55],使用机械式反馈环路和共振扫描机械结构的高速 AFM 可以进行动态测量,不过这种是接触式测量方法[56]。一个整合力传感及主动探针(FIRAT)的 AFM 使用了高带宽的微机械执行机构,具有高干涉分辨率,并延伸了测量范围[57,58]。

4.5.1 微计算机 X 射线照相术

计算机 X 射线成像(CT)是一种用于无损式三维测试的放射线成像技术。该项技术最早开发是用于医学成像领域,后来发展为对微机械部件成像。CT 检测是在设定好的横截面上进行一套完全的线积分测量,并使用不同的数学算法来构建待测切片上的空间参数变化[59]。将二维成像板罗列在一起,并使用软件来呈现三维图像。

图 4.12 所示为一个 CT 系统的示意图。样本置于一个可以平移和转动的平台上,X 射线穿过被测物并被光学元件放大,随后被闪频相机(scintillator - camera)所探测,然后使用计算机处理和重构所需图像并被显示出来。

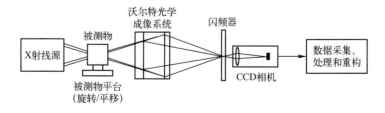

图 4.12 计算机 X 光成像系统示意图

CT 可以用于介观尺度装置的内部结构的无损性特征检测,而且,还可以用于检测金属或非金属、固体或纤维、平滑或凸凹不平的试件表面。然而,对于一些材料,如聚四氟乙烯,CT 扫描无法观测到[60]。检测结果可用于质量控制、裂缝探测、尺寸测量和逆向工程。然而还有一种可能,就是由于系统的物理原理导致了图像中的人为痕迹。CT 扫描能够提供微米级的分辨率,但一个完整的扫描十分耗费时间,并且需要极其大量的数据处理工作[61,62]。对原始数据的处理将影响到检测的结果,目前的算法还未实现良好的标准化,也未被任何国际认证度量标准所检验。

4.5.2　扫描声学显微镜

采用光学手段或大部分的接触式方法对微机械零件内部特征进行无损检测是一件具有挑战性的工作。扫描声学显微镜(SAM)提供了一种穿透固体结构并对不同分层界面成像的手段(见图 4.13)。这项技术被广泛地用于半导体制造业,可以探测硅材料中的剥离、裂纹缺陷,以及填充欠充分[63]。很多微机械技术都起源于半导体业,都可应用声学显微镜来将微机械部件内部特征进行可视化。

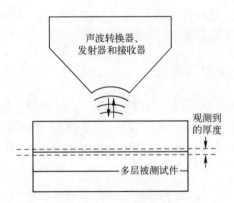

图 4.13　扫描声学显微镜示意图

SAM 利用声波的频率范围从兆赫兹到千兆赫兹。声波由一个转换器产生,并使用声学透镜聚焦于试件,声波需要一个媒介来传播,于是将零件浸没于水下或者圆柱形水槽中,对零件进行扫描并产生声波路径。在零件的每两个分层的交界面上,声波都被反射回来。如果交界面上两个材料的声学阻抗差异表现明显,则大部分的声波将被反射。因此,能够轻易地通过反射式 SAM 探测到结构中的孔洞。因为反射波形在时间上是分开的,所以不同的交界面很容易观测到。完整的反射波形被称为 A 扫描,如果只有一部分声波波形被采集到而成像,那么则被称为 C 扫描。C 扫描可以观测到被测试件内部很薄的分层。在另外一种扫描模式中,穿透试件的信号由转换器下面的一个传感器接收(T 扫描),这样可以观测到试件整个厚度内的缺陷。

SAM 是一种可靠的微机械部件的无损检测技术,可以探测裂纹、剥离、填充欠充分和静态阻力[64-66],还能达到几个微米的横向分辨率和几个毫米的景深。然而,需要把零件浸没或者暴露于一些媒介,如水中,这样就可能引起被测零件的腐蚀、静态阻力,以及其他不希望的变化。声学显微镜还被改装为扫描近场显微镜(SNAM),用来探测亚表面缺陷。

4.5.3 微机械部件的测温

很多 MEMS 会对元件加热(例如 AFM 悬臂上的热针尖)[68,69],这些零件的测温(温度测量)对于确保它们的功能性至关重要。对于制造过程中或制造完成的微机械部件的温度探测,有几种不同的办法。

4.5.3.1 红外显微镜

部件的温度越高,它们发射出来的红外线强度就越大。微红外辐射测温技术能探测从被测试件中发出的红外辐射,并解算成试件热辐射系数的基础温度。通常情况下,这些系统都要在不同温度下进行标定,用以计算温度改变时的热辐射系数。因为光学显微镜通常是几个微米级的,所以最小光斑的尺寸取决于衍射的限定。在动态的读取中,可以获得 $1\mu s$ 指令的瞬时分辨率。这种典型的方法用于集成电路(IC)业,用这种方法可以获得发热器件的热图[70]。

在扫描微制造零件时使用这种方法还有些缺点。硅是微制造领域中使用最广泛的材料之一,但它对红外线(IR)是半透明的,这就引起了不确定性。典型情况下,红外接收器需要冷却以减小噪声,然而有冷却装置的接收器体型较大不便使用。新的研究开始尝试使用双材料微悬臂来探测能量的吸收[71]。这些缺点对 3~5℃ 的分辨率来说是个限制。

4.5.3.2 热反射测温法

这项技术利用了在材料表面热反射的微小变化来进行测温,系统要针对该材料进行预先标定。使用可见的激光来测量试件的反射率,通过热反射测温法能够达到亚微米级的空间分辨率,测温点的大小取决于可见的辐射光的衍射极限,能够获得该试件的皮秒级的动态温度图[72]。利用这项技术可以获得几个毫开氏度的温度分辨率[73]。在标校过程中,表面特征如粗糙度、涂层不均匀性都将对温度读取的精度产生影响。

4.5.3.3 扫描热显微镜

扫描热显微镜(SThM)利用 AFM 原理制成。在 AFM 悬臂的探针针尖上制造一个温度传感器(热电偶),当悬臂扫过被测试件表面时,能够记录温度图[74]。SThM 主要的优点就是 AFM 上的探针针尖使它能够达到几个纳米的高空间分辨率[75]。然而,与光学技术相比它的扫描速率较低,并且动态测量整个表面也比较困难。由于缺乏好的标校技术,在探针针尖和试件被测面之间的接触阻力、摩擦效应以及迟滞效应都限制了 SThM 的检测精度。

4.5.3.4 激光诱导荧光

激光诱导荧光技术用于微机械和流体机构的热测量。该项技术在被测试件上种植一种对温度灵敏的磷染色剂,然后通过监测荧光来测量温度,这种技术能测量的温度范围非常广[76]。荧光的强度与光照强度、染色剂浓度以及光常量都是成比例的,因此该技术高度依赖所采用的装置[77]。对于微机械零件来说,对被测表面的改造同样也限制了该项技术的使用。

4.5.3.5 激光干涉测温法

另外一种用于热成像的技术就是激光干涉测温技术,这项技术利用材料因温度变化而产生的折射率变化。对于红外辐射率来说,温度可以观测到硅的折射率的显著变化,这个变化可以通过干涉法进行测量[78]。在操作时,将一束激光投射在被测试件表面,根据上下表面间的光路长度的不同,试件的上下表面的反射光将产生相长或相消干涉。当温度变化时,光路长度也随之变化,这个变化可以用光电二极管测量相干光的光强而得到。这种技术能够探测到亚开氏度的变化。如果被测试件内存在应变会使读数混淆。这项技术是不可能测量绝对温度的。还有,被测试件表面感兴趣区域的厚度必须一致,否则对其表面进行热成像也会变得困难。

4.6　机械特性的测量

机械特性,例如杨氏模量、断裂韧度、屈服强度;以及相关的物理测量参数,例如应力、应变,它们对微机械的设计和微机械零件的可靠性都至关重要。对于微机械零件来说,大块材料与薄膜材料的特性显著不同。因此,微机械部件需要对其材料特性进行测试。然而,试件的制造和处理以及对其直接施加力都具有挑战性。目前,已经开发出不同的测试手段来检测微机械零件的材料特性。

4.6.1　拉曼光谱法

拉曼光谱法是一种用于应力和温度测量的光学检测技术。由于应力和温度的作用,光在被测试件表面产生关于应力和温度的函数漫反射(散射)。这项技术尤其适合用硅制造的微机械零件,因为它的横截面极易造成光的漫反射。在这个方法里,一束激光投射于被测试件表面,由于光子和声子的相互作用,部分入射光将形成漫反射,这些光子可以被分光测量,并给出声子的共振频率信息。声子共振可以被转换成温度测量和材料内部贴近表面的应力,这个方法能够获得基于微米级的空间分辨率的光学衍射极限。并且,它还受限于亚微米级的穿透深度。有文章报道过 10MPa 的应力分辨率和 5K 的热分辨率[79,80]。

4.6.2　弯曲测试

对力进行测量,可以使用横梁弯曲法。在该测试中,用探针使微悬臂产生挠度(见图4.14),所施加的力被探针一侧测量出来,同时使用光学办法测量横梁的变形。已知横梁的几何结构,利用弯曲原理,就能获得杨氏模量。进一步弯曲横梁,直到横梁断裂,则可提供试件材料的屈服强度和断裂韧度。

一个已知弹性系数的AFM探针可以用来测量这些特性[81]。这是个相对简单的来测试微机械零件的机械特性的办法。静电牵引是弯曲测试的另一种形式,它可用于确定薄膜材料的机械特性[82]。

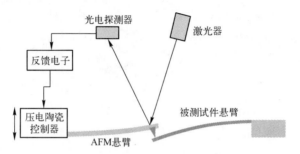

图4.14　使用AFM探针使微悬臂偏斜的弯曲测试示意图

然而,在大多数情况下,由于横梁变形后曲率较大,所以线性原理并不适用。因此,数据的分析变得相对困难,需要进行数值分析。

4.6.3　拉伸测试

在拉伸测试中,用已知大小的力从两端拉伸试件,然后通过测量应变来判别杨氏模量、泊松系数、屈服强度和断裂强度(见图4.15)。因为试件尺寸很小,所以试件的处理和对施加力的作用具有一定挑战性,可以使用各种夹紧结构和机构来克服这些问题。经常使用基于MEMS的夹具和加载结构,是基于扭矩装置和静电及压电驱动器[83,84]。在材料上是使用反射线堆积来产生边缘,能够对应变进行更精确的测量[85]。数字图像关联(DIC)法也可用于测量应变[86]。

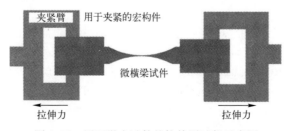

图4.15　用于微小试件的拉伸测试仪示意图

4.6.4 界面特性

微机械部件经常具有独立表面,这就引起摩擦和静态阻力。这些特性取决于环境条件,尤其是湿度条件。测量这些界面的特性对于这些部件可靠性非常重要。判别静态阻力大小的办法之一就是利用静电力使独立悬臂缩塌,当静态阻力迫使静电力释放掉时,悬臂就会坍塌。这样,就留下一个 S 形横梁,而悬臂横梁的不依靠支撑的长度就可以用来计算静态阻力(见图 4.16)[87]。还可以将静电牵引力转化为可平移动作,这样就可以判别摩擦力了[88,89]。

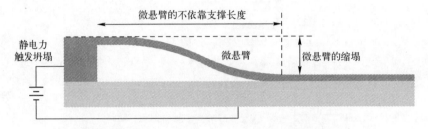

图 4.16 用于测量精密阻力效应的试验机构示意图

参 考 文 献

[1] El – Hakim SF. Some solutions to vision – dimensional metrology problems. SPIE Proceedings, Close – Range Photogrammetry Meets Machine Vision;1935 Sep 3 – 7;Zurich,Switzerland;1990.

[2] Svetkoff DJ,Kilgus DB. Influence of object structure on the accuracy of 3 – D systems for metrology. Proc SPIE 1992;1614:218.

[3] Marchman HM,Dunham N. AFM:a valid reference tool? Proc SPIE 1998;3332:4.

[4] VIEW. 2008. Ronchi grid. Available at http://www. vieweng. com/ronchi_grid. jsp.

[5] Petitgrand S,Bosseboeuf A. Simultaneous mapping of out – of – plane and in – planevibrations of MEMS with(sub) nanometer resolution. J Micromech Microeng 2004;14(9):97 – 101.

[6] Corle TR,Kino GS. Confocal scanning optical Microscopy and related imaging sys – tems. Academic Press, San Diego;1996.

[7] Shin HJ,Pierce MC,Lee D,Ra H,Solgaard O,Richards – Kortum R. Fiber – optic con – focal microscope using a MEMS scanner and miniature objective lens. Opt Express 2007;15(15):9113 – 9124.

[8] Riza NA,Sheikh M,Webb – Wood G,Kik PG. Demonstration of three – dimensional optical imaging using a confocal microscope based on a liquid – crystal electronic lens. Opt Eng 2008;47:063201.

[9] Seitz G,Tiziani HJ. Resolution limits of active triangulation systems by defocusing. Opt Eng 1993;32:1374.

[10] Blasi F. Review of 20 years of range sensor development. J Electron Imaging 2004;13:231.

[11] Leonhardt K,Droste U,Tiziani HJ. Microshape and rough – surface analysis by fringe projection. Appl Opt 1994;33(31/1):7477 – 7488.

[12] Windecker R,Franz S,Tiziani HJ. Optical roughness measurements with fringe pro – jection. Appl Opt

1999;38(13):2837 − 2844.

[13] Tay CJ,Quan C,Shang HM,Wu T,Wang S. New method for measuring dynamic response of small components by fringe projection. Opt Eng 2003;42:1715.

[14] Fan KC,Chu CL,Mou JI. Development of a low − cost autofocusing probe for profile measurement. Meas Sci Technol 2001;12:2137 − 2146.

[15] Fan KC,Fei YT,Yu XF,Chen YJ,Wang WL,Chen F,Liu YS. Development of a low − cost micro − CMM for 3D micro/nano measurements. Meas Sci Technol 2006;17(3):524 − 534.

[16] Kirkland E. A nano coordinate machine for optical dimensional metrology [MS thesis]. Atlanta(GA): Georgia Institute of Technology;2003.

[17] St. Clair LES,Mirza AR,Reynolds P. Metrology for MEMS manufacturing. Sens Mag 2000;17(7).

[18] O'Mahony C,Hill M,Brunet M,Duane R,Mathewson A. Characterization of micromechanical structures using white − light interferometry. Meas Sci Technol 2003;14(10):1807 − 1814.

[19] de Groot PJ,Deck LL. Surface profiling by frequency − domain analysis of white light interferograms. Proc SPIE Int Soc Opt Eng 1994;2248:101.

[20] Wyant JC. White light interferometry. Proc SPIE Int Soc Opt Eng 2002;4737:98 − 107.

[21] Shilling KM. Two dimensional analysis of meso − scale parts using image processing techniques [Masters thesis]. Atlanta(GA):Mechanical Engineering,Georgia Institute of Technology;2003.

[22] Veeco. 2008. DMEMS NT3300,Available at http://www. veeco. com/pdfs. php/395(last accessed 2008).

[23] Kim B,Degertekin FL,Kurfess TR. Micromachined scanning grating interferom − eter for out − of − plane vibration measurement of MEMS. J Micromech Microeng 2007;17:1888 − 1898.

[24] Karhade OG,Degertekin FL,Kurfess TR. SOI − based micro scanning grating inter − ferometers:device characterization, control and demonstration of parallel operation. J Micromech Microeng 2008; 18 (4):045007.

[25] Karhade OG,Degertekin FL,Kurfess TR. Active control of microinterferometers for low − noise parallel operation. IEEE/ASME Trans Mechatron 2010;15(1):1 − 8.

[26] Karhade OG,Degertekin FL,Kurfess TR. Active control of grating interferometers for extended − range low − noise operation. Opt Lett 2009;34(19):3044 − 3046.

[27] Lawrence EM. MEMS characterization using Laser Doppler vibrometry. Proc SPIE 2003;4980(51). DOI:10. 1117/14. 478195.

[28] Lawrence EM,Speller KE,Yu D. MEMS characterization using Laser Doppler Vibrometry. Proc SPIE 2003;4980:51.

[29] Polytec I. 2008. MSA − 500 micro system analyzer. Available at http://www. polytec. com/usa/_files/ OM_BR_MSA − 500_2008_06_US_draft. pdf. Retrieved 2008 Sep 24.

[30] Novak E. MEMS metrology techniques. Proc SPIE 2005;5716:173.

[31] Coppola G,Ferraro P,Iodice1 M,De Nicola S,Finizio A,Grilli S. A digital holo − graphic microscope for complete characterization of microelectromechanical systems. Meas Sci Technol 2004;15(3):529 − 539.

[32] Emery Y,Cuche E,Marquet F,Aspert N,Marquet P,K¨uhn J,Botkine M,Colomb T,Montfort F,Charri' ere F,Depeursinge C. Digital holography microscopy(DHM):fast and robust systems for industrial inspection with interferometer resolution. Optical Measurement Systems for Industrial Inspection IV;Munich,Germany,SPIE;2005.

[33] Seebacher S,Osten W,Baumbach T,J¨uptner W. The determination of material parameters of microcomponents using digital holography. Opt Lasers Eng 2001;36(2):103 − 126.

[34] Hariharan P. Optical holography. Cambridge University Press New York;1984.

69

[35]　Hitachi. 2008. S – 5500 In – Lens FE SEM. Available at http://www. hitachi – hta. com/pageloader ~ type ~ product ~ id ~ 389 ~ orgid ~ 44. html(last accessed 2008).

[36]　Gilles JP, Megherbi S, Raynaud G, Parrain F, Mathias H, Leroux X, Bosseboeuf A. Scanning electron Microscopy for vacuum quality factor measurement of small – size MEMS resonators. Sens Actuators A Phys 2008;145 :187 – 193.

[37]　Wong CL, Wong WK. In – plane motion characterization of MEMS resonators using stroboscopic scanning electron microscopy. Sens Actuators A Phys 2007;138(1) :167 – 178.

[38]　Postek M. The scanning electron. Handbook of charged particle optics; CRC press, Florida; 1997.

[39]　Storment CW, Borkholder DA, Westerlind V, Suh JW, Maluf NI, Kovacs GTA. Flexible, dry – released process for aluminum electrostatic actuators. J Microelec – tromech Syst 1994;3(3) :90 – 96.

[40]　Opsal JL, Chu H, Wen Y, Chang YC, Li G. Fundamental solutions for real – time optical CD metrology. Proc SPIE 2002;4689 :163.

[41]　Lagerquist MD, Bither W, Brouillette R. Improving SEM linewidth metrology by two – dimensional scanning force microscopy. Proc SPIE 1996;2725 :494.

[42]　Peggs GN, Lewis AJ, Oldfield S. Design for a compact high – accuracy CMM. CIRP Ann Manuf Technol 1999;48(1) :417 – 420.

[43]　Shiozawa H, Fukutomi Y, Ushioda T, Yoshimura S. Development of ultra – precision 3D – CMM based on 3D metrology frame. Proc ASPE 1998;18 :15 – 18.

[44]　Peggs GN, Lewis A, Leach RK. Measuring in three dimensions at the meso – scopic scale. Proceedings of ASPE;2003 Jan 22 – 23, Florida;2003.

[45]　Takamasu K, Fujiwara M, Yamaguchi A, Hiraki M, Ozono S. Evaluation of thermal drift of nano – CMM. Proceedings of 2nd EUSPEN International;2001.

[46]　Cao S, Brand U, Kleine – Besten T, Hoffmann W, Schwenke H, B¨utefisch S, B¨uttgenbach S. Recent developments in dimensional metrology for microsystem com – ponents. Microsyst Technol 2002;8(1) :3 – 6.

[47]　Fan KC, Fei YT, Yu XF, Chen YJ, Wang WL, Chen F, Liu YS, Development of a low – cost micro – CMM for 3D micro/nano measurements. Meas Sci Technol 2006;17(3) :524 – 534.

[48]　Shapegrabber. 2008. SG2 series scan heads. Available at [http://28189. vws. magma. ca/sol – prod-ucts – 3d – scan – heads – specs – metric. shtml.

[49]　Binnig G, Quate CF, Gerber C. Atomic force microscope. Phys Rev Lett 1986;56(9) :930 – 933.

[50]　Marchman HM. Nanometer – scale dimensional metrology with noncontact atomic force microscopy. Proc SPIE 1996;2725 :527.

[51]　Binnig G, Rohrer H. Scanning tunneling microscopy. IBM J Res Dev 2000;44(1 – 2) :279 – 293.

[52]　Griffith JE, Marchman HM, Miller GL, Hopkins LC. Dimensional metrology with scanning probe microscopes. J Vac Sci Technol B Microelectron Nanometer Struct 1995;13 :1100.

[53]　Veeco. 2008. Innova SPM. Available at http://www. veeco. com/pdfs/datasheets/B67_RevA1_Innova _Datasheet. pdf(last accessed 2008).

[54]　Rizvi SA, Meyyappan A. Atomic force microscopy :a diagnostic tool(in) for mask making in the coming years. Proc SPIE 1999;3677 :740.

[55]　Walch K, Meyyappan A, Muckenhirn S, Margail J. Measurement of sidewall, line, and line – edge roughness with scanning probe microscopy. Proc SPIE 2001;4344 :726.

[56]　Humphris ADL, Miles MJ, Hobbs JK. A mechanical microscope :high – speed atomic force microscopy. Appl Phys Lett 2005;86 :034106.

[57]　Onaran AG, Balantekin M, Lee W, Hughes WL, Buchine BA, Guldiken RO, Parlak Z, Quate CF, De-

gertekin FL. A new atomic force microscope probe with force sensing integrated readout and active tip. Rev Sci Instrum 2006;77:023501.

[58] Van Gorp B, Onaran AG, Degertekin FL. Integrated dual grating method for extended range interferometric displacement detection in probe microscopy. Appl Phys Lett2007;91:083101.

[59] STM. ASTM Standard Guide for Computed Tomography(CT) Imaging, Designation: E1441 – 9;1993.

[60] Fisher RF, Hintenlang DE. Micro – CT imaging of MEMS components. J Nondestruct Eval 2008;27: 115 – 125.

[61] Shilling KM. Meso – scale Edge Characterization [PhD thesis]. Atlanta(GA) : Georgia Institute of Technology;2006.

[62] Rapiscan. 2008. CT systems. Available at http://www. rapiscansystems. com/ctsystems. html(last accessed 2008).

[63] Semmens JE. Flip chips and acoustic micro imaging: an overview of past applications, present status, and roadmap for the future. Microelectron Reliab 2000;40(8 – 10):1539 – 1543.

[64] Wei J, Xie H, Nai ML, Wong CK, Lee LC. Low temperature wafer anodic bonding. J Micromech Microeng 2003;13(217). DOI:10. 1088/0960 – 1317/13/2/308.

[65] Dragoi V, Glinsner T, Mittendorfer G, Wieder B, Lindner P. Adhesive wafer bonding for MEMS applications. Proc SPIE 2003;5116:160 – 167.

[66] Janting J. In: Leondes CT, editor. Techniques in scanning acoustic microscopy for enhanced failure and material analysis of microsystems, MEMS/NEMS Handbook. Springer;2007. pp. 905 – 921.

[67] G¨unther P, Fischer UC, Dransfeld K. Scanning near – field acoustic microscopy. Appl Phys B Lasers Opt 1989;48(1):89 – 94.

[68] Mamin HJ. Thermal writing using a heated atomic force microscope tip. Appl Phys Lett 1996;69(433). DOI:10. 1063/1. 118085.

[69] Moulton T, Ananthasuresh GK. Micromechanical devices with embedded electro – thermal – compliant actuation. Sens Actuators A Phys 2001;90(1 – 2):38 – 48.

[70] Trigg A. Applications of infrared microscopy to IC and MEMS packaging. IEEE Trans Electron Packaging Manuf 2003;26(3).

[71] Zhao Y, Mao M, Horowitz R, Majumdar A, Varesi J, Norton P, Kitching J. Optomechanical uncooled infrared imaging system: design, microfabrication, and performance. J Microelectromech Syst 2002;11(2): 136 – 146.

[72] Cahill DG, Goodson K, Majumdar A. Thermometry and thermal transport in micro/nanoscale solid – state devices and structures. J Heat Transfer 2002;124(2):223 – 242 DOI:10. 1115/1. 1454111.

[73] Christofferson J, Shakouri A. Thermoreflectance based thermal microscope. Rev Sci Instrum 2005;76: 024903. DOI:10. 1063/1. 1850634.

[74] Mills G, Zhou H, Midha A, Donaldson L, Weaver JMR. Scanning thermal microscopy using batch fabricated thermocouple probes. Appl Phys Lett 1998;72:2900. DOI:10. 1063/1. 121453.

[75] Luo K, Shi Z, Varesi J, Majumdar A. Sensor nanofabrication, performance, and conduction mechanisms in scanning thermal microscopy. J Vac Sci Technol B 1997;15(2):349 – 360.

[76] Goss LP, Smith AA, Post ME. Surface thermometry by laser – induced fluorescence. Rev Sci Instrum 1989;60:3702 – 3706. DOI:10. 1063/1. 1140478.

[77] Hassan I. Thermal – fluid MEMS devices: a decade of progress and challenges ahead. J Heat Transfer 2006;128(11):1221 – 1234. DOI:10. 1115/1. 2352794.

[78] Donnelly VM, McCaulley JA. Infrared – laser interferometric thermometry: A non – intrusive technique for

measuring semiconductor wafer temperatures. J Vac Sci Technol A 1990;8(1):84－94.

[79] Srikar VT,Swan AK,Unlu MS,Goldberg BB,Spearing SM. Micro－Raman measure－ment of bending stresses in micromachined silicon flexures. J Microelectromech Syst 2003;12(6):779－787.

[80] Abel ML,Graham S,Serrano JR,Kearney SP,Phinney LM. Raman thermometry of polysilicon microelec－tro－mechanical systems in the presence of an evolving stress. J Heat Transfer 2007;129(3):329－335.

[81] Serrea C,P′erez－Rodr′ıgueza A,Morantea JR,Gorostizab P,Estevec J. Determination of micromechani－cal properties of thin films by beam bending measurements with an atomic force microscope. Sens Actua－tors A Phys 1999;74(1－3):134－138.

[82] Osterberg PM,Senturia SD. M－TEST:a test chip for MEMS material property mea－surement using e－lectrostatically actuated test structures. IEEE J Microelectromech Syst 1997;6:107－118.

[83] Haque MA,Saif MTA. A review of MEMS－based microscale and nanoscale tensile and bending testing. Exp Mech 2006;43(3):248:255.

[84] Ando T,Shikida M,Sato K. Tensile－mode fatigue testing of silicon films as structural materials for MEMS. Sens Actuators A Phys 2001;93(1):70－75.

[85] Sharpe WN Jr,Yuan B,Vaidyanathan R. Measurements of Young's modulus,Pois－son's ratio,and ten－sile strength of polysilicon. Proceedings of the 10th IEEE International Workshop on Microelectromechan－ical Systems;Nagoya,Japan;1997. pp. 424－429.

[86] Chasiotis I,Knauss WG. A new microtensile tester for the study of MEMS materials with the aid of atomic force. Exp Mech 2006;42(1):51－57.

[87] de Boer MP,Knapp JA,Mayer TM,Michalske TA. Role of interfacial properties on MEMS performance and reliability. Proc SPIE 1999;3825(2).

[88] de Boer MP,Mayer TM. Tribology of MEMS. MRS Bull 2001;4:302－304.

[89] Corwin AD,Street MD,Carpick RW,Ashurst WR,Starr MJ,de Boer MP. Friction of different monolayer lubricants in MEMs interfaces. Sandia Report SAND2005－7954,Sandia National Laboratories,Albu－querque,CA;2006.

72

第五章　分层微制造

AMIT BANDYOPADHYAY, VAMSI K. BALLA, SHELDON A. BERNARD, SUSMITA BOSE
美国华盛顿州立大学机械与材料工程学院

5.1　引言

分层制造技术(Layered Manufacturing Technologies, LMTs)直接利用 CAD 模型通过逐层连续添加材料生成 3D 复杂形状的实体,加工过程无需特殊刀具、模具或硬模。该技术在产品概念和产品实现之间建立直接联系,快速实现产品制造。分层制造技术又被称为增材制造、实体自由成形制造(SFF),在工业上根据其具体应用来命名,有时称作快速成型(RP)、快速模具(RT)和快速制造(RM)。这些制造方法是 20 世纪 80 年代晚期才发展起来的新兴技术。由于所加工零件的材料机械性质和表面粗糙度不能满足实际应用要求,分层制造技术以往仅用于开发原型和铸造镶块。然而,随着该领域发展及后处理技术的进步,开发出了实现多类型材料产品制造的多种方法,诸如产品模具、小批量结构件、定制化植入体和零部件、建筑设计、考古复型及工艺品等。目前,已开发出40 余种分层制造技术,而且还有很多正在研究中。虽然具体的加工细节变化很大,但所有的分层制造均具有相同的基本模式,即,首先生成 3D CAD 模型,然后分解成水平切片,接下来生成材料增添过程轨迹,在自动化机器上逐层堆积材料形成三维实体。所有分层制造过程具有相似的特征,例如,①可以构造三维任意复杂几何形状;②基于 CAD 模型实现自动化工艺过程;③无需特殊的零件模具,但要使用通用的制造设备;④很少甚至无需人工干预。根据实际情况,分层制造的应用可归为三种不同类型:

- 快速成型(RP):模具、铸型、硬模和医疗模型等。
- 快速模具(RT):产品和材料的精准测试、节省前置时间(桥模)和模具复杂几何(保形模具通道)。
- 快速制造(RM):终端用户的手工制品、少量产品、小批量和复杂几何形状的定制产品及其他方式无法实现的产品。

这些技术的采用,在产品设计、开发和制造等方面打开了令人激动的新途径。

分层制造技术在样机(原型)、模具和终端应用等有竞争力方面的潜能正在迅速提升。因此,关于这些技术及其有效应用的认识对于设计和制造行业至关重要。

5.1.1 历史

分层制造的概念基础可追溯到将近 150 年前的地貌学和照相制版技术。这些早期的技术可归类为手工方式的裁切和堆积并以分层方式构造自由实体。早在 1890 年,Blanther[1]建议以叠层方法制造立体地形图的模具。在 19 世纪,开发出的照相制版技术用来生成任意物体的 3D 复制品[2]。Frenchman Françcois Willème 在 1860 年的设计是这一技术在某种程度上得到成功实现的实例。1951 年 Munz[3]提出和开发了现代分层制造技术,其特征与现在的立体雕刻加工很相似。在其加工过程中,对透明感光乳剂进行选择性曝光并固定,得到物体横截面分层,重复这一过程,最终获得包含物体图像的透明柱体,然后,利用手工雕刻或者光化学刻蚀生成 3D 实体。之后在 1968 年,Swainson[4]和 Battelle Laboratories[5]相继报道了同样的相关技术开发工作。1971 年,Ciraud[6]首次提出了一种成功的分层制造工艺,具有现代分层制造技术的所有特征。这种工艺从根本上来说是一种通过能量束实现粉末沉积的方法。图 5.1 所示为分层制造及其相关技术发展历史[7],以及早期分层制造技术制造的零件[8-10]。

地貌学和照相制版	
1860—Willeme，照相制版 1890—Blanther，专利 1902—Baese，专利 1922—Montheah，专利 1933—Morioka，专利 1937—Perera，专利 1940—Morioka，专利	1951—Munz，专利 1962—Zang，专利 1971—Gaskin，专利 1972—Mstsubara，专利 1974—DilMatteo，专利 1979—Nakagawa，分层模具技术
分层制造工艺	
1968—Swainson，专利 1972—Ciraud，专利 1979—Housholder，专利 1981—Kodama，专利 1982—Herbert，专利 1984—Maruntani，Masters，Andre，Hull，专利 1985—Helysis和Denken公司建立 1986—Pomerantz，Feygin，Deckard，专利；3D公司建立 1987—Fudim，Arcella，专利；Cubital，DTM和Dupont Somo公司建立 1988—首家商业化货运公司由3D、CMET和Stratasys公司建立 1989—Crump，Helsinki，Marcus，Sachs，专利；EOS和BMP公司建立	1990—Levant，专利；Ouadrax and DMEC公司建立 1991—Teijin Seiki，Foeckele& Schwarize，Soliegn；Meiko、Mitsui公司建立 1992—3D公司需求Quedrax、Kira和Laser 3D公司建立，DTM公司建立货运 1994—Snaders公司建立 1995—Aroflex公司建立 1997—AeroMet，Op4omec，ZCorp公司建立 1998—Object公司建立 1999—POM公司建立 2000—Helisys公司关闭，Solidica公司建立 2001—3D和DTM公司合并

Housholder

Kodama

Herbert

(a)   (b)

图 5.1 (a)分层制造技术历史发展[7];(b)早期分层制造技术制造的零件。[8-10]

CAD 的出现及 Herbert Voelcker 在 1970 年设计的基于 3D 物体数学表征的编程工具,以及在 1960 年—1980 年间激光、材料、计算技术以及计算机辅助制造技术(CAM)的发展,对今天分层制造技术(LMTs)的诞生起到了至关重要的作用。Charles Hull 在 1986 年将立体光刻加工(SLA)这一具有突破性的技术申请专利,SLA 利用紫外线(UV)激光和光硬化液态聚合物实现塑料原型的制造[11],该技术于 1988 年实现商业化。1987 年,来自德克萨斯大学的学者 Carl Deckard 构想出金属的分层制造,在加工过程中利用激光熔化固体原型中金属粉末打印出 3D 模型,每次打印一层,这种工艺被命名为激光选区烧结(SLS)。在 20 世纪 90 年代早期,众多分层制造新技术就已经成功商业化,包括分层实体制造(LOM)、光掩膜法(SGC)和熔融沉积成型(FDM)。早期的材料基本为聚合物,后来发展到陶瓷和金属基材料。20 世纪 90 年代中后期,一个主要的推动出现在模具生产领域,这些模具被用于注射模具和其他基于模具的批量生产过程,由此导致了一些加工技术的进步,其中涉及到模具制作工艺链某个环节中利用增材技术进行制造。

此后很快就认识到可应用上述相关技术进行金属功能性零件的制造。基于激光熔覆制造技术、粉末层的激光和电子束熔炼技术(EBM)以及金属箔的超声固结技术(UC)等在 20 世纪 90 年代后期均成功实现商业化。目前的分层制造技术(LMTs)具有非常高的操作精度,可生成整体尺寸制造中的部分新设计/零件。除能够制造实际零件用于产品测试外,还可利用替代材料来制作演示模型。分层制造能力的提高,使得将其作为专门技术研究领域的大公司越来越少,成本稳步下降,个体用户的财政能力已经可以使用低端分层制造系统。

5.1.2　加工步骤

基本的零件制造工艺包括三种类型,即,减成法、成形法和加成法[12],如图 5.2 所示。减成法加工从单个固体材料块开始,在指定位置去除材料直到获得最终期望的形状。减成法制造工艺包括车削、锯削、钻削、铣削、刨削、磨削、放电加工(EDM)、激光切割和水射流切割。加成法和减成法恰好相反,加工过程中对材料进行操作,将其连续的部分进行合并来获得期望的形状的零件。并且利用加成法实现的终端产品要比进料体积大得多。大多数分层制造过程(LM),如焊接、锡焊和铜焊,都归类为加成法制造。成形制造的实例包括锻造、冲压和注射成型,在加工过程中对原材料施加机械力,用模具塑造成期望的形状。将两种或更多的制造工艺组合在一起的复合加工设备也是可行的。

虽然各种分层制造过程(LM)的细节会有些变化,但所有的分层制造技术(LMTs)具有共同的基本操作原理和加工步骤。图 5.3 展示了基本加工步骤的流程图,即

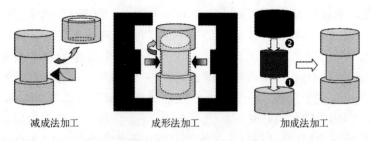

减成法加工　　　　　　　成形法加工　　　　　　　加成法加工

图 5.2　基本制造工艺

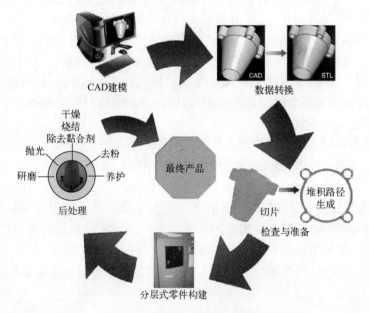

图 5.3　分层制造基本工艺步骤(彩图见书末插页)

- CAD 模型
- 数据转换
- 检查和准备
- 分层部件构建
- 后处理

为得到满意的模型或最终零件,往往在第 3 步和第 5 步之间重复多次。如同其他加工过程,工艺规划也是分层制造(LM)的一项重要步骤。以下各节内容将讨论上述 5 个步骤。

5.1.2.1　CAD 模型

分层制造需要将描述物理对象的 3D 数字数据作为输入,因此,3D CAD 模型是分层制造(LM)重要的先决条件,也是最费时的步骤之一。很多现代 CAD或 CAM 系统都可用来生成 CAD 模型。对于现有但缺乏相关技术数据的零件,

76

可通过坐标测量机(CMM)或激光数字化仪等逆向工程方法获取数据,捕捉物理模型的数据点,从而在 CAD 系统中实现重构。对于分层制造,CAD 模型必须是封闭体,而且基本元素为实体,这样才能保证所有的水平截面为实现分层制造必要的封闭曲线,才能生成最终的实体对象。通过分层制造生产的零件总会与 CAD 模型有微小差别,与制造工艺有关。因此,在零件设计和参数确定时要非常仔细,避免生成粗劣的模型。例如,一些较难构建的结构,如薄壁、微小孔/沟槽、多孔支架、悬臂和支撑等,在 CAD 建模时要仔细考虑。所以,设计人员和分层制造系统使用人员在使用系统时必须密切配合以获得经验,这样才能有效地使用分层制造技术。然而许多商业化系统具有不同的性能和要求,会给 CAD 建模人员或设计人员带来一定的困难。

5.1.2.2 数据转换

将 3D CAD 模型转换为美国 3D Systems 公司构思的光固化立体造型术(STL)文件格式[13-15]。STL 格式是工业标准,因为它将零件进行切片表征,应用这种格式使得之后的分层制造更加容易。STL 格式允许我们将切片操作转为寻找线条和三角形相互作用的程序。而且,这种格式使得处理过程可靠、稳定,同时表面修复的数据处理工具和 STL 文件也很容易在市场上得到。STL 文件利用很小的三角形来近似模型中的表面,其中标示出法向量指向外部的三角形面为实体模型的边界。目前,几乎所有的 CAD/CAM 系统都具有 CAD – STL界面,允许使用者调节原始 CAD 模型和 STL 模型间的最大容许偏差。最大容许偏差取决于所期望的特征分辨率以及系统能够处理的最大 STL 文件容量。和任何系统一样,STL 格式不可避免存在内在问题,为此,开发出一些针对分层制造的新文件格式[16],包括 SLC[17]、CLI[14,18]、RPI[19,20] 和 LEAF[21],有关这些格式的详细讨论参见文献[16]。然而,STL 文件格式仍然在分层制造中占主导地位。

5.1.2.3 检查与准备

从 CAD 模型生成的 STL 文件往往有各种缺陷并含有非拓扑数据。这些缺陷可能起因于 CAD 模型和 CAD – STL 界面的细分算法。

典型的缺陷包括间隙(丢失小平面)、小面重叠、面退化(所有边共线)和非流形拓扑条件[16]。如果不对这些问题进行修补,将导致之后的模型操作失败。因此,在发送到 LM 系统进行构建部件前,对模型进行检查总是必要的。修补无效模型是非常困难的[20],但是,现在通常利用专用软件来实现有缺陷模型的手工修补,如比利时 Materialise N. V 公司[22]开发的 MAGICS ®。Chua 等人[16]也提出了其他解决方法。当获得没有错误的 STL 文件后,LM 系统软件对 STL 文件进行与机器/工艺相关的几何纠正(如收缩、扭曲和后处理)。与机器/工艺相关的用于构建实体的 STL 文件生成步骤包括①部件分层方向;②生成支撑结构;③切片;④选择堆积路径和工艺参数;⑤建立叠层。

部件分层方向也称构建方向,对于实现最佳部件品质、减少构建时间、生成支撑结构和获得不同方向上的期望性能等至关重要。因为部件是一层层构建起来的,层数取决于部件的高度,也决定了总构建时间。同时,与机器相关的操作,如宽/窄工具路径、校准和堆积喷头定位等也影响总的构建时间。模型要求支撑结构的长度和位置取决于部件/构建方向。受到材料和分层制造工艺的限制,最终形成的部件在不同层之间会出现明显边界。由于存在这些边界,在平行方向和法向对层性质进行测量时会表现出各向异性。总之,确定部件/构建方向时应考虑部件质量、支撑结构、构建时间和强度的各向异性。

并不是所有的分层制造过程都要求生成支撑结构,例如,基于粉末层的加工,松散的粉末层在构建过程中支撑着悬伸部分。其他基于挤压的加工过程,在部件构建过程中通常需要支撑结构防止悬伸部分的跌落或下沉。通常地,分层制造系统与专业软件相结合,依据部件方向自动生成支撑结构。这些支撑结构的负面效应是增加了材料成本、后处理时间和构建时间。然而,为保证最好的特征品质与合理的构建时间,尽量减少必要的支撑结构数量。

切片是通过一些虚拟线条与三维实体相交,在 3D 零件上生成一系列排列紧密的 2D 横截面。STL 文件中的支撑结构被切成水平横截面薄层。用户可以定义层厚,通常在 0.05 ~ 0.5mm 之间。Z 方向表面粗糙度取决于切片/层厚度,主要误差为与切片相关的阶梯误差,如图 5.4 所示。可通过减小层厚来降低阶梯误差,代价是增加构建时间。自适应切片减小阶梯误差等新技术正在研究中[23]。

切片完成后,用户就可以决定如何制造这些横截层。利用基于点或线的堆积喷头的分层制造,如熔融沉积成型(FDM),要求生成堆积路径用来建立分层。在零件内外边界表面间生成交叉阴影结构。支撑结构生成时一般粗略设置。堆积路径能使用户实现预期的零件强度、构建时间和表面粗糙度,其中重要参数包括堆积方向、堆积宽度和堆积距离。对于

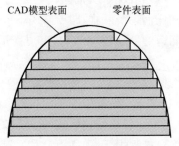

图 5.4　台阶误差

其他制造过程,构建文件生成时要选择合适的构建/技术参数,包括硬化深度、激光功率、干燥时间、干燥温度和其他物理参数,系统化自动无干预地构建横截面层并组合形成 3D 实体。

分层制造可以在一次操作中同时构建多个部件,在充分利用这一加工能力时,需要仔细考虑在整个构建布局中的零件位置,这将严重影响整个加工效率。一个通常令人满意的部件布置方式是,顶层部件在构建末端具有相同的 Z 向高度,这样可达到最优操作效率。能实现构建相同部件的数量取决于整个构建空间尺寸,即受到分层制造系统体积的限制。

5.1.2.4 分层式零件构建

对于大多数分层制造系统,这一步是完全自动的运行,几乎不需要人为干预。构建时间取决于零件的尺寸和数量,可能是几小时,也可能需要几天。图 5.5 所示为华盛顿州立大学利用不同分层制造系统构建的典型零件。图 5.5(a)所示的黑色部分为支撑材料,在利用 FDM 生产零件时必须去除。支撑材料去除方法对于各种分层制造系统可能是不同的,例如,一些加工过程要求简单工具来分离支撑结构,有些支撑结构溶解在水中,一些要求磨削,而另外一些能够在较低温度下熔化。零件构建细节也随着制造过程和应用的不同而变化,在后续内容中将对此进行详细讨论。

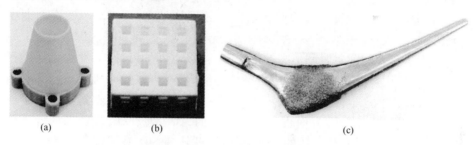

(a)　　　　　　　(b)　　　　　　　(c)

图 5.5　华威顿州立大学利用不同分层制造设备构建的典型零件
(a)聚碳酸酯外壳熔融沉积成型(FDM – TITAN,Stratasys 公司);
(b)磷酸钙支架 3D 打印(Imagene,ExOne 公司);(c)臀部钛杆激光工程化净成形(LENS,Optomec)。

5.1.2.5 后处理

一般情况下,在最后阶段需要一些手工操作,但有可能损坏零件,因此,在后处理过程中要格外小心。如同部件构建一样,后处理的具体细节也随加工过程不同而变化,这方面将在后续进行讨论。对于一些分层制造系统强制要求的后处理步骤如表 5.1 所列。清除意味着从部件内外部去除多余的材料,例如,从 SLS 部件去除多余粉末。相似地,在 SLA 制造零件过程中残留于孔内和支撑中的树脂必须进行清除。

表 5.1　一些分层制造技术的基本后处理步骤

后　处　理	激光选区烧结(SLS)	立体光刻(SLA)	熔融沉积成型(FDM)
清除	需要	需要	不必
再固化	不必	需要	不必
抛光	需要	需要	需要

表 5.1 表明 SLA 需要的后处理任务最多。同时,出于安全的考虑,对 SLA 制造的部件进行清理时有特殊要求,已有报道精度与后处理紧密联系[24]。最终完成产品需要第二次后处理,如进一步机械加工、铣削增加必要的几何特征,着色和喷涂改善零件的外观。考虑到在输入分层制造系统时涉及到很多细节,

提供正确的几何与加工细节的文档是非常重要的。

5.1.3　分层制造的优势

　　分层制造有益于产品设计、概念实现/测试、产品和材料开发以及产品制造。第一个直接的益处是它能够在相对短时间内以直观的方式制造几何形状复杂的零件。一些分层制造方法可以利用多种材料在不同场合生产零件并能满足特定场所的服务要求。在工业中,分层制造归为三组,每种类型的优势总结如下。

5.1.3.1　快速成型(RP)

　　在实际生产之前制作原型的优点已经得到确认[16,25,26]。由于这些技术能够快速低成本制造产品,因此其最明显的优势是在产品开发/改进周期中节省时间和成本,根据产品尺寸的大小,节省程度达到 50% 甚至 90%。另外,在不严重影响前置时间成本的情况下,可以对零件设计、尺寸和特征进行优化以满足用户要求。当固定成本降低的情况下,可以提早实现新产品的利润,销售商与客户也能从快速成型技术应用中受益。快速成型技术在产品款式和产品的人机工程学方面也是很有用途的,如头盔、呼吸装置以及需要试错法来保证最舒适和最合适的驾驶面具,因此快速成型技术能快速反馈来加速开发过程。分层制造技术是强有力的工具,将定位准确的、高品质的产品较早地供给市场。利用 RP 实现产品可视化、通信以及功能/性能测试等也是可能的。

5.1.3.2　快速模具 (RT)

　　除利用 RP 制造零件外,分层制造技术也可用来制作模具以制造其他加工过程所需模具,例如,熔模铸造模具可直接由热塑模型获得。这些技术可用来制造各种模具仪器如硬模、模具镶块、注射模具中的共形冷却槽和其他技术无法实现的复杂几何形状模具。其他益处包括制造速度和利用多种材料制造模具的能力,因此,生产率可以提高 25% ~ 50%。

5.1.3.3　快速制造 (RM)

　　分层制造越来越多地用来直接或间接地制造功能零件。间接方法利用其他加工技术制作零件的凹模,实例包括制造用于批量生产模具和铸模的图样。这种方式下分层制造技术可以采用金属、陶瓷和其他材料直接制造功能零件。直接法可采用最新的分层制造技术制造功能零件,如直接金属沉积(DMD)、激光材料沉积(LMD)以及激光沉积与切削的复合快速制造。由于分层制造可以生产复杂零件,不存在基于制造性能方面的设计限制以及相应的成本,同时在模具制造时能够节省时间。很容易制造适于单个用户的定制产品,这对于移植制造领域非常有利。先进材料以及其他难加工复合材料可以很容易地用来加工最终使用的功能零件。最后,可以毫无困难地制造非均质和梯度功能材料零件。

通过在指定位置沉积精确数量的材料,分层制造技术也用来修补有磨损的或有缺陷的金属零件,另外,也可以用来在已有零件上增加特征。通过分层制造技术与传统工艺之间的有效结合,可提高材料利用率和使得零件生产的经济性。只有全面理解这些技术,才能将分层制造更为有效的应用于原型、模具和最终产品的制造中。

5.2 分层制造工艺

5.2.1 分类

分层制造工艺特征具有进料方式、基本原理和零件构建过程等几方面特点。在市场上可以购买到很多分层制造系统,其分类方式也不尽相同,此处,根据零件构建的基本工艺,仅对主要的分层制造工艺进行分类,如图5.6所示。

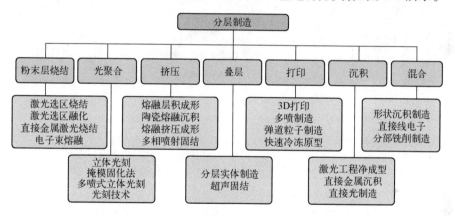

图5.6　分层制造工艺分类

5.2.2 工艺细节

不同的分层制造设备供应商在相同分层制造工艺上提供的机器具体细节存在区别,本节中仅对于工艺细节进行介绍。

5.2.2.1 粉末层烧结/熔融加工

粉末层烧结/熔融加工技术是利用激光将粉末材料烧结成固体零件,由美国德克萨斯大学奥斯汀分校的 C. R. Dechard 于 1989 年研制成功,也称为激光选区烧结(SLS),在技术开发初期,利用热塑粉末材料熔点低的特点生成塑料零件,此后,加工原理扩展到金属和陶瓷粉末。目前,SLS 技术和相关设备已被美国 3D Systems 公司和德国 EOS GmbH 公司商业化。

在 SLS 加工中,利用很细的激光束聚焦到松散的粉末薄层,烧结/熔融粉末中的颗粒并与已成形的薄层进行黏结形成固体层,由此来构建零件。一层完成后,铺上新的一层材料粉末,再进行下一层烧结。激光选区烧结在开始时,移动铺粉滚筒,在工作室内的工作平台上铺一层易熔粉末材料,在 X - Y 扫描系统的引导下,用高强度的激光束在刚铺的新层上精确扫描/绘出第一层 CAD 实体横截面切片零件截面,一个典型的粉末烧结过程如图 5.7 所示。控制激光束和粉末材料的相互作用产生的热量将粉末熔化而形成固体横截面(见图 5.7(a)右)。周围材料保持松散并作为后续薄层和悬伸结构的支撑。第一个层烧结完成后,工作台下降一截面层的高度(典型的情况为 0.1mm),粉末输送系统的进料活塞向上移动一层的高度,再铺上一层粉末,进行下一层的烧结。如此循环,连续薄层融为一体形成由 CAD 模型描述的三维实体。

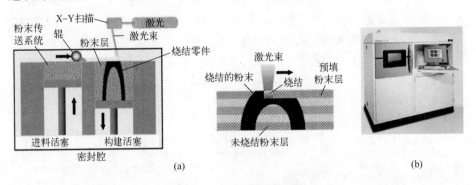

图 5.7　粉末层烧结过程

(a) SLS 各组成部分示意图(左图),分层烧结工艺(右图);(b) 商业 SLS 系统(蒙 EOS GmbH 公司同意)。

工作室密封并保持为惰性气体氛围,以避免零件氧化和粉末爆炸。一旦构建过程完成,零件在工作室内冷却,同时将多余的粉末刷掉,由零件的用途来决定最后工序。由于烧结过程需要高热量,在层厚相似的情况下,SLS 加工过程中要求的能量要比光聚合加工高出 300 ~ 500 倍[27,28]。

为把激光功率要求尽量降低以及避免零件扭曲,利用辅助加热器将粉末温度保持在稍低于烧结/熔融温度[29]。由 SLS 制造的零件质量和性能取决于各种加工参数,如激光参数(功率、光斑尺寸、脉冲时间和频率),粉末性质(大小、形状、尺寸分布和填料密度),扫描参数(层厚、扫描间距和移动速度),温度参数(粉末温度和工作室温度)[29]。

了解这些参数的相互依赖关系以及对零件质量的相互影响是非常重要的。例如,随材料熔点的增加要求激光功率增大,但是随材料颗粒尺寸减小和激光吸收能力的降低激光功率也减小。为最大限度降低零件表面粗糙度、提高机械性能和尺寸精度,要仔细平衡粉末特性、激光功率、扫描速度和粉末温度。针对激光烧结涉及的参数对零件性能的影响已有一些研究[30-39]。另外,这一加工过程不需要支撑结构,悬伸和底切由固体粉末支撑,与其他分层制造方法相比,大大减少了清理时间周期。然而,虽然较细的颗粒尺寸(一般低于 20μm)能够制造更加精确和光滑的零件,但在铺粉和后处理方面会带来一定的问题。

仅就概念而言,SLS 是唯一具有直接利用多种工程材料进行加工能力的技术,包括热塑性塑料、金属/合金、陶瓷以及相关复合材料。根据所用材料,粉末加工的基本黏结方法可归为两类,即直接法和间接法。在直接法中粉末含有单一或两种成分[40]。在单成分直接法中,利用高强度激光将粉末材料直接熔融并烧结在一起。这种方法广泛应用于大多数聚合材料/复合材料和一些低熔点的金属/合金的制造,此时,烧结发生在粉末颗粒初期熔融和凝固,而在传统的烧结中,黏结主要产生于固态扩散。

双成分方法含有两种金属粉末的混合物,其中具有高熔点的粉末构成主结构部分,而另一个低熔点粉末则作为黏结剂。通过调节激光能量保证只有低熔点粉末完全熔融,从而填充高熔点粉末颗粒间的空隙,凝固后生成致密产品。这一加工过程与经典的液相烧结很相似并且常被用于高熔点金属件制造。双成分间接法是用涂覆有聚合物的金属/陶瓷粉末或金属/陶瓷粉末与聚合物干混作为原料。在激光照射下聚合物熔融并将颗粒进行黏结,而金属/陶瓷粉末几乎不受激光热量的影响。由于采用聚合物作为黏结剂,零件中通常出现气孔,因此需要进行后续的金属脱脂/熔渗来生成致密零件。这一过程最适于制造陶瓷零件,因为大多数陶瓷材料不适于直接熔融。

上述所讨论的利用直接法或双成分间接法制造的零件中内存在低熔点成分,这不利于零件的物理、机械和化学等方面的性能,因此,在粉末烧结/熔融原理基础上,开发出一些用于直接制造金属功能零件的专门加工方法。

直接制造金属零件的方法有:德国弗朗霍夫激光技术研究院开发的激光选区熔融,以及瑞典查尔姆斯大学 20 世纪 90 年代开发的直接金属激光烧结和电子束熔融,2001 年瑞典 Arcam AB 公司将 EBM 进行了商业化。所有这些技术均采用高强度激光、最新的 X – Y 扫描技术和精确的环境控制。EBM 利用聚焦电子束作为热源来代替激光束,发射出的电子速度为光速的一半,其动能作用于粉末导致其熔融。如同 SLS 为减小最终零件的变形,电子束发射枪首先将粉末层预热,然后,该预热层高电子束功率或通过减小选料速度进行选择性熔融。EBM 较之 SLS 存在一些优势,诸如能量利用率、高质量熔融、高真空以便消除杂质、能加工耐熔和异种金属以及快速电子束操作和移动(代替零件运动)。缺点是要求高真空和导电材料,以及在加工中产生 γ 射线。目前,EBM已广泛应用于复杂结构的纯钛和 Ti – 6Al – 4V 合金零件[41-45]。激光烧结加工已广泛用于制造金属材料、聚合物、陶瓷和复合材料粉末结构件[46-56]。

5.2.2.2 光聚合加工

5.2.2.2.1 光固化成形

Charles W. Hull 在 1986 年发明的光固化成形是第一个商业化的分层制造

技术,这一技术仍然被视为是评价其他分层制造技术的基准。光固化成形中在电磁波辐射下使液态光敏树脂逐层固化,生成三维实体。

　　许多类型的液态光敏树脂能够在一些电磁波辐射下固化,包括 γ 射线、X 射线、电子束、紫外线和可见光[57]。然而,用于商业 SLA 系统的大多数光敏树脂在紫外线固化范围内。有许多包含有填料和其他化学修饰剂光敏树脂都能满足化学和机械性能的要求。虽然 SLA 的基本工艺是一样的,但根据所使用的光聚合性材料的不同、照射类型、曝光和扫描方法以及其他方面,商业 SLA 设备有许多类型。在一些提供 SLA 机器设备的公司中,美国 3D Systems 公司最受欢迎。

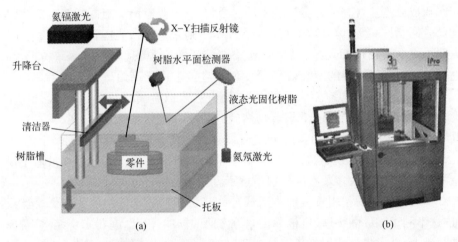

图5.8　(a) 光固化成形示意图;(b) 商业 SLA 系统(来源:3D Systems 公司)。

　　在 SLA 加工过程中,在置于充满光敏树脂槽内的托板上对光敏树脂逐点、逐线和逐层进行加工处理,如图 5.8 所示。加工过程在室温下进行,无需对环境实施任何控制。成型开始时,通过升降机将托板恰好置于树脂液面下。计算机控制的扫描镜指引聚焦激光束照射液态光敏树脂表面使其聚合,形成对应于 CAD 实体模型第一切片的固体二维横截面。激光束能精确地在液态树脂表面光线照射点引起树脂硬化。然后,升降机带动托板下降一层高度,刮板在已成型的层面上又涂满一层树脂并刮平,然后再进行下一层的扫描,新固化的一层牢固地粘在前一层上,如此以自底向上的方式重复直到整个零件制造完毕,得到一个与 3D CAD 模型相对应的三维实体,并从槽中取出,清理掉多余的树脂和支撑结构,然后放入紫外线炉中进行完全固化。根据零件的几何形状,有时加工中构建零件的同时生成支撑结构。

　　SLA 的主要优点是能够快速指引合适功率和波长的聚焦激光束辐射于液态光敏树脂的表面[58]。激光束聚焦于液态光敏树脂表面,对预设厚度的树脂在一定的曝光时间(与激光扫描速度成反比)后进行固化。为保证在零件构建过程中实现逐步扫描和逐层黏结,固化厚度和线宽必须严格控制。利用合适的聚焦光斑尺寸将液态树脂曝光到一个阈值是必要的。通常地,固化层深度应该略大于层厚度。层厚度一般在0.025~0.5mm之间变化,由用户定义。早期的SLA加工的零件相当脆而且在固化时易于变形和扭曲。但是,最新的技术发展已在很大程度上消除了上述问题。而且,近来的设备安装有高功率固态或半导体激光器,可调节光束尺寸加速构建过程。加工过程可实现优良的表面粗糙度和±100μm量级的良好尺寸精度。一些商业化系统(日本Autostrade公司的E-Dart系统,Mitsui Zosen公司COLAMM系统)利用激光穿过工作室底部透明窗,在上升平台上构建零件。

根据具体用途,可购买到各种具有不同物理、化学和机械性能的光敏树脂,包括环氧树脂、聚乙烯基醚树脂和丙烯树脂。在紫外线照射下丙烯酸树脂大约75%~80%得到硬化,而环氧树脂在光线开始照射后将持续硬化。丙烯酸树脂一般表现出较高的黏性和较严重的翘曲变形。环氧树脂和聚乙烯基醚树脂几乎可以忽略翘曲趋势,且具有优越的机械性能,因此更适合大多数原型制造。理想的液态光敏树脂粒具有高曝光速度、固化湿润性好、低黏性和收缩性、翘曲倾向小、放置时间长和好的机械性能。影响SLA零件加工性能和功能的参数包括:树脂的物理和化学性质、激光功率、光斑尺寸和激光波长、光学扫描系统的速度和分辨率、层厚度、涂覆系统和后处理类型。而且,硬化厚度和线宽必须可控,它们直接受激光功率、光斑和扫描速度等的影响。已有一些研究阐述了相关参数的影响[59-63]。

后处理步骤包括:溶剂清理、支撑结构去除、紫外线炉内硬化和光整操作,如打磨、铣削、抛光和珠光处理。由于液态单体注入到半硬化零件内将导致其膨胀,因此在完成构建过程后应尽快将零件从树脂槽中取出。SLA值得关注的一个问题是零件通常存在未硬化区域,结果在激光硬化过程中形成圆锥形貌,从而需要进一步硬化处理。而且,通常再硬化会导致收缩引起零件尺寸改变和翘曲[58]。通常利用SLA制造一些用于设计验证、装配检验的概念模型和原型,SLA很少用于制造原型磨具和小批量工装。SLA的应用领域受其材料性质的限制。最终金属零件可利用分层制造方法加工试样,然后通过熔模铸造和砂型铸造获得。SLA的主要局限性是只能用光敏树脂构建零件,不仅昂贵而且气味难闻、有毒性。另一个缺点封闭中空结构的零件沉浸于树脂中。

5.2.2.2.2 光掩膜法

以色列的CUBITAL公司在1991年开发了光掩膜法加工技术并进行了商业化。这一加工方法的优势是能一次性将光敏树脂完全硬化,克服了SLA使用点能源进行硬化的速度局限性。SGC使用几种液态硬化树脂生成实体,采用能溶于水的蜡生成支撑结构,使用离子图形固态调色剂在玻璃掩模上生成可擦拭的横截面计算机图像。SGC包括两个主要步骤,即掩模生成和截面层制造,多次重复这两个过程完成整个零件的构建。在掩模生成这一步,零件的第一个横截面图像是在透明基体(玻璃掩模)上通过离子图形印刷术生成的,类似于复印技术。图像是通过沉积黑色静电墨粉调色剂黏结于玻璃基体带离子区域形成的,用来遮掩平行均匀照射的紫外线灯。图 5.9 所示为 SGC 工艺过程。

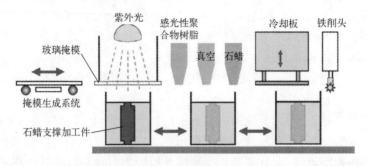

图 5.9　光掩膜法(SGC)工艺示意图

在截面层制造起始阶段,当托盘通过树脂涂覆工位时将光敏树脂喷射其上,然后,托盘移动到紫外灯固化工位,掩模生成系统制造的掩膜被掩膜放置在托盘与紫外灯之间,打开遮光器使光敏树脂层透过掩膜曝光于紫外光下。当紫外光通过玻璃掩模照射到液态树脂上,在光线经过的地方将导致液态树脂聚合。周围未受到照射的树脂仍保持为液态,可通过真空吸尘器清除。玻璃掩模去除后,在玻璃平板上生成下一层用掩模。清理未固化的树脂后形成的空间中散布熔化的石蜡,在冷却板下石蜡固化,然后树脂层表面被铣削到精确的厚度。当然这一步产生的固化聚合物表面比较粗糙,这样有助于下一层与其更好地黏结在一起。新的一层聚合物涂覆于铣削过的表面,重复整个过程周期直到在石蜡中完全生成实体。因为在生成新的树脂层前每一层表面都经过铣削,SGC 加工易于在 Z 方向实现很高的精度。因为石蜡能提供零件的连续支撑结构,因此加工过程可实现自我支撑,无需外在支撑结构。支撑石蜡在后处理时通过熔化或溶解进行清理。

相对于 SLA,每一层光敏树脂硬化可在一次性完成,因此,SGC 被视为可批量生产的加工。因为工作空间大以及铣削能保持垂直方向精度,在样品平台上可同时生成多个零件。在 SGC 中,因为零件在构建过程中完全硬化,因此无需后续硬化处理,并且相关的收缩、翘曲和卷边等问题也完全被消除。因为设备昂贵、加工成本高,加工过程的复杂性需要熟练的技术工人监控,因此,这一加工方法尚未在市场上得到普及。但是,通过简化制造过程,这一方法已被应用到其他光聚合制造中。一个成功的案例就是由以色列 Objet Geometries 公司开发的 Objets 紫外光成型制造——材料打印和光固化的一种组合。这种加工方法利用打印技术沉积支撑材料和可紫外硬化的材料的构建材料。如图 5.10 所示,机器具有一个多喷嘴打印头沿 X 轴前后滑动,根据切片信息将液态树脂薄层沉积于构建平台上。一旦完成沉积,一个紫外灯泡立即替换打印头发射紫外光,将每一层进行硬化。内置构建托盘向下移动,打印头开始构建下一层。利用不同的凝胶类且能溶于水的光敏树脂,打印支撑结构并同时被硬化。对 SGC 而言,加工无需后续硬化处理。3D Systems 公司在它们和 3D 打印机视觉在线产品上介绍了相似的技术。

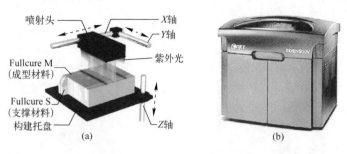

图5.10　(a) Objet PolyJet 工艺;(b) 实际设备(来源:Objet 公司)。

5.2.2.2.3　微制造

近些年来已开发出一些以灯光、激光和 X 射线作为能源构建微小实体微制造技术[64-66]。通过这些方法制造的零件高度复杂,其尺寸一般小于 1mm。这些加工方法称作微立体光刻技术(mSL),它与传统的 SLA 方法不同,SLA 是激光束聚焦点始终保持固定在树脂表面而微立体光刻中,x−y 定位工作驱动构建平台的同时零件即被制造出来。德国 Micro−TEC GmbHgonsi 已经商业化了一种微立体光刻技术。该机器利用 He−Cd 激光构建微小零件,截面层可小到 1μm,具有亚微米精度,特征定义小于 10μm。mSL 制造技术利用聚合物、陶瓷和复合材料,被广泛用于微机械学、微生命学(微执行器)、微流体以及骨支架等领域微小零件的构建[67-74]。制造微陶瓷零件时,利用均质陶瓷单体悬架、光敏引发剂、分散剂和稀释液等。陶瓷零件坯体经后处理后,利用黏结剂燃烧并烧结获得完全致密的陶瓷零件。

5.2.2.3　挤压加工

与光聚合加工中进料由液态转变为固态实体不同,而挤压加工是直接使用固态材料,通过熔化、挤压后沉积为希望的形状。挤压加工开发伊始用来制造塑料原型,目前这些加工方法已经用来制造陶瓷和金属功能零件,可以购买到的这类加工系统有三类:①熔融沉积成型(FDM);②多相喷射固结法(MJS);③熔融挤压成形(MEM)。FDM 最初由 Advanced Ceramics Research (ACR, Tucson, Arizona)公司开发,这一技术在美国 Stratasys 公司得到了重大发展。MEM 由北京殷华有限公司和清华大学联合开发。MJS 的独特优势是其能够用于生产金属和陶瓷零件,加工中使用低熔点或者金合粉末黏结剂基体,通过计算机控制的喷嘴进行熔化并挤压分层构建零件。弗朗霍弗应用材料研究院 (IFAM)

和弗朗霍弗制造工程和自动化研究院(IPA)共同开发了 MJS。用于原型制造的挤压加工,尤其是 Stratasys 公司的 FDM 系统目前最为畅销。

FDM 制造零件时,利用微小喷嘴按着预设式样挤压熔化的热塑材料形成细"路径"并在构建平板上分层完成零件构建。系统利用专用软件生成用户自定义工具路径和自动支撑系统。不同的材料用于支撑结构和零件。FDM 的加工方案如图 5.11 所示。

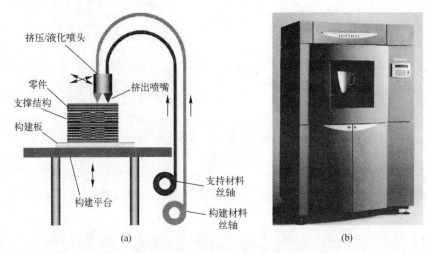

(a)　　　　　　　　　　　　　　　(b)

图 5.11　(a) 熔融沉积成型工艺;
(b) Stratasys 熔融沉积成型设备 FDM Titan(来源:Stratasys 公司)。

加工开始时通过滚轮机构将构建材料细丝(通常为 $\phi 1mm$) 装入挤压喷头(或者液化器),细丝被加热到半液化状态,然后通过喷嘴挤压,在 $X-Y$ 平面上按照工具路径沉积在构件平板上。固态细丝被用作直线活塞来挤压材料。

在封闭构建空间内的环境温度保持低于构建/支撑材料的熔点,挤出的材料迅速固化并黏结于已有层面和相邻的路径上。构建工作室内的温度控制是非常重要的,因为这可以维持已沉积的材料温热以及保证层间和内部路径间的黏结,这些都决定了零件的机械强度。每加工完一层,工作平台精确地下降一层保证工作平面和挤压喷嘴之间距离恒定。构建和支撑材料利用相互独立的喷头进行挤压,构建每一层时采用各自的步骤沉积构建和支撑材料。在构建材料和支撑材料之间转换时,一个喷嘴将升起以便不干预材料的铺覆。挤出的材料宽度称为路径宽度,可以由细丝的进给率控制。层厚度通常在 0.1~0.5mm 间变化,路径宽度在 0.25~2.5mm 之间。在一些挤压设计中基本操作原理与 FDM 相同,利用液浆和其他前驱体材料代替热塑材料。支撑结构在后处理中被清理掉,利用机械的方法或者分解于水性溶剂中。

为满足不同应用的要求,FDM 利用多种多样的热塑材料构建零件,包括丙烯腈(ABS)、聚碳酸酯(PC)、聚亚苯基砜(PPSF)、石蜡、聚烯烃、人造橡胶、尼龙以及这些材料的各种版本。这些材料同时具有不同的颜色。最流行的材料是PC(一种高性能塑料)和PPSF(一种高性能塑料,具有优良耐化学性、强度和刚度,通常用于医疗设备)。生物可吸收聚合物 (PCL)也被开发并用于FDM加工应用于组织工程[75]。利用FDM使用各种陶瓷和金属材料制造完全致密和特制的多孔功能零件[76-80]。通常,当处理金属和陶瓷时,应采用分离的具有加热装置的挤压头、驱动机构和不同的喷嘴直径。影响零件性能和质量的重要工艺参数有:路径宽度、沉积速度、喷嘴尖端直径、细丝进给率、液化器温度、材料黏性、容器温度、喷距、定位精度、构建材料特性及零件几何形状。表明了这些参数的重要性[81,82]。

FDM已广泛用于制造经过设计的微观和宏观3D多孔结构。通过改变相继的每一层沉积角度和材料路径间隔,可以生产具有可控细孔形态、尺寸和连通性以及复杂内部结构的零件[75,79]。相似地,利用人工石蜡模具可制造具有精确控制细孔尺寸、体积和几何形状的3D蜂窝陶瓷结构[80]。挤压加工几乎可以生产每一种工业领域中的功能/概念模型零件,如汽车、航空航天、商业、医疗、消费产品和建筑等。挤压加工的优点包括方便实用、费/时效率高、材料相对廉价以及有些情况下支撑材料可溶于水。受到关注的几个重要方面包括:材料的限制、表面波纹度、尺寸限制和无法预测的热塑性塑料的收缩,这些将导致零件的加工精度较差。为获得较高的尺寸精度,适当的收缩补偿因子[83]和优化沉积策略[84]是非常必要的。椭圆型材料路径是导致波纹表面的原因,表面粗糙度可以通过更薄的截面层和小尺寸喷嘴来进行改善。构建总时间取决于零件和支撑结构的体积。

熔融挤压成形与FDM的基本原理相同,利用三轴(X-Y-Z)可控挤压头将挤压出的材料沉积在构建平板上。挤压头能在各层间向上移动,具有添加能力。MJS加工使用低熔点合金或粉末黏结剂混合物,熔化后通过挤压以逐层方式构建零件[85]。MJS加工中,进料形式为混合物或者液态合金,因此,给料和喷嘴系统与FDM有所不同。材料混合物包括50%低黏性石蜡和50%金属或陶瓷粉末。起始时,进料在封闭的工作室中被加热到半固态,然后利用高压泵系统由计算机控制的喷嘴挤出并逐层沉积在工作台上[85]。由于热量传递,当挤压材料沉积在前一层时将固化。当在前一层上沉积新一层液态材料时,层间黏结是通过部分再熔化前层材料实现的。MJS的主要部件有个人计算机、计算机控制定位系统和具有喷射与传输装置的加热室。熔化材料的挤压温度可达到200℃,挤压孔口变化在0.5~2.0mm范围。重要工艺参数包括层厚度、进料(液态合金和粉末-黏结剂混合物)、工作室压力、构建速度、喷射规格、材料流动和操作温度。到目前为止,利用碳化硅、不锈钢316L、钛、铝和铜粉末,MEM已被用来制造诸如汽车、航空航天、生物和机床等各种工业功能零件。

5.2.2.4 分层实体制造

LOM(Laminated Object Manufacturing)是一种薄片分层叠加成形加工方法，即由计算机生成的切片表征的零件截面层按顺序叠放从而构造3D实体。LOM工艺由美国Helisys公司(currently Cubic Technologies, USA)的Michael Feygin于1986年研制成功，并于1991年制造了第一台LOM设备。在加工中[86-88]采用薄片材料层，如纸、塑料或复合材料叠层，涂覆于一起，利用激光按照每层零件横截面形状进行切割。后来，利用这一原理相继开发出其它一些加工方法，但其采用不同的叠层、切割方法以及构建材料。一些加工利用胶水/黏结剂将薄片黏结在一起，另外一些加工采用焊接或铜焊技术。分层实体制造可以分为两类：①首先将薄片粘于基体上然后形成希望的形状（先黏结后成形）；②对每一层薄片形成零件的形状，然后黏结在一起（先成形后黏结）。

5.2.2.4.1 先黏结后成形

LOM和纸片叠层技术采用牛皮纸作为构建材料（日本Kira公司的PLT），UC（美国Solidica公司）则使用金属薄片，这些都属于先黏结后成形一类。加工过程分为三个基本步骤：放置薄片、黏结薄片以及切割成切片的形状。

LOM利用黏结剂支撑的纸片作为构建材料，采用加热辊将纸片粘在一起。薄片厚度在0.02~0.2mm之间，通过缠绕和展开实现材料的连续进给，LOM加工过程方案如图5.12所示。加工开始时，在金属构建平台上覆盖双面具有黏结剂的带状片，作为零件的第一层。采用热压辊，构建薄片从供料轴被送入构建平台与基体或上一层黏结。热压辊将塑料黏结剂熔化于构建薄片的底边上，使叠层间产生黏结。

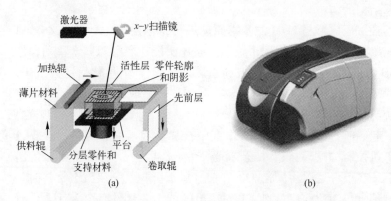

图5.12 （a）分层实体制造工艺；（b）实际打印机（来源：Cubic Technologies公司）。

利用可控激光切割由计算机生成的横截面轮廓、交叉阴影线和模型边界，切削深度与薄片厚度相同。利用交叉阴影线图案将最终从实体中去除的区域切成小碎片，这些作为支撑材料的部分很容易在后处理中清除。通过切割边界将模型从剩余的薄片中释放出来。载有已形成的叠层的构建平台下降，新一层

90

材料增加到前一层上,然后工作台再升起,热压辊将新的材料薄层黏结于已有截面层上。如此反复直至零件的所有截面黏结、切割完成。零件从机器中取出来时处于薄层的矩形块中。PLT 是 LOM 的另一个变种,加工时激光打印机按照横截面数据将黏结剂/树脂打印在空白纸上,然后,将其黏结到基体上或者压力辅助热板上的前一层上。按照切片轮廓用刀切割沉积的纸张。在加工中,不同于 LOM,支撑材料不与已有薄层黏结,所以易于去除。基于上述技术的商业设备有以色列 Solidimension 公司制造的 SD300 和 XD700,以及美国 3D Systems 制造的 InVision LD 3D 打印机[89]。

LOM 零件制造的后处理包括去除交叉线碎片、打磨和抛光等。由于零件是用纸制造的,使用环氧树脂或硅喷剂进行密封是非常必要的,以防止吸潮、膨胀和翘曲。一些研究[90]表明 LOM 制造的零件层间强度取决于热压辊温度、黏结速度、纸张与热压辊接触面积以及薄片变形。保持工作室温度是获得均匀叠层的关键因素。由于加工过程中不存在任何薄片材料的物理或化学变化,所以加工完成的零件不存在任何收缩、翘曲或其他变形。任何具有黏性支撑的薄片材料,如塑料、金属、陶瓷等都有可能在 LOM 加工中使用。利用 LOM 技术制造出完全致密陶瓷和功能梯度材料[91,92],在这些研究中低熔点聚合物被用作层间的黏结剂。当零件构建完成时,成型件被取出来并在高温下通过反应黏和进行烧结。

LOM 的基本原理已成功扩展应用于制造超声焊金属薄片 3D 复杂零件,该加工过程称为超声波固结(UC)。UC 技术由 Solidica 公司于 2000 年开发并进行商业化[93],图 5.13 展示了 UC 加工过程。

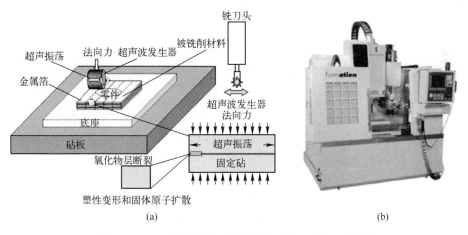

(a)　　　　　　　　　　　　　　　　　　(b)

图 5.13　(a) 超声固化工艺示意图;(b) Solidica 公司的
"Form – ation"超声波固化机(来源:Solidica 公司)。

UC 设备包括两个基本系统,即超声金属焊接系统和 CNC 铣削平台。通过交替黏结和选择性切削,UC 可生成内外几何形状复杂的实体。加工过程中使用旋转超声波发生器(带有织构的圆柱),通过施加适当的法向力,超声波发生器将沿着放置于金属基体上的金属薄片的长度方向移动。当超声波发生器扫过金属箔(典型尺寸为:宽25mm,厚100μm)时,将以超声频率和微米尺度振幅垂直于焊接方向振荡。由于剪切和法向力的振荡,在两个啮合面之间界面上产生动态应力,引起界面处塑性变形并破坏氧化膜。在塑性流动和原子扩散的影响下,清洁的金属表面通过冶金结合黏结在一起。另一薄片/长条沉积并与先前相邻薄片焊接在一起。重复上述步骤,直到完成一整层的构造。在每层结束后,数控(CNC)铣头将该层铣成切片的轮廓。零件的某些几何特征是在制造几层后进行铣削的。铣削产生的切屑利用压缩空气吹走,然后沉积下一层的薄片。加工过程在室温下进行,或者利用加热滚筒/砧将温度轻微升高在93 ~ 150℃范围。

因为固态制造工艺和超声黏结质量是以细晶粒结构为特征,因此 UC 加工可制造具有良好尺寸控制和材料性能的复杂金属零件。另外,也可以在后续材料进行封装前,在零件中加工好的空腔内嵌入微小零件,如传感器、应变片、计算装置和热电偶,由此可以生成具有内置功能的结构。UC 已成功采用金属/合金制造零件,具体材料包括铝、镁、钛、铜和钢等金属,以及两种不同材料如玻璃—金属、铝—钛和铜—铝[94-97]。

除形成冶金结合外,超声激励产生的强烈塑性流动足以封装各种增强材料[98-100]。控制薄片与薄片以及薄片与基体黏结质量的最为重要参数包括振荡幅值、接触压力、超声波发生器织构、温度和焊接速度等[101-103]。在 UC 加工中实现100%黏结是非常困难的,但是,在沉积新一层之前,去除前一层的表面粗糙度,已表明可实现100%线性焊接密度[104,105]。

UC 加工的一些优势包括:①含有复杂内部几何结构、空腔、通道光纤、传感器等;②具有较高的特征精度(±0.05 ~ 0.12mm)和表面光洁度;③由于是固态加工,收缩、残余应力和扭曲等可忽略;④加工速度快;⑤需要很少的二次加工操作;⑥能够在任何时刻停止和重启动。主要缺点是并非所有材料都适合 UC 加工,尤其是那些高熔点、高强度和易于氧化的材料。一些研究团队正致力于扩展这一技术应用于更广泛的金属/合金。UC 加工的应用包括熔模铸造、真空成形、吹塑成型、注射模具和铝零件直接原型。

5.2.2.4.2　先成形后黏结

在这些加工过程中,首先在薄层材料上切出横截面轮廓,然后把这些切片堆叠在一起进行黏结。先成形后黏结加工更为普遍地用于金属或陶瓷材料的零件制造。目前商业上有两种技术采用先成形后黏结原理:①美国 Ennex 公司的平版印刷成形[106];②美国凯斯西储大学开发的材料叠层工程计算机辅助制造(CAM - LEM)。平版印刷成形利用绘图刀在背面黏性的纸上切出要求的横截面切片,沿着分型线和支撑材料的轮廓线将成形的切片放置于先前薄层上并进行黏结。在 CAM – LEM 加工中,用激光在要求的片料上切出各个切片的轮廓,例如,陶瓷生坯带。图 5.14 描述了 CAM – LEM 加工过程的每一步。切出的截面层切片从片料中取出来,精确地叠在一起形成初始的 CAD 模型。装配后,利用等静压(或其他合适方法)将薄层叠合在一起,保证各层间严格接触,这样可以在进一步的烧结中提高黏结强度。利用优化的循环烧结,将叠层零件毛坯烧成一个整体。对于 3D 金属零件,激光切割出的形状/薄层利用扩散压合、激光点焊和铜焊等技术黏结在一起[107 – 109]。先成形后黏结过程允许在一次构建中利用多种类型的材料来制造功能梯度材料/结构。另外,可以使用可调节的构建层厚度,允许利用较厚的材料层构建大体积,和较薄的材料层构建要求表面光滑的区域。加工中也允许构建内部具有空腔和沟槽的零件,无需手工费料处理,这克服了其他大多数分层制造中去除截留体积的麻烦。独立几何成形步骤与材料黏结步骤的明显不同的特征是,其消除了切到前一层和外部细小材料滞留于层间的危险,这些关联到先黏结后成形。对于其他分层制造过程而言,对于悬伸部分也要求支撑结构,而且需要精确工装定位系统来保证各层正确的堆叠。影响零件质量的重要因素为激光切割、分度和定位、堆叠校准黏结工艺和烧结工艺。

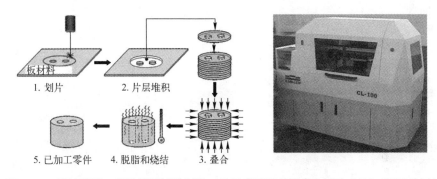

1. 划片   2. 片层堆积

5. 已加工零件   4. 脱脂和烧结   3. 叠合

图 5.14   材料叠层工程计算机辅助制造工艺示意图及其设备(来源:CAM – LEM 公司)

通常地,分层实体制造与其他增材制造相比其主要特征表现为,收缩、残余应力和扭曲变形小。这些加工方法的主要优点包括①广泛使用有机和无机材料,如纸张、塑料、金属、复合材料和陶瓷,这些材料无毒、稳定而且易于操作;②高速构建大零件;③材料、设备和加工成本低,而且精度高。主要缺点有①加工微细薄壁困难,而且在 Z 方向控制零件精度困难;②零件完整性取决于胶的黏结强度,用于功能原型的胶机械强度低且不均匀;③要求复杂的后处理,包括密封。

5.2.2.5   打印加工

基于打印的分层实体制造过程可分为两类:黏结剂打印和直接打印。在黏结剂打印过程中,有选择地将液态黏结剂打印在粉末层上,由黏结剂和粉末一起通过固化生成期望的横截面切片形状。直接打印过程中,利用打印头直接打印生成零件。3D 打印(3DP)是黏结剂打印的代表,最初由 MIT 的老师和学生在 1993 年开发。这一加工过程与粉末烧结技术很相似,但用的是液态黏结剂取代激光,将粉末黏结在一起,因此操作速度快、成本低。加工过程开始时,覆一薄层粉末在构建箱上(见图 5.15),压辊机构从进给箱中将粉末喷射到构建平台上。然后打印头移动通过松散的粉末,按照第一切片横截面面积,选择性打印/喷射细小黏结剂液滴到先前铺覆的粉末层上。打印的黏结剂凝固时将粉末与先前层黏结在一起。零件几何形状外的粉末仍保持为松散状态,而且对于后续层起到支撑作用。典型的打印头具有大量平行喷嘴,能够在一次路径中打印 50 ~ 80mm 的层轮廓。构建平台下降(一般,0.02 ~ 0.4mm,取决于粉末尺寸)一个层厚,新的一层粉末散布于顶部。打印头按照下一层的数据施加黏结剂。在接近室温的环境大气下,所有层都重复这一过程,直到完成整个零件。零件构建完成后,硬化黏结剂,去除松散黏附的粉末,对零件进一步处理。一些制造商(如 ExOne LLC)利用特定的黏结剂,通过升高温度使黏结剂形成坯体,中间层通过干燥步骤(在加热板下)排出水分并且控制层间黏结剂打印。零件毛坯通常表现出较低的机械强度,需要小心处理。由淀粉和石膏制造的零件通常需要渗入石蜡或环氧树脂,同时需要密封以免吸入潮气。

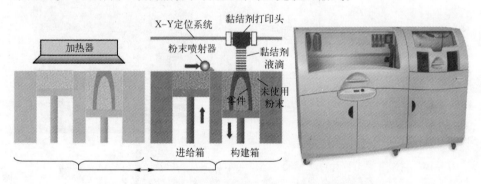

图 5.15　黏结剂打印过程和 3D 打印机(来源:Z 公司)

为实现零件的高尺寸精度和质量,对黏结剂的喷射/打印量进行控制是极其重要的。黏结剂材料也是随构建材料和最终应用而变化。根据层厚、材料类型以及粉末特征,如形状、尺寸分布和包装密度,典型的黏结剂的量占零件体积的比例在 10% ~ 20% 之间。其他加工参数有黏结剂特性(黏性、化学性质和湿润性)、粉末包装密度、黏结剂液滴尺寸、干燥温度/时间和打印率。对于概念模型,石膏和淀粉是应用最广泛的构建材料。金属和陶瓷粉末也能用于各种用途的模具和样品。

从美国的 Z 、ExOne、Soligen Technologies 和 Therics 等公司可购买到 3DP LM 设备。ExOne 公司的设备用于制造金属零件,Z 公司的设备利用淀粉和石膏配方构造零件。Therics 公司生产专门特定的设备,通过打印黏结剂的微液滴、药物和其他材料,制造可植入药物、固体口服药片和组织工程产品,Soligen Technologies 制造直接壳型铸造(DSPC)设备,包括无图样的金属零件铸造,以及用于直接陶瓷熔模铸造壳体。

在所有的 3DP 加工中,零件精度取决于何时何地要求喷射的能力,而喷射能力取决于喷射尺寸和运动控制。分层实体制造中,3DP 成本最低,速度快5倍,易于操作,能构建具有复杂色彩方案的复杂零件。无需支撑结构,未使用的粉末经筛选后仍可使用,可减少浪费。利用现成的打印头可加工低廉、快速替换系统主要消费部件。表面光洁度差、粗糙的表面粗糙度、特征分辨率、液态黏结剂喷射和毛坯件易损性等,这些都是黏结剂打印零件值得关注的问题。已有一些关于利用黏结剂打印技术制造金属、陶瓷和复合材料的零件和功能梯度结构的研究[110-118]。

两种分层实体制造方法是基于直接打印技术开发的,加工中材料是采用逐层方式直接打印到基体上来完成零件的构建。一种是,由美国 Sanders Prototype 公司(现在是 Solidscape 公司)Model Maker 于 1994 年开发并进行了商业化,另一种称为快速冷冻原型(RFP),是美国密苏里大学罗拉分校的 Ming Leu 博士开发的。RFP 通过冻结水滴能够逐层制造三维任意几何形状的冰制零件。Model Maker 利用两个打印头(一是用于热塑材料,另一个用于支撑石蜡),熔化和打印构建材料与支撑材料,在构建平台上形成横截面层。然后在层的顶面由刀具切去约 25μm 厚材料。石蜡被打印在临近零件的区域内,作为支撑材料。虽然构建时间较长,但能够得到较高的精度和表面光洁度。弹道粒子制造(BPM)是另一种加工方法,加工中利用多轴打印头将熔化的热塑材料喷洒在基体上。其他基于直接打印技术的商业化系统是 3D Systems 的 MultiJet 模型技术。低熔点金属如锡、锌和铅已用于这些直接打印技术中[119,120]。

另一个令人关注的分层实体制造是 RFP,加工中使用冷源逐滴将水冻结,依据 CAD 模型以逐层方式生成 3D 冰制零件[121,122],这种加工方式尚未商业化。最突出的 RFP 工业应用是熔模铸造和硅模具[123-125]。冰制样品代替塑料/石蜡样品的优点在于:①消除壳体开裂;②更易取出样品而且没有膨胀;③紧凑的尺寸公差,可节省 35% ~65% 的成本。

5.2.2.6 金属沉积制造

在金属沉积制造中,利用高功率激光束熔化金属粉末或金属丝,逐层沉积形成 3D 实体。这种加工技术有几种不同形式,包括:直接激光沉积(DLD)、直接金属沉积(DMD)、直接光制造(DLF)、激光净成型(LENS)以及其他加工形式。LENS 是首先得到商业化的金属沉积技术,是美国 Sandia 国家实验室最先开发的,1998 年由美国 Optomec Design 公司进行了商业化。美国的 POM Group 公司也制造了具有五轴功能的 DMD 机器。RoderTec GmbH 和弗朗霍弗研究院开发了可控金属构建加工方法，是利用金属丝作为进料的金属沉积加工技术。这种加工技术还能够按照相应的切片轮廓和厚度高速切割每一层沉积层。此外相对于粉末加工中孔隙和部分烧结现象存在，这种技术由于填料可以完全熔化和充分凝固，所以可以一次完成全部致密零件的制造。已具体应用承载金属植入、可控空隙结构的制造等方面[126,127]。沉积加工起始时，首先是将激光束聚焦于数控 X – Y 平台上的金属基体，如图 5.16 所示。

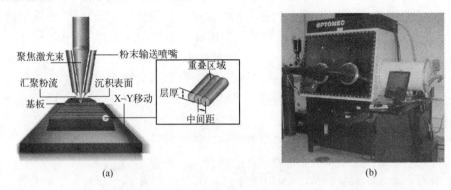

图 5.16　（a）金属沉积工艺；（b）Optomec LENS – 750 系统。

　　激光束在基体上生成一个小的熔池，然后预定量的金属粉末被注射到熔池中，填料熔化且当激光束移开后迅速固结。基体相对沉积头扫描，沿着激光扫描线则绘出一条固化金属细线，并以一定宽度和厚度与基体前一层坚固地黏结在一起。就像 FDM，每一层是由许多连续的轨线重叠形成的。在每一层形成后，激光头沿着粉末传送喷嘴方向向上移动一个层厚（在整个沉积过程中保持相同的喷距），然后生成新的一层。这一过程重复进行很多次直到由 CAD 模型表征的整个实体在基板上完成，其可是一个定制的固体或多孔实体。连续轨迹间重叠量一般为轨迹宽度的 25%（致密零件），通常厚度为 0.25 ~ 0.5mm。整个构建过程在充满惰性气体的手套式工作箱箱内进行，有些场合，金属熔池需要被惰性气体保护。一般而言，这些加工构建悬伸特征件时需要支撑结构，但是，最新具有 5 ~ 6 轴功能的设备，可以很容易生成悬伸特征而无需支撑结构[128]。

　　金属沉积加工用于生产致密功能零件，已成功使用金属、陶瓷、金属或陶瓷复合材料等实现了零件制造[129-137]。加工中使用预制合金或 20 ~ 100mm 间尺寸的主要粉末混合物作为填料。多种粉末进给系统能有效用于在线生成合金和复合材料[138]。

　　金属沉积制造被设计用于制造金属和陶瓷以及一些金属的、金属化合物的、陶瓷的复合材料的完全致密功能性零件[129-137]。该技术即可以使用预制合金粉末也可使用混合元素粉末，填料尺寸介于 20 ~ 100μm 之间。多相粉末填料系统能有效地用于制造新的合金或复合材料[138]。金属沉积制造主要工艺参数包括：①激光束直径和功率；②激光焦点；③激光移动速度；④粉末送入率；⑤扫描间隔(激光束重叠);⑥连续扫描的时间延迟;⑦层厚度。其他参数如喷嘴到表面距离(喷距)、喷嘴气体流动率、吸收率以及对基板的焦深等也起到重要作用。关于加工参数的影响已有一些研究[139]。

激光功率、加光移动/扫描速度和送粉速率互相依存,三者必须严格匹配使沉积物和沉积头之间喷距保持不变,获得满意的零件构建。相似地,激光聚焦点应进入基体(约1mm)以保证基体/前一层能够充分熔化和层间牢固黏结。然而,对于界面而言,为尽量降低稀释,应调节聚焦点位于基体表面或之上。最新机器已装备复杂的附件,如熔池闭环控制系统和自动 Z 向高度控制系统[140,141]。这些系统也有助于功能梯度材料零件的制造[142-145]。

基于激光的金属沉积制造的本质特征是,在一定的时间内,仅一小部分材料进行热处理,从而导致极高的温度梯度和冷却率(通常在 103 ~105K/s),有利于形成一些微结构[146]。比如:①扩散控制的固相转变抑制;②过饱和溶液和非平衡相形成;③形成具有很少元素偏析的超细、精练微结构;④形成很细的第二相颗粒。最近研究表明,利用高冷却率,采用基于激光直接制造技术,可以制造出大尺寸非结晶产品,而不损失进料的非晶结构[147]。

由于金属沉积过程中极为复杂的凝固本质,根据工艺参数的不同,将产生多种多样的晶粒结构(柱形和等轴)[148,149]。金属沉积制造,由于是基于分层沉积制造,其热历史包含再熔化和多次低温重复加热循环。实验和模拟仿真结果都表明,在沉积初始阶段材料经历严重的快速淬火,随着沉积厚度或者层数的增加,淬火效应减小[150-153]。

重复加热循环可导致应力释放、第二相析出等。一些研究文章描述了在激光沉积金属零件中的微结构演化[154,155]。在激光沉积过程中,尤其对于非同质脆性材料,会产生较大的残余应力而导致裂纹生成。激光沉积材料的机械性能总是优于锻造和铸造材料[156-158]。

这些制造技术可用于整个产品使用的生命周期,范围从材料/合金开发到功能原型和小批量产品。激光粉末沉积的主要长处在于,以适当的速度生产具有良好冶金性能的致密零件,而且无需随后的热处理。除经济上的优势外,能够制造其他加工无法实现的新颖构形、中空结构和材料梯度。另一个好处是能够在正在服役的构件上添加材料的特有功能,可以用于修补零件。构造的实体属于净近成型,一般要求抛光加工。其主要局限性为成形精度低、构建速度慢、难以生产复杂几何形状的零件和表面粗糙度差。

5.2.2.7 复合制造及其他加工

5.2.2.7.1 复合分层制造工艺

复合制造工艺的开发是为解决与基于金属沉积分层制造(LMTs)有关的一些问题,例如,激光的沉积技术虽然能够生产具有复杂几何形状的金属功能零件,但目前在表面光洁度、几何精度和需要支撑结构几个方面存在局限性。先供职于卡内基梅隆大学后转到斯坦福大学的 Fritz Prinz 博士开发了形状沉积制造工艺,是一种复合分层制造加工,通过将增材制造的柔性和减材制造数控机械加工情况下的精度及精确性相结合,克服了上述困难[159]。

在金属 SDM 加工中,采用三个重要沉积工艺之一完成零件的每个节片从而形成零件的截面层。沉积制造包括,直径在 $1 \sim 10\mu m$ 的微滴等离子体喷射,微滴尺寸在 $5 \sim 10\mu m$ 的微浇注(利用传统的电弧焊工艺),和激光沉积[160-162]。

每一层沉积后,零件被转到成形工作站,在那里利用五轴数控机床铣削沉积层形成其轮廓、厚度或净形状。铣削后,零件可能接受喷丸处理来控制/减缓在返复的热沉积和机械加工中引起的应力。然后零件被转回沉积工作台,进行下一层的沉积或者牺牲的支撑材料的沉积。沉积零件材料和支撑材料的顺序取决于零件的几何形状。重复上述步骤,直到零件构建完成,然后,清除支撑材料获得最终的零件。加工过程如图 5.17 所示。

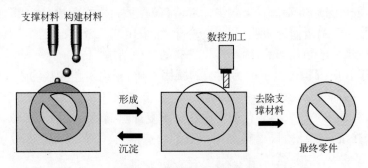

图 5.17　成型制造工艺步骤

SDM 与标准的分层制造的主要区别是在零件的 CAD 模型中是分解成切片和节片,每一个都要求保持整个 3D 形状的外表面。将零件分解为各节片或压片的优点是,它不需要侧凹特征加工,侧凹特征是沉积支撑或沉积前一层或前一节片的另件材料时形成的。层厚度取决于零件的局部几何形状以及沉积过程的约束。SDM 的增材和减材性质表明,这种快速、经济的方式制造致密金属零件的方法具有巨大的前途,而且,已被用来在结构中嵌入电子和其他零件[163]。SDM 的优势包括可加工材料范围广泛、可变层厚度、能制造非均质结构和底切特征,缺点是需要控制氛围、占地空间大、定位要精确和需要传送机构[16]。

5.2.2.7.2　其他工艺

基于上述或其他增材制造法开发出来一些制造技术。下面将简述其中几种重要的制造技术。与 SDM 非常相似,分段铣削制造(SMM)是分段构造零件的新方法。在 SMM 加工中,零件划分成多个节片(节片自由体的部分),由铣削机床结合沉积系统对每一节片进行成形加工。已成形的各节片最后组装在一起形成最终的 3D 实体。分段制造消除了台阶效应,可生产出光滑表面的零件。SMM 加工的另一个优点是其可达到的精确度。怎样分割有限的零件形状是一个值得关注的问题。基于 SMM 的商业化系统包括①分层铣削制造(德国 Zimmermann GmbH);②分层概念(法国 arlyrobot);③分层实体制造(德国 C GmbH)。

近年来,集成和加工技术的进步,使得微电子和微机电装置在尺寸上极大地缩小。对这些电子和机械装置/结构进行亚毫米级的微制造,如果采用平版印刷技术则需要昂贵的设备、极端的加工条件,从设计到完成装置需要几个星期时间。直写技术(DW)是一组技术,能够以简单、快速、经济和多种方式,按照预先设置的样式或布局,在各种表面上实现沉积、滴除和加工(包括减成)各种类型材料。DW 加工的特征是利用计算机生成的样式和形状进行直接制造,无需特殊的零件模具。DW 能直接在结构部件上制造微米尺度的主动和被动装置并进行装配。采用这些技术的有利之处是增加功能、减小尺寸和重量、降低成本、简化设计、减少构件数量和缩短市场化时间。

DW 技术的潜在应用包括 RF 装置、显示、隐身材料、超材料、封装、传感器和导线以及电子、微波和光学零件。几年来,已开发出多种多样的 DW 技术[164],包括喷墨 DW、DW 热喷射、气溶剂直写技术、激光直接刻蚀、基质辅助脉冲激光蒸发直写技术(MAPLE)、nScript 3De(纳米/微米笔)以及无掩模介观尺度材料沉积(M3D)。直写加工利用某种可编程滴涂或沉积头精确涂覆少量材料(10 ~ 25mm 宽,约 5μm 厚),自动形成电路或其他有用的细观装置。这些技术可使用多种材料,如,金属、介电材料、铁素体、半导体和绝缘聚合物、电阻器、复合材料以及化学活性材料,沉积到各种基体上(塑料、金属、玻璃甚至布匹)[164]。将 DW 加工与其他增材制造过程集成可以生产具有完全埋入的电路和其他电子装置的产品,在电子、航空航天和人造卫星工业具有巨大的应用潜力。

激光直写是一个通用术语,包括修改、减材和增材制造,能够无需平版印刷和掩膜直接在基体上生成样式。在激光直写修改(LDWM)或减材(LDW −)中,激光直接照射相关材料进行去除(激光微切削)或修改(熔化、烧结等)。上述两种情况下,脉冲或连续激光都可使用。一种激光直写增材制造(LDW +)为MAPLE(见图 5.18)。加工开始时材料为粉末形式并且将其与液态载体混合而成墨液(见图 5.18)。然后将墨液涂覆在距离基体大约 100μm 的固定玻璃板上。脉冲紫外激光在玻璃板后照射墨液,驱动大量材料转移到下面的基体上。通过基体 X − Y 移动或者通过激光束光栅扫描,在基体上生成材料的式样。

M3D 制造中,包括金属、电介质、铁素体以及电阻粉的流体分子前体或金属胶体悬浊液的超声/气动雾化,气溶胶通过沉积头孔直接传送到由计算机控制的基体上,由此可以沉积得到复杂精细的几何形状[165]。通常利用同轴激光系统进行激光化学分解或热处理,用来将沉积加工成要求的状态。笔式加工,如Micropen 和 nScrypt 3De,利用分送喷嘴(直径为 50μm ~ 2.5mm)和各种金属及陶瓷浆或墨液,写出复杂图样。在低温下对电子墨液加热使其蒸发掉所有流体,剩下干燥的金属和陶瓷,然后加热与粉末一起烧结。笔式加工的两个方面使其非常有用:①可以在非平面的基体上沉积细线踪迹;②对于特殊功能需要可以定制墨液。纽约州立大学 Stony Brook 分校的研究者展示了面向 DW 应用的热喷射技术[166,167]。当具有合适的火焰设计和粉末粒子尺寸分布时,这些加工可以对多种材料进行合理的沉积(厚度小到 5 μm)。在直写应用中热喷射技术提供某种独特的优势:①直写速度高;②喷射材料灵活(金属、陶瓷、聚合物以及这些材料的混合物,掺杂层或梯度层);③有益的沉积态材料性质;④加工过程中热输入低。

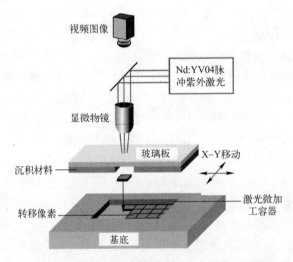

图 5.18　基材辅助脉冲激光蒸发直写技术工艺

5.3　材料和分层制造加工能力

5.3.1　材料

各种分层制造技术中已可采用热塑性材料、聚合物、金属和陶瓷等材料(见表 5.2)。一些研究所和大学目前正在积极研究使用聚合物型、金属型和陶瓷型等复合材料制备功能梯度材料。总之,塑料/聚合物基材料由于它的实用性以及在大多分层制造中处理/加工塑料的能力[35,52,53,55,70,75,82,115]而在分层制造系统的应用中占主导地位。PC(聚碳酸酯)是一种行业标准的工程热塑性材料,适用于构建概念型和功能型的模型和原型,以及用于金属熔模铸造的原型和模具等。PC 及其混合物具有较高的冲击强度、抗拉强度和抗压强度,被广泛用于多种产品的制造,例如汽车内饰、玩具、医疗设备储物柜。在今天的汽车工业中,许多汽车内饰采用这些材料进行构建。由于在高速公路上行驶产生高压力,轮毂罩通常也用镀铬的 PC 进行制造。PC 也用于手机、商业设备、计算机产品和各种各样的消费品的制造,如家用电器。尼龙是另一种行业标准的工程热塑性材料,用于构建可在特定环境下使用的模型和原型。尼龙具有较强的耐热性和耐化学性,是目前工业中最耐用的 RP 材料之一。与尼龙类似的其他热塑性材料有 ABS(丙烯腈 – 丁二烯 – 苯乙烯共聚物)、PPSF(聚苯硫醚)和 PC/ABS 混合物。聚酰胺基粉末(如 3D Systems 公司的 DuraForm PA 和 DuraForm GF)用于生产坚固耐用的功能性塑料部件。残余灰分含量较低的聚苯乙烯(如 EOS GmbH 的聚苯乙烯 1500、聚苯乙烯 2500)尤其适用于熔模铸造。一些通过玻璃、金属颗粒和其他纳米纤维进行增韧的专用聚酰胺复合材料也用于生产具有优异耐热性和耐化学性的零件。在生物医学中,已使用的材料有多种天然聚合物,如胶原网络、海藻酸钠、壳聚糖、纤维素以及透明质酸或合成高聚物,如 PGA(聚乙醇酸)、PLA(聚 L – 乳酸)、PLGA(聚(DL)乙烯)、PVA(聚乙醇)、PHEMA(甲基丙烯酸羟乙酯)以及几丁聚糖。分层制造系统如 FDM、3DP、光固化(SLA)和 SLS 已经使用以塑料/聚合物基的材料以及其他复合材料[54,56,67,69,79,92,98 – 100,105,113,114,116,117,137,138]。

一些专用金属粉末是由双组分间接工艺生产功能性模具的机械制造商提供。最常见的粉末组合是不锈钢粉末和热塑性或热固性黏结剂,在混合后渗透青铜。相似地,一些商业中涂覆黏结剂的陶瓷粉末(氧化锆基和硅基)可用于生产模具和铸造金属芯。总之,众多研究者已经使用各式各样的金属、合金、陶瓷及其混合物,采用大功率激光分层制造系统制造功能性终端零件或快速模具零件。这些技术的优势在于以合理的速度制造冶金性能良好的致密金属零件。在分层制造中可使用各种材料,如不锈钢、黄铜、钴铬钼合金、镍基耐热不锈钢、铜、铝、钽和复合材料[98 – 100,105,113,114,116,117,137,138],以及金属颗粒增强复合材料[36,40 – 48,71,76,94 – 97,101,111,112,126 – 132,135,139,144,145,147,148]。特别引起关注的是反应性材料,如钛。

大多数系统使用的是粉末原料,但也有使用细丝材料的。材料组分可以动态地连续改变,而使得实体具有传统制造方法无法实现的特性。Stucker 等人[167]已经成功地采用 SLS 工艺生产形状复杂的硼化锆 – 铜复合材料的电火花电极,与热压加工方法相比,生成的电极具有更均匀的微结构。类似地,Lu 等人[168]使用 Cu、Ti、Ni、和 C 粉末混合物,采用激光烧结工艺在位生成了 TiC 增强基铜电极。也有许多研究者广泛研究了使用激光烧结工艺生成金属、陶瓷和复合材料功能部件[169,170]。DAS 与其合作者[171]采用一种新的方法通过 SLS 工艺来制造致密零件。首先,通过仔细控制工艺参数,使用烧结法生成内部多孔、表层不透气的三维零件,然后采用无容器的热等静压(HIP)工艺处理获得致密零件。SLS /HIP 方法成功地采用铬镍铁合金 625 和钛合金制造出航天复杂三维零件。

表 5.2　在各种分层制造技术中所使用的材料

分层制造技术	材　料
光固化快速成型	光固化树脂模拟热塑性工程塑料如聚碳酸酯(PC)、尼龙、丙烯腈－丁二烯－苯乙烯(ABS)、聚苯硫醚(PPSF)、弹性体及导电陶瓷
熔融沉积成型	聚碳酸酯、尼龙、丙烯腈－丁二烯－苯乙烯、聚苯硫醚、聚碳酸酯/丙烯腈－丁二烯－苯乙烯混合物、天然和合成聚合物的生物应用,如聚乙醇酸(PGA)、聚(L)－乳酸(PLA)、聚乙交酯(PLGA)、聚乙烯醇(PVA)、甲基丙烯酸羟乙酯(PHE-MA),大多数陶瓷包括 PZT、Al_2O_3、ZrO_2、ZrO_2－Al_2O_3 复合材料、铝硅酸盐、硅碳化物、陶瓷－金属复合材料
激光选区烧结	热塑性塑料、尼龙、橡胶、复合材料、金属/合金、陶瓷、金属－陶瓷和陶瓷－陶瓷复合材料。例如,尼龙、玻璃/铝填充尼龙、聚苯乙烯、钢、磷酸钙陶瓷、陶瓷、钛、碳纤维、钛、钴铬、铝、钛、钽等
3D 打印	聚酰胺、尼龙、塑料、陶瓷(工程、结构、电子、生物)、金属如钢、钛、钛合金、钴铬钼合金等
金属沉积技术	不锈钢、铜、钴铬钼合金、镍基高温合金、铜、铝合金、钽金属基复合材料、原位复合材料和金属陶瓷(WC－Co)等
分层实体制造	塑料和陶瓷片

　　分层制造技术因在工程方面难以实现复杂形状零件加工的优势,促进了其在陶瓷制造中的应用。一个特殊优势是能够创建功能梯度的导电陶瓷而且有助于金属—陶瓷相结合[172]。由于陶瓷材料常常导致小批量生产时加工成本高,大批量注塑生产时模具成本高。因此固体自由成型法作为一种快速成型(RP)方法,能够使设计人员在不同测试条件下对新陶瓷材料和新设计进行评估。结构功能陶瓷材料零件的 LM 技术主要有光固化、FDM、SLS、LOM、3DP、直接陶瓷喷墨打印和激光化学气相沉积法[173,174]。所使用的一些陶瓷材料[173]包括氧化锆－氧化铝复合材料、铝硅酸盐、碳化硅、陶瓷墨水以及陶瓷－金属复合材料,如碳化钨钴合金(WC－Co),称为金属陶瓷。

5.3.2　分层制造加工能力

　　目前分层制造加工能力可以轻松满足可视化、外形合适和人机工程学研究的原型和模型的工业要求。然而直接制造的终端产品以及快速模具的机械性能和功能取决于分层制造的类型和所用的构建材料。为提高产品的质量,需要定量分析工艺参数、构建方式、支撑结构和其他因素对零件表面光洁度、尺寸精度、收缩幅度、残余应力、扭曲和机械性能的影响。

　　在分辨率、精度、所需的二次操作/抛光操作、构建速度/总建立时间以及适用的材料等方面,每一种分层制造工艺都有其优点和缺点,应根据构建材料、零件的尺寸/形状、精度要求和最终用途等,并对所有的加工工艺进行仔细比较之后,才能选择最合适的分层制造工艺。在快速制造过程中选择构建方向时,精度和表面粗糙度作为两个重要因素必须综合加以考虑。分层制造技术以分层方式生产零件,总是导致零件具有一定厚度的阶梯状。可以通过生成极薄层来降低阶梯效应从而获得光滑、光洁的表面,但总构建时间将会相应地增加。在分层制造的方法中,基于喷墨方法和光固化方法均可以生成 $10\sim15\mu m$ 厚度的极薄层,实现良好的表面粗糙度。诸如 SLS 和 3DP 等基于粉末床制造工艺生成的薄层最小厚度取决于能够均匀喷洒的最小粉末粒度,并且在过程中不产生结块、静电以及与喷洒辊黏结等。另外,这些加工工艺会生成粗糙的和沙质的表面。表面粗糙度也取决于加工参数,如扫描模式和扫描速度。同时,分辨率是决定粗糙度、外观和精度的因素之一。目前,大多数的分层制造机器分辨率在几个密位的范围内,但在不同方向(X、Y、Z)上有一定差别。具有专业扫描和运动控制系统的先进加工系统可以实现更精细的特征,但所能加工的零件尺寸受到限制,如 Solidscape 公司的喷墨系统具有非常高的分辨率。在所有情况下,零件都需要后处理操作,如打磨、喷漆、抛光、渗透和机械加工。表 5.3 给出了各种分层制造工艺中可获得的层厚度和可实现特征的简略对比。表面粗糙度和尺寸精度不仅受材料和后处理的影响,而且还受其他因素影响,包括机器、软件算法、构建精度和收缩补偿[175]。精度将是分层制造未来面临的最大挑战。

表 5.3   不同分层制造技术的层厚度和分辨率对比

分层制造技术	分辨率/mm		分层厚度/mm	精度/mm
	$X-Y$ 轴	Z 轴		
光固化快速成型	0.2~0.3	0.025~0.762	0.010~0.05	±0.1
固体固化技术	0.1~0.15	0.1~0.15	0.1~0.2	±0.5
3D 打印	0.12~0.5	0.07~0.17	0.1~0.2	±0.02
熔融沉积成型	0.25~0.5	0.05~0.75	0.05~0.76	±0.13
选区激光烧结	0.07~0.5	0.076~0.5	0.08~0.15	±0.13~0.7
金属沉积技术	0.02~0.5	0.1~0.4	0.08~0.4	±0.1~0.5
喷墨技术	0.03	0.1~0.2	0.03~0.1	±0.13
分层实体制造	0.07~0.25	0.05~0.5	0.07~0.3	±0.1~0.25

所有的分层制造工艺过程都是相当缓慢的,通常需要几个小时甚至几天才能完成一个零件。尽管如此,这仍然被认为比传统减成法更快,特别是复杂零件的加工。总构建时间取决于构建速度和所需的前、后处理步数,随加工过程的不同而变化。基于栅格的分层制造工艺一般要比以矢量方式快,较厚的层将减少构建时间。因此,3DP 比 SLA 更快而 SLA 比 FDM(熔融沉积制造)和基于喷墨的制造方法快。然而,如果考虑 SLA、SLS 所需额外的前处理和后处理操作(如清洁、固化、加温或冷却),使用 SLA 或 SLS 生产未抛光的测试零件的总时间将明显高于 FDM。因为 FDM 不需要额外的前后处理操作,它在制造零件所

用的总时间上是非常有竞争力的。在构建速度、表面粗糙度和尺寸精度方面，已经建立了定量的塑料[176-178]和陶瓷[179-181]的各种分层制造工艺的评价方法。采用 3DP、SLS 和 MJM 生成的零件一般都很脆弱，需要进一步渗透、黏结烧除或烧结，具体方法取决于构建材料。即使直接制造的终端零件，为获得可接受的粗糙度和公差，也需要最终的机械加工或其他二次处理。基于粉末的方法是自支撑的，不需要额外的用于悬伸和底切的支撑结构。所有其他方法都需要一种支撑结构，这种结构同零件一起制备，需要更长的构建和处理时间。不同的分层制造技术可兼容使用多种材料，包括塑料、陶瓷和金属。基于粉末床的加工过程，如 3DP、SLS，相比其他方法在使用材料方面更加多样性，可以使用任何粉末形式的材料，而 SLA 和 SGC 方法仅限于使用光固化聚合物。相似地，基于挤压的加工过程限于使用熔点相对较低的材料。LOM 最初仅限于使用纸张，后来也开始使用塑料、陶瓷和复合材料。如今的分层制造技术被广泛用于终端零件的快速模具和直接制造。合理工艺的选择取决于实现特定模具或最终零件特征的加工能力和构建材料。需要注意的重要问题是，对于快速模具和最终零件没有关于如精度和分辨率等重要参数的相关规范。原因之一是对于所有的分层制造来说，因零件的几何形状、材料和其他因素的不同这些都会发生很大的变化。表 5.4 列出了不同分层制造工艺制备快速模具和金属零件的对比结果。每一种工艺都有其优点和市场优势，这使得每一个机器制造企业在商业竞争中能够生存下来。

表 5.4　快速制模和直接零件制造的分层制造技术对比

方　法	生产周期	零件/构造材料	最大零件尺寸	刀具寿命	优　点	缺　点
电子束熔化	2~4 周	H13 工具钢，低合金钢，钛合金（Ti-6Al-4V），纯钛	200×200×200（mm³）	十万到一百万	完全致密的零件，高效节能，可用于多种材料加工，保形冷却	有限的零件尺寸，缓慢降温，需要精加工
定向金属沉积技术	2~4 周	H13 工具钢，304 和 316 不锈钢，镍基合金比如镍铁合金，钴铬合金，（Ti-6Al-4V）钛合金	460×460×1100（mm³）	十到数百万	完全致密的零件，修复和功能添加，多/梯度材料，保形冷却，可使用任何粉状物料，特性与本征材料相同	悬垂几何限制，表面粗糙度差，需要精加工
超声波固结	小于1 周	铝、铜和其他软金属	610×915×254（mm³）	大于五千	保形冷却，异种材料，层压复合材料，完全密集，嵌入式组件，良好的表面粗糙度	软材料，刀具寿命短，速度慢
常规处理	4~16 周	所有	无	五十到十万秒	极佳的精确度/光洁度，刀具寿命长	价格昂贵的复杂零件

104

5.4 分层制造技术的应用

分层制造技术已应用于多个工业领域,涉及汽车、航空航天、医疗、玩具和消费产品等行业。汽车和消费品行业是分层制造技术的最大用户(图5.19(a))。

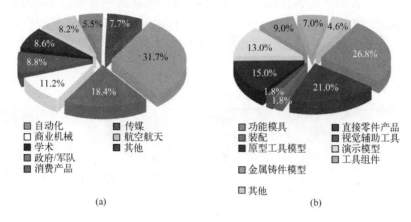

图5.19 全球使用分层制造的百分比

(a)公司/部门;(b)应用[182,183]。

这些技术的应用范围几乎是不受限制的,主要被分为三大类:快速成型、快速模具和快速/直接制造。到目前为止,快速模型(功能模型)已经成为这些技术中应用最广的一类(图5.19b),接下来是零件的快速/直接制造,这一方法的应用正迅速增长,最终将在工业中占主导地位。多年来,分层制造行业已经发展成为十亿美元的产业(2008年为12亿),并在过去三年中以平均每年13.8%的速度增长[182,183]。

5.4.1 快速成型

一个新产品能否成功投放到当今竞争激烈的市场,依赖于快速、高效的产品开发,以及快速和灵活的生产工艺。近年来,分层制造工艺的优势已经被越来越多的人所认识。在一些使用塑料和尼龙、陶瓷、复合材料和金属粉末等生产零件的工业领域中,分层制造技术已成为产品设计、开发和制造不可或缺的一部分。在设计过程中,明确的沟通是至关重要的,以避免预算外发出以及因设计缺陷导致的生产延迟。快速成型技术广泛用于概念模型的实现,以便于包括设计师、制造商和消费者等不同人群之间有效的沟通。在进入费时且昂贵的传统制造之前,可使用功能原型对外形、装配、人机工程和新设计的功能进行严格的重复测试。Grimm[184]提供了几个研究案例,列举了与分层制造技术在产品开发方面节约成本与时间的好处。图5.20展示了各种分层制造技术采用不同材料生成的不同颜色典型原型。立体光刻（SLA）、PolyJet、SGC、3DP、SLS和FDM等光聚合工艺是用于原型开发最流行的分层制造技术。塑料/聚合物制成的原型也可以作为有效的工具来分析应力[185]和流体流动[186]等。此外，能够制造具有多种颜色的原型，在零件/设计的物理模型中有助于有限元分析数据的可视化（图5.21a），可以用来增强交流和识别关键设计的变更。在医疗领域中，原型可用于手术前的规划，以减少手术时间、进行移植外形预修整、用于医生之间以及医生与病人之间的沟通和教育（图5.21（b））。同样地，复杂分子的物理模型使得各种分子结构和相互作用可视化且易于理解，以用于教育、研究和药物开发等（图5.21（c））。

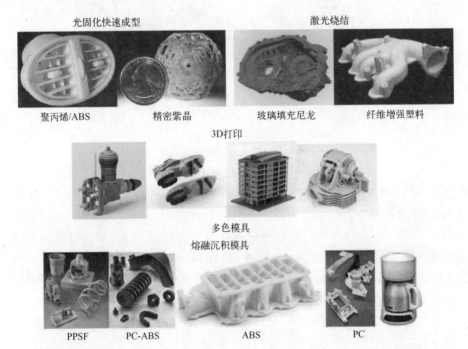

图5.20　使用立体光固化技术构建的典型零部件原型（来源：3D Systems公司），选区激光烧结（来源：3D Systems公司），3D打印（来源：Z Corp公司），熔融沉积成型（来源：Stratasys公司）

5.4.2　快速模具

模具是制造过程中最慢和最昂贵的一步，模具形状一般较为复杂，并且要求高的尺寸精度和表面粗糙度。通过分层制造技术制作的模具能使传统的制造工艺更快、更便宜、更好。快速模具的目标是生产长期使用的模具，并且改进其机械性能和热性能、缩短交货时间和显著节约成本。快速模具通常可以节省75%以上的加工成本和开发时间[187]。分层制造技术以两种不同的方式制造产品的高质量模具：①直接模具制造。模具和其他工具直接由分层制造系统制

106

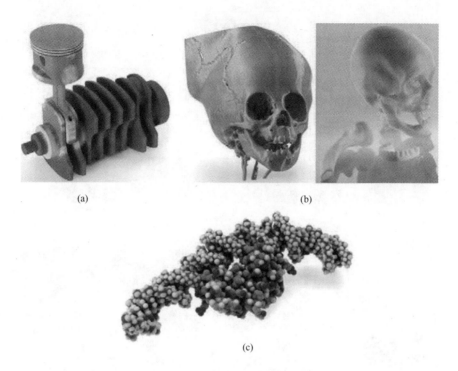

(a)   (b)

(c)

图 5.21　(a) 展示在一个三维物理模型活塞连杆曲轴有限元应力分析(来源:Z Corp
公司);(b) 头骨、股骨和从患者的 CT 或 MRI 扫描数据导出的牙齿模型
(来源:Stratasys 公司);(c) 药物的分子物理模型(来源:Z Corp 公司)。

造。②间接模具制造。分层制造生成的零件被用于制作模具或工具的样品。
典型的模具包括①用于注射成形、模铸、真空铸造和金属成形处理的硬模和镶
块;②熔模铸造的牺牲模或壳;③砂型铸造的原型、型芯和模具;④自动组装生
产线中移动的和固定的工装夹具;⑤塑料和金属系列零件的模具。

5.4.2.1　直接模具制造

　　直接模具制造消除了间接模具制造中与模具复制技术相关的误差。使用
分层制造技术进行直接模具制造最显著的优点是能够完成常规加工技术无法
实现的特种加工,例如共形冷却/加热通道,使模具在预期的位置进行合适的冷
却/加热。一些研究已经表明,采用这些共形通道可以缩减注塑模具周期时间
达到 40%。已被开发出专门的分层制造方法和材料以满足成型、铸造和移动夹
具/固定夹具中的特定应用。具体包括 SLA、SLS、LENS、DMLS、EBM、3DP 和
LOM。图 5.22 所示为使用这些技术生产的模具。

　　SLA 模具一般使用市场上购买的材料,如聚丙烯、ABS、PC、Nylon 6:6 和复
合材料。这些模具通常用于高密度和低密度聚乙烯、聚苯乙烯、聚丙烯和 ABS
塑料的注塑成型。一个模具可成形 500 个零件,较为典型的是 10～50 个。采
用铝颗粒等增强复合材料的模具更耐用,可一次成形 1000～5000 件。一些机

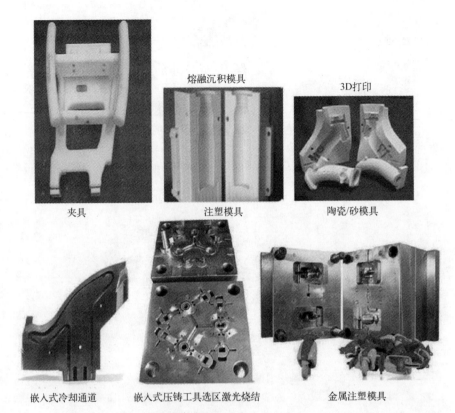

熔融沉积模具

3D打印

夹具 注塑模具 陶瓷/砂模具

嵌入式冷却通道 嵌入式压铸工具选区激光烧结 金属注塑模具

图 5.22 熔融沉积成型(来源:Stratasys 公司),3DP(来源:Z Corp 公司),
以及选区激光烧结技术制成的模具(来源:EOS 公司)

构正在研究开发高温填充树脂。对于注塑和压铸中使用的耐用金属模具,通过
SLS、LENS、EBM 和 DMLS 采用 H13 模具钢、青铜钢、青铜、铬镍铁合金 625、碳
化钨、碳化钛金属陶瓷与合金等材料进行生产。这些由致密材料生产的模具具
有复杂几何形状,已被用来浇注成数百种的铝、锌和镁等材料的零件。用于制
造塑料零件的模具的使用周期可高于十万次。UC 也被用来制造注塑成型的金
属模具。通过 LOM、SLS 和 3DP 生产的陶瓷模具非常结实耐用,可应用于各种
制造工艺中。

5.4.2.2　间接模具制造

今天使用的大多数快速模具类型都是间接快速模具制造——分层制造工
艺制作的零件作为模样应用于传统工艺中模具的制造。几乎所有的分层制造
工艺已用来进行快速间接模具制造以满足各种应用的需要。一些利用分层制
造工艺生成的部件/模具来创建模具的各种工艺已经被开发出来,它们的精度
取决于被用于创建样品/部件的分层制造方法。其中最流行的快速原型模具的
应用是生产室温硫化(RTV)硅橡胶模具。硅橡胶模具被用来制造氨基甲酸酯、
环氧基和锌基合金等材料的部件/原型。RTV 模具被用于真空铸造、反应注射

108

成型、蜡注塑成型和铸塑树脂制模等,生产如聚丙烯和 ABS 等热塑性零件。利用金属喷涂制模技术,LM 生成的式样可用于软、硬金属模具的制造,在这些加工工艺中,通过喷枪使雾化金属沉积到式样上生产出模具。典型的金属包括铅/锡基合金、铝、铜和钢。金属喷涂模具已用于许多工艺中,包括金属板料成型、注射成型、压缩成型和吹塑。聚丙烯、ABS 和聚苯乙烯等各种塑料和一些像增强尼龙以及 PC 等难加工材料均已用于成形加工。一些公司已经使用快速原型模型的熔模铸造工艺来生产金属模具。目前为止大部分铸造模具是铝,但也有一些模具为工具钢。通过使用具有所需型腔的快速原型牺牲模型,可用失蜡工艺复制金属零件。

5.4.3 快速/直接制造

用分层制造工艺快速或直接制造终端零件是快速原型制造的自然延伸。随着新材料不断地被各个公司开发出来,分层制造设备可以生产产品的种类/类型也在不断增加。对于大批量生产,使用分层制造是不经济的,但是对于小批量生产,分层制造工艺要便宜得多,因为这些不需要模具。分层制造也最适用于生产为用户量身定制的具体规格部件。像快速模具工艺一样,采用分层制造工艺的快速/直接制造分为两类:直接制造和间接制造。如前面所讨论的那样,包括式样或模具的间接制造,已成功地应用于塑料、陶瓷和金属的终端零件的制造[188]。与此相反,直接制造工艺在一次操作中创建终端部件。许多厂商已经开始意识到采用增材直接生产零件具有的独特能力,推动了利用分层制造技术直接制造功能性部件的快速发展。分层制造工艺生产的功能性部件具有一些独有的特性,包括复杂的几何形状、使用多种材料、控制局部几何宏观和微观结构、降低成本以及可以大批量定制。事实上,目前所有的分层制造工艺正应用于快速制造。使用终端材料构建部件的工艺是最流行的,包括 3DP、SLS、FDM、金属沉积及相关技术。在光聚合成型工艺中使用的光固化性树脂(SLA,SGC 等),可以模拟工程材料,但不能取代它们。表 5.5 所示为用来制造最终使用部件的主要分层制造工艺。也存在其他一些技术专用于一些制造,例如,微立体光刻用于 MEMS 制造和 DW 技术用于电子和其他纳米器件的制造。通过分层制造技术生产典型的终端部件,如图 5.23 所示。

航空航天和汽车

航空航天工业是分层制造技术的早期采用者之一,因为航空零件都是由昂贵的材料进行制造,且数量少、形状复杂,而且必须满足严格的功能要求,采用分层制造技术是最佳选择。其中一个主要感兴趣的领域,是喷气发动机部件如具有内部冷却通道的涡轮叶片的制造。多种基于金属沉积的技术已用于采用高强度、耐高温且具有单晶结构的 Ni 基超合金材料制造零件[148,149]。分层制造也用于航空航天中的复合材料制造。长期应用包括为了减阻的表皮活性材料

金属部件

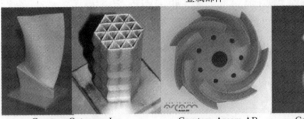

Courtesy Optomec, Inc.　　Courtesy Arcam AB　　Courtesy 3D Systems, Inc.

塑料部件

Courtesy 3D Systems, Inc.　　　　　　Courtesy Stratasys, Inc.

图 5.23　使用分层制造技术生产的功能性部件

和为太空任务制造备用部件。美国航空航天局已经把增材制造工艺作为应对未来太空任务的一项便能技术。未来的应用前景包括利用增材制造大型结构（包括月球和火星的住宅）和更换部件，以及用于修复损坏的太空零件[189]。

表 5.5　分层制造技术被应用于快速/直接制造

金 属 零 件	陶 瓷 零 件	塑 料 零 件
选区激光烧结	3D 打印	选区激光烧结
选区激光熔化	熔融沉积成型	熔融沉积成型
激光近净成形	选区激光烧结	光固化快速成型
直接金属沉积	光固化快速成型	3D 打印
电子束熔化		
3D 打印		

　　分层制造技术在汽车行业也有很大的应用潜力。在汽车应用中，能够使用多种材料制造复杂零件，可提升汽车的燃料效率、延长发动机寿命并降低组装成本。几家汽车制造商，如通用、福特、戴姆勒－奔驰、本田、宝马和大众已经利用这些技术制造功能部件[190,191]。

　　电子

　　在电子领域中，正在使用的分层制造工艺的种类多于其他领域。由于其独特的特性，如小尺寸、数量巨大及批量制造，使得分层制造工艺直接制造电子部件非常有吸引力。无模分层制造对于小批量电子元器件生产来说，是另一个强劲动力。许多电子装置、器件和变频器是由重复的简单几何形状制造而成,而LMT技术具有生成复杂的组分成/结构分级的材料的能力,这提供了更大的设计灵活性以及强大的制造技术。许多电子材料适合于沉积制造技术,并且许多具有电子特性的聚合物材料可在市场上购买。许多可商购的DW(直写)技术能够制造微小尺度的无源/有源器件(半导体、电阻器、导电元件、电容),这些器件可以直接集成到任何基底材料(机械装置),并且这些器件在军事、航天、医疗及射频通信领域[163]有非常重要的应用,也可以制造非典型的天线和波导中的组件。使用SLA工艺可制成半导体封装和陶瓷装置。UC工艺被广泛地应用于生产具有嵌入式传感器、装置和天线的零件(见图5.24(a))。

 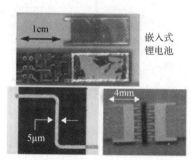

(a) 嵌入式传感器和无线监控系统的各组成部分　　(b) 微型电子元件/设备

图5.24　(a) 使用超声波固结技术制造的金属包裹的智能传感器(来源:Solidica公司);(b) 使用MAPLE技术制造的微型电子设备(来源:海军研究实验室)。

医疗

大量研究记录了分层制造工艺在医疗上的应用,分为四个主要类别:①可视化和外科手术方案;②定制假体植入物;③组织工程和支架;④药物输送和微型医疗设备。目前,分层制造系统通常用于生产生物结构和人体解剖的物理模型来协助完成手术方案、测试和通信(见图5.21(b))。相比常规MRI(磁共振成像)评估,医疗模型允许更精确的诊断和程序性的规划。

现在,分层制造工艺常被用来制造假体装置和植入髋关节、膝关节和脊椎关节,也被用于生产各种人造关节和承重植入物,采用生物相容类材料,如钛、钴铬钼、镍钛合金以及其他材料[126,127,130-133,144,145]。已有一些学者研究了在成像系统(如计算机断层扫描)解剖数据基础上定制假肢和植入物[192-195]。这些定制植入物与股骨/骨管的确切解剖学形状已被证明它们在体内具有活力[196-199],并且减少了手术时间[192,193]。整形外科和颅颌面重建修复对该工艺也展现了极大的兴趣。图5.25所示为使用LMTs制造的一些植入物和假体装置。

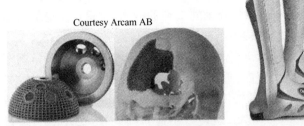

Courtesy Arcam AB

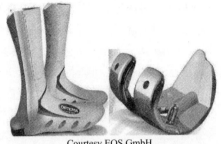

Courtesy EOS GmbH

图 5.25　利用分层制造技术制造的典型假肢装置和金属植入物

以磷酸钙陶瓷为主要材料,采用 SLS,3DP,FDM 和立体光刻技术,可制备多孔和生物可吸收的仿生天然骨架。分层制造技术是制作带有复杂孔结构和添加剂(例如酶抑制剂和扩散膜)的支架或者仿生骨骼的理想工艺方法。除了骨骼之外,使用分层制造技术,还正在进行一些组织结构的制造,可以作为其他器官的代替物或再生物。对于制造有功能性替代组织或器官,大多数组织工程学的策略依赖于天然细胞外结构相似的设计,这种胞外结构为带有相互关联孔隙网络的多孔微结构,可以使细胞再生和重组,并且具有特殊的表面化学性质和材料特性,以及在空间上可变以利于细胞的附着和生长,同时展现出可控退化特性。在制造具有上述特性的支架、多种工艺过程和生物相容性材料等方面,增材制造与传统技术相比具有一些明显的优势[200-205]。采用这种方法,对于整个的、复杂的带有血管的器官制造具有长远的应用前景。直接打印方法已用于生物组织的制造。在美国和欧洲的一些机构也采用喷墨技术来沉积活细胞。Envisiontec GmbH(德国)生产的 Bioplotter(TM),是第一个为沉积活细胞进行特别设计的商业化系统。分层制造技术的另一个重要应用是制作药品传输系统。一些文章描述了使用分层制造技术进行药物传输的优点[206-210]。分层制造技术能够生产多种不同类型药物剂量(比如脉冲调制、快速调制、单调调制或者恒定剂量的调制)。在同种药物中同步的加入多种药物的多重功能也正在研究中,能够直接向器官中投放药物的微米级的复杂设备也在研发当中。

5.5　发展趋势

分层制造技术正在改变着企业产品的设计、开发和制造。在各个领域的许多机构都在探索着分层制造的优势,以期在研究、教育和商业上开拓新的应用。使用分层制造技术进行造型设计也相当成熟,已经被业内所接受,并且已进一步扩展研究用于制造全功能的终端产品。此外,分层制造技术在产品的设计、开发和制造部门的使用程度,在过去四年间已经从大约 25% 增加到大约

39%[89,183]。分层制造技术的应用迄今为止已经很显著,但在实现其全部潜力之前,还有很多工作要做,特别是在如下方面需要进行改善:①从小批量到大批量生产的构建时间较长;②严格的尺寸精度和表面粗糙度;③材料可选择性差和其非特性;④工艺和产品特性的一致性;⑤快速制造的零件的短期和长期特性的数据;⑥构建封装尺寸[175]。

从工业标准上看,分层制造设备的加工速度仍然很慢,因为它需要花费一天甚至更长的时间才能完成平均尺寸几十立方英寸的具有可接受精度的零件。分层制造设备的制造商通过利用更快的计算机、复杂的控制系统和改进材料,不断地减少构建时间,以使得快速制造在更广的产品和材料上经济适用。相比快速成型的应用来讲,封装尺寸的改进以及在增材制造中精确的性能参数优化对于快速制造更为重要。

目前商业机器在 $X-Y$ 方向上的精度可以达到 0.08mm,但在生成方向或 Z 方向上还要更小。软件需要根据切片过程中产生的误差来进行改进,如阶梯效应和近似误差,为达到高精度和低表面粗糙度需要对材料收缩进行精确补偿[211,212]。分层制造机器的闭环系统和带有前馈和反馈能力的自适应控制系统的研发,可以解决重复性难题和降低操作人员的技能要求。激光光学元件和电机控制的改进以期提高精确度,而且正在开发的新聚合物也可以降低固化和温度所引起的翘曲。

以目前可用的塑料材料制成的塑料原型具有良好的装配/形状测试和可视化,但它们在进行功能测试方面太弱。强度更高的塑料材料和其他新型材料如复合材料将会扩大由分层制造技术生产的功能性产品范围。与成型、机械加工和铸造相比,由分层制造工艺制造的终端塑料零件机械性能较差,同时,性能随设备类型、构建方向和使用的材料类型而变化。此外,对工艺参数、构建模式、支撑结构以及其他影响收缩幅度、残余应力和扭曲的因素等方面,缺少为提高产品性能而进行相应的定量分析。另一涉及的材料问题是选择的自由度。例如,有数以千计的商业热塑性材料牌号在市场上可以买到,但只有少数分级热塑性塑料和光聚合物可用于分层制造系统。许多分层制造设备生产厂家和研究实验室正在开发新的材料,包括塑料、光聚合物、陶瓷和金属基复合材料。在开发新材料时,必须同时分类出具有可回收、可重复使用和可生物降解的可持续(绿色)材料。要想在分层制造工艺中使用传统制造工艺所用的大部分材料,还需要一个很长的时间。

不同于原型或模型,对于直接制造产品的使用,短期和长期性质很重要。利用分层制造技术开发的材料/产品必须经过表征和测试。使用分层制造技术生产时缺乏这样的设计数据,是采用直接制造的又一个障碍。局部成分控制和微观结构的设计是增材制造的两个关键点,值得进一步研究。因此,有必要对目前的 CAD 软件进行改进,以适应诸如几何形状、分级复合材料和颜色属性等复杂的局部性质变化。世界各地正在进行研发拥有更好的公差、速度、多轴沉积和更宽范围材料的新的分层制造技术和设备,更大的益处来自于面向具体应用的开发或进行特定材料的加工设备,而不是通用设备,这是增材制造公司的惯例。上述所有的改进将有助于分层制造业走向全球。但是,应该指出的是分层制造技术永远不会完全替代传统制造技术,如铸造、锻造和适用于大批量生产的注射成型。

参 考 文 献

[1] Blanther JE. Manufacture of contour Relief Maps. US patent 473,901. 1892.

[2] Bogart M. In art the end don't always justify means. Smithsonian 1979;9:104-110.

[3] Munz OJ. Photo-glyph recording. US patent 2,775,758. 1956.

[4] Swainson WK. Method, Medium and Apparatus for Producing Three-Dimensional Figure Product. US patent 4,041,476.

[5] Schwerzel RE, et al. Three-dimensional photochemical machining with lasers. Appl Lasers Ind Chem SPIE 1984;90-97.

[6] Ciraud PA. Process and device for the manufacture of any objects desired from any meltable material. FRG Disclosure Publication,2,263,777. 1972.

[7] Bourell DL, Beaman JJ, Leu MC, Rosen DW. A brief history of additive manufacturing and the 2009 roadmap for additive manufacturing:looking back and looking ahead. RapidTech 2009:US-TURKEY Workshop on Rapid Technologies; 2009 Sep 24-25. Macka, Istanbul, Turkey:Istanbul Technical University;2009.

[8] Housholder RF. Molding process. US patent 4,247,508. 1981.

[9] Kodama H. Automatic method for fabricating a three-dimensional plastic model with photo hardening polymer. Rev Sci Instrum 1981;52:1770-1773.

[10] Herbert AJ. Solid object generation. Jour Appl Photo Eng 1982;8(4):185-188.

[11] Hull C. Apparatus for the production of three dimensional objects by stereolithograph. US patent 4575330. 1986.

[12] Burns M. Automated fabrication. New Jersey:PTR Prentice Hall;1993.

[13] Jacobs PF. Rapid prototyping and manufacturing. Deaborn(MI):Society of Manufacturing Engineers;1992.

[14] Jamieson R, Herbert H. Direct slicing of CAD models for rapid prototyping. Rapid Prototyping Journal 1995;1(2):4-12

[15] Donahue RJ. CAD model and alternative methods of information transfer for rapid prototyping systems. Proceedings of the 2nd International Conference on Rapid Prototyping;1991. pp 217-235.

[16] Chua CK, Leong KF, Lim CS. Rapid prototyping:principles and applications. 2nd ed. Singapore:World Scientific Publishing Co. Pte. Ltd. ;2003.

[17] Vancraen W, Swawlwns B, Pauwels J. Contour interfacing in rapid prototyping—tools that make it work. Proceedings of the 3rd European Conference on Rapid Prototyping and Manufacturing;Dayton(OH): 1994. pp 25-33.

[18] Smith-Moritz G. 3D Systems. Rapid Prototyp Rep Rapid Prototyp Manuf 1994;4(12):3.

[19] WoznyMJ. Systems issues in solid freeform fabrication. Proceedings,Solid Freeform Fabrication Symposi-

um;1992,Aug 3 – 5;Texas:1992. pp 1 – 15.

[20] Rock SJ,Wozny MJ. A flexible format for solid freeform fabrication. Proceedings of Solid Freeform Fabrication Symposium;1991 Aug 12 – 14;Texas:1991. pp 1 – 12.

[21] Dolenc A,Malela I. A data exchange format for LMT processes. Proceedings of the 3rd International Conference on Rapid Prototyping;Dayton(OH):1992. pp 4 – 12.

[22] Materialise NV. Magics 3. 01 Materialise User Manual. Materalise Software Department,Kapeldreef 60,B – 3001 Heverlee,Belgium;1994.

[23] Hope RL,Roth RN,Jacobs PA. Adaptive slicing with sloping layer surfaces. Rapid Prototyp J 1997;3: 89 –98.

[24] Peiffer RW. The laser stereolithography process—photosensitive materials and accuracy. Proceedings of the First International User Congress on Solid Freeform Manufacturing;28 – 30,Oct 1993. Germany:1993.

[25] Stucker BE,Janaki Ram GD. Layer – based additive manufacturing technologies. In:Groza JR,Shackelford JF, Lavernia EJ, Powers MT, editors. Volume 26, Materials processing handbook. Florida: CRC Press;2007. pp 1 – 32.

[26] Liou FW. Rapid prototyping and engineering applications:a toolbox for prototype development. Florida: CRC Press;2008.

[27] Hug WF,Jacobs PF. Laser technology assessment for strereolithographic systems. Proceedings of the 2nd International Conference on Rapid Prototyping;Dayton(OH):1991. pp 29 – 38.

[28] Barlow JJ,Sun MSM,Beaman JJ. Analysis of selective laser sintering. Proceedings of the 2nd International Conference on Rapid Prototyping;Dayton(OH):1991. pp 29 – 38.

[29] Stucker BE. The selective laser sintering process. In:Ready JF,et al. ,editors. LIA handbook of laser materials processing. Orlando (FL): Laser Institute of America & Magnolia Publishing, Inc. ; 2001. p 554.

[30] Senthilkumaran K,Pulak M,Pandey and Rao PVM. Influence of building strategies on the accuracy of parts in selective laser sintering. Mater Des 2009;30:2946 – 2954.

[31] Wang RJ,Wang L,Zhao L,Liu Z. Influence of process parameters on part shrinkage in SLS. Int J Adv Manuf Technol 2007;33:498 – 504.

[32] Hardro PJ,Wang JH,Stucker BE. Determining the parameter settings and capability of a rapid prototyping process. Int J Ind Eng 1999;6:203.

[33] Ning Y,Wong YS,Fuh JYH,Loh HT. An approach to minimize build errors in direct metal laser sintering. IEEE Trans Autom Sci Eng 2006;3(1):73 – 80.

[34] Wang X. Calibration of shrinkage and beam offset in SLS process. Rapid Prototyp 1999;5(3):129 – 133.

[35] Shi Y,Li Z,Sun H,Huang S,Zeng F. Effect of properties of polymer materials on the quality of selective laser sintering parts. Proc IME:J Mater Des Appl 2004;218:247 – 252.

[36] Chatterjee AN,et al. An experimental design approach to selective laser sintering of low carbon steel. J Mater Process Technol 2003;136:151.

[37] Venuvinod PK,Ma W. Rapid prototyping—laser based and other technologies. London:Kluwer Academic;2004.

[38] Jain PK,Pandey PM,Rao PVM. Experimental investigations for improving part strength in selective laser sintering. Virt Phys Prototyp 2008;3(3):177 – 188.

[39] Hur SM,Choi KH,Lee SK,Chang PK. Determination of fabricating orientation and packing in SLS process. J Mater Process Technol 2001;112:236 – 243.

[40] Kathuria YP. Microstructuring by selective laser sintering of metallic powder. Surf Coat Technol 1999; 643:116 – 119.

[41] Harrysson OLA, Cansizoglu O, Marcellin – Little DJ, Cormier DR, West HA II. Direct metal fabrication of titanium implants with tailored materials and mechanical properties using electron beam melting technology. Mater Sci EngC 2008;28:366 – 373.

[42] Murr LE, Gaytan SM, Medina F, Martinez E, Martinez JL, Hernandez DH, Machado BI, Ramirez DA, Wicker RB. Characterization of Ti – 6Al – 4V open cellular foams fabricated by additive manufacturing using electron beam melting. Mater Sci Eng A 2008. DOI:10. 1016/j. msea. 2009. 11. 015.

[43] Heinl P, Muller L, Korner C, Singer RF, Muller FA. Cellular Ti – 6Al – 4V structures with interconnected macro porosity for bone implants fabricated by selective electron beam melting. Acta Biomater 2008;4: 1536 – 1544.

[44] Strondl A, Fischer R, Frommeyer G, Schneider A. Investigations of MX andγ'/γ''precipitates in the nickel – based superalloy 718 produced by electron beam melting. Mater Sci Eng A 2008;480:138 – 147.

[45] Cormier D, Harrysson O. Electron beam melting of gamma titanium aluminide. In:Bourell DL,et al. ,editors. Proceedings of 16th Solid Freeform Fabrication Symposium. Austin (TX):University of Texas at Austin;2005.

[46] Tang Y, Loh HT, Wong YS, Fuh JYH, Lu L, Wang X. Direct laser sintering of a copper – based alloy for creating three – dimensional metal parts. J Mater Process Technol 2003;140:368 – 372.

[47] Simchi A. Direct laser sintering of metal powders:mechanism, kinetics and microstructural features. Mater Sci Eng A 2006;428:148 – 158.

[48] Guo Z, Shen P, Hu J, Wang H. Reaction laser sintering of Ni – Al powder alloys. Opt Laser Technol 2005;37:490 – 493.

[49] Bertrand P, Bayle F, Combe C, Goeuriot P, Smurov I. Ceramic components manufacturing by selective laser sintering. Appl Surf Sci 2007;254:989 – 992.

[50] Slocombe A, Li L. Selective laser sintering of TiC – Al2O3 composite with self propagating high – temperature synthesus. J Mater Process Technol 2001;118:173 – 178.

[51] Shishkovsky I, Yadroitsev I, Bertrand P, Smurov I. Alumina – zirconium ceramics synthesis by selective laser sintering/melting. Appl Surf Sci 2007;254:966 – 970.

[52] Goodridge RD, Hague RJM, Tuck CJ. An empirical study into laser sintering of ultra – high molecular weight polyethylene(UHMWPE). J Mater Process Technol 2010;210:72 – 80.

[53] Yan C, Shi Y, Yang J, Liu J. Preparation and selective laser sintering of nylon – 12 coated metal powders and post processing. J Mater Process Technol 2009;209:5785 – 5792.

[54] Tan KH, Chua CK, Leong KF, Cheah CM, Cheang P, Abu Bakar MS, Cha SW. Scaffold development using selective laser sintering of polyetheretherketone – hydroxyapatite biocomposite blends. Biomaterials 2003;24:3115 – 3123.

[55] Salmoria GV, Klauss P, Paggi RA, Kanis LA, Lag A. Structure and mechanical properties of cellulose based scaffolds fabricated by selective laser sintering. Polym Test 2009;28:648 – 652.

[56] Chung H, Das S. Functionally graded Nylon – 11/silica nanocomposites produced by selective laser sintering. Mater Sci Eng A 2008;487:251 – 257.

[57] Reiser A. Photosensitive polymers. New York:John Wiley & Sons, Inc. ;1989.

[58] Jacobs PF. Rapid prototyping & manufacturing, fundamentals of stereolithography. 1st ed. Dearborn (MI):Society of Manufacturing Engineers;1992.

[59] Zhou JG, Herscovici D, Chen CC. Parametric process optimization to improve the accuracy of rapid proto-

116

typed stereolithography parts. Int J Mach Tools Manuf 2000;40:363.

[60] Schaub DA,Montgomery DC. Using experimental design to optimize the stereolithography process. Qual Eng 1997;9:575.

[61] West AP,Sambu SP,Rosen DW. A process planning method for improving build performance in Stereolithography. Comput Aided Des 2001;33:65 – 79.

[62] Chockalingama K,Jawahara N,Chandrasekarb U,Ramanathana KN. Establishment of process model for part strength in stereolithography. J Mater Process Technol 2008;208:348 – 365.

[63] Wang WL,Cheah CM,Fuh JYH,Lu L. Influence of process parameters on stereolithography part shrinkage. Mater Des 1996;17:205 – 213.

[64] Yi F,Wu J,Xian D. LIGA technique for microstructure fabrication. Microfab Technol 1993;4:1.

[65] Ikuta K,Maruo S,Kojima S. New microstereolithography for freely movable 3D micro structures—Super IH process for submicron resolution. Proceedings of the IEEE Micro Electro Mechanical Systems,The 11th IEEE International Workshop on Micro Electro Mechanical Systems(MEMS '98);1998 Jan 25 – 29;Heidelberg,Germany:1998. pp 290 – 295.

[66] Rapid prototyping report. Microfabrication 1994;4(7):4 – 5.

[67] Basrour S,Majjad H,Coudevylle JR,de Labachelerie M. Complex ceramic – polymer composite microparts made by microstereolithography. Proceedings of SPIE Vol. 4408,Design,Test,Integration,and Packaging of MEMS/MOEMS;Cannes,France:2001. pp 535 – 542.

[68] Kim JY,Lee JW,Lee S – J,Park EK,Kim S – Y,Cho D – W. Development of a bone scaffold using HA nanopowder and micro – stereolithography technology. Microelectron Eng 2007;84:1762 – 1765.

[69] Lee JW,Ahn G,Kim DS,Cho D – W. Development of nano – and microscale composite 3D scaffolds using PPF/DEF – HA and micro – stereolithography. Microelectron Eng 2009;86:1465 – 1467.

[70] Zhang X,Jiang XN,Sun C. Micro – stereolithography of polymeric and ceramic microstructures. Sens Actuators 1999;77:149 – 156.

[71] Lee JW,Lee IH,Cho D – W. Development of micro – stereolithography technology using metal powder. Microelectron Eng 2006;83:1253 – 1256.

[72] Sun C,Zhang X. The influences of the material properties on ceramic microstereolithography. Sens Actuators A 2002;101:364 – 370.

[73] Carroza MC,et al. Piezoelectric – drive stereolithography fabricated micropump. J Micromech Microeng 1995;5:177.

[74] Varadan VK,Varadan VV. Microstereolithography for fabrication of 3D polymeric and ceramic MEMS. In:Behringer UF,Uttamchandani DG,editors. Volume 4407,Proceedings of the Conference on SPIE: MEMS Design,Fabrication,Characterization and Packaging. Edinburgh:SPIE Publishing,Bellingham; 2001. p 147.

[75] Zein I,et al. Fused deposition modeling of novel scaffold architectures for tissue engineering applications. Biomaterials 2002;23:1169.

[76] Wu G,et al. Solid freeform fabrication of metal components using fused deposition of metals. Mater Des 2002;23:97.

[77] Grida I,Evans JRG. Extrusion freeforming of ceramics through fine nozzles. J Eur Ceram Soc 2003;23: 629.

[78] Cornejo IA. Development of bioceramic tissue scaffolds via fused deposition of ceramics. In:George L,et al. ,editors. Proceedings of the Conference on Bioceramics:Materials and Applications Ⅲ. Westerville (OH):American Ceramic Society;2000. pp 183.

[79] Kalita SJ, et al. Development of controlled porosity polymer – ceramic composite scaffolds via fused deposition modeling. Mater Sci Eng C 2003;23:611.

[80] Bose S, Suguira S, Bandyopadhyay A. Processing of controlled porosity ceramic structures via fused deposition. Scr Mater 1999;41:1009.

[81] Anita K, Arunachalam S, Radhakrishnan P. Critical parameters influencing the quality of prototypes in fused deposition modeling. J Mater Process Technol 2001;118:385.

[82] Lee BH, Abdullah J, Khan ZA. Optimization of rapid prototyping parameters for production of flexible ABS object. J Mater Process Technol 2005;169(1):54.

[83] Dao Q, et al. Calculation of shrinkage compensation factors for rapid prototyping (FDM). Comput Appl Eng Edn 1999;1650:186. ISBN:0 – 9754429 – 1 – 0.

[84] Ziemian CW, Crawn PM. Computer aided decision support for fused deposition modeling. Rapid Prototyp J 2001;7:138.

[85] Greulick M, Greul M, Pitat T. Fast, functional prototypes via multiphase jet solidification. Rapid Prototyp J 1995;1(1):20 – 25.

[86] Feygin M. Apparatus and method for forming an integral object from laminations. US patent 4,752,352. 1988 Jun 21.

[87] Feygin M. Apparatus and method for forming an integral object from laminations. European patent 0, 272,305. 1994 Feb 3.

[88] Feygin M. Apparatus and method for forming an integral object from laminations. US patent 5,354,414. 1994 Nov 10.

[89] Wohlers T. Wohlers Report 2005, Rapid Prototyping and Tooling State of the Industry Annual Worldwide Progress Report. Fort Collins(CO): Wohlers Associates, Inc.;2005.

[90] Pak SS, Nisnevich G. Interlaminate strength and processing efficiency improvements in laminated object manufacturing. Proceedings 5th International Conference Rapid Prototyping; Dayton(OH);1994. pp 171 – 180.

[91] Klosterman D, et al. Interfacial characteristics of composites fabricated by laminated object modeling. Compos A 1998;29A:1165.

[92] Zhang Y, et al. Rapid prototyping and combustion synthesis of TiC/Ni functionally gradient materials. Mater Sci Eng A 2001;A299:218.

[93] White DR. Object consolidation employing friction joining. US patent 6,457,629. 2002 Oct 1.

[94] Kong CY, Soar RC, Dickens PM. Characterization of aluminium alloy 6061 for the ultrasonic consolidation process. Mater Sci Eng A 2003;A363:99.

[95] White DR. Ultrasonic consolidation of aluminium tooling. J Adv Mater Process 2003;161:64.

[96] Robert B. Tuttle, feasibility study of 316L stainless steel for the ultrasonic consolidation process. J Manuf Process 2007;9(2):87 – 93.

[97] Janaki Ram GD, Robinson C, Yang Y, Stucker BE. Use of ultrasonic consolidation for fabrication of multi – material structures. Rapid Prototyp J 2007;13(4):226 – 235.

[98] Kong CY, Soar RC, Dickens PM. Ultrasonic consolidation for embedding SMA fibres within aluminium matrices. Compos Struct 2004;66:421 – 427.

[99] Yang Y, Janaki Ram GD, Stucker B. An experimental determination of optimum processing parameters for Al/SiC metal matrix composites made using ultrasonic consolidation. J Eng Mater Technol 2007;129:538 – 549.

[100] Kong CY, Soar RC. Fabrication of metal – matrix composites and adaptive composites using ultrasonic

118

consolidation process. Mater Sci Eng A 2005;412:12 – 18.

[101] Kong CY, Soar RC, Dickens PM. Optimum process parameters for ultrasonic consolidation of 3003 aluminium. J Mater Process Technol 2004;146:181 – 187.

[102] Li D, Soar R. Influence of sonotrode texture on the performance of an ultrasonic consolidation machine and the interfacial bond strength. J Mater Process Technol 2009;209:1627 – 1634.

[103] Janaki Ram GD, Yang Y, Stucker BE. Effect of process parameters on bond formation during ultrasonic consolidation of aluminum alloy 3003. J Manuf Syst 2007;25(3):221 – 238.

[104] Brent E. Stucker and Durga Janaki Ram Gabbita, Surface roughness reduction for improving bonding in ultrasonic consolidation rapid manufacturin. US patent US2007/0295440 A1. 2007 Dec.

[105] Yang Y, Janaki Ram GD, Stucker BE. Bond formation and fiber embedment during ultrasonic consolidation. J Mater Process Technol 2009;209:4915 – 4924.

[106] Burns M, Heyworth KJ, Thomas CL. Offset fabbing. In: Marcus H, et al. , editors. Proceedings of Solid Freeform Fabrication Symposium. Austin (TX): University of Texas at Austin;1996.

[107] Himmer T, Nakagawa T, Anzai M. Lamination of metal sheets. Comput Ind 1999;39:27.

[108] Himmer T, et al. Metal laminated tooling—a quick and flexible tooling concept. In: Bourell DL, et al. , editors. Proceedings of the Solid Freeform Fabrication Symposium. Austin (TX): University of Texas at Austin;2004. p 304.

[109] Wimpenny DI, Bryden B, Pashby IR. Rapid laminated tooling. J Mater Process Technol 2003; 138:214.

[110] Dimitrov D, Schreve K, De Beer N. Advances in three dimensional printing—state of the art and future perspectives. Rapid Prototyp J 2006;12(3):136 – 147.

[111] Turker M, Godlinski D, Petzoldt F. Effect of production parameters on the properties of IN 718 superalloy by three – dimensional printing. Mater Charact 2008;59:1728 – 1735.

[112] Cao WB, et al. Development of freeform fabrication method for Ti – Al – Ni. Intermetallics 2002; 10:879.

[113] Kernan BD, Sachs EM, Oliveira MA, Cima MJ. Three – dimensional printing of tungsten carbide – 10wt% cobalt using a cobalt oxide precursor. Int J Refract Metals Hard Mater 2007;25:82 – 94.

[114] Rambo CR, Travitzky N, Zimmermann K, Greil P. Synthesis of TiC/Ti – Cu composites by pressureless reactive infiltration of TiCu alloy into carbon preforms fabricated by 3D – printing. Mater Lett 2005;59: 1028 – 1031.

[115] Czyzewski J, Burzynski P, Gawel K, Meisner J. Rapid Prototyping of electrically conductive components using 3D printing technology. J Mater Process Technol 2009;209(12 – 13):5281 – 5285.

[116] Sun W, et al. Freeform fabrication of Ti3SiC2 powder – based structures—Part I: integrated fabrication process. J Mater Process Technol 2002;127:343.

[117] Moon J, et al. Fabrication of functionally graded reaction infiltrated SiC – Si composite by three – dimensional printing (3DP^{TM}) process. Mater Sci Eng A 2001;A298:110 – 119.

[118] Jackson TR, Liu H, Patrikalakis NM, Sachs EM, Kima MJ. Modeling and designing functionally graded material components for fabrication with local composition control. Mater Design 1999;20(2 – 3):63 – 75.

[119] Sachs E, et al. Three – dimensional printing: Rapid tooling and prototyping directly from a CAD model. Trans ASME J Engl Ind 1992;114:481.

[120] Orme M, Willis K, Cornie J. The development of rapid prototyping of metallic components via ultra fine droplet deposition. Proceedings of the 5th Internation Conference on Rapid Prototyping; Dayton(OH):

119

1994. p 27.

[121] Zhang W,Leu MC,Ji Z,Yan Y. Rapid freezing prototyping with water. Mater Des 1999;20:139 – 145.

[122] Leu MC,Zhang W,Sui G. An experimental and analytical study of ice part fabrication with rapid freeze prototyping. Ann CIRP 2000;49(1):147 – 150.

[123] Liu Q,Leu MC,Richards V,Schmitt S. Dimensional accuracy and surface roughness of rapid freeze prototyping ice patterns and investment casting metal parts. Int J Adv Manuf Technol 2004;24(7 – 8):485 – 495.

[124] Sui G,Leu MC. Investigation of layer thickness and surface roughness in rapid freeze prototyping. ASME J Manuf Sci Eng 2003;125(3):556 – 563.

[125] Leu MC,Liu Q,Bryant FD. Study of part geometric features and support materials in rapid freeze prototyping. Ann CIRP 2003;52(1):185 – 188.

[126] Krishna BV,Bose S,Bandyopadhyay A. Low stiffness porous Ti structures for load bearing implants. Acta Biomater 2007;3:997 – 1006.

[127] Krishna BV,Xue W,Bose S,Bandyopadhyay A. Engineered porous metals for implants. JOM 2008;60 (5):45 – 48.

[128] Lewis GK,Schlienger E. Practical considerations and capabilities for laser assisted direct metal deposition. Mater Des 2000;21:417.

[129] Krishna BV,Bose S,Bandyopadhyay A. Laser processing of net – shape NiTi shape memory alloy. Metall Mater Trans A 2007;38A:1096 – 1103.

[130] Krishna BV,Bose S,Bandyopadhyay A. Fabrication of porous NiTi shape memory alloy samples using laser engineered net shaping. J Biomed Mater Res Part B—Appl Biomater 2009;89B:481 – 490.

[131] Krishna BV,Xue W,Bose S,Bandyopadhyay A. Laser assisted Zr/ZrO2 coating on Ti for load – bearing implants. Acta Biomater 2009;5:2800 – 2809.

[132] Krishna BV,Banerjee S,Bose S,Bandyopadhyay A. Direct laser processing of tantalum coating on Ti for bone replacement structures. Acta Biomaterialia 2010;6:2329 – 2334.

[133] Roy M,Krishna BV,Bandyopadhyay A,Bose S. Laser processing of bioactive tricalcium phosphate coating on titanium for load bearing implant. Acta Biomater 2008;4:324 – 333.

[134] Krishna BV,Bose S,Bandyopadhyay A. Processing of bulk alumina ceramics using laser engineered net shaping. Int J Appl Ceram Technol 2008;5:234 – 242.

[135] Griffith ML,et al. Understanding the microstructures and properties of components fabricated by LENS. Proceedings of the Materials Research Society Symposium,Volume 625;San Francisco;2000. p 9.

[136] Brice CA,et al. Characterization of laser deposited niobium and molybdenum silicides. Proceedings of the Materials Research Society Symposium,Volume 625;San Francisco;2000,31.

[137] Liu W,DuPont JN. Fabrication of functionally graded TiC/Ti composites by Laser Engineered Net Shaping. Scr Mater 2003;48:1337.

[138] Banerjee R,et al. In – situ deposition of Ti – TiB composites. In:Keicher D,et al. ,editors. Proceedings of the Conference on Metal Powder Deposition for Rapid Manufacturing. San Antonio (TX):Metal Powder Industries Federation at Princeton (NJ);2002. p 263.

[139] Srivastava D,et al. The optimization of process parameters and characterization of microstructure of direct laser fabricated TiAl alloy components. Mater Des 2000;21:425.

[140] Hofmeister W,et al. Solidification in direct metal deposition by LENS processing. J Metals 2001;53 (9):30 – 34.

[141] Hofmeister W. Melt pool imaging for control of LENS process. In:Keicher D,et al. ,editors. Proceed-

ings of the Conference on Metal Powder Deposition for Rapid Manufacturing. San Antonio (TX):Metal Powder Industries Federation at Princeton (NJ);2002. p 188.

[142] Bandyopadhyay PP, Krishna BV, Bose S, Bandyopadhyay A. Compositionally graded aluminum oxide coatings on stainless steel using laser processing. J Am Ceram Soc 2007;90:1989 – 1991.

[143] Krishna BV, Bandyopadhyay PP, Bose S, Bandyopadhyay A. Compositionally graded yttria stabilized zirconia coating on stainless steel using laser engineered net shaping(LENS). Scr Mater 2007;57:861 – 864.

[144] Krishna BV, Xue W, Bose S, Bandyopadhyay A. Functionally graded Co – Cr – Mo coating on Ti – 6Al – 4V alloy structures. Acta Biomater 2008;4:697 – 706.

[145] Krishna BV, DeVasConCellos P, Xue W, Bose S, Bandyopadhyay A. Fabrication of compositionally and structurally graded Ti – TiO2 structures using laser engineered net shaping(LENS). Acta Biomater 2009;5:1831 – 1837.

[146] Krishna BV, Bandyopadhyay A. Laser Processing of Fe Based Bulk Amorphous Alloy. Surface and Coatings Technology 2010;205:2661 – 2667.

[147] Gaumann M, et al. Single crystal laser deposition of superalloys:processingmicrostructure maps. Acta Mater 2001;49:1051.

[148] Liu W, DuPont JN. Effects of melt – pool geometry on crystal growth and microstructure development in laser surface – melted superalloy single crystal: mathematical modeling of single – crystal growth in a melt pool(Part 1). Acta Mater 2004;52:4833.

[149] Zheng B, Zhou Y, Smugeresky JE, Schoenung JM, Lavernia EJ. Thermal behavior and micro structural evolution during laser deposition with laser – engineered net shaping. Part I. Numerical calculations. Metall Mater Trans A 2008;39A:2228.

[150] Zheng B, Zhou Y, Smugeresky JE, Schoenung JM, Lavernia EJ. Thermal Behavior and Microstructure Evolution during Laser Deposition with Laser – Engineered Net Shaping:Part II. Experimental Investigation and Discussion. Metall Mater Trans A 2008;39A:2237.

[151] Kelly SM, Kampe SL. Microstructural evolution in laser – deposited multilayer Ti – M – 4V builds:Part I. Microstructural characterization. Metall Mater Trans A 2004;35A:1861.

[152] Kelly SM, Kampe SL. Microstructural evolution in laser – deposited multilayer Ti – 6AI – 4V builds: Part II. Thermal modeling. Metall Mater Trans A 2004;35A:1869.

[153] Banerjee R, et al. Microstructural evolution in laser deposited Ni – 25 at % Mo alloy. Mater Sci Eng 2003;A347:1.

[154] Brooks JA, Headley TJ, Robino CV. Microstructures of laser deposited 304L austenitic stainless steel. In:Danforth SC, Dimos DB, Prinz F, editors. Volume 625, Proceedings of the Materials Research Society Symposium. Pittsburgh(PA):Materials Research Society;2000. p 21.

[155] Xue L, Islam M. Laser consolidation—a novel one – step manufacturing process from CAD models to net – shape functional components. In:Keicher D, et al. , editors. Proceedings of the Conference on Metal Powder Deposition for Rapid Manufacturing. San Antonio (TX) : Metal Powder Industries Federation at Princeton (NJ);2002. P 61.

[156] Wu X, et al. Microstructure and mechanical properties of a laser fabricated Ti alloy. In:Keicher D, et al. , editors. Proceedings of the Conference on Metal Powder Deposition for Rapid Manufacturing. San Antonio (TX):Metal Powder Industries Federation at Princeton (NJ);2002. p 96.

[157] Keicher DM, Smugeresky JE. The laser forming of metallic components using particulate materials. J Metals 1997;49:51 – 54.

121

[158] Merz R, Prinz FB, Ramaswami K, Terk M, Weiss LE. Shape deposition manufacturing. Paper Presented at Solid Freeform Fabrication Symposium. Texas: University of Texas at Austin; 1994.

[159] Song Y, et al. 3D welding and milling: Part I—a direct approach for freeform fabrication of metallic prototypes. Int J Mach Tools Manuf 2005; 45: 1057.

[160] Zhang Y, et al. Weld deposition – based rapid prototyping: a preliminary study. J Mater Process Technol 2003; 135: 347.

[161] Fessler JR, et al. Laser deposition of metals for shape deposition manufacturing. In: Bourell DL, et al. , editors. Proceedings of the Solid Freeform Fabrication Symposium. Austin (TX): University of Texas at Austin; 1996. p117.

[162] Li X, Prinz F. Metal embedded fiber bragg grating sensors in layered manufacturing. J Manuf Sci Eng 2003; 125: 577.

[163] Pique A, Chrisey DB. Direct – write technologies for rapid prototyping applications: sensors, electronics, and integrated power sources. San Diego(CA): Academic Press; 2002.

[164] Essien M, Renn MJ. Development of meso – scale processes for direct write fabrication of electronic components. In: Keicher D, et al. , editors. Proceedings of the Conference on Metal Powder Deposition for Rapid Manufacturing. San Antonio (TX): Metal Powder Industries Federation at Princeton (NJ); 2002. p 209.

[165] Sampath S. Thermal spray techniques for fabrication of meso – electronics and sensors. In: Danforth SC, Dimos DB, Prinz F, et al. , editors. Volume 625, Proceedings of the Materials Research Society Symposium. Pittsburgh (PA): Materials Research Society; 2000. p 181.

[166] Chen Q, Tong T, Longtin JP, Tankiewicz S, Sampath S, Gambino RJ. Novel sensor fabrication using direct – write thermal spray and precision laser micromachining. Trans ASME 2004; 126: 830 – 836.

[167] Stucker BE, et al. Manufacture and use of ZrO2/Cu composite electrodes. US patent 5870663. 1999 Feb 9.

[168] Lu L, et al. *In situ* formation of TiC composite using selective laser melting. Mater Res Bull 2000; 35: 1555.

[169] Sercombe TB. Sintering of freeformed maraging steel with boron additions. Mater Sci Eng A 2003; A363: 242.

[170] Simchi A, et al. On the development of direct metal laser sintering for rapid tooling. J Mater Process Technol 2003; 141: 319.

[171] Das S, et al. Processing of titanium net shapes by SLS/HIP. Mater Des 1999; 20: 115.

[172] Cawley JD. Proceedings, ASME international gas turbine and aeroengine congress and exhibition; 1997; Orlando(FL). New York: AmericanSociety of Mechanical Engineers; 1997. 1 – 6.

[173] Tay BY, Evans JRG, Edirisinghe MJ. Solid freeform fabrication of ceramics. Int Mater Rev 2003; 48 (6): 341 – 370.

[174] Subramanian PK, Marcus HL. Selective laser sintering of alumina using binder. Mater Manuf Process 1995; 10: 689 – 706.

[175] Kruth JP, Leu MC, Nakagawa T. Progress in Additive Manufacturing and Rapid Prototyping. CIRP Ann 1998; 47: 525 – 540.

[176] Kruth JP. Material Incress Manufacturing by Rapid Prototyping Techniques. CIRP Ann 1991; 40: 603 – 614.

[177] Pham DT, Gault RS. A comparison of rapid prototyping technologies. Int J Mach Tools Manuf 1998; 38: 1257 – 1287.

[178] Ippolito R, Luliano L, Gatto A. Benchmarking of Rapid Prototyping Techniques in Terms of Dimensional Accuracy and Surface Finish. CIRP Ann 1995;44:157 – 160.

[179] Halloran JW. Freeform fabrication of ceramics. Br Ceram Trans 1999;98:299 – 303.

[180] Wang G, Krstic VD. Rapid prototyping of ceramic components – review. . J Can Ceram Soc 1998;67:52 – 58.

[181] Paul BK, Baskaran S. Issues in fabricating manufacturing tooling using powderbased additive freeform fabrication. J Mater Process Technol 1996;61:168 – 172.

[182] Wohlers T. Worldwide trends in additive manufacturing. Us – Turkey Workshop on Rapid Technologies;2009 Sep 24 – 25 Macka, Istanbul, Turkey, September 24 – 25.

[183] Wohlers T. Wohlers Report 2009, Rapid Prototyping and Tooling State of the Industry Annual Worldwide Progress Report. Fort Collins(CO):Wohlers Associates, Inc.;2009. ISBN:0 – 9754429 – 5 – 3.

[184] Grimm T. User's guide to rapid prototyping. Michigan (MI): Society of Manufacturing Engineers;2004.

[185] Ashley S. Rapid prototyping is coming of age. Mech Eng 1995;117:62 – 69.

[186] Langdon R. A decade of rapid prototyping. Automot Eng 1997;22(4):44 – 59.

[187] (a) Hilton P. Making the leap to rapid tool making. Mech Eng 1995;117(7):75 – 77;(b) Ashley S. From CAD art to rapid metal tools. Mech Eng 1997;119(3):82 – 88.

[188] Hongjun L, et al. A note on rapid manufacturing process of metallic parts based on SLS plastic prototype. J Mater Process Technol 2003;142:710.

[189] Karen M, et al. Solid freeform fabrication:an enabling technology for future space missions. In:Keicher D, et al. , editors. Proceedings of the Conference on Metal Powder Deposition for Rapid Manufacturing. San Antonio (TX):Metal Powder Industries Federation at Princeton (NJ);2002. p 51.

[190] Prototyping Report. Volume 5(2), Volkswagen uses laminated object manufacturing to prototype complex gear box housing. CAD/CAM Publishing Inc.;San Diego, CA;1995:1 – 2.

[191] Muller H, Sladojevic J. Rapid tooling approaches for small lot production of sheet metal parts. J Mater Process Technol 2001;115:97.

[192] Winder J, Cooke RS, Gray J, Fannin T, Fegan T. Medical rapid prototyping and 3D CT in the manufacture of custom made cranial titanium plates. J Med Eng Technol 1999;23(1):26 – 28.

[193] D'Urso PS, Earwaker WJ, Barker TM, Redmond MJ, Thompson RG, Effeney DJ, Tomlinson FH. Custom cranioplasty using stereolithography and acrylic. Br J Plast Surg 2000;53(3):200 – 204.

[194] He J, Li D, Lu B. Custom fabrication of a composite hemiknee joint based on rapid prototyping. Rapid Prototyp J 2006;12(4):198 – 205.

[195] Kruth J – P, Vandenbroucke B, Van Vaerenbergh J, Naert I. Digital manufacturing of biocompatible metal frameworks for complex dental prostheses by means of SLS/SLM. Virtual prototyping and rapidmanufacturing – advanced research in virtual and rapid prototyping. London: Taylor & Francis;2005. pp 139 – 146.

[196] Bargar WL. Shape the implant to the patient. A rationale for the use of custom – fit cementless total hip implants. Clin Orthop Relat Res 1989;249:73 – 78.

[197] Stulberg SD, Stulberg BN, Wixson RL. The rationale, design characteristics, and preliminary results of a primary custom total hip prosthesis. Clin Orthop Relat Res 1989;249:79 – 96.

[198] McCarthy JC, Bono JV, O'Donnel PJ. Custom and modular components in primary total hip replacement. Clin Orthop Relat Res 1997;344:162 – 171.

[199] Reize P, Giehl J, Schanbacher J, Bronner R. Clinical and radiological results of individual hip stems of

the type Adaptiva. without cement. Z Orthop Ihre Grenzgeb 2002;140:304 – 309.

[200] Leong KF, et al. Solid freeform fabrication of three – dimensional scaffolds for engineering replacement tissues and organs. Biomaterials 2003;24:2363.

[201] Sachlos E, et al. Novel collagen scaffolds with predefined internal morphology made by solid freeform fabrication. Biomaterials 2003;24:1487.

[202] Lam CXF, et al. Scaffold development using 3D printing with a starch – based polymer. Mater Sci Eng 2002;C20:49.

[203] Yeong W – Y, Chua C – K, Leong K – F, Chandrasekaran M. Rapid prototyping in tissue engineering: challenges and potential. TRENDS Biotechnol 2004;22(12):643 – 652.

[204] Sun W, Lal P. Recent development on computer aided tissue engineering—a review. Comput Methods Programs Biomed 2002;67:85 – 103.

[205] Yang S, Leong K – F, Du Z, Chua C – K. The design of scaffolds for use in tissue engineering. Part II. Rapid Prototyp Tech Tissue Eng 2002;8(1):1 – 11.

[206] Lu Y, Chen SC. Micro and nano – fabrication of biodegradable polymers for drug delivery. Adv Drug Deliv Rev 2004;56:1621 – 1633.

[207] KatstraWE, Palazzolo RD, Rowe CW, Giritlioglu B, Teung P, Cima MJ. Oral dosage forms fabricated by Three Dimensional Printing. J Control Release 2000;66:1 – 9.

[208] Leong KF, Chua CK, Gui WS, Verani. Building porous biopolymeric microstructures for controlled drug delivery devices using selective laser sintering. Int J Adv Manuf Technol 2006;31:483 – 489.

[209] Low KH, Leong KF, Chua CK, Du ZH, Cheah CM. Characterization of SLS parts for drug delivery devices. Rapid Prototyp J 2001;7(5):262 – 268.

[210] Rowe CW, Katstra WE, Palazzolo RD, Giritlioglu B, Teung P, Cima MJ. Multimechanism oral dosage forms fabricated by three dimensional printing. J Control Release 2000;66:11 – 17.

[211] Yan X. A review of rapid prototyping technologies and systems. Comput Aided Des 1996;28:307.

[212] Balsmeier P. Rapid prototyping:state – of – the – art manufacturing. Ind Manage 1997;39:55.

124

第六章 激光微加工

BENXIN WU
美国伊利诺伊斯理工学院机械工程系
TUǦRUL ÖZEL
美国罗格斯大学工学院工业与系统工程系制造与自动化研究实验室

6.1 引言

在过去的十几年中已经有很多关于激光技术应用于材料微加工的报道。在微尺度下,基于激光材料加工已经应用于热处理、喷丸、表面处理、表面清洁、焊接、熔化和抛光、划线以及在多种材料上进行基本几何特征的机械微加工[1-12]。

激光器通常被归为两类:连续(CW)激光器和脉冲激光器。传统的连续激光器和脉冲激光的辐射和毁伤应用在很多领域,如材料处理、机械加工、刻蚀、沉积、烧结、微流体学、医学和其他诸多应用[13-19]。

激光在微制造中的应用与其特点有紧密的联系。需要选择和控制的激光参数主要为波长 λ(nm)、平均功率(W)或能量(J)、光的强度(W/m^2)或能量密度(Φ)(J/m^2)、脉冲持续时间 τ(s)、脉冲重复频率(Hz)及峰值功率(脉冲能量/脉冲宽度)[9,11,16,20,21]。

相比于连续激光器,脉冲激光器能达到更高的强度,并且是微小尺寸结构制造的优选解决方案。长脉冲(ns)、短脉冲(ps)以及超短脉冲(fs)激光器包括:①紫外(UV)波长的准分子激光器;②锁模掺钛蓝宝石激光器,基于啁啾脉冲放大(CPA)技术的振荡放大器,一般情况下,波长为 700～980 nm 且拥有极高的峰值功率,可达 10^6 W;③波长在 700～980 nm 之间的铜蒸气激光器;④波长分别为 1064nm、533nm、355nm 和 266nm 的近红外光、可见光和紫外光的掺钕钇铝石榴石(Nd:YAG)激光器。这些激光器通常可用于修复、清理、标记、划线、织构、焊接、毁伤、切割和钻孔。激光的具体参数如表 6.1 所列。

激光束加工利用了高能量密度的连续光(一种激光)来气化或化学毁伤材料。一般情况下,脉冲激光通过高的峰值功率和更短的相互作用时间在加工表面产生一个小的热效应区域和薄的重铸层引起材料气化(见图 6.1)。图 6.2 和

图 6.3 展示了长脉冲(ns)和短脉冲(ps 和 fs)激光微加工之间的差异。

表 6.1   用于微小尺度激光加工的最常见的激光器及其参数[4-6,9,14,22]

激光器类型	波长/nm	功率/W	脉冲能量/mJ	积分通量/J/cm²	脉宽	重复频率
Q - switched	1064	1~35	8	—	5~100ns	1~400kHz
Nd:YAG	532	0.5~20	5	—	5~70ns	1~300kHz
	355	0.2~10	3	—	5~50ns	15~300kHz
	266	0.5~3	<1	—	5~30ns	15~300kHz
Ti:蓝宝石	800（中心）	0.5~2	0.25~0.9	—	—	—
	(700~980)	—	—	—	—	—
Excimer -	—	—	—	—	10~20ns	5~10Hz
XeF	351	—	—	1.8~9.1	—	—
XeCl	308	—	—	1.2~9.8	—	—
KrF	248	—	—	0.9~9.8	—	—
ArF	193	—	—	0.7~4.0	—	—

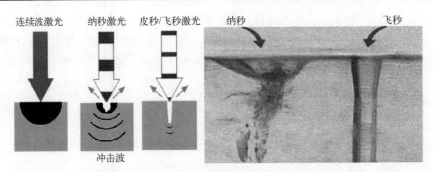

图 6.1   不同类型的激光形成的热效应区域的示意图
（资料来源:Clark/MXR 股份有限公司授权。）

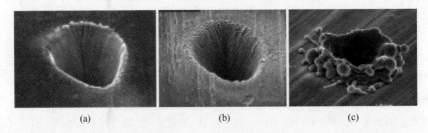

图 6.2   用钛:蓝宝石激光系统(120 fs)的脉冲激光束进行微加工钻的孔
（a）在空气中;（b）在真空中;（c）用 Nd:YAG 纳秒激光钻的孔(波长 $\lambda = 1.06\mu m$、
脉宽 100ns、功率 50mW、频率 2KHz)。(所有图片均为加工铁钴镍合金薄片所得。
资料来源:桑迪制造科学与技术中心授权,http://mfg. sandia. gov。)

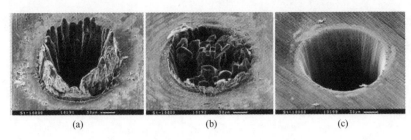

图 6.3　激光波长为 780nm 的毁伤结果

(a) 纳秒脉冲(3.3ns,1mJ);(b)皮秒脉冲激光

(80ps;900μJ);(c)飞秒脉冲激光(200 fs,120 μJ)[3]。

激光微加工是基于金属材料对长脉冲(纳秒级)和短脉冲(飞秒级)的激光吸波的应用而进行的具有可选择性的微结构制造工艺,包括钻孔、清除表面缺陷和模板修复(见图 6.4)以及应用于玻璃和聚合物等透明材料的加工,包括光波导、微流体通道以及光子器件等的制造。

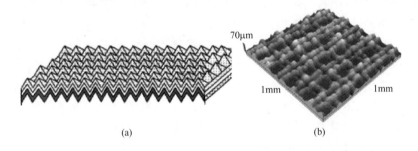

图 6.4　(a)多功能的太阳能电池的表面设计;(b)激光刻划表面织构化[23,24]。

6.2　激光辐射、吸收和热效应

在激光毁伤方面,材料中原子间的化学键由于价电子吸收过量的激光能量而被破坏。利用激光辐射对目标材料加热,从液相到气相占主要过程,从而导致目标材料预期的膨胀和移除[3,4,16,20]。这伴随着热效应和对周围区域的意外毁伤,其程度由通过热传导进入材料的能量的吸收速率和损耗速率决定。这种意外毁伤通常是不利的,并且当需要高精度毁伤或存在潜在危害时,它就变成限制应用的因素,例如,激光手术。

短脉冲激光器的问世在材料处理方面开辟了一个新的研究和应用领域。与连续激光相比较,在激光微加工方面,短脉冲和超短脉冲激光产生的热效应区域非常小(见图 6.1),可实现极端尺度的局域化激光加热。局部微尺度加热可减少对基体材料的热毁伤。当要求高精度加工时,这种热毁伤通常是不利的,并且成为了限制应用的因素。激光与材料的热相互作用的主要过程包括辐射的吸收和相应的热效应(见图6.5)。

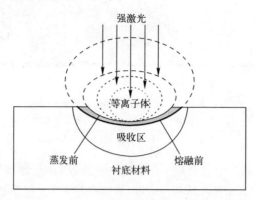

图6.5　激光与材料相互作用的示意图[25]

通常情况下,激光毁伤空间分辨率的限制因素源自于金属上辐照光斑的热扩散。根据 Ivanov 和 Zhigilei 的报道[16],激光能量或被电子吸收或在飞秒时间内在电子中被平衡掉或慢慢地(几皮秒内)转化为原子振动,这些依赖于晶格中电子—声子的耦合强度。

晶格内电子和声子间形成了热平衡,热的非平衡态源于激光辐照,其电子与晶格具有不同的温度。当激光脉冲持续时间相当于或小于该平衡形成时间时,从表面辐射到晶格的热传递被认为是常见的热扩散(见图6.6)。在连续层,晶格和电子温度随时间的变化(T_l 和 T_e)可由所谓的双温模型(TTM)描述,并由下面的双耦合非线性微分方程给出:

$$C_e(T_e)\frac{\partial T_e}{\partial t} = \nabla[K_e(T_e)\nabla T_e] - G(T_e - T_l) + S(z,t)$$

$$C_l((T_l)\frac{\partial T_l}{\partial t}) = \nabla[K_i(T_l)\nabla T_l] - G(T_e - T_l) \qquad (6.1)$$

式中:C 和 K 分别为电子与晶格的热容和热导率,其中,下标 e 和 l 分别代表了电子和晶格,G 为电子—声子耦合常数。在激光脉冲持续时间中,源项 $S(z,t)$ 被用来描述单位面积和单位时间的局域激光能量辐照。这些方程可以用有限差分法求解,同时可获得电子和晶格温度的空间和时间变化。双温模型将在后面详细讨论。

激光烧蚀材料过程中热扩散的建模分析引起了研究人员的极大兴趣。Chichkov[3]、Momma[4]、Ramanathan 和 Molian[12],以及 Ki 和 Mazumder[20] 等在该领域发表了一系列成果。通常假设在激光烧蚀过程中电子和晶格的热容量和热导率保持不变的条件下,来求解双温耦合方程。该解通常对于解释超短到纳秒脉宽的机制有效。

128

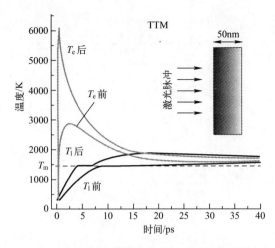

图 6.6　双温模型预测晶格和电子的温度[16]

　　为了确定脉冲激光辐照所加工材料晶格的温度场的瞬态行为,研究人员已利用双温度模型计算了较短时间周期(从飞秒到纳秒)的晶格和电子的温度。

　　科研人员建立了许多模型来模拟超短激光与工作材料的相互作用。双温模型被用来模拟电子和晶格的能量传输。确切地说,是通过求解热传导方程和采用有限差分时域法模拟超快激光辐射。电子和晶格的温度记录都展示了热能产生及复杂激光束在目标材料中传播的基本现象。

6.3　激光加工材料

　　最佳激光波长的选择受加工材料的最小特征尺寸和光学性质的影响。图6.7 展示了不同种类材料的吸收特性、反射率以及热扩散特性。

6.3.1　激光加工金属和合金

　　当激光辐射与金属相互作用时,金属吸收能量导致温度上升。然而,如果表面特性导致足够多的辐射被反射,那么吸收的能量可能不足以软化该材料,从而在本质上影响材料去除过程。恰当的选择短脉冲激光器的参数仍可以实现高反射金属的热软化。正如 Grigoropoulos 等人[26]指出的那样,该机制类似于激光诱导相变。如图 6.7 所示,铝是高反射的金属,然而,铜和钢在UV 波段具有更好的吸收。Zhang 等人[27]使用脉宽为 50ns 的三倍频单模 Nd:YAG 激光器研究了铜的激光微加工,获得了满意的实验结果。通常,金属的反射率随温度降低而减小,并且用 Nd:YAG 和 CO_2 激光器可实现对金属的有效加工。Zhao 等人[6]使用掺钛蓝宝石飞秒激光器对铝进行了微细加工,取得了良好的效果。

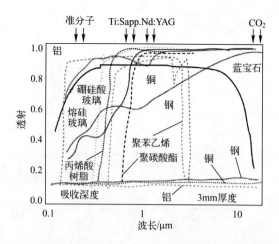

图 6.7　某些金属、聚合物、玻璃及陶瓷材料的波长与透射率间的关系[25]

6.3.2　激光加工处理聚合物和复合材料

聚合物在紫外和远红外波段具有较强的吸收,但在可见光波段呈现弱吸收。然而,激光在聚合物中的反应与在金属中有所不同。普遍认为,在聚合物中紫外光会产生冷激发,而红外光通过热过程可引起大多数分子的振动和物质变化。但是,温度对大多数聚合物和复合材料的性质影响较为显著。对机械加工和激光局部加热而言,这意味着细微的温度变化也会有较大的影响,因此可以利用此特点提高产品生产率和产品特性。在紫外波段(200～400nm),聚合物材料的去除机制通常是热蒸发。在200nm 以下,聚合物材料的去除通常为化学消融。

6.3.3　激光加工处理玻璃和硅

具有硬脆双重特性的玻璃的微加工可应用于生物化学、生物医药、芯片实验室装置、传感器和生物 MEMS 器件。许多晶体和玻璃在深紫外和红外波段呈现较强的光吸收能力,而在可见光和近红外波段的吸收能力较弱。一些玻璃的光吸收能力有较强的非线性特性,例如,Pyrex 玻璃的透过波长范围为300nm～3μm,对 2.5μm 波长,该材料的吸光性最佳。然而,由于玻璃的透明性,大部分光的吸收发生在材料内部而不是表面。Zhao 等人[28]用波长为532nm 的激光进行诱导等离子体辅助烧蚀,研究了玻璃材料的微机械加工并报道了实验结果。Zhao 等人[6]用掺钛蓝宝石飞秒激光器成功对熔石英玻璃进行了微加工。

6.3.4　激光加工陶瓷与硅

化学气相沉积合成金刚石因其广泛的应用而成为一种具有吸引力的材

料,它的应用包括红外光学、探测器、传感器和热管理系统。在所有的材料中,金刚石因其高硬度和惰性使其成为最难加工的一种材料,而且在宽光谱范围,它和玻璃一样具有很好的透光性。通过激光刻蚀硅可制备出各种各样的结构,不同于湿法刻蚀依赖于硅的各向异性。多种脉冲激光器,如红外波段的 Nd∶YAG 激光器[9]和飞秒激光器(掺钛蓝宝石)[17,29]多年前就已被用于加工金刚石和硅[20]。类似的,硅片制造过程中晶体的生长伴随着多个激光加工过程,从而获得我们所需要的形状、尺寸和其他特性的硅衬底片。在这些过程中的重点是由激光引起的熔融和烧蚀。尽管这种方法能更好地控制产品特性并降低成本,但是激光微加工技术还没有引起足够的关注。

6.4　激光加工工艺参数

某些关键参数会影响激光烧蚀,并直接影响施加到材料上的能量。大幅度减小激光功率或加快切割速度都将导致激光烧蚀处理的切割部分未钎透或质量较差。Chen 和 Yao[18]通过实验设计和数据分析,研究了脉冲激光微加工及其对熔渣附着、烧灼和重铸层厚度的影响。他们认为影响熔渣附着的重要因素是平均功率、光斑直径和移动速度。当平均功率增加时,熔渣附着速率将会减小。Bordatchev 和 Nikumb[21]通过实验设计和数据分析得到了在脉冲激光微机械加工中能量与光斑直径、加工深度和量之间的关系。他们仅仅考虑脉冲能量作为主要控制参数,通过使用单脉冲在一个 70μm 厚的铜箔上打出一个浅坑,然后移动到一个新的位置再持续施加脉冲,得到了几何参数和脉冲能量之间的近似关系。在激光加工中,许多其他研究发现得出的主要参数将在下面作简要说明。

6.4.1　激光光斑尺寸和光束质量

光束质量由光的能量、聚焦能力和均匀性来衡量。如果光束的尺寸不受控制,随着侧壁过度倾斜,激光影响区域可能大于所期望的尺寸。Ho 和 Ngoi[30]报道了一种利用短脉冲激光干涉现象的微小斑点加工技术。

6.4.2　峰值功率

热处理过程中,峰值功率必须能够软化工件,但不能强到引起直接烧蚀的程度。因此,存在使微小局部材料发生软化的最优激光光束强度。靶材料的烧蚀、熔化或蒸发需要较高的峰值功率。峰值功率是脉冲激光器最重要的限制参数,它的提高可以通过减少脉冲持续时间实现。

6.4.3　脉冲持续时间

在激光烧蚀中,脉冲持续时间对形貌质量有显著影响。尽管随着脉冲持续时间减小,达到的功率和光强的平均值也随之减弱,但峰值功率的增加有效地提供了快速辐照和超短激光与物质的相互作用。正如 Pronko[2],Malshe[31] 和 Choi[19] 等人认为短脉冲持续时间可以使峰值功率最大化,使加工点周围的体材料的热扩散最小化,形成局部加热。理论上讲,脉冲持续时间应不超过热扩散的热弛豫时间。短脉冲激光器具有较小的热传导及较薄的液相厚度等优点,有望在极小损伤情况下,应用于材料的精密加工。脉冲持续时间达到几飞秒且高重复率的激光可应用于微加工(见表 6.1),然而在本质上飞秒激光烧蚀仍存在热,并不能完全避免区域热效应、重铸层、化学污染等现象。

6.4.4　脉冲重复率

当能量足够时,每个脉冲在工件上都有热效应。在一系列操作中,连续重叠的光点对成功去除材料很有必要。如果脉冲率较低,能量由于扩散离开热作用区而不能发挥作用。如果余热由于快速重复率(限制热传导的时间)被留存,那么加工材料上的热效应将更明显。另一方面,脉冲激光在脉冲重复率上有上限(见表 6.1)。在一些材料上,较高的脉冲重复率(100kHz 及以上)会导致脉冲激光辐照行为类似于连续激光辐照。

通过控制激光束如激光能量、强度、脉冲持续时间和波长等参数,可进行激光直接烧蚀。然而,该方法需要附加传统的激光束发生和传输系统来实现。用激光干涉技术能实现更小特征尺寸的微加工,这是传统技术不能实现的。Ho 和 Ngoi[30] 报道了利用超快脉冲激光干涉现象的亚光斑微加工技术。结果表明,与非激光干涉束加工技术相比较,激光干涉加工可更好地降低特征尺寸。用激光干涉光束已成功地在 1000Å 厚的金片上钻出 300nm 的孔。

适用于制备 2 维(2D)或 2.5 维(2.5D)特征结构(如孔和槽)的方法有很多。3 维(3D)几何特征结构的微加工,如球形、圆锥形和圆柱形表面等,仍然是一个挑战。Malshe 和 Deshpande[29] 研究了飞秒脉冲激光在光电材料上形成具有波纹、簇状及两者形状复合的 2D 和 3D 的周期性结构,他们发现,在纳米激光辐照的区域,在没有任何污染的无定形和有缺陷的区域能够选择性的捕获光和钝化表面。Choi 等人[19] 提出一种叫孔区域调制(HAM)的 3 维微加工方法,并报道了模板孔径、间距、转移速度、传输距离和脉冲数等对激光烧蚀深度的影响。加工的凹坑能被转换为具有深度信息的 2 维分布,然后形成 3 维孔腔。当激光束的属性不能改变时,HAM 方法可以成为一种替代的解决方法,该方法通过控制孔的密度和步长来提高 3 维几何结构的精度。

6.5 超短脉冲激光烧蚀

在应用于电子、医疗、光学及其他器件的金属、半导体和介电材料的微细加工制造方面,纳秒(ns)和超短脉冲(飞秒至皮秒)激光具有诸多已有的和潜在的应用,它们的优势在于非常高的辐射强度(因此可以毁伤几乎所有材料)和极短的脉冲持续时间(因此可以用非常小的热效应区来实现精确的材料去除)。对于纳秒和超短脉冲激光器,因其脉冲持续时间不同,激光与材料的相互作用和烧蚀机制是不同的,下面将会分开讨论。

最近几年,超短脉冲激光与物质相互作用的实验和理论研究已有了大量工作基础,并基于对流体动力学[32-35]或分子动力学[23,36-43]的理解发展了数值模型。超短脉冲激光烧蚀是一个非常复杂的过程,完全理解烧蚀的基本机制仍需要进一步的工作。早期的研究表明,超短激光烧蚀可以实现材料的去除,其过程中可能涉及到一个机制或几个机制,如碎裂、库仑爆炸、相爆炸、临界点相分离及破碎[23,33-46]等。实际的机制还要依赖于激光强度、波长和材料种类等。

超短脉冲激光与靶材相互作用的过程中或之后,多个复杂的物理过程可能发生在不同的时间尺度,这将会在以后讨论。

6.5.1 双温传热

当超短激光脉冲照射固体时,激光能量将被吸收。对于金属,这主要是通过自由载流子吸收[47],即导带中的电子吸收光子从而获得更高的能量。在半导体和介电材料中,通过光子(或多光子)电离过程,电子能从价带被激发到导带。随着激光能量被电子吸收,通过电子—光子的碰撞,能量将从电子转移到晶格。电子和晶格达到热平衡的典型时间依赖于材料,约为 1~10ps。因此,对于比特征时间更短的激光脉冲,在激光与物质相互作用时的初始传热过程,不能由常用的单温热传递方程进行描述。相反,需要用所谓的双温热传导方程。方程的 1 维(1D)形式如下[24,33,34,46]:

$$\frac{\partial E_e}{\partial t} = \frac{\partial}{\partial z}\left(k_e \frac{\partial T_e}{\partial z}\right) - G(T_e - T_i) + S \tag{6.2}$$

$$C_i \frac{\partial T_i}{\partial t} = G(T_e - T_i) \tag{6.3}$$

式中:T_e,T_i 和 C_i 分别是电子温度、晶格温度及晶格单位体积比热容;t 是时间;z 是空间坐标;S 为源项;k_e 是一个电子的电子热导率;G 表示电子—声子耦合常数,由 $G = C_e/\tau_e$ 给出,其中 τ_e 是电子和晶格的平均能量交换时间。E_e 是单位体积的电子热能,由 $\partial E_e/\partial t = C_e \partial T_e/\partial t$ 给出,对半导体和介电材料而言,C_e 是电子热容,它还依赖于光子电离和雪崩电离产生的自由电子密度。方程(6.3)中忽略了晶格热导率。双温传热方程基于以下假设,声子和电子能量分布,即分别为晶格温度和电子温度[47],是热量的特征分布,可通过不同的温度来区分。因此,双温模型仅当对时间比电子和声子的热能化时间长的情况才有效。换句话说,电子和声子完成能量扩散所需的时间才使得温度的定义有意义。当脉冲激光作用时间比热能化时间更短时,讨论电子与声子的温度将失去其意义,那么使用双温模型有待商榷。源项 S 由下式给出[24]:

$$S = \frac{\partial I(z,t)}{\partial_z} - E_g \frac{\partial n_e}{\partial t} \quad (半导体和介电材料) = \frac{\partial I((z,t)}{\partial z} \quad (金属)$$

(6.4)

式中:I 是激光强度;E_g 是半导体或介电材料的带隙。对于半导体和介电材料而言,方程(6.4)的右边最后一项代表整个电离产生自由电子的过程中克服带隙的能量消耗。

严格地讲,激光束的传输符合麦克斯韦波动方程。对于 1 维的情况,常常用到以下的简化公式[24,46]:

$$\frac{\partial I(z,t)}{\partial z} = aI(z,t) \quad (金属)$$

$$\left[(\sigma_1 + \sigma_2 I(z,t))\frac{n_a}{n_a + n_i} + a\right]I(z,t) \quad (半导体)$$

(6.5)

$$\sigma_N I^N \frac{n_a}{n_a + n_i} hwN + aI(z,t) \quad (电介质)$$

式中:σ_1 和 σ_2 是单和双光子电离截面;h 是普朗克常数;w 是激光频率;n_a 和 n_i 分别是中性原子和电离化原子的数量密度;σ_N 是对多光子而言的,即 N 个光子的电离横截面(如,$N = 6,800$nm 激光辐照 Al_2O_3);a 为自由电子吸收系数。基于复杂的介电函数,可以计算出自由电子吸收系数 a,通过下式来计算[46,48-50]:

$$\varepsilon = 1 + (\varepsilon_g - 1)\left(1 - \frac{n_e}{n_0}\right) - \frac{n_e e^2}{\varepsilon_0 m_e w^2}\frac{1}{1 + iv/w}$$

(6.6)

式中:n_0 是价带电子密度;v 是碰撞频率;ε_0 是真空介电常数;e 是电子电荷;ε_g 是未受激材料的介电常数;m_e 是一个电子的质量。该材料复折射率 n 可通过求解复合物介电函数得到[50]。

金属自由电子数密度可由材料的状态方程(EOS)模型得到。半导体(如,硅)的电子密度可以由速率方程描述[46,48]:

$$\frac{\partial n_e}{\partial t} = \left[(\sigma_1 + 0.5\sigma_2 I)\frac{I}{hw} + \delta n_e\right]\frac{n_a}{n_a + n_i} - \frac{n_e}{\tau_0 + 1/Cn_e n_i}$$

(6.7)

式中:δ 为碰撞电离系数[46]。方程(6.7)右边最后一项描述了硅($C = 3.8$

134

$\times 10^{-31} cm^6/s$ 和 $\tau_0 = 6 \times 10^{-12} s$)的俄歇复合过程中的电子损耗[46,48]。

对于介电材料,电子数密度的变化由下式描述[46,49]:

$$\frac{\partial n_e}{\partial t} = [\sigma_N I^N + \alpha I n_e] \frac{n_a}{n_a + n_i} - \frac{n_e}{\tau} \tag{6.8}$$

式中:α 是雪崩系数;σ_N 是针对多光子的,即 N 个光子的电离横截面(例如,$N = 6,800nm$ 激光辐照蓝宝石)。右边最后一项描述了随弛豫时间 τ 变化的自由电子的损耗。需要注意,为简单起见,方程(6.7)和(6.8)中通过漂移和扩散空间输运的电子已被忽略。

随着激光与介电材料及半导体材料相互作用过程中自由电子的产生,显著影响了激光束的传播和能量吸收。图6.8表明了脉宽 $t = 100fs$(激光半峰全宽(FWHM)脉冲持续时间:100fs,波长:800nm)的激光作用在硅靶上的归一化激光强度分布的计算值。如果考虑所产生的自由电子对光的吸收,激光的大部分能量将在几百纳米深度被吸收掉。然而,如果自由电子吸收被忽略,则吸收深度将显著的增加到几微米。因此,在激光光束的传输和能量吸收中,激光诱导自由电子起关键作用。

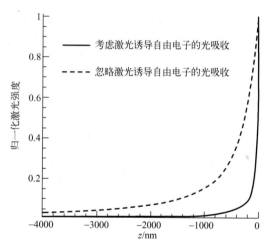

图6.8 $t = 100fs$ 脉宽(激光脉冲持续时间:100fs,波长:800nm)的激光在硅靶上的归一化激光强度分布的计算值(资料来源:[Wu B., Shin Y. C. et. al., Appl. Surf. Sci., 255(9), 4996 – 5002, (2009)]经爱思唯尔授权[51]。

6.5.2 表面的电子发射和库仑爆炸

由于温度升高和激光光子通量的激发,从靶材表面可能发射出自由电子。从金属靶表面发射的电子的总电流密度可以通过靶表面温度计算出来[52]:

$$J = \sum_{n=0}^{\infty} J_n \tag{6.9}$$

式中:J_0 是热电子发射;J_1 是单光子光电发射;J_n 是由 Bechtel 等人[52]提出的 n 光子发射:

$$J_n = a_n \, (e/h\nu)^n AI^n \, (1-R)^n T_e^2 F\left(\frac{nh\nu - \Phi}{kT_e}\right) \qquad (6.10)$$

式中:I 是激光强度,R 是表面反射率;A 是 Richardson 系数;$h\nu$ 是激光光子能量;ϕ 是表面功函数;k 是 Boltzmann 常量;T_e 为电子温度;a_n 是常数;$F(x)$ 是 Fowler 函数。通常情况下,只有方程(6.10)右边前面的几项是重要的,其他项一般忽略不计。

表面电子发射可能会破坏近表面区域的准中性,结果是产生一个可由著名的泊松方程描述的电场[46]。靶表面的充电可能会导致表面层的亚皮秒静电破裂,即所谓的库仑爆炸过程。相对而言,这种效应更容易发生在介电材料中,由于金属和半导体优越的载流子输运特性,通常能强烈抑制该现象发生[46]。图 6.9 示出了表面上激光诱导电场的时间分布(100fs,800nm 的激光脉冲)。可以看出,蓝宝石上的诱导电场比硅和金靶高得多。它还超过了库仑爆炸临界电场,并且能够诱导厚度为纳米量级的表面层的静电破裂。

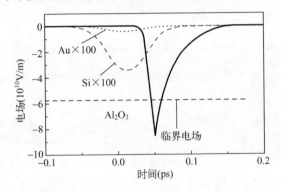

图 6.9　在靶材表面区域,激光诱导电场的时间分布(100 fs,800 nm 的激光脉冲;资料来源:图转自 Bulgakova 等人[46]经授权转载自 Springer ScienceBusiness Media:Appl Phys A Mater Sci Process,A general continuum approach to describe fast electronic transport in pulsed laserirradiated materials:the problem of Coulomb explosion,81,2005,345 – 356,BulgakovaNM, Stoian R,Rosenfeld A,Hertel IV,Marine W,Campbell EEB,Figure 2)

6.5.3　电子发射形成早期等离子体

在超短激光与材料相互作用过程中,由于级联电离,从靶表面发射的电子可能会导致周围气体的击穿,形成所谓的"早期等离子体",这发生在激光脉冲开始之后几皮秒时间内,图 6.10 展示了 Mao 等人[53,54]观察到的实验现象。早期等离子体的形成是由于周围空气的击穿,而不是靶材汽化电离。它形成于靶材发生明显汽化或流动膨胀之前。

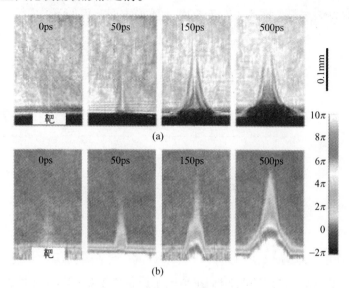

图 6.10　四个不同的延迟时间的等离子体的(a)射线影像图及(b)相移图(35ps,
1064nm 激光脉冲,铜靶;资料来源:[Mao S. S.,Mao X.,Greif R.,Russo R. E.,
Appl. Phys. Lett.,77(16),2464-2466,(2000)]经美国物理学会授权[54])

气氛中的早期等离子体的演变可以由每种粒子(电子、离子和中性原子)的质量、动量和能量守恒方程描述。对于电子,1 维形式的方程如下[53-55]:

$$\frac{\partial n_e}{\partial t} + \frac{\partial (n_e v_e)}{\partial_z} = S_e \qquad (6.11)$$

$$\frac{\partial (n_e m_e v_e)}{\partial t} + \frac{\partial (n_e m_e v_e^2)}{\partial z} = -\frac{\partial P_e}{\partial z} + n_e f_e \qquad (6.12)$$

$$\frac{\partial \varepsilon_e}{\partial t} + \frac{\partial (\varepsilon_e v_e)}{\partial z} = -\frac{\partial (P_e v_e)}{\partial z} + W_e + Q_e + W_L \qquad (6.13)$$

式中:t 是时间;z 是空间坐标;v_e 是电子速度;S_e 是电子产生的源项,主要源于级联电离;m_e 是电子质量;P_e 是电子压力;f_e 是力项,包括三部分:电场力、电子和离子之间的弹性碰撞力、非线性有质动力[55];ε_e 是单位体积的电子能量,$\varepsilon_e = 1.5kT_e n_e + 0.5 n_e m_e v_e^2$[53];$W_e$ 是对电子施加的力所做的功;Q_e 为来自电子热传导的能量;W_L 是激光能量吸收的能量源项。离子和原子的约束方程类似但又有一些细微的差别,其中之一的中性原子没有受到电场的作用力,因此没有力作功。

6.5.4　流体动力学膨胀

在超短激光与材料相互作用的过程中,吸收的激光能量将增加靶材表面附近的压力。流体运动可能由压力梯度所驱动,靶的流体动力学膨胀过程应该由双温流体动力学方程来描述。对于金属,1维形式的方程如下[34,56,57]:

$$\frac{\partial \rho}{\partial t} + \frac{\partial (\rho u)}{\partial z} = 0 \tag{6.14}$$

$$\frac{\partial \rho u}{\partial t} + \frac{\partial (\rho u^2 + P)}{\partial z} = 0 \tag{6.15}$$

$$\frac{\partial \left(E_e + \frac{1}{2}\rho_e u^2 \right)}{\partial t} + \frac{\partial \left[u \left(E_e + \frac{1}{2}\rho_e u^2 + P_e \right) \right]}{\partial z}$$

$$= -\frac{\partial q_e}{\partial z} + \frac{\partial}{\partial z} \left(k_e \frac{\partial T_e}{\partial z} \right) + \frac{\partial I}{\partial z} - Q_{e-i}(T_e - T_i) \tag{6.16}$$

$$\frac{\partial \left(E_i + \frac{1}{2}\rho_i u^2 \right)}{\partial t} + \frac{\partial \left[u \left(E_i + \frac{1}{2}\rho_i u^2 + P_i \right) \right]}{\partial z}$$

$$= Q_{e-i}(T_e - T_i) \tag{6.17}$$

式中:t 是时间;z 是空间坐标;ρ_e 是电子质量密度(一般可以忽略不计);ρ_i 是离子质量密度;ρ 是总密度,且可表示为 $\rho = \rho_e + \rho_i \approx \rho_i$;$u$ 是速度;P_e 是电子压力;P_i 是离子压力;P 是总压力,且可表示为 $P = P_e + P_i$;E_e, T_e, E_i 和 T_i 分别是电子和离子的体积内能和温度;k_e 是电子热导率;I 是 z 方向上的激光净辐射通量;Q_{e-i} 是电子—离子耦合常数;q_e 是 z 方向上的辐射热通量。对高温区而言,该参数尤其重要且可通过解辐射传输方程得到[58]。应该注意到,为了简化,一些条件(比如偏应力条件)并没有在上面的方程中提到。当压力梯度和速度被忽略不计时,上面的方程可简化为双温传热方程(方程(6.2)和(6.3))。

表面附近靶材热力学状态的变化可以通过求解流体动力学方程或利用分子动力学模拟得到。Vidal 等人[33]通过解流体动力学方程表明,在高强度的激光下,占主导地位的材料的去除机理是所谓的"临界点相分离"过程。图 6.11 是 Vidal 等人[33]得到的流体动力学模拟结果,该结果表明,表面附近材料晶胞的热力学轨迹大致可以分为两个阶段。在第一个加热阶段,将晶胞很快加热到它们的最高温度,并且没有出现任何明显的密度变化。在此之后,密度将减小,大致符合 $T \alpha \rho^{2/3}$ 的关系。该模拟结果表明,由于热力学的不稳定性,该材料的晶胞,其膨胀轨迹进入临界点附近的不稳定区(CP),将转变为一个气泡——液滴转换层。这些晶胞之上的质量将被烧蚀,而之下的质量会凝结到靶材上,这个过程被称为临界点相分离(CPPS)。

Cheng 和 Xu 等人[36]的分子动力学(MD)模拟结果还表明,在超短激光烧蚀镍的过程中,对于高能量密度,占主导地位的烧蚀机理是 CPPS;而对于较低的能量密度是相爆炸(当料液过热,接近热力学两相区的临界点时,爆炸性相变过

138

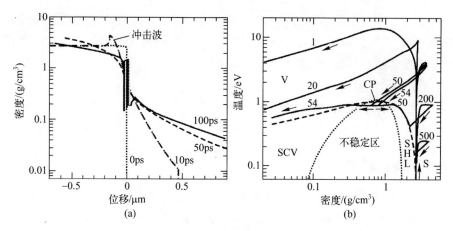

图 6.11 （a）相对于激光脉冲,密度分布是位置在 0,10,50,和 100ps 的函数。

激光脉冲为 500 fs, 1μm,垂直入射,10J/cm²。拉格朗日单元的边界间的初始

距离为 1nm。(b)在密度－温度平面上,几个拉格朗日单元的运动轨迹。总模拟

时间为 400 ps。晶胞从物质和真空的界面开始向内编号。虚线,双结点;点线,调幅;

SHL,过热液体;SCV,过冷蒸汽;S,固相;V,汽相;CP,临界点。铝靶。资料来源:

［Vidal F. ,Johnston T. W. ,Laville S. ,et. al. ,Phys. Rev. Lett. ,86(12),2573 - 2576,

(2001)］,经美国物理学会授权,http://link. aps. org/doi/10. 1103/PhysRevLett. 86. 2573,［33］。

程归因于均匀气泡成核和生长）。基于 CPPS 机制,Wu 和 Shin[24,51] 已经针对高
能量密度超短激光烧蚀金属、半导体及电介质的情况,发展了基于双温传热方
程的简化物理模型,并且表明该模型与激光烧蚀的实验测得值相吻合。图 6. 12
列出了部分结果。

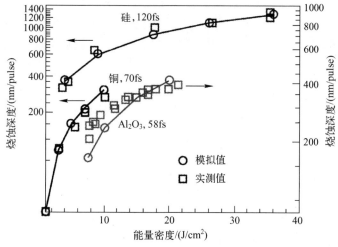

图 6.12 超短激光烧蚀率:测量值与 Wu 和 Shin 的简化模型的预测值[24,51]资料来源:

图源自 Wu 和 Shin[24];测量值转自 Hashida 等[44],Meunier 等[59],Guizard 等[60]

然而,一些研究人员得到的 MD 模拟结果表明,对高通量超短激光烧蚀而言,CPPS 未必是去除材料的主要机制[40,41]。因此,还需要进一步的实验和理论研究,以理解超短激光烧蚀的材料去除机制。

6.6　纳秒脉冲激光烧蚀

6.6.1　烧蚀机理

早期的研究已经发现,针对纳秒脉冲激光烧蚀移除材料,涉及一个或多个物理机制,包括表面汽化、相爆炸和流体动力学膨胀。

表面汽化是在整个液—汽界面的液—汽相转换。蒸汽分子离开液体表面(即靶的熔融表面),最初是一个非平衡的速度分布,接着在液—汽边界面的薄层(通常称为 Knudsen 层[61,62])内,该分布趋于平衡。

相爆炸是在靶材内部过热蒸汽接近于热力学相图的两相区临界温度 T_c 发生的均匀气泡成核和生长。成核速率强烈依赖于靶材的过热程度[63,64]。

流体动力学膨胀是依赖于宏观流体动力学运动的材料去除过程[65,66]。需注意的是,对于纳秒脉冲激光烧蚀加工过程,"正常沸腾"("表现为异质成核气泡向液体的外表面扩散,如果到达表面,可能会溢出"[63])一般情况下并不重要[63,64]。

对低强度的激光烧蚀而言,表面汽化通常是材料去除的主要物理机制。然而,随着激光强度的升高,靶材可能过热,接近热力学临界温度,并且发生均匀气泡成核和生长(相爆炸)。液滴—蒸汽混合物的喷射形成,是因为相爆炸一般出现在施加激光脉冲后的几百纳秒的迟滞时间里[67,68]。因此,该喷射的流体动力学运动,可看做是一个流体动力学膨胀过程。另一种情形,当靶衬底被足够强的激光脉冲加热到高于热力学温度 T_c 时,流体动力学的膨胀成为主要机制。在这种情况下,凝结相和气相间不存在明显的界面[65],并形成模糊的宏观过渡层。这是因为当靶材的温度高于 T_c,它只能有一种相——超临界态,因此不同相间的明显的界面消失。在这种条件下,相应地靶凝结主要通过流体动力学的膨胀向靶气相提供质量,在此过程之中,靶材从凝结相区域移到蒸汽区域,伴随着它的密度连续减小至蒸汽密度。Wu 等人[66]通过实验和建模证实了该机制。

总之,根据材料的移除机制,纳秒脉冲激光烧蚀可以分为两个阶段:表面汽化阶段及随后的流体动力学膨胀阶段(该阶段导致蒸汽和/或液—汽混合物溅射)。在这两个阶段,相同材料的气泡成核和生长(相爆炸)也可能出现,它的重要性很大程度上依赖于靶材的过热程度。对于低强度激光脉冲,只发生第一阶段的现象,而对更高强度激光脉冲,第二阶段可能超过第一阶段占主导地位。

对低强度纳秒脉冲激光烧蚀而言,表面蒸发是主要机制,该过程可以通过求解靶材凝聚的热传导方程及蒸汽和环境气相的气体动力学方程模拟出来。在靶表面的Knudsen层的联系,凝聚相和气相的控制方程被结合。图6.13展示了Wu和Shin计算的蒸发深度[69],与测量得到的烧蚀深度吻合良好。

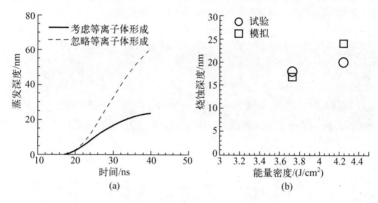

图6.13

(a)用波长为248nm,脉宽为26ns和强度为4.24J/cm²的准分子激光脉冲烧蚀镍时,瞬时蒸发深度的
计算值;(b)用波长为248nm和脉宽为26ns的准分子激光脉冲烧蚀镍时的烧蚀深度。(资料来源:
[Wu B,Shin YC.,J Appl Phys,99(8),084310,(2006)],经美国物理学会授权[69];测量值源于Xu[70]。)

对纳秒脉冲激光烧蚀而言,通常用超过某阈值的激光能量密度或强度的毁伤速率的突变,表征从表面蒸发到爆炸性相变过程的材料去除机制的过渡状态。这是因为相爆炸的材料去除效率比表面蒸发更高。图6.14展示了一些用

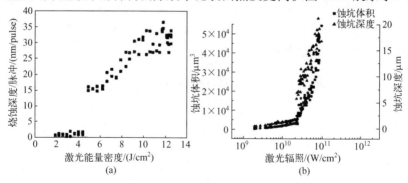

图6.14

(a)每个脉冲烧蚀铝的深度与激光能量密度函数(5ns,1064nm激光脉冲;资料来源:经授权转载自
[Porneala C.,Willis D. A.,Appl. Phys. Lett.,89,211121,(2006)],美国物理学会授权[71]);(b)烧蚀
硅的深度和体积(3ns,266nm激光脉冲;资料来源:[Yoo J. H.,Jeong S. H.,Greif R.,Russo R. E.,
J. Appl. Phys.,88(3),1638 – 1649,(2000)],经美国物理学会授权[67])。

纳秒脉冲激光烧蚀铝和硅的实验结果,其中在某一激光影响或辐照下,烧蚀速率产生突变。

　　在激光脉冲开始后的某一滞后时间,产生的液滴—蒸汽混合物喷射,是源于通常出现的相爆炸。研究表明,该迟滞时间大约为几百纳秒[67,68]。图 6.15 展示了纳秒脉冲激光烧蚀硅的时间分辨影像图,一直到约 400ns 并未观察到液滴的溅射。然而,Xu[70],Porneala 和 Willis[71] 的研究结果表明滞后时间可能会更短。因此,需要更进一步的实验和理论研究来澄清这一争议。

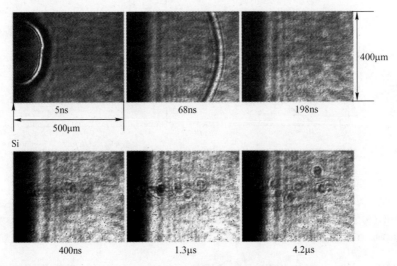

图 6.15　激光烧蚀硅过程中,通过激光影像图得到了持续的大量溅射图激光辐照量为 $3.9 \times 10^{10} \mathrm{W/cm^2}$(3ns,266nm 激光脉冲;资料来源:[Yoo J. H.,Jeong S. H.,Greif R.,Russo R. E.,J. Appl. Phys.,88(3),1638 - 1649,(2000)],经美国物理学会授权[67])

6.6.2　双脉冲激光烧蚀

　　在 Forsman 等人[72] 的实验中,用纳秒脉冲激光烧蚀金属时,观察到了令人感兴趣的"双脉冲"效应。该效应的特征是,当被 30 ~ 150ns 的迟滞时间分开的两个纳秒激光脉冲应用于烧蚀材料时,相较于常规激光烧蚀(即激光脉冲被约 100μs 或更长时间分开),每个脉冲的平均烧蚀速率得到明显增强。图 6.16 展示了双脉冲(超脉冲)纳秒激光为钢铁钻孔时的激光脉冲序列的形式以及加工质量和效率的提升。

　　Forsman 等人[72] 的文章里提出了一个假说,来解释双脉冲效应的基本机制:第一个激光脉冲熔化靶,产生一个高温等离子体羽。第二个脉冲不直接轰击靶凝聚相的表面。相反,它主要通过与等离子体羽的相互作用,并在羽滞留靶表面上,提升烧蚀材料的温度和熔化速率。Forsman 等人提出[72],这个高能

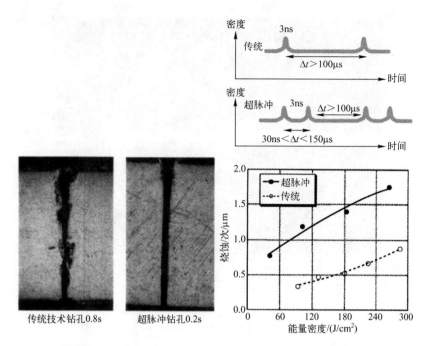

图 6.16　上部:传统和超脉冲(双脉冲)形式的激光脉冲序列。下左:基于超脉冲激光钻钢的质量增强。下右:超脉冲激光钻钢的效率增强。资料来源:［Forsman A. C.，Banks P. S.，Perry M. D.，Campbell E. M.，Dodell A. L.，Armas M. S.，J. Appl. Phys.，98，033302，(2005)］,经美国物理学会授权[72]。

等离子体导致新材料的快速烧蚀,抑制被烧蚀材料的再沉积,并且每个过程的相对重要性依赖于材料和被钻孔的深度。Wu 等人[73]基于物理流体动力学模型的仿真结果支持了这一假说。

6.6.3　纳秒激光诱导等离子体

在纳秒脉冲激光与材料的相互作用中,被烧蚀的材料(甚至周围的空气)可能在足够高的激光强度下电离,产生等离子体羽。该等离子体可能强烈的影响激光的传播和能量吸收,因此它的演变在激光烧蚀中扮演着重要角色。许多技术直接利用激光诱导等离子体,比如激光诱导击穿光谱,激光薄膜沉积,以及激光合成纳米材料。因此,对纳秒激光诱发等离子体的理解很重要,广泛的实验和理论研究已经在该领域进行。

激光诱导等离子体的几何演变可以用一个分辨率接近纳秒的 ICCD(增强式电荷耦合器件)相机观察到。图 6.17 展示了在空气中,不同迟滞时间的纳秒脉冲激光烧蚀铝所产生的等离子体羽的 ICCD 图像。

等离子体温度和电子密度可以通过等离子体光发射谱推断出来,光谱可以使用光谱仪来收集。迟滞时间为纳秒(或更长)的等离子体是局部热力平衡

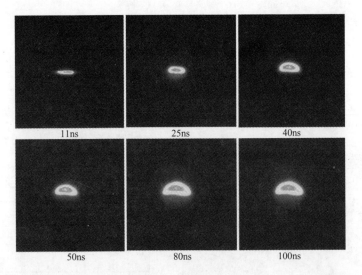

图 6.17　空气中激光烧蚀铝产生的等离子体羽的 ICCD 图($6ns$,$532nm$,$8.1GW/cm^2$的
激光脉冲;资料来源:[Wu B.,Shin Y. C.,Pakhal H.,Laurendreau N. M.,Lucht
R. P.,Phys. Rev. E,76,026405,(2007)],经美国物理学会授权,[66])

(LTE)的代表[74]。如果等离子体的厚度也是肉眼可见,测定等离子体激发温度
的最常用方法则可通过观察来自相同的元素和电离阶段的谱线的相对强度比
值来确定。谱线的 Stark 加宽可以判定电子数密度。忽略离子变宽的影响,Gri-
em[75,76]和 Bekefi[77]给出了加宽的 Stark 线的最大半峰宽(FWHM)$\Delta\lambda_{1/2}$和电子
数密度之间的关系:

$$\Delta\lambda_{1/2} = 2w\left(\frac{n_e}{10^{16}}\right) \tag{6.18}$$

式中:w 和 n_e(cm^{-3})分别是电子碰撞参数和电子数密度。电子数密度可以
由方程(6.18)得到。

在初始阶段,高强度纳秒激光脉冲诱导产生的等离子体经常达到肉眼可见
的厚度,导致形成辐射陷阱,且连续发射也可能占主导地位。在这种情况下,上
述方法并不适用。Pakhal 等人[78]提出了辐射传输模型,基于给定的电子数密度
和温度,可以计算出发射光谱。对实际的电子数密度和温度,计算的和测量的
光谱达到最好的吻合。相对重要的电子转移(比如束缚—束缚,束缚—自由,以
及自由—自由的转换)已经在这一模型中得到考虑。图 6.18 展示了测得和拟
合的等离子体发射谱。

高强度纳秒激光脉冲诱导等离子体已经通过宽量程状态方程(EOS)辅助
求解流体力学方程[66,73]模拟出来。该模型预测的等离子体温度和电子密度与
实验测量数据吻合的很好,如图 6.19 所示。

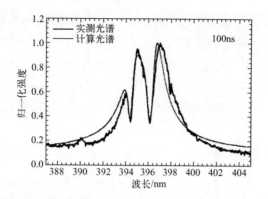

图 6.18　在 $t = 100\mathrm{ns}$ 激光诱导的等离子体的发射谱（铝靶材，约为 6ns，532nm，3.9GW/cm² 的激光脉冲；资料来源：图源于 Pakhal 等[78]，经授权转载于 Springer Science Business Media：[Pakhal H. R.，Lucht R. P.，Laurendeau N. M.，Appl. Phys. B，2008，90，15 – 27，Figure 7b]）

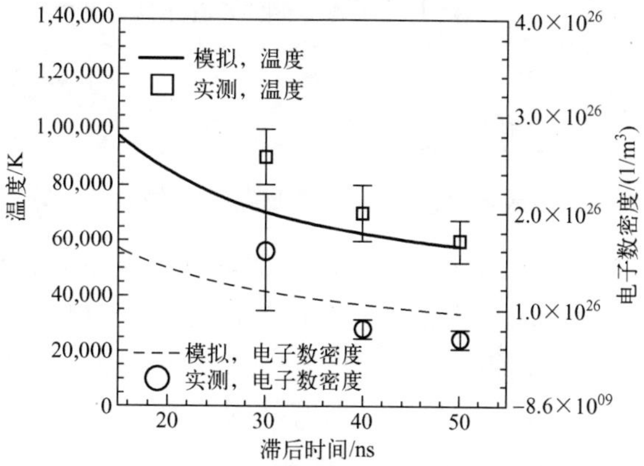

图 6.19　通过激光脉冲（6ns，8 GW/cm²）烧蚀铝过程中形成的等离子体的温度和电子数密度的模型预测值和测量值的比较（资料来源：[Wu B.，Zhou Y.，Forsman A.，Appl. Phys. Lett.，95，251109，（2009）]，经美国物理学会授权[73]，and 测量值源于 Wu 等[66]）

6.7　激光冲击强化

6.7.1　激光冲击强化加工

　　激光冲击强化（LSP），在文献中也叫激光喷丸，利用激光诱导束缚等离子体的高压，在金属工件近表面区域的涂层和透明约束层（通常为水）之间的界面上施加残余压应力，产生的残余压应力有助于改善抗疲劳及其他表面机械特性。

　　图 6.20 展示了 LSP 加工的示意图。工件用不透明的薄涂层覆盖，在其上

用另一种透明约束层(通常是水)覆盖。一般有纳秒脉冲持续时间且强度在 GW/cm² 范围内的激光束穿过透明水层在涂层—水界面处被吸收,产生一个"约束等离子体"。"约束等离子体"可以在工件表面产生一个 GPa 范围(持续时间为激光脉冲长度的 2 ~ 3 倍[82])的压力脉冲。这将发送一个冲击波进入工件,并且在近表面区域产生塑性形变和残余压应力。在 LSP 期间,工件经受一个很高的应变率,一般为每秒 10⁶ 次或更高[7]。

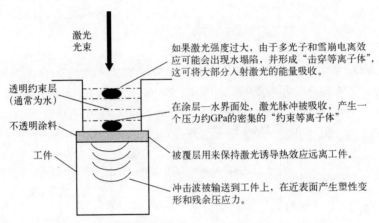

图 6.20　激光冲击强化及相关物理过程的示意图[81-83]

涂层阻挡了来自脉冲激光的热量,以至于在加工过程中工件仍然保持相对低温(否则,热致拉伸残余应力会在近表面产生)。涂层材料可以是黑色涂料或金属箔,比如锌、铝或者铜箔[7,79]。在许多科学研究中,由于铝具有众所周知的优异的性质,常常被选作涂层材料。在实际的工业应用中可以通过喷嘴施加水层。

涂层表面的激光光斑尺寸大约在 10μm(在本书中也叫微 – LSP[80])和几毫米之间改变。然而,更大的激光光斑需要更高的脉冲能量来得到所需的约 1 ~ 10GW/cm² 的强度。

6.7.2　激光冲击强化物理学

图 6.20 也展现了 LSP 过程中的主要的相关物理过程。考虑到主要的相关物理过程,Wu 和 Shin[81-83]建立了模型,该模型可以模拟从激光脉冲参数到残余应力产生的 LSP 工序(除了自动可调变量)。

LSP 加工中,在足够高的激光强度下,在最初的透明约束层(比如水)通过多光子和雪崩电离的过程中可能发生电解质崩溃[81]。在此种情况下产生的"击穿等离子体"限制了激光能量抵达涂层 – 水界面。因此,在 LSP 过程中,使用过高的激光强度无益于喷丸工艺。在 LSP 中用到的纳秒脉冲激光参数通常当波长为 1064nm 时,功率密度为 1 ~ 10GW/cm²;波长为 532nm 时,功率为 1 ~

$6GW/cm^{2[7]}$。在较高强度下,激光诱导压可能达到饱和。

激光脉冲能量在到达涂层—水界面处被吸收,并产生一个"约束等离子体"。该约束等离子体的压力有一个在 GPa 范围的峰值,并且有一个大约 2 ~ 3 倍的激光脉冲长度的持续时间。图 6.21 展示了基于实验测得的数据[84]和流体动力学模拟[82]的随时间的压力变化,其中涂层材料是铝。相较于在空气和真空中的激光诱导等离子体,LSP 在水中激光诱导的等离子体拥有更高的密度,图 6.22 展示了 Wu[86]基于流体动力学模拟的结果。严格地讲,针对水和涂层材料,"约束等离子体"可以通过宽范围 EOS 增补求解流体动力学方程模拟出来。在实际应用中,下面简单的解析式可以通过恒定激光脉冲强度 I_0[85]来评估束缚介质中的诱导压:

$$P(\text{GPa}) = 0.01 \sqrt{\frac{\alpha}{\alpha+3}} \sqrt{Z(\text{gcm}^{-2}\text{s}^{-1})} \sqrt{AI_0(\text{GWcm}^{-2})} \qquad (6.19)$$

式中:P 是压力;α 是约束等离子体的热能与内能的比率(通常为 0.2 ~ 0.5,但精确值可以通过拟合测量压力得到);A 是对激光束的表面光吸收;Z 是压缩冲击阻抗,定义为 $Z = 2/(1/Z_1 + 1/Z_2)$,其中 Z_1 和 Z_2 分别是涂层和约束透明层的冲击阻抗。

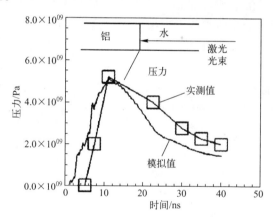

图 6.21 在水中,10ns 激光脉冲和铝交互作用诱导的约束等离子体的力(模拟来自 Wu 和 Shin[82],测量来自 Peyre 等人[84];[Wu B.,Shin Y. C.,J. Appl. Phys.,101(2),023510,(2007)],经美国物理学会授权[82])

由于约束等离子体存在较高的压力,冲击波将进入工件。发生塑性形变达到某个深度,冲击波的力不超出金属的 Hugoniot 弹性极限(HEL)。HEL 被定义为,在单轴应变条件下,冲击波传播方向的最高弹性应变力水平。HEL 与材料的动态屈服强度关系如下[84,87,88]:

$$\sigma_{dyn} = HEL \frac{1-2\upsilon}{1-\upsilon} \qquad (6.20)$$

式中:υ 是泊松比。

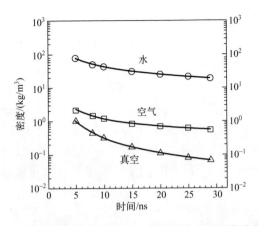

图 6.22　由功率为 5GW/cm²,波长为 532nm 和脉宽为 3ns 的脉冲激光分别在空气、
真空和水中,与铝相互作用产生的等离子体的峰值温度的密度(资料来源:
[Wu B. ,Appl. Phys. Lett. ,93(10),101104,(2008)],经美国物理学会授权[86])

LSP 过程中,在工件中瞬态弹性—塑性变形和残余应力的产生过程,可以
根据材料的高应变率本构关系和/或数据,用有限元法[84,87-90]模拟出来。残余
应力可以用 X 射线衍射或逐层钻孔的方法测得。图 6.23 展示了在一个 12Cr
钢工件上,LSP 诱导残余应力的模拟值和测量值。可以看出在近工件表面的一
个约 1mm 的薄层内产生了很大的残余压应力。同时应用位错动力学(DD)方
法对 LSP 诱导的位错行为进行了研究[91]。注意到,对于显微 LSP,其中的激光
光斑尺寸相当于材料晶粒尺寸,该材料不能被认作均匀的和各向同性的。在
LSP 工序的研究和计划中,LSP 上的特定显微结构的影响需要得到重视[92]。

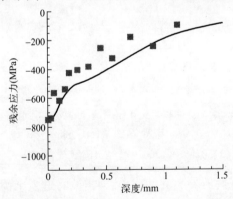

图 6.23　用 25ns 的脉冲激光进行 3 个 LSP 冲击后的 12Cr 钢工件,残余应力随深度
变化(模拟结果(线)源自 Wu 和 Shin[81],测量值(块) 源自 Peyreet 等[84];
资料来源:本图源于 Wu[81])

为了快速评估,对塑性影响深度 L_p 和 LSP 产生的表面残余应力 σ_{suf}[93]可以
用如下简单的分析式进行分析:

$$L_p = \frac{C_{el} C_{pl} \tau}{C_{el} - C_{pl}} \qquad (6.21)$$

$$\sigma_{suf} = -\frac{P}{2[1 + \lambda/(2\mu)]} \left[1 - \frac{4\sqrt{2}}{\pi r}(1 + \nu)\frac{C_{el} C_{pl} \tau}{C_{el} - C_{pl}}\right] \qquad (6.22)$$

式中：C_{el} 和 C_{pl} 分别是弹性和塑性冲击速度；r 是影响半径；P 是冲击波压力；τ 是脉冲压力持续时间；λ 和 μ 是靶材的弹性 Lame 常数。该公式只适用于当冲击压力比材料的 HEL 高两倍以上时。

由于塑性形变，凹痕会留在工件表面，通常是几百纳米到几微米。因此，诱导表面的粗糙度一般小于传统的喷丸工艺。图 6.24 展示了 7075 铝工件经 LSP 冲击后由白光干涉仪测量表面轮廓的结果，并和有限元模拟结果进行了比较[94]。

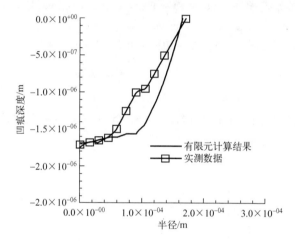

图 6.24　在 7075 铝工件上 LSP 诱发的凹痕轮廓(模型预测值和实验测量值的比较;资料来源:本图源于 Wu[94])

6.7.3　LSP 对材料机械特性的影响

LSP 能有效地提高许多普通金属材料的疲劳寿命和强度，比如铁合金[95]，铝合金[96]和钛合金[97]。

图 6.25 展示了未处理、喷丸加工和激光冲击强化的 7075 – T7351 合金的 σ_{max} – N 曲线的比较[96]。相较于未处理的样品，发现喷丸加工后经 10^7 次循环的疲劳强度提高了 11%，而 LSP 的疲劳强度提高了 22%。经 LSP 获得的提升归功于更深的诱导残余压应力区域[7]。

并且发现 LSP 可以增强焊点处的疲劳强度[7]。例如，经 LSP 处理所形成的热效应区域，进行 2×10^6 次循环处理，8Ni(250)高韧度钢材的焊点处的疲劳强度提高了 17%[98]。LSP 还增强了 5456 铝合金焊点处的疲劳寿命[99]。

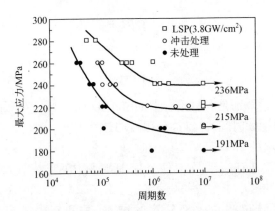

图 6.25　未处理、喷丸加工和激光冲击强化 7075 - T7351 合金的 σ_{max} - N 曲线的

比较[96]（资料来源：Montross C. S. , Wei T. , Ye L. , Clark G. , Mai Y. W. , Laser shock

processing and its effects on microstructure and properties of metal alloys：a review,

Int. J. Fatigue,24,1021 - 1036,(2002),经爱思唯尔授权[7]）

除了疲劳寿命和强度之外,还发现 LSP 在增强热敏感型 304 不锈钢的抗应力腐蚀裂痕方面也比喷丸加工更有效[100]。LSP 还显著地提高了铝合金[101]和304 不锈钢[99]的硬度。图 6.26 展示了 LSP 处理 304 不锈钢时,随着激光冲击数量的增加表面硬度增强的情况。

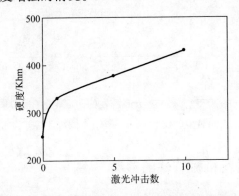

图 6.26　LSP 处理 304 不锈钢时,随着增加激光冲击数量,表面硬度增强[99]（资料来源：

Montross C. S. , Wei T. , Ye L. , Clark G. , Mai Y. W. , Laser shock processing and its

effects on microstructure and properties of metal alloys：a review,Int. J. Fatigue,

24,1021 - 1036,(2002),经爱思唯尔授权[7]）

6.7.4　LSP 的优势、劣势和应用

相比较于传统的喷丸加工,LSP 有很多优势。如前面讨论过的,在适当加工参数下,伴随着较大的塑性形变深度和较小的表面粗糙度增加它可以产生更高残余压应力[7,102]。这将导致机械性能更好的被增强。由于其加工工艺的非

150

接触特性,LSP 可以加工那些不易喷丸加工的工件区域。它也可以加工很薄的样件,而如果使用喷丸加工很容易形成难以预期的损伤。LSP 可以通过改变脉冲激光强度、聚焦光斑的尺寸和位置,以及每一个冲击位置的脉冲数量加以控制。

就表面区域加工而言,LSP 的主要劣势之一是加工速度相对较低且成本高。为了得到每平方厘米吉瓦特量级的强度,激光脉冲能量必须足够大(因此,鉴于激光器应提供均匀的输出功率,激光脉冲重复速率不能太高)且激光光斑尺寸必须足够小(因此每一激光脉冲加工区域很小)。因此,LSP 主要应用于关键零部件/装置以及喷丸加工不能处理的情况。例如,在航空和航天工业领域,LSP 已被用于加工诸多航空航天产品,比如转子组件、涡轮叶片、阀盘、齿轮轴并且也应用于生物医药产业的移植和其医疗设备[7]。然而,随着激光技术的快速发展,高功率和低成本的激光器变得越来越易获得,LSP 的应用将扩展到更大体积的零部件,比如汽车零部件和其他工业设备[7]。

参 考 文 献

[1] Gresser HD. Laser sawing of diamonds. SME Technical Paper, Dearborn (MI); MR76 – 855; 1976.

[2] Pronko PP, Dutta SK, Squier J, Rudd JV, Du D, Mourou G. Machining of sub – micron holes using a femto-second laser at 800 nm. Opt Commun 1995; 114; 106 – 110.

[3] Chichkov BN, Momma C, Nolte S, von Alvensleben F, Tunnermann A. Femtosecond, picosecond and nano-second laser ablation of solids. Appl Phys 1996; A 63; 109 – 115.

[4] Momma C, Nolte S, Chichkov BN, von Alvensleben F, T̈unnermann A. Precise laser ablation with ultra-short pulses. Appl Surf Sci 1997; 109 – 110; 15 – 19.

[5] Gower M, Rizvi N. Applications of laser ablation to microengineering. Proc SPIE, High – power laser abla-tion III 2000; 4065; 452 – 460.

[6] Zhao J, Huettner B, Menschig A. Microablation with ultrashort laser pulses. Opt Laser Technol 2001; 33; 487 – 491.

[7] Montross CS, Wei T, Ye L, Clark G, Mai YW. Laser shock processing and its effects on microstructure and properties of metal alloys, a review. Int J Fatigue 2002; 24; 1021 – 1036.

[8] Jaluria Y. Thermal processing of materials; from basic research to engineering. ASME J Heat Transf 2003; 125; 957 – 979.

[9] Rizvi NH. Femtosecond laser micromachining; current status and applications. RIKEN Rev 2003; 50; 107 – 113.

[10] Kim KH, Guo Z. Ultrafast radiation heat transfer in laser tissue welding and soldering. Numer Heat Transf Part A Appl 2004; 46/1; 23 – 46.

[11] Zhang J, Wang Y, Cheng P, Yao YL. Effect of pulsing parameters on laser ablative cleaning of copper ox-ides. J Appl Phys 2006; 99; 064902 – 1 – 11.

[12] Ramanathan D, Molian P. Ultrafast laser micromachining of latex for balloon angioplasty. J Med Dev 2010; 4; 014501 1 – 3.

[13] Gomez D, Goenaga I, Lizuain I, Ozaita M. Femtosecond laser ablation for microfluidics. Opt Eng 2005; 44

(5):0511050 – 1 – 8.

[14] Nakata K, Umehara M, Tsumura T. Excimer laser ablation of sintered hydroxyapatite. Surf Coat Technol 2007;201:4943 – 4947.

[15] Phipps C. Laser applications overview: the state of the art and future trend in the United States. RIKEN Rev 2002;50:11 – 19.

[16] Ivanov D, Zhigilei S. Combined atomistic – continuum modeling of short – pulse laser melting and disintegration of metal films. Phys Rev B 2003;68:064114,1 – 22.

[17] Ramanathan D, Molian PA. Micro – and sub – micro – machining of type II a single crystal diamond using a Ti:Sapphire femtosecond laser. ASME J Manuf Sci Eng 2002;124:389 – 396.

[18] Chen K, Yao YL. Process optimization in pulsed laser micromachining with applications in medical device manufacturing. Int J Adv Manuf Technol 2000;16:243 – 249.

[19] Choi KH, Meijer J, Masuzawa T, Kim DH. Excimer laser micro – machining for 3 – D microstructure. J Mater Process Technol 2004;149:561 – 566.

[20] Ki H, Mazumder J. Numerical simulation of femtosecond laser interaction with silicon. J Laser Appl 2005;17/2:110 – 117.

[21] Bordatchev EV, Nikumb SK. An experimental study and statistical analysis of the effect of laser pulse energy on the geometric quality during laser precision machining. Mach Sci Technol 2003;1/1:83 – 104.

[22] Li M. Micromachining by single mode diode – pimped solid – state lasers. SME Technical Paper, Dearborn (MI):TP04PUB136;2004.

[23] Schafer C, Urbassek HM, Zhigilei LV. Metal ablation by picosecond laser pulses: a hybrid simulation. Phys Rev B 2002;66:115404.

[24] Wu B, Shin YC. A unified simple predictive model for high fluence ultra – short pulsed laser ablation of metal, semiconductor and dielectric. Proceedings of 2009 ASME International Conference on Manufacturing Science and Engineering (MSEC);2009 Oct 4 – 7;West Lafayette (IN);2009.

[25] Lee W – H, Özel T. An experimental method for laser micro – machining of spherical and elliptical 3 – D objects. Int J Nanomanuf 2009;3(3):264 – 278.

[26] Grigoropoulos CP, Bennett TD, Ho JR, Xu X, Zhang X. Heat and mass transfer in pulsed – laser – induced phase transformation. Adv Heat Transf 1996;28:75 – 134.

[27] Zhang W, Yao YL, Chen K. Modeling and analysis of UV laser micro – machining of copper. Int J Adv Manuf Technol 2001;18:323 – 331.

[28] Zhang J, Sugioka K, Midorikawa K. High – speed machining of glass materials by laser – induced plasma – assisted ablation using a 532 – nm laser. Appl Phys A 1998;67:499 – 501.

[29] Malshe A, Deshpande D. Nano and micro – scale surface and sub – surface modifications induced in optical materials by femtosecond laser machining. J Mater Process Technol 2004;149:585 – 590.

[30] Ho SF, Ngoi BKA. Sub – micro – drilling with ultrafast pulse laser interference. Appl Phys B 2004;79:99 – 102.

[31] Malshe A, Deshpande D, Stach E, Rajurkar K, Alexander D. Investigation of Femtosecond laser – assisted micro – machining of Lithium Niobate. Ann CIRP 2004;53(1):187 – 190.

[32] Komashko AM, Feit MD, Rubenchik AM, Perry MD, Banks PS. Simulation of material removal efficiency with ultrashort laser pulses. Appl Phys A Mater Sci Process 1999;69(7):S95 – S98.

[33] Vidal F, Johnston TW, Laville S, Barthelemy O, Chaker M, Drogoff BL, Margot J, Sabsabi M. Critical – point phase separation in laser ablation of conductors. Phys Rev Lett 2001;86(12):2573 – 2576.

[34] Laville S, Vidal F, Johnston TW, Barthelemy O, Chaker M, Drogoff BL, Margot J, Sabsabi M. Fluid mod-

152

eling of the laser ablation depth as a function of the pulse duration for conductors. Phys Rev E 2002;66:066415.

[35] Colombier JP, Combis P, Bonneau F, Harzic RL, Audouard E. Hydrodynamic simulations of metal ablation by femtosecond laser irradiation. Phys Rev B 2005;71:165406.

[36] Cheng C, Xu X. Mechanisms of decomposition of metal during femtosecond laser ablation. Phys Rev B 2005;72:165415.

[37] Imamova SE, Atanasov PA, Nedialkov NN, Dausinger F, Berger P. Molecular dynamics simulation using pair and many body interatomic potentials: ultrashort laser ablation of Fe. Nucl Instrum Methods Phys Res B 2005;227(4):490-498.

[38] Nedialkov NN, Imamova SE, Atanasov PA, Berger P, Dausinger F. Mechanism of ultrashort laser ablation of metals: molecular dynamics simulation. Appl Surf Sci 2005;247:243-248.

[39] Nedialkov NN, Imamova SE, Atanasov PA. Ablation of metals by ultrashort laser pulses. J Phys D Appl Phys 2004;37:638-643.

[40] Garrison BJ, Itina TE, Zhigilei LV. Limit of overheating and the threshold behavior in laser ablation. Phys Rev E 2003;68:041501.

[41] Lorazo P, Lewis LJ, Meunier M. Short - pulse laser ablation of solids: from phase explosion to fragmentation. Phys Rev Lett 2003;91(22):225502.

[42] Lorazo P, Lewis LJ, Meunier M. Thermodynamic pathways to melting, ablation, and solidification in absorbing solids under pulsed laser irradiation. Phys Rev B 2006;73:134108.

[43] Perez D, Lewis LJ. Molecular - dynamics study of ablation of solids under femtosecond laser pulses. Phys Rev B 2003;67:184102.

[44] Hashida M, Semerok AF, Gobert O, Petite G, Izawa Y, Wagner JF. Ablation threshold dependence on pulse duration for copper. Appl Surf Sci 2002;197-198:862-867.

[45] Stoian R, Rosenfeld A, Ashkenasi D, Hertel IV. Surface charging and impulsive ion ejection during ultrashort pulsed laser ablation. Phys Rev Lett 2002;88(9):097603.

[46] Bulgakova NM, Stoian R, Rosenfeld A, Hertel IV, Marine W, Campbell EEB. A general continuum approach to describe fast electronic transport in pulsed laser irradiated materials: the problem of Coulomb explosion. Appl Phys A Mater Sci Process 2005;81:345-356.

[47] Rethfeld B, Sokolowski - Tinten K, Von Der Linde D, Anisimov SI. Timescales in the response of materials to femtosecond laser excitation. Appl Phys A Mater Sci Process 2004;79(4-6):767-769.

[48] van Driel HM. Kinetics of high - density plasmas generated in Si by 1.06 - and 0.53 - μm picosecond laser pulses. Phys Rev B 1987;35(15):8166.

[49] Stuart BC, Feit MD, Herman S, Rubenchik AM, Shore BW, Perry MD. Nanosecondto - femtosecond laser - induced breakdown in dielectrics. Phys Rev B 1996;53:1749.

[50] Born M, Wolf E. Principles of optics: electromagnetic theory of propagation, interference, and diffraction of light. Oxford: Pergamon Press; 1986.

[51] Wu B, Shin YC. A simplified predictive model for high - fluence ultrashort pulsed laser ablation of semiconductors and dielectrics. Appl Surf Sci 2009;255(9):4996-5002.

[52] Bechtel JH, Lee Smith W, Bloembergen N. Two - photon photoemission from metals induced by picosecond laser pulses. Phys Rev B 1977;15(10):4557-4563.

[53] Mao SS, Mao X, Greif R, Russo RE. Simulation of a picosecond laser ablation plasma. Appl Phys Lett 2000;76(23):3370-3372.

[54] Mao SS, Mao X, Greif R, Russo RE. Initiation of an early - stage plasma during picosecond laser ablation

of solids. Appl Phys Lett 2000;77(16):2464-2466.

[55] Kruer WL. The physics of laser plasma interactions. Redwood City (CA):AddisonWesley;1988.

[56] Itina TE,Vidal F,Delaporte P,Sentis M. Numerical study of ultra - short laser ablation of metals and of laser plume dynamics. Appl Phys A Mater Sci Process 2004a;79:1089 - 1092.

[57] Itina TE,Hermann J,Delaporte P,Sentis M. Modeling of metal ablation induced by ultrashort laser pulses. Thin Solid Films 2004b;453 - 454:513 - 517.

[58] Zel'dovich YB,Raizer PR. Physics of shock waves and high temperature hydrodynamic phenomena. New York,London:Academic Press;1966.

[59] Meunier M,Fisette B,Houle A,Kabashin AV,Broude SV,Miller P. Processing of metals and semiconductors by a femtosecondlaser - based micro - fabrication system. SPIE 2003;64978 - 32:1 - 11.

[60] Guizard S,Semerok A,Gaudin J,HashidaM,Martin P,Quere F. Femtosecond laser ablation of transparent dielectrics:measurement and modelisation of crater profiles. Appl Surf Sci 2002;186:364 - 368.

[61] Jeong SH,Greif R,Russo RE. Numerical modeling of pulsed laser evaporation of aluminum targets. Appl Surf Sci 1998;127 - 129:177 - 183.

[62] Gusarov AV,Smurov I. Gas - dynamic boundary conditions of evaporation and condensation:numerical analysis of the Knudsen layer. Phys Fluids 2002;14(2):4242 - 4255.

[63] Kelly R,Miotello A. Does normal boiling exist due to laser - pulse or ion bombardment? J Appl Phys 2000;87(6):3177 - 3179.

[64] Miotello A,Kelly R. Critical assessment of thermal models for laser sputtering at high fluences. Appl Phys Lett 1995;67(24):3535 - 3537.

[65] Anisimov SI,Galburt VA,Ivanov MF,Poyurovskaya IE,Fisher VI. Analysis of the interaction of a laser beam with a metal. Sov Phys Tech Phys 1979;24(3):295 - 299.

[66] Wu B,Shin YC,Pakhal H,Laurendreau NM,Lucht RP. Modeling and experimental verification of plasmas inducedby high - power nanosecond laser - aluminum interactions in air. Phys Rev E 2007;76:026405.

[67] Yoo JH,Jeong SH,Greif R,Russo RE. Explosive change in crater properties during high power nanosecond laser ablation of silicon. J Appl Phys 2000;88(3):1638 - 1649.

[68] Fishburn JM,Withford MJ,Coutts DW,Piper JA. Method for determination of the volume of material ejected as molten droplets during visible nanosecond ablation. Appl Opt 2004;43(35):6473 - 6476.

[69] Wu B,Shin YC. Modeling of nanosecond laser ablation with vapor plasma formation. J Appl Phys 2006;99(8):084310.

[70] Xu X. Phase explosion and its time lag in nanosecond laser ablation. Appl Surf Sci2002;197:61 - 66.

[71] Porneala C,Willis DA. Observation of nanosecond laser - induced phase explosion in aluminum. Appl Phys Lett 2006;89:211121.

[72] Forsman AC,Banks PS,Perry MD,Campbell EM,Dodell AL,Armas MS. Doublepulse machining as a techniques for the enhancement of material removal rates in laser machining of metals. J Appl Phys 2005;98:033302.

[73] Wu B,Zhou Y,Forsman A. Study of laser - plasma interaction using a physicsbased model for understanding the physical mechanism of double - pulse effect in nanosecond laser ablation. Appl Phys Lett 2009;95:251109.

[74] Drogoff BL,Margot J,Vidal F,Laville S,Chaker M,Sabsabi M,Johnston TW,Barthelemy O. Influence of the laser pulse duration on laser - produced plasma properties. Plasma Sources Sci Technol 2004;13:223 - 230.

[75] Griem HR. Plasma spectroscopy. New York: McGraw – Hill; 1964.

[76] Griem HR. Semiempirical formulas for the electron – impact widths and shifts of isolated ion lines in plasmas. Phys Rev 1968; 165: 258 – 266.

[77] Bekefi G, editor. Principles of laser plasmas. New York: Wiley; 1976.

[78] Pakhal HR, Lucht RP, Laurendeau NM. Spectral measurements of incipient plasma temperature and electron number density during laser ablation of aluminum in air. Appl Phys B 2008; 90: 15 – 27.

[79] Fairand BP, Clauer AH, Jung RG, Wilcox BA. Quantitative assessment of laser – induced stress waves generated at confined surfaces. Appl Phys Lett 1974; 25: 431 – 433.

[80] Zhang W, Yao YL, Noyan IC. Micro – scale laser shock peening of thin films, part 1 : experiment, modeling and simulation. J Manuf Sci Eng Trans ASME 2004; 126(1): 10 – 17.

[81] Wu B, Shin YC. From incident laser pulse to residual stress: a complete and self – closed model for laser shock peening. J Manuf Sci Eng Trans ASME 2007; 129: 117 – 125.

[82] Wu B, Shin YC. A one – dimensional hydrodynamic model for pressures induced near the coating – water interface during laser shock peening. J Appl Phys 2007; 101(2): 023510.

[83] Wu B, Shin YC. Two – dimensional hydrodynamic simulation of high pressures induced by high power nanosecond laser – matter interactions under water. J Appl Phys 2007; 101(10): 103514.

[84] Peyre P, Sollier A, Chaieb I, Berthe L, Bartnicki E, Braham C, Fabbro R. FEM simulation of residual stresses induced by laser peening. Eur Phys J Appl Phys 2003; 23: 83 – 88.

[85] Fabbro R, Fournier J, Ballard P, Devaux D, Virmont J. Physical study of laserproduced plasma in confined geometry. J Appl Phys 1990; 68(2): 775 – 784.

[86] Wu B. High – intensity nanosecond – pulsed laser – induced plasma in air, water, and vacuum: A comparative study of the early – stage evolution using a physics – based predictive model. Appl Phys Lett 2008; 93(10): 101104.

[87] Braisted W, Brockman R. Finite element simulation of laser shock peening. Int J Fatigue 1999; 21(7): 719 – 724.

[88] Ding K, Ye L. Three – dimensional dynamic finite element analysis of multiple laser shock peening processes. Surf Eng 2003; 19(5): 351 – 358.

[89] Hu Y, Yao Z. Numerical simulation and experimentation of overlapping laser shock processing with symmetry cell. Int J Mach Tools Manuf 2008; 48(2): 152 – 162.

[90] Warren AW, Guo YB, Chen SC. Massive parallel laser shock peening: simulation, analysis, and validation. Int J Fatigue 2008; 30(1): 188 – 197.

[91] Cheng GJ, Shehadeh MA. Multiscale dislocation dynamics analyses of laser shock peening in silicon single crystals. Int J Plast 2006; 22: 2171 – 2194.

[92] Chen H, Wang Y, Kysar JW, Yao YL. Study of anisotropic character induced by microscale laser shock peening on a single crystal aluminum. J Appl Phys 2007; 101: 024904.

[93] Ballard P, Fournier J, Fabbro R, Frelat J. Residual stresses induced by laser shocks. J Phys IV 1991; 1: 487 – 494.

[94] Wu B. Numerical modeling and analysis oflaser – matter interactions in laser – based manufacturing and materials processing with short and ultrashort lasers [PhD dissertation]. Purdue University; 2007.

[95] Peyre P, Berthe L, Scherpereel X, Fabbro R. Laser – shock processing of aluminum coated 55C1 steel in water – confinement regime, characterization and application to high – cycle fatigue behavior. J Mater Sci 1998; 33: 1421 – 1429.

[96] Peyre P, Fabbro R, Merrien P, Lieurade HP. Laser shock processing of aluminum alloys. Application to

155

high cycle fatigue behavior. Mater Sci Eng 1996;A210:102 – 113.

[97] Ashley S. Powerful laser means better peening. Mech Eng 1998;120:12.

[98] Banas G,Elsayed – Ali HE,Lawrence FV,Rigsbee JM. Laser shock – induced mechanical and micro-structural modification of welded maraging steel. J Appl Phys 1990;67:2380 – 2384.

[99] Clauer AH,Holbrook JH,Fairand BP. Effects of laser induced shock waves on metals. In:Meyers MA, Murr LE,editors. Shock waves and high – strain – rate phenomena in metals. New York:Plenum Pub-lishing Corporation;1981. pp 675 – 702.

[100] Obata M,Sano Y,Mukai N,Yoda M,Shima S,Kanno M. Effect of laser peening on residual stress and stress corrosion cracking for type 304 stainless steel. Presented at International Conference on Shot Pee-ning. Warsaw,Poland;7;1999.

[101] Fairand BP,Clauer AH. Laser generated stress waves:their characteristics and their effects to materials. Presented at Proceedings American Inst. of Physics Conf. On Laser Solid Interactions and Laser Pro-cessing. Boston;1978.

[102] LSP Technology Company,www. lspt. com andhttp://lsptechnologies. com/ques tions/.

第七章　聚合物微成型/成形工艺

DONGGANG YAO
美国佐治亚理工学院材料科学与工程学院

7.1　引言

近年来,微型器件和微系统中聚合物材料的应用快速增加。使用聚合物材料替代更多传统刻蚀材料如硅和它的衍生材料,优点是聚合物的多用途性能和批量化制造能力,以及有几千种不同等级聚合物材料可供设计者选择。更重要的是,由于大分子特点和由此导致的可能分子组合的无限数量,聚合物材料在结构成形方面拥有很大的自由度。由于材料性能极度多样化,使用这些材料可以获得多种机械、光学和电学功能。产品中对抗的或甚至相互矛盾的功能(如绝缘性对导电性、亲水性对疏水性、透光性对不透明性)都可以通过对聚合物材料恰当的选择和设计很容易地实现。近年来半导体聚合物、压电聚合物、聚合物电解质和其他功能聚合物的发展,不仅让聚合物在很多微型化器件和系统中作为硅、金属和陶瓷的替代物使用,而且使得之前不能实现的应用成为可能。

由于拥有大分子有机结构,使得聚合物的工艺性能极大的区别于那些低分子量无机材料,如金属、硅基材料。通常,不推荐使用机械方法的材料去除工艺来加工聚合物。机械加工困难主要源于聚合物具有较大伸缩性和对热的高敏感性,因此机械加工性能差,同时,采用机械加工很难获得高尺寸精度和好的表面质量。因而,使用高能束如超短脉冲激光的材料消融工艺在聚合物微制造方面引起了一定的关注。但是,由于相对较低的制造效率和深度方向尺寸可控性差,这些基于辐射的工艺大多适合原型制造。一个改进的方法是开发光刻蚀技术来加工辐射敏感聚合物。该方法在刻蚀加工聚合物光刻胶方面,尤其是使用短波长 UV 光源或 X 射线,取得了巨大成功。在适合的媒介中开发已曝光抗蚀剂,能够获得高深宽比微结构甚至有锥角的侧壁。然而,该方法仅适合有限数量、特殊设计的光敏感聚合物。

传统上,聚合物是在软化态或液体下通过变形和流动工艺加工的。不像大多数的延展性金属材料,固体聚合物既脆且有弹性,使得可控的永久变形成为一个挑战。更糟糕的是,变形后的聚合物固体在长时间后会产生大量的黏弹性

157

回复[1]。因此,首选的方法是使用化学或物理的相转变来控制加工过程中聚合物的变形性能。对于聚合物固体,在变形前需要的第一个转变是从固态变为半固态或液态,第二个转变是固定变形后的形状。由于大多数的聚合物是热塑性的,可以在变形前通过加热聚合物到高于它的软化温度(如非晶聚合物的玻璃态转变温度(T_g)、多晶体聚合物的融合温度(T_m)),接下来在变形后冷却到软化温度以下来实现性状固定。另外一个重要的方法是在液态下使用单体或预聚物。在流动和成型以后,通过加热或辐照激活化学反应来处理和固化材料。

由于其独特的工艺性能,聚合物在工艺开发和产品制造方面区别于硅、金属和陶瓷。聚合物工业上的大批量生产首选热塑性成型和成形工艺。就不同的加工动力学而言,这些工艺可以进一步分类为三种主要方法:挤压、模具成型和拉延成形。挤压是长轮廓的连续模成形工艺;模具成型通过将聚合物充填到一个密闭模具型腔内成型,适合制造分立零件;在挤压成形和模具成型中,在高于聚合物转变温度的液态下通过剪切变形进行加工。相反,拉延成形工艺的特点是在半固态下壳体形状薄膜拉伸变形。为了获得半固态,而不是液态,将非晶体聚合物加热到略高于 T_g 的温度,对于半晶质多晶聚合物加热到略低于 T_m 的温度。在聚合物加工所有的切实可行的商业化工艺中,最重要的工艺方法之一是注射模具成型。带有复杂曲率、浮雕、螺纹孔、轴套、加强筋和其他复杂结构的三维零件能够在一个模具成型中制造出来。

在过去的三十年里,将传统聚合物制造,尤其是模具成型工艺,转向微制造甚至是纳米制造,在世界范围内展开了大量的工作。这些技术经常称为微模具成型[2]。三种应用最广泛的微型模具成型工艺为注射模具成型、热模压和铸造[2-4]。这些工艺能将相同工艺的分辨率缩小到 10nm[2,5]。考虑到相对大的聚合物分子量,这的确令人吃惊。通常认为,与结构尺寸相当的大分子量趋向于适应模具成型。迄今为止,微模具成型件在各种应用中表现出巨大的商业潜力,包括微流体器件、衍射光学部件、LCD 面板、传感器、驱动器、所有聚合物电子器件和许多其他应用[2,4,6-8]。

然而早期微模具成型研究是直接验证传统模具成型在制造微结构表面方面的能力,近来,工作更多的集中在工艺提高、优化和分析方面。必须承认,微模具成型很大程度上受益于传统聚合物制造工业丰富的专业知识,其推动了标准化工艺流程、自动化水平、短周期以及计算机辅助工程[9]。然而,在微模具成型领域已经达成了一个共识,即,为了将宏观尺度模具成型成功应用于微尺度时经常需要重新考虑。由于所谓的尺寸效应,在工艺设计、工装、材料结构和微模具成型模拟方面的考虑明显区别于传统模具成型。因此,恰当地处理这些尺寸效应是成功进行微模具成型的关键。一方面,需要开发特殊技术来解决一些尺寸引起的工艺难题,比如,微小聚合物融合的快速冷却问题。另一方面,如果能够巧妙地应用微尺度独特的材料行为和加工动力学,可以开发更合适的微模具成型工艺。在该框架下,已经开展了复合工艺方面的研究[10-15]。一些新技术[10,12]也已经整合了其他工艺技术的优点,如热成形和吹塑成型,到微模具成型。衍生的工艺更适合所谓的微模具成型/成形。

本章综述了微模具成型技术和重要的通用微模具成型技术,尤其是以注射和模压为基础的微模具成型工艺的研究进展。为方便不熟悉聚合物工艺的读者,简要回顾传统模具成型工艺和聚合物工艺性能。本章的重点在于介绍微尺度模具成型与其对应宏观工艺的区别,以及必须进行修改和提高的理由。为获得对这些新工艺更深入的理解,同时阐述微模具成型基础加工动力学问题。

7.2 微模具成型用聚合物材料

基于不同的硬化行为,聚合物可以分为两种:热塑性聚合物和热固性聚合物。加热和冷却可以使热塑性聚合物经历相反的相转变,从固态到熔化态,再回到固态。根据晶化能力,热塑性聚合物可以进一步分为非晶聚合物和半晶质聚合物。相比而言,热固性聚合物在加热和辐照下通过不可逆的交链反应而硬化。交链聚合物不能再熔化,但是可以在提高温度时降低交链程度。根据交链程度,热固性聚合物可以进一步分为两种:高交链刚性热固性聚合物和低交链弹性体。在应用弹性体时,其玻璃态转变温度必须远低于室温。

图 7.1 给出了热塑性聚合物典型的弹性模量随温度变化曲线。在 T_g 温度时非晶聚合物的弹性模量大幅降低,约 3 个数量级。高于 T_g 时,非晶聚合物变为类似橡胶的材料,橡胶态平台的宽度依赖于交链程度。当达到橡胶态平台终点(T_t),聚合物变成液态。对于半晶质聚合物,T_g 温度的重要性依赖于结晶的数量。对高结晶聚合物,T_g 的影响被压制。该情况下,聚合物的行为像有明显熔点 T_m 的典型多晶体材料,在相图中有明显的固—液边界。基于聚合物热力学行为,能够为微成型和成形制定合适的工艺温度区间。在微注射模具成型中,需要真正液态的聚合物。这需要将非晶聚合物加热到 T_t 温度以上,而半晶质聚合物需要加热到 T_m 温度以上。另一方面,在热模压成形中,更需要半固态或半液态材料。为此,对于非晶聚合物仅需要加热到略高于 T_g 的温度,对于半晶质聚合物只需要加热到略低于 T_m 的温度。由于变形图案更可控以及热收缩影响减少,低温工艺有助于获得精确的尺寸。而且,非晶聚合物在晶体熔点温度时没有大的体积变化,更适合精密模具成型。实际上,大部分报道的微模具成型研究主要针对常用的非晶聚合物,包括聚乙烯(甲基丙烯酸甲酯)(PMMA)、丙烯腈二乙烯丁二烯(ABS)共聚物、聚碳酸酯(PC)和聚苯乙烯(PS)。最近,由于很好的尺寸稳定性,中环烯共聚物(COC)在微模具成型领域受到了广泛关注[16-20]。大部分非晶聚合物,如上面提到的,是拥有极好的光通过性能的高透明材料,因此适合于光学器件。然而,值得一提的是半晶质聚合物经常在结构

件中应用,原因是它们具有更好的机械性能和提高结构件的抗化学及溶剂攻击能力。高性能半晶质聚合物,如芳族尼龙、聚乙烯(乙醚－乙醚－酮)(PEEK)、聚乙烯(亚苯基硫化物)(PPS)和液晶聚合物(LCP),使用微注射模具成型时,可以在它们的熔化温度以上加工。为了获得这些聚合物良好的尺寸精度,需要仔细控制保温阶段以进行收缩补偿。需要注意的是,热塑性聚合物,尤其是非晶聚合物,在特定的溶剂中可被溶解,所得溶液可以用于铸造工艺,如旋涂和薄膜铸造。然而,由于在溶剂萃取和蒸发中存在极大的体积收缩,这些工艺仅限于成形薄膜图案。

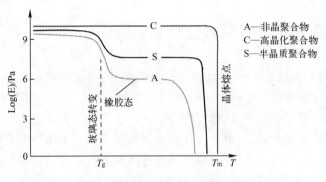

图7.1 弹性模量的温度依赖性

热塑性聚合物主要应用于热模具成型,而热固性聚合物在一些特殊问题上有优势。对于易损坏膜板,如脆性硅膜板或者柔软的生物图案,低黏度热固性预聚物能够保护掩膜板免受高模具成型压力引起的损坏和扭曲变形[21-25]。刚性热固性聚合物微模具成型已经试验成功,包括刚性聚亚安酯[21]、环氧类[23]和各种紫外光固化树脂[26-31]。对于这些聚合物,与热塑性聚合物相比预聚物或低聚物黏性非常低,因此,在微模具成型中可使用很小的力,如重力、离心力甚至毛细力。这些低压力模具成型工艺通常称为铸造工艺。低交链弹性热固性聚合物,包括弹性聚亚安酯[32]和聚乙烯(二甲基硅氧烷)(PDMS)[33-36],也经常在微模具成型中使用。由于它们优异的脱模性能,这些弹性体也用于制造软模,通过复制软或易碎膜板原始模具图案到更耐用的弹性基体上,弹性膜板进而用于基于铸造的微模具成型。使用PDMS压印的软模成型就是该技术成功应用的例子。

7.3 微模具成型工艺分类

微模具成型是一个多学科交叉的领域,该领域的发展得益于在工程方面(包括聚合物工程、机械工程、微电子、化学工程和生物医疗工程)和科学方面(包括物理学、化学和生物学)不同研究背景学者的工作。这些多样性使得来自不同微模具成型领域的专业知识在同一平台上进行交叉融合,因此使得新工艺得以发展。然而,由于多学科的本质,各学科学者对专业术语进行了不同表述。因此,基于来自不同视角的共同特点,对现有的微模具成型工艺进行分类非常重要。一些相似工艺的理解将利于在相似群体中新工艺的发展。

像传统模具成型一样,微模具成型中聚合物在液态、橡胶态和固态中经历机械和热耦合的影响。相应的热—机械历程决定了结构和应力状态,同样也决定了微模具成型件的性能和质量。与传统的模具成型相似,微模具成型主要使用三种机理来提供模具成型力,即注射、挤压和铸造。在注射成型中,该工艺叫做微注射成型,类似于传统的注射成型,但改变了工装和工艺设计。在挤压成形中,热模压成型工艺是一个基本的热模具挤压成型工艺。它不仅能够用于制造微型构件和具有微结构的表面,而且可以作为压印工步在掩膜覆盖硅晶片表面制备图案。后一种情况常称作压印,如纳米压印,适合于成形低深宽比的表面微结构。在铸造成型中,使用低黏度树脂(如 PDMS 单体)。由于微尺度上重力的减小,微铸造经常辅助于真空或压力气体。除了上述三种主要方法,微模具成型也利用微尺度表面力,最常见的一种表面力是表面张力,例如,毛细效应对微铸造非常有利。更有趣的是,表面张力可以用作回流力来制造更光滑的表面,比如,更光滑的微通道[39]和曲面,如微镜头阵列[14,15]。

以上分类是基于几何边界加载方式和材料内体积力作用来划分的。这些边界和体积力为变形提供了驱动力,但没有表明实际的变形形式。从这个基本角度出发,根据不同的变形这些工艺可以直接分为三种:对流工艺、体积变形工艺和薄膜拉延工艺。铸造和注塑模具成形属于第一种,因为这些工艺依赖液体对流来将材料转移至各个模具型腔的微结构内。这些工艺中的应力主要取决于变形率或应变率,而不是应变量。在体积成形工艺中,三维变形主要受控于应变,单个材料点的位置可以基于应变历程来追踪。在接近 T_g 温度的非晶聚合物热模压也属于这种类型。薄膜拉延在成形壳体类型结构的传统聚合物成形中广泛使用,例如热成形和吹塑成型。实际上,一些复合微模具成型/成形工艺,如橡胶辅助热模压[10,40,41]和辊对辊的壳模压[42],可由薄膜拉延更好地进行描述。对于基本变形方式及其在微模具成型中作用的理解,是更好地控制加工动态过程以便提高微模具成型质量的重要一步。

对于微模具成型技术的终端用户,几何复制能力在工艺选择中通常是首先要考虑的。图 7.2 给出了在微器件和微系统中出现的 4 种代表性结构:表面微结构、微型分立构件、壳微结构和连续微轮廓。不同工艺在制造这些几何形状方面的能力不同,可以按照几何图案将微模具成型工艺分成 4 种:表面微构造、壳微构造、分立微型腔模具成型和微压型。对于表面微结构,其特征尺寸远小于基体厚度。在成型中,表面微结构承受基体表面的局部变形。即使薄膜基体厚度在微米量级,热模压仍是成形表面微结构的极佳工艺。注射成型也能够用于表面微结构制造,但限于相对较厚的基体。相比而言,壳体结构承受大于薄膜厚度的大尺寸变形,成形薄膜结构的特点是具有相对均匀壁厚的壳形几何形状。注射成型和热模压成形可以用来成型壳结构,但很难成功。特别是,需要配对的模具表面定义壳图案,当特征尺寸减小到微米时,导致对准困难。此外,难以注射成型微米厚度壳体结构。该领域内正开展研究开发高效、复合工艺成型均匀壁厚结构[1,40,41]。分立微型构件通常指总重量在毫克数量级甚至更小的三维形状构件。目前,微注射成型是制造这些构件的最有效工艺。热模压成形也可以用于相对简单的几何形状构件的领域,但是需要修改工装来提供厚度方向的动作[11,43]。对于第四种结构,微轮廓,其结构有恒定的横截面,但有极大或者连续的长度。例如微悬臂梁、非圆形导光板和高毛细管。如果高宽比不大,这些微轮廓件可以看作是分立微型构件,可以采用微注射成型或热模压成形。否则,需要连续工艺。尽管轮廓挤压是一个很好的工业化工艺,但由于小尺寸模具膨胀需要形状补偿,以及增加的表面张力效应,挤压成形微轮廓是个艰巨的任务。因此,期待新的工艺技术来克服这些挤压成形困难。微轮廓可选的成形方法是连续模具成型工艺,如辊—辊模压。然而,需要进一步研究来验证其技术可行性。

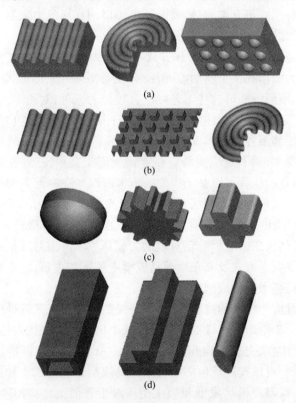

图 7.2　微模具成型/成形四种典型的微结构

(a) 表面微结构;(b) 壳微结构;(c) 微分立构件;(d) 连续微轮廓。

162

在材料方面,模具成型聚合物的固化或硬化机理显著影响模具成型工艺的设计和装备。因此,微模具成型工艺因此可以基于不同的固化机理进行分类。在传统模具成型中有三种主要的固化机理,即,热塑性(非晶聚合物的玻璃化或半晶质聚合物的晶化)、反应(采用单体或低聚物)和热固性(采用预聚物),在微模具成型中同样占有主导地位。然而,传统模具成型中没有实现的其他机理,目前在微模具成型中可以采用。微型构件或微结构薄膜仅需要少量的聚合物,因此溶剂容易通过干燥或凝结而移除,聚合物溶剂能够变成微模具成型适合的选择性材料。除了溶剂铸造,固态聚合物薄膜也能够通过吸收溶剂蒸汽塑化,进而通过溶剂的萃取重新固化。

根据热量控制类型,微模具成型可以分为变温工艺和恒温工艺。对于热塑性微模具成型,尤其对于高深宽比微结构的模具成型[46-48],一个不争的事实是需要接近聚合物软化点的高模具温度。该热循环可以采用非热塑性的塑化方法来消除,如溶剂蒸汽辅助方法。Yao 等人[49]近来研究表明,对于缓慢晶化聚合物可以在非晶态下模压,并随后在同一温度下晶化聚合物,来实现等温模压成形。对于活性热固聚合物,可以采用非热加工方法,如 UV 辐照,来进行恒温甚至是室温微模具成型。

在传统的模具成型中,模具通常由钢材料制造。尽管微模具成型中需要硬度高和耐用的模具材料,但是具有清晰可辨微结构甚至纳米结构金属模具的制造成本仍然高且具有挑战性。因此,有时候硅基压印材料直接在微模具成型中用作模具材料。然而,硅很脆,因此仅可用于原型制造。为了制造可重复利用模具,硅结构可通过铸造复制到相对较软但有韧性的材料上,如聚烯酸塑料、环氧树脂和聚二甲基硅氧烷(PDMS)[50]。该软模具对微注射成型不但足够硬和耐用,而且非常适合低作用力工艺,如铸造。特别是,在软模具成型中,PDMS 被广泛用作模具材料[37,38]。根据模具材料的不同,微模具成型工艺可以分为两种:硬模具工艺和软模具工艺。

7.4 微模具成型加工普遍动力学

本节首先介绍聚合物模具成型/成形工艺普遍加工动力学,为认识这些微小化加工过程中的尺寸效应,进行尺度分析,通过该分析给予微模具成型/成形工艺与对应宏观尺度间的逻辑比较。一方面,在传统聚合物加工工业里积累了坚实的知识基础,必须充分利用;另一方面,基于加工动力学中尺寸效应的理解,针对材料加工和工艺需要开发新策略,以克服由尺度效应引起的新加工工艺难题,同时利用尺度效应潜在的优点,开发更有效的工艺方法。相应的实际工作将有助于确定一个吸收现有工艺方法应用至微尺度的有效范例,更重要的是创造新的复合工艺,提供更好的新应用。

聚合物模具成型和成形加工是一个瞬态过程,涉及动量和热量传递的耦合。如果连续性假定成立,这些加工过程能够使用质量、动量和能量守恒方程来建模,并采用合适的边界条件来表示施加到聚合物上的加工约束条件,选择适合的本构模型来描述复杂流变学行为。守恒方程写为

$$\frac{\partial \rho}{\partial t} + \nabla \cdot (\rho \boldsymbol{v}) = 0 \tag{7.1}$$

$$\frac{\partial (\rho \boldsymbol{v})}{\partial t} + \boldsymbol{v} \cdot \nabla (\rho \boldsymbol{v}) = \nabla \cdot \boldsymbol{\sigma} + \boldsymbol{b} \tag{7.2}$$

$$\rho c_p \left(\frac{\partial T}{\partial t} + \boldsymbol{v} \cdot \nabla T \right) = \nabla \cdot (k \nabla T) + w \tag{7.3}$$

式中:ρ, k 和 c_p 分别是密度、热传导率和比热;$\boldsymbol{v}$ 是速度矢量;$\boldsymbol{\sigma}$ 为应力张量;$\boldsymbol{b}$ 为体积力;t 表示时间;T 是温度;w 是产生的热量。在动量方程中主要的体积力是重力。在能量公式中热量的产生主要源于永久性变形功的转换。

对于热塑性聚合物加工工艺,对动量交换首要的贡献来自于应力张量,因此,惯性和重力效应可以忽略。在模具充填阶段,可压缩性影响也可以忽略。所以,质量和动量守恒方程可以简化为

$$\nabla \cdot \boldsymbol{v} = 0 \tag{7.4}$$

$$-\nabla p + \nabla \cdot \boldsymbol{\tau} = 0 \tag{7.5}$$

式中:p 是压力;$\boldsymbol{\tau}$ 是偏应力张量。实际上,这两个方程和能量守恒方程(如式(7.3)),再加上关于应力张量的合适的本构模型,已经成功应用于传统模具成型、成形和模具内流动分析,如注射模具成型、压铸成型、热成形、吹塑成型和挤压成形。通常情况下,偏应力张量能够表示为应变率历史或应变历史的函数。使用模具成型/成形几何参数和工艺条件能够计算韦森堡数和德博拉数,接下来使用 Pipkin 图[51]来确定合适的本构模型。考虑聚合物注射成型时聚合物在高于 T_m 或 T_t 温度时为液体,该高温下很小的松弛时间会导致小德博拉数,然而,韦森堡数仍然很大,原因是该工艺中产生大应变速率。对应的材料可以采用广义牛顿流体来建模描述,它的黏度依赖于应变率。现在,考虑另一种情况:热成形。对于非晶聚合物,热成形温度通常设在 T_m 和 T_t 之间,对于半晶质聚合物设在略低于 T_m 的温度。该工艺温度能够产生长的松弛时间,明显长于加工时间。因此,可在拉延工艺中获得大的韦森堡数和大的德博拉数,对应的材料可以处理为非线性弹性。对任何模具成型和成形工艺,均需要冷却工艺。在第一个变形阶段后也需要一个保压过程,目的是补偿冷却过程中的热收缩。这些阶段的特点是,变形率小但松弛时间增加,因此材料行为描述为线性粘弹性较为合适。通常,这三种本构模型足以描述聚合物加工中的大部分问题。然而,一些微模具成型工艺由于涉及新的工艺阶段,需要考虑相关非线性黏弹性的更复杂流变行为。但是,上面提到的三种相对简单的模型是从传统模具成型/成

形向微尺度模具成型/成形转变中尺度效应分析的良好初始模型。

在等温模具成型/成形条件下开展变形/流动加工是可取的[52-55]，这能阻止变形过程中应力残存在构件中，当在同一等温条件下施加足够的保压阶段时，应力能够得到释放。尺度效应分析可以从这种相对简单的等温模具成型开始。不失一般性，分析可起始于广义牛顿流体，其应力张量是速度梯度张量及其转置的函数：

$$\boldsymbol{\tau} = \boldsymbol{F}(\nabla\boldsymbol{v}, \nabla\boldsymbol{v}^T) \tag{7.6}$$

由此，式(7.5)可以改写为

$$-\nabla p + \nabla\cdot\boldsymbol{F}(\nabla\boldsymbol{v}, \nabla\boldsymbol{v}^T) = 0 \tag{7.7}$$

为了研究式(7.7)的尺度行为，一种方法是在型腔尺寸 L 为特征的笛卡尔坐标系内规范化处理位置矢量 $\boldsymbol{x}$，获得新的位置矢量和速度矢量。梯度算子可写为

$$\tilde{\boldsymbol{x}} = \frac{\boldsymbol{x}}{L}; \quad \tilde{\boldsymbol{v}} = \frac{\boldsymbol{v}}{L} \text{和} \tilde{\nabla} = \frac{\nabla}{L}$$

式(7.7)可改写为

$$-\tilde{\nabla}p + \tilde{\nabla}\cdot\boldsymbol{F}(\tilde{\nabla}\tilde{\boldsymbol{v}}, \tilde{\nabla}\tilde{\boldsymbol{v}}^T) = 0 \tag{7.8}$$

需要注意的是规范化处理不改变速度梯度，也就是 $\tilde{\nabla}\tilde{\boldsymbol{v}} = \nabla\boldsymbol{v}$。更需注意的是压力和时间不受规范化处理的影响。该简单分析可以导致随后重要的尺度特性：

$$p(t) \rightarrow \tilde{\boldsymbol{v}}(t) \quad \text{和} \quad \boldsymbol{\tau}(t) \tag{7.9}$$

该关系式描述了一个事实，即如果将同样压力施加到有同样形状但不同尺寸的型腔上时，结果会得到同样的应力历史和同样的规范化速度历史。该关系式对开发微型化中比例缩小工艺非常有用。

该公式可以进行不同的规范处理来获得不同的缩放关系。比如，热模压中变形可以描述为有恒定速度 η 的蠕变流动，能够获得以下有用的公式：

$$-\nabla\hat{p} + \nabla^2\hat{v} = 0 \tag{7.10}$$

这里规范化的变量可定义为 $\hat{v} = \dfrac{\partial \boldsymbol{x}}{\partial \hat{t}}$，$\hat{t} = t/t_p$ 和 $\hat{p} = (t_p/\eta)p$，t_p 是加工时间。该公式给出了剪切率无关粘性的等温热压模具成型工艺的主曲线。特别是，从该主曲线公式获得加工动力学特性，如下所述：

在同一时间 $\hat{t}$ 时流动方式相同。比如，考虑两种不同模具成型时间（或两种不同工艺），1s 和 10s。在第一个工艺 0.5s 结束时和第二个工艺 5s 结束时流动方式是相同的。

如果模具成型时间减小 10 倍，压力将增加 10 倍。

一个更有用的尺度分析是关于热加工。一个等温模具成型设备研制比传统冷模成型昂贵得多。可以理解的是，作为扩散过程的热传导在小尺寸时成

为主导,因此可预料到在微型化时冷却效应会产生根本性增加。所以,需要开发工艺策略来克服尺度相关工艺难题。为了简化,再次假设恒黏度的黏性流动,忽略热生成。这样,能量守恒方程可以重写为

$$\left(\frac{\partial \widetilde{T}}{\partial \hat{t}} + \widetilde{\boldsymbol{v}} \cdot \widetilde{\nabla} \widetilde{T}\right) = \left(\frac{t_f}{L^2}\alpha\right)\widetilde{\nabla}^2\widetilde{T} \tag{7.11}$$

式中:α 是热扩散率。于是,规范化热响应可以写为 $(t_f/\alpha L^2)\hat{\boldsymbol{x}}$ 和 $\hat{t}$ 的函数:

$$\widetilde{T}(\widetilde{\boldsymbol{x}}, \hat{t}) = F\left(\frac{t_f}{L^2}\alpha, \widetilde{\boldsymbol{x}}, \hat{t}\right) \tag{7.12}$$

为了获得相似的热过程,t_f 需要近似等于 L^2。这意味着如果尺寸减小 10 倍时,充填时间需要减小 100 倍。因此,需要极快速充填来避免在微小型腔内聚合物过早凝固。

在上述分析中可以考虑更复杂的本构模型和其他热效应,包括黏性生热,但会导致冗长的推导。然而,上述方法涉及到尺度效应中的两个重要方面。第一,为使得传统工艺知识能够恰当地应用于新微型化工艺,应考虑缩比工艺的研究开发。为此目的,可以建立比例缩放目标,如为了推导式(7.7)可达到同样的变形应力场,开展尺度分析可以达到此目标。第二,从尺度分析角度,能够开发克服尺度引起工艺难题的策略。推导出式(7.12)就是个例子。

除模具充填阶段外,保压阶段在质量控制中也具有重要作用。如果采用等温保压阶段,如热模压成型中的典型应用,分析会非常简单。因为该阶段变形率极小,整个保压阶段可以认为是等温应力松弛阶段,开始时具有阶跃应变。可以使用线性黏弹性模型来预测应力松弛过程:

$$\tau(\widetilde{\boldsymbol{x}}, t) = \int_0^t M(t - t')\gamma_0(\hat{\boldsymbol{x}})\mathrm{d}t' \tag{7.13}$$

式中:$M(t - t')$ 是记忆函数;$\gamma_0(\hat{\boldsymbol{x}})$ 是在保压阶段开始时的起始应变。如果起始应变相同,型腔尺寸对应力松弛过程没有影响。

上述所有分析均建立在连续性假定的基础上。需要注意的是,聚合物分子很大,回转半径很容易达到数十纳米量级。在尺寸很小接近回转半径时,容易发生壁面滑移[56]。因此,当特征尺寸减小到该尺度时,在预测分析中需要包含分子效应。在上面的分析中也没有考虑表面张力。通常认为,在热塑性微模具成型中,表面张力并不重要[56,57],但是在低黏度铸造工艺中这些效应将变得非常显著。

7.5 微注射模具成型

微注射模具成型的工序与传统注射模具成型相似,包括合模、注射、保压、

冷却、增塑、开模以及构件弹出,如图7.3所示。一些阶段如冷却和增塑可同时发生。在合模之后,螺杆或活塞用来注射增塑的材料到密封的模具中,最好是在注射前抽真空。速度控制模式切换到压力控制模式,压力控制保持阶段持续到浇口凝固。设备接着塑化指定数量的新材料,准备下次的注射。同时,继续冷却到弹出温度。模具被打开,成型件被弹出。图7.3说明了表面微结构模具成型过程,模具成型微型零件的技术与此相似。为了在基体上集合表面微结构,使用流道和浇口来连接各微型腔。流道明显大于单个的微型腔,并通过切除浇口从模具成型件上分离。由于微型构件的尺寸很小,在弹出过程中需要特别注意。弹出针可安装在厚截面上,如微型构件旁的流道上,在弹出过程中构件被拉出。另一个选择是,使用环绕微型构件的弹出垫来平衡弹出。

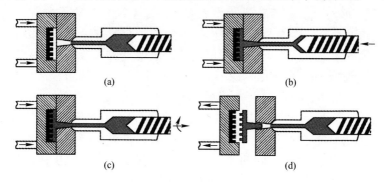

图7.3 微注射成型相关的典型阶段
(a)合模;(b)注射和保压;(c)冷却和增塑;(d)开模和构件取出。

在微注射模具成型中的模具成型阶段和传统注射成型几乎相同。然而,由于微尺度或纳米尺度特征的存在,需要在设备和工艺装备上有不同考虑,以实现必要结构的成功复制。

7.5.1 微注射成型设备

与传统模具成型中使用的庞大的注射成型设备相比,微注射成型设备应具备以下特点:①精确计量或进给量;②小注射剂量;③高注射率;④反应时间短;⑤小但精确的合模力;⑥优异的稳定性和可重复性。微注射成型设备使用带有精密滚珠轴承的伺服电机来获得精确注射活塞运动。主要使用四种类型注射单元:①往复式;②螺纹—活塞式;③螺纹—活塞—活塞式;④活塞式。对相对大的注射剂量,比如5g,采用往复式注射单元较好。该注射单元类型可以用于有相对较大基体的微结构模具成型或单注射成型多个微型件。在相对较小的注射剂量时,剂量给予和注射可以使用单独的活塞。这种情况下,丝杠仅用于塑化。然而,当单个活塞同时用于剂量给予和注射时,精确控制剂量是困难的。一种优化的设计是使用两个单独的活塞,一个用于剂量给予,另一用于注射。

这种螺纹—活塞—活塞型注射单元目前已应用于一些知名的商业化微注射模具成型设备中,比如,巴顿菲尔 50 型微系统。为了微注射模具成型样品,可使用单活塞无螺纹设备。在每一次注射成型中,预测量一定数量的材料装入活塞腔内,通过热传导软化(通常辅助于压缩和展开),然后注射进模具。微注射模具成型新的塑化和注射机构也得到了研究和开发,如超声塑化[58]和冲击注射模具成型[59]。关于微注射模具成型设备的更多细节,读者可以参考 Chang 等人[60]和 Giboz 等人[8]的最新文章。

7.5.2   注射模具快速热循环

具有低高宽比微结构的宏观尺寸构件,如光盘,能够使用传统模具成型来制造,而且不必对工装和工艺进行重大修改。随着高宽比的增加,模具充填和构件弹出均变得更加困难。微注射模具成型中一个特殊障碍来自大高宽比微结构的充填困难。明显低于材料软化点的传统模具成型温度会引起过早的凝固问题;聚合物熔体在全部结构深度充满之前固化。可以通过提高模具温度来降低模具成型难度,然而,这可能导致循环时间大幅度甚至无法忍受地增加。为了解决这个矛盾,需要一个带有快速加热和冷却能力的模具。一个模具用于充填,其温度接近甚至高于聚合物软化温度,一个低温度模具用于冷却。在文献中可以看到,该技术有不同的名字,如可变热量工艺[61-63]、快速热反应模具成型[64]和动态模具温度控制[65],但都指快速加热和冷却模具。

当反复加热和冷却相对较大质量的模具时需要相当长的时间和大的能量,意味着最好在注射阶段之前仅需要快速加热模具表面。为实现该目的,应减少模具表面需要加热质量,可以使用热绝缘层来对模具体的表层进行热隔离来实现这一目标。同时,表层部分和保持模具的热量失配需要减小。尽管在使用异种材料的多层模具设计来处理模具快速加热方面开展了相当多数量的研究工作[55,66,67],但近来研究[64,68]更多地集中在模具制造时使用单一金属材料。特别是,Xu 等人[69]通过在模具中开发空气袋降低热量惯性,提出了一种单一金属模具设计。这些空气袋具有热绝缘功能,因此可以避免使用固体绝缘材料制造的单独热障层。

用于模具快速加热的方法基本上分为三类:①电阻加热;②对流加热;③辐照加热。当使用电阻加热时,电流直接流过模具表面。可以通过已知方法如感应加热和近效应加热来实现在大块金属模具表面电流密度的约束。在感应加热中,将通有高频电流的线圈放置在接近模具表面的地方,来感应出涡流。由于高频下所谓的集肤效应[70],焦耳热被约束在模具表面。目前,在微注射模具成型[61-63,68]中,感应加热方法可能是模具快速加热的最常用方法。用于感应加热的外部线圈可被近效应加热[64]所淘汰。在近效应加热中,面向模具的一半用作线圈。外部线圈的淘汰使得该方法用于合模后模具原位温度控制。使用油对流加热源于传统注射模具成型。对流加热通常慢于表面电阻加热,原因是对流加热能量有限,而电阻能量输入可以很容易地改变。在传统模具成型中,电芯棒加热器也用于模具加热。与油加热相似,芯棒加热也是个慢加热方法。然而,这些加热方法可改进应用于更小模具尺寸的微模具成型。可进行智能化工程设计来提高这些方法在加热小模具时的生产率。辐照加热是典型的没有在传统注射模具成型中应用的方法,但在其他聚合物工艺如热塑成型中为常用技术。在微注射模具成型中,红外辐照已经应用于相对小尺寸模具镶件的加热[71,72]。为了应用该技术,在模具设计时需要开透光窗口。

上述内容涵盖了用于模具快速加热的基本方法。与快速加热相比,由于小的热容量,快速模具冷却相对容易实现。当来自加热的能量集中于模具表面时,需要通过冷却带走的总能量很小。因此,模具的快速加热能力通常意味着快速冷却能力。对于这样的一套模具,使用传统方法可以很容易地实现快速冷却,比如在模具基体内的循环水冷却。当空气袋或共形空气通道用作接近模具表面的热绝缘时,在冷却过程中,冷却介质可以直接进入这些空隙,因此可提高冷却性能[52,64]。

7.5.3 微注射模具成型工艺策略

微注射模具成型时常涉及流动厚度的较大变化,尤其是微结构零件,这里的微结构放在厚度较大基体的表面。这会引起有不同流动厚度的不同流动前端出现竞流效应。导制材料首先充填厚截面,在微结构的入口处流动出现暂停,如图 7.4 所示。如果模具是冷的,同时暂停时间长于聚合物凝固时间,在微结构处就会出现短充填现象。

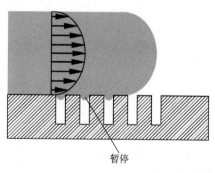

暂停

图 7.4　不同厚度中巨大差异引起的流动前端竞流效应

一个缓解过早凝固问题的可行工艺策略是增加注射速率。较高的注射速度能够减少聚合物熔体和模具接触时间。此外,在较高注射速度时,黏性耗散增加,进一步抵消了不期望的冷却效应。根据数值模拟[73]和实验测量[74]结果,高速微注射模具成型中的剪切应变率可达到 $10^6 s^{-1}$,高于传统注射模具成型两个数量级。如此高的剪切应变率实际上超过了大部分热塑性聚合物的持久极限。然而,在如此高的剪切应变率下,微注射模具成型的聚甲醛分子特点是,没有出现分子量的显著减小[74]。该发现稍微有点意外,但可归因于在材料充填型腔时发生的快速冷却效应。需要注意的是,聚合物熔体的流变学特性包括持久极限是在相当长的时间跨度上表现出来的。另外,测量的剪切应变率是表观的剪切应变率,真实的剪切应变率可能非常低,原因是极高注射速度下可能存在壁面滑移现象。

高速注射成型方法有诸多局限性。第一,由于活塞的惯性,在高速工艺下存在反应时间或延迟时间。在微注射模具成型中,该反应时间在整个注射阶段占很重要的比重。第二,同样是因为高速下活塞的惯性效应,从速度控制到压力控制切换的精确度对于小注射尺寸来说非常困难,这将导致构件加工质量不一致。当在厚基体上成型微结构时,不是在高速控制的注射阶段而是在压力控制的保压阶段才充满微结构。在整个速度控制注射阶段,材料主要充填基体。因此,如果设计恰当,压力控制方案开始于注射阶段初期,在微注射模具成型应用中是有利的。由 Engel Machinery[75]开发的膨胀注塑成型商业化应用工艺技术,使用储存于聚合物熔体中的能量,能使聚合物熔体流入到模具型腔中。为了简化放置,将聚合物熔体压缩来形成压力。在压缩阶段,使用截流阀来避免聚合物熔体从送料管向模具型腔流动。当打开截流阀时,静态压缩的聚合物熔体在储存于其内部的能量驱使下扩充进入模具型腔。基于上述特点,该工艺命名为扩散注射模具成型,但不能与包含聚合物熔体内部气体压力的制备泡沫的扩散工艺相混淆。相对高速成型方法,该工艺的主要优点是不使用注射活塞,因此惯性效应很小。另外,在注射阶段开始时获得最高注射压力,使得聚合物在注射阶段开始时以最高速度流动,最有效地抑制了过早凝固问题。注意到,在速度控制方案中,注射压力在启动时接近零。因为聚合物熔体有限的压缩性,扩散模具成型工艺的可能局限是使用的大缓冲材料由于热降解而增加的潜在风险。

以上讨论基于微注射模具成型中冷模具的使用。当使用具有快速加热和冷却功能的模具时,在注射阶段之前,该模具可快速加热到聚合物软化温度,能够消除过早冷却问题。Yao 和 Kim[54]提出了在充填过程中近等温模具成型条件的不同注射成型策略。他们提出在热模具充填中使用低速充填策略,来取代增加注射速度的策略。在低速下压力低,降低了分子的取向性。进一步,不同特征厚度型腔充填变得更容易调整,这有利于降低模具型腔中流动非均衡性。

7.6　热模压

标准的热模压工艺本质上是开式模具压缩成型工艺,顺序工步如图 7.5 所

170

示。首先,在高于聚合物软化点之上的温度,将预热的热塑性薄膜放入到两个加热的模具压盘之间。由于冷模具将导致聚合物过早凝固,需要提升模具温度来进行图案转移。接下来,通过闭合模具压缩聚合物薄膜,使之成型,压盘上的微结构被转移到聚合物薄膜上。最后,全部的压印装置包括聚合物和模具冷却到聚合物软化温度以下,模板分离以移走压印成形的薄膜。由于工装和工艺实现简单,热模压已经广泛应用于聚合物微/纳制造中。相对微注射模具成型的另一个优点是工艺中产生的应力较低。在压缩模式中,聚合物熔体流动距离明显小于注射模具成型。流动应力的减小有助于增加尺寸精度和模具成型件的稳定性,同时,保护模具免受大应变引起的损坏。因此,相对较脆和/或软材料,如玻璃、硅、甚至橡皮,均可用作模具材料。

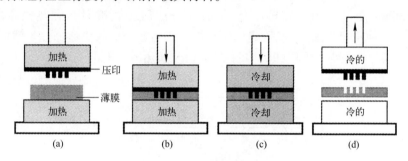

图 7.5　热模压中顺序工步
(a) 预热;(b) 模压;(c) 保压和冷却;(d) 弹出。

　　然而,在展现出简单工艺和工装优点的同时,热模压成形工艺遇到一些难题。由于模具工装为开式,模压成形高宽比微结构需要高模压成形压力时,可发生显著的侧向流动,因而需要在很大程度上减小基体厚度。根据工艺参数、聚合物材料和模具几何形状,模压薄膜实际厚度范围在 $20 \sim 200 \mu m$[76]。当目标厚度大于该范围时,很难实现高模压成型压力。因此,带有大高宽比微结构的较厚构件经常使用微注射模具成型方法来制造。而且,标准热模压工艺用于在聚合物基体上复制表面结构,很难制造壳体结构和分立特征(例如微型齿轮、波导板、微通孔及其他结构)。

　　为突破上述限制,并提高标准热模压成型工艺的质量和制造效率,已经开发了一些以模压成型为基础的衍生工艺,在接下来的部分中将对这些最新发展进行简要介绍。

7.6.1　高效热循环

　　模具温度热循环是热模压成型的固有特征,不像注射模具成型,热模压主要依赖热模具来成型结构。其他策略如微注射模具成型中应用的高速注射成型和扩散模具成型很难应用于热模压。于是,热模压成型工艺的生产效率很大程度上取决于热循环效率。微注射模具成型中采用的三种主要加热方法,即电阻加热、对流加热和辐照加热,在热模压成型中的应用研究表明生产效率得到了明显提高。特别是,Kimberling 等人[77]在热模压成形中使用近效应加热方法,将标准循环时间从几分钟或更长减小至低于10s。他们使用的热模压成型设备示意图如图 7.6 所示。高频近效应使电流和相应的加热能量集中于模具表面。模具表面的适当空袋不仅在模压阶段用作空气绝缘,而且在冷却阶段也为冷空气强迫对流提供了通道。另外,由于简化的工装设计,注射模具成型中不能使用的其他方法如今在热模压成型中变得可行。Chang 和 Yang[13]已经开发了基于流体的模压工艺,其中流体(蒸汽、空气和油)用来实现均匀压缩的压力介质的同时也作为聚合物薄膜的加热和冷却介质。在该系统中,循环时间大约为30s 或更短。为了缩短循环时间,超声加热已经被引入到热模压成型中[50,78]。使用超声加热,模压成型聚合物表层可在 10s 内快速加热。然而,该方法的局限性是难以实现凹结构的复制,以及加热区域极小[13]。

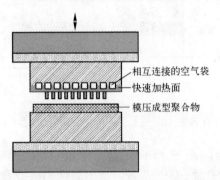

图 7.6　使用近效应加热和适当空气袋的快速热响应热模压成型示意图

所有上述快速热循环方法涉及加热和冷却单个模压模具。Yao 等人[79]已经研究了两种配置的应用,为快速热循环,一个热、一个冷。该模压技术并非依靠模具镶件复杂设计来获得低热惯性,而是研发用于工艺策略来提高生产率。如图 7.7 所示,使用两个上模座,一个保持在恒定高温,另一个在恒定低温。在模压过程中,热模座用于压印支撑。当模压过程结束时,支撑切换到冷模座上。使用该工装策略,加热和冷却阶段分离,因此能够实现快速热循环。压印的填装和分离以及两模座可通过非机械方式实现,如使用真空力。在使用两模座方法时,循环时间在 10s 数量级。

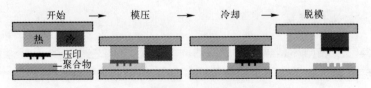

图 7.7　两步模压成型工艺流程

7.6.2　恒温模压成型

热循环问题也可以从材料角度来解决。理论上,在加工过程中能够软化和固化的任何材料(不一定是热塑性材料)均可用在模压成型中。如果软化和固化发生在同一温度,恒温模压成型是可行的。近来研发的溶剂辅助模压工艺可认为是该策略的具体方法。因为微米尺度扩散是一种高效过程,在加工的时间范围内,溶剂包括超临界流体能够快速地扩散到薄聚合物层中。吸收的溶剂作为增塑剂,让聚合物软化。在溶剂去除后,聚合物再次固化,这样,在恒温条件下可加工聚合物。恒温模压也可通过单体或低聚体的化学固化来实现。在这些工艺中,最重要的工艺是 UV 固化模压工艺[2,7],在该工艺中树脂可通过 UV 辐照被固化。与使用溶剂或化学固化工艺不同,为了实现恒温模压,Yao 等人[49]研究了使用慢晶化聚合物独特性能的可行性。在玻璃转化温度以上,模压成型可晶化聚合物薄膜以实现图案转移,接着在同一温度下因晶化而发生固化。使用该工艺方法的总循环时间是聚合物晶化时间的一半。

固态成型是金属成形工业中应用的标准方法。如果在软化温度以下锻造时,聚合物出现较大程度回弹。早期的研究[1,80]表明,锻造成型聚合物微结构的尺寸回复受工艺条件和所使用材料性能的显著影响。然而,值得一提的是该方法可用来成形尺寸精度要求相对较低的装置,如组织工程中的支架和电子封装热对流表面。如果增强预测能力和优化工艺方案,该工艺更容易控制。当在特氟龙基体上压印微流道时,Yao 和 Nagarajan[1]发现高锻造速度和适当保压时间的复合能够有效的减小尺寸回复量。近来,使用固态成形方法进行微结构模压受到越来越多的关注。文献[81,82]使用超塑性材料包括非晶金属,取代聚合物开展了研究。

7.6.3　贯穿厚度压印

当前,精密三维微型构件主要使用微注射模具成型工艺来制造。然而,由于模具工装复杂和微注射模具成型构件内的高应力,常常损害模具成型结果。使用热模压工艺,具有工装和工艺装备简单而且应力低等优点,有利于精密制造。

Heckele 和 Durand[83]开发了一种技术使用热模压来制造通孔。他们使用不同材料制造两层基体,模具结构穿透上面一层进入下面一层。在移除下面一层时,在上面一层上就留下了通孔。Werner[84]给出了一种使用均包含顶杆的相同的上、下模具,它们的上表面在模具闭合时相互吻合。通过该工艺,可模压成型出只保留薄残留层的通孔。Mazzeo 等人[85]开发了模具工装来冲压成形薄塑料膜,能够模压成型最小直径为 $500\mu m$ 的孔。以上所有方法在制造通孔时,均有一个贯穿厚度的动作。Nagarajan 等人[43]为了贯穿厚度模压成型三维构件原创性开发了冲压和模压复合工艺。模压工装包括冲头和在冲头后面的孔中将被复制的结构。嵌入式冲头能完成一个贯穿厚度的动作，并为模压压力的形成提供闭模环境。该方法可用来模压成型多通道毫米波导板，每个重量接近0.5g。该工艺可通过进一步研发来开展真实微型构件的贯穿厚度模压成型。Kuduva-Raman-Thanumoorthy 和 Yao[11]使用一个带有贯穿厚度微型腔的模压工装，实施贯穿厚度模压工步，来制造分立微型构件（图7.8），每个约1mg。在模压成型后，模压成型件附在厚度小于10μm的薄残留膜的两侧。该残留膜在弹出时，从微型构件上机械分离。

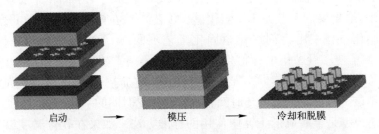

启动 ⟶ 模压 ⟶ 冷却和脱膜

图7.8 分立微型构件贯穿厚度模压成型工步（彩图见书末插页）

7.6.4 壳体图案模压

　　特征尺寸大于膜厚度的微结构聚合物薄膜图案难以使用标准热模压制造。壳体微结构承受的变形尺寸大于薄膜厚度，成型的薄膜的特点是壳体几何形状，在成形过程中薄膜厚度变化很小[42]。为了模压成型壳体图案，需要一对配合的模具。如此配合的模具对要求沿配合面有极高的对准精度。微米量级的很小的错位会引起工装的失效。而且，配合面间很小的空间容易被聚合物堵塞，导致弹出困难，更糟糕的是模具上微结构易于损坏。

　　图7.9给出了报道的成形壳体几何微结构的方法。Dreuth 和 Heiden[42]讨论了使用软模的改进热模压成型方法。该方法中，第二模具被缓冲材料取代，如图7.9(b)所示。缓冲材料和聚合物薄膜在模压中均加热致软化。在两材料冷却后，缓冲材料被牺牲掉，比如被溶剂溶解，恢复带结构的聚合物薄膜。该工艺的优点是不需要配合面的对准。Ikeuchi 等人[86]使用该方法制备了聚合物膜微流道，缓冲材料采用石蜡，使用两种聚合薄膜：PMMA 和聚乙烯（乳酸）膜。在使用牺牲模具中存在一些问题。热塑性缓冲材料需要和模压成形膜一起软化，因此两种材料需要有接近的软化温度。此外，缓冲材料应具有适当的变形能力。为了解决这些问题，Nagarajan 和 Yao[10,40,41]研发了使用橡皮作为软模具的橡皮辅助模压工艺。该工艺工序示意图如图7.10所示。橡皮模具可进一步在弹出时帮助构件释放。

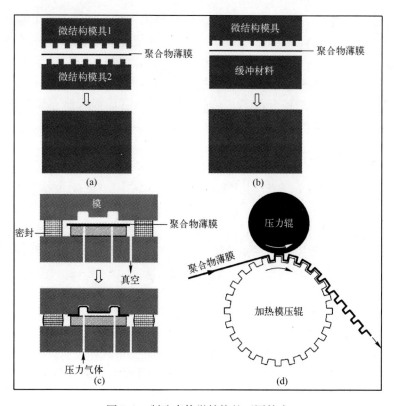

图 7.9　制造壳体微结构的不同技术

（a）使用一对微结构模具热模压；（b）使用一个微结构模具和可变形聚合物
制成的对应工具的热模压；（c）微热压成形；（d）辊压印成形。

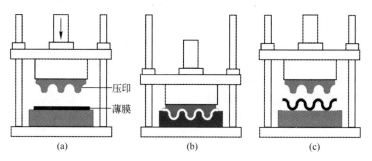

图 7.10　橡皮复制模压工艺的几个工序

（a）启动；（b）模压、保压和冷却；（c）开模。

通过仿形和变形的连续工艺可以在薄聚合物膜上加工微结构。这些工艺基于辊—辊工装，通过一个加热模压辊和一个压力辊（见图 7.9(d)）来转移模压辊上的表面图案到连续膜上。膜的表面结构调整着接触面和外貌，可获得最终应用所需的形状，包括包装材料、尿布、雨衣和一次性物品。然而，为了使用辊压印工艺进行精密膜结构成型，需要辊表面温度的精确和空间控制[87]。

一些研究工作致力于将传统热成形技术等比例缩小用于聚合物膜的精密结构成型[2,88]。Truckenmuller 等人[88]采用微热成型工艺成形了带有 125μm 深、250μm 宽微流道的 25μm 厚的 PS 薄膜。在该微热成形工艺过程中,将薄膜放在微结构模具镶件和平面模具平台之间,在高压气体作用下进行热变形。尽管该方法成功用于微流控分析芯片热成形,它不适合成形大高宽比的流道[2]。另外,很难获得均匀薄膜厚度。

7.6.5　模压成形压力实现

标准热模压是一个开式模具压缩成型工艺,如图 7.11(a)所示。工艺窗口倾斜于厚度为数十个微米或更小的聚合物薄膜。在这样的情况下,压力不是独立的工艺参数,而是依赖于模压成形聚合物的流变性能和需要存留的薄膜厚度。该关系可以在使用牛顿黏性的简单轴对称模压成形的实例中清楚的看到:

$$p(r) = 3\eta \frac{u}{H^3}(R^2 - r^2) \tag{7.14}$$

式中:r 是径向坐标;R 是聚合物盘的半径;H 是薄膜厚度;u 为模压成形速度;η 是黏度。标准的模压成形工装可稍作修改,来生成一个闭模或近似闭模的环境,如图 7.11(b)~(d)所示。第一个变化是使用大尺寸聚合物薄膜,使得聚合物被挤出和聚集至图案的边缘,如图 7.11(b)所示。由于热模压成形中较长的模压成形时间,约 5min,堆积在边缘的材料由于自然对流而明显冷却。接着,该冷却的材料为模压区域内部材料提供了流动的阻力。相应的工艺很像在径向上压力变化很小的闭模工艺。第二个方案中,使用冷却的聚合物基体,如图 7.11(c)所示。该方案中,外侧挤压流动受环绕的冷聚合物限制。结果,只有有限量的聚合物能够溢出,通常沿着侧壁向上流动[89]。另一种方案如图 7.11(d)所示,修改模压工装以使用间隙来减小外挤压流动。

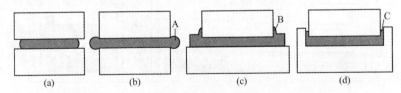

图 7.11　不同热模压成形方式

(a) 直接开模压印;(b) 在 A 点带冷却聚合物圈的开式模压成形;
(c) 在 B 点沿测壁流动的非等温模压;(d) 在 C 点间隙有挤压流动的近闭式模压。

Yao 和 Kuduva - Raman - Thanumoorthy[90]近来提出,采用阶梯接触区可更好地进行压力控制和厚度控制,如图 7.12 所示。微结构压头放在凹槽型腔内,当施加高模压成形压力时,在台阶和低模具平台间接触区域使薄膜成形。使用该工装时,模压成形厚度接近凹槽深度。随着凹槽深度的增加,精度增加,这有助于在厚聚合物基体上复制微结构。上述方案使得厚度控制与压力控制分离。

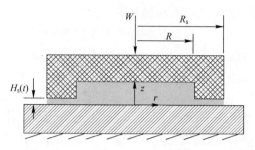

图 7.12　通过一个带有接触肩部的模压母板进行模压成形聚合物板

对于阶梯接触区域模压成形可以获得解析解。考虑型腔内厚度大于接触区域,型腔内假设为均匀压力。在图 7.12 的坐标系统内,给出恒定黏度时,压力场可进行解析求解:

$$p = \begin{cases} 3\eta(v_z/H_s^3)(R_s^2 - r^2) \\ 3\eta(v_z/H_s^3)(R_s^2 - R^2) \end{cases} \tag{7.15}$$

式中:p 是压力;η 是黏度;R_s 和 H_s 是台阶的半径和厚度;R 是模压盘的半径。从上面的公式可以看出,存在台阶时,模压成形压力不再依赖于残留膜厚度。而且,压力可通过改变台阶尺寸参数来调节,即 R_s 和 H_s。在保压阶段型腔内收缩,台阶外侧聚合物也起到坐垫材料的作用。通过改变 R_s 可以调整坐垫材料的尺寸。最后但也是最重要的,使用台阶时可以获得均匀的型腔内部压力。

平板刻蚀材料经常用来制成模压模具主要组成部分的模压头,如硅和石英。这些材料易碎,因此难以在这些材料上直接加工台阶。这种情况下,可使用定位环,如图 7.13 所示。

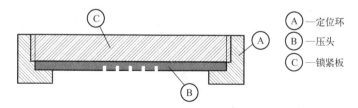

Ⓐ—定位环
Ⓑ—压头
Ⓒ—锁紧板

图 7.13　使用定位环做肩部的模压

7.7　微模具制造

微模具成型代表了以复制为基础的工艺一族,因此微模具成型中最终成形件质量很大程度上依赖于掩膜图案质量。

目前已有很多方法用来制造微模具成型压头/模具,包括光刻蚀方法、复制方法和材料切除或去除方法。光刻蚀是一个已经被普遍接受的方法,尤其是制备微结构硅晶片。如果仅需要较浅的结构特征,刻蚀也可以用于钢铁和其他各向同性材料的图案制备。比如,多年来,在模具制造工业中,石蜡涂层和酸腐蚀已经用于在模具表面制造较浅的微织构。聚合物掩膜、硅或玻璃制备的、软的或脆性基体上的微结构可以通过复制方法转移到耐用的金属材料上。各种涂层技术,包括电镀或电铸、物理气象沉积、化学气象沉积,可用于结构特征转移。特别是,基于刻蚀和电铸的著名 LiGA 工艺。复制方法也已经应用于将图案从硅向聚合物材料上转移,图案化的聚合物材料用作原型模具。使用从硅模板上制备的多重软模,能够复制更多的构件,然而,这些软模具大多数只对低压、低温加工过程有利,基于 PDMS 的软模具方法就是这样一种加工过程。应用热塑性聚合物、使用热模压成形已经开展了微模具制造研究[91]。Malek 等人[50]近来已经综述了使用非传统材料制备微模具的进展。为制造耐用的金属微模具,材料切除或去除方法应用越来越普遍。微尺度的材料去除可通过机械微加工工艺(如微钻削)、电火花加工、电化学加工和高能束(如超短脉冲激光、聚焦离子束、电子束和等离子体)来实现。Giboz 等人[8]给出了可用于金属模具镶件制造的不同工艺间的对比。

微模具需要光滑的表面。相对于特征尺寸,材料去除工艺制造的结构表面比较粗糙。在传统模具制造中,毛刺和不希望出现的粗糙峰可以通过各种非接触抛光工艺来减小,比如超声抛光和电化学腐蚀。这些传统的方法也适于微模具抛光,但到目前为止很少有报道。表面粗糙度可通过利用一些固有工艺来提高,如表面张力引起的回流。例如,Shiu 等人[39]通过压印成形聚合物到微流道模具的一半来成形有光滑表面的图案。另外,如之前所述,聚合物模板上光滑的图案能够通过以掩膜为基础的复制方法转移到金属材料上。对于镜头阵列图案,能够用多种工艺[14,92,93]来制备光滑表面。

正如传统模具成型一样,在脱模时也需要锥角。如 Heckel 和 Schomburg[2]指出的,微模具成型中的大部分问题不是模具充填而是脱模引起的。在没有锥角和润滑剂时,弹出高宽比大于 10 的微结构的确是一项艰巨的任务。有些技术,包括倾斜的刻蚀[94,95]、低剂量刻蚀[96]和飞秒激光加工,均可用来将锥角修成直壁。对于锥角部分,模具表面通常需要进行氟化涂层材料处理,以降低表面能[29],在脱膜过程中来提高结构释放能力。

7.8　结论与正在进行的研究

经过 30 余年的研究,微模具成型已发展成为采用聚合物制造微器件和微系统的有力工具。在微制造中使用聚合物的首要优点是,材料的多功能性和批量化制造能力。微模具成型中热塑性聚合物占主要地位,而热固性聚合物在一些特殊问题上有优势,尤其是在铸造低强度模板时需要低黏度材料。两个主要的热塑性微模具成型工艺是热模压和注射成型,两者在微型构件大批量精密制造中有巨大的潜力。微模具成型,在新兴起的 MEMS 和芯片级实验室应用方面,引起了很多革新。比如,图 7.14 给出了作者和合作者制造的微模具成型件图片。这些成功制造的微模具成型构件分为三类:表面微结构、壳微结构和微型构件。它们有广阔的应用,包括电信、功能光学、芯片级实验室应用、仿生和组织工程。

在传统模具成型向微型化应用和复合、革新的微模具成型工艺发展方面,恰当的处理尺寸效应是首要的一步。为了成功进行微模具成型,需要对微模具成型工艺和它们的宏观尺度成型进行逻辑对比。一方面,传统聚合物加工工业已经积累了大量知识,需要加以充分应用。另一方面,基于在加工动力学中对尺寸效应的理解,材料加工和工艺发展需要新策略来克服由尺度引起的任何新工艺难题,潜在的尺寸效应优点需要加以利用来开发更有效的工艺方法。在上述框架下,近来已经开发了一些新的、更有效的微模具成型工艺,包括扩散注射模具成型、超声辅助微模具成型、变热量注射模具成型、快速热响应模压成形、贯穿板厚的热模压成型、橡皮辅助热模压成型和 UV 固化辊模压成形。这些工艺在复制逼真和结构优化方面有助于更好的质量控制,使其能够比标准微注射模具成型和热模压成型更有效的制造不同类型的微结构和微型构件。

然而,与已发展两个世纪的塑性加工工业相比,微模具成型的历史相对较短,还有大量的问题亟待解决。特别是,在工艺控制、加工模拟和形态特征领域,必须开发新技术。工艺—结构—性能关系在聚合物加工中至关重要。然而,限于分辨率问题,传统模具成型的许多发展很好的特征法则无法在微模具成型中应用。工艺控制和监视也是微模具成型的难题。比如,在微型腔内压力和温度分布测量需要极高的分辨率[97-100]。从材料角度来看,还有巨大的提升空间。在微模具成型中高强度的聚合物复合材料包括纳米复合材料的应用,和独特聚合物行为的使用,来更有效的实现微模具成型工艺,是未来重要的努力方向之一。最后而且最重要的是,需要在工艺模型和模拟方面开展更多的研究。在复合微模具成型工艺中遇到的更加复杂的流变学行为和三维几何形状,需要在模型构建中考虑非线性粘弹性,这对高韦森堡数变形仍然是个挑战。更多的挑战是纳米模具成型工艺建模,可发生离散效应。本构关系中可能出现的尺寸效应,以及导致微模具成型行为的结果仍然未知。因此,微模具成型未来很重要的研究方向是深入理解这些尺寸效应。

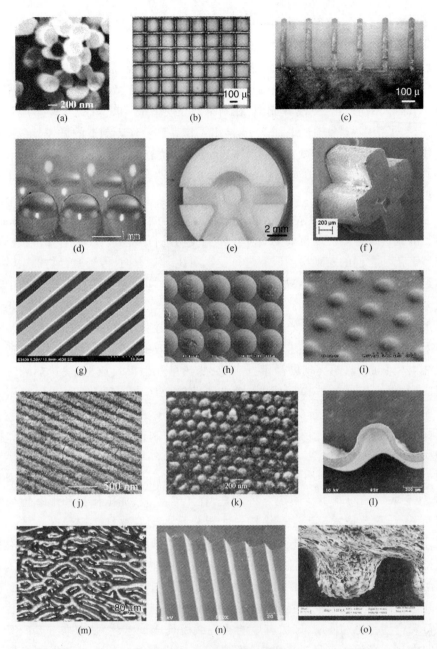

图 7.14　微模具成型件图片

（a）注射模具成型 PS 亚微米杆；（b）注射模具成型 HDPE 微坑；（c）注射模具成型高深宽比
HDPE 微结构；（d）热模压成形 PMMA 镜头；（e）贯穿厚度的模压成形 ABS 多通道波导板；
（f）贯穿厚度的模压成形 ABS 微型构件；（g）热模压成形 PET 槽；（h）两步式模压成形
微镜头阵列；（i）复合压缩模具成型和回流成形的镜头阵列；（j）热模压成形的全息表面；
（k）热模压成形的防折射表面；（l）橡皮辅助模压 ABS 壳图案；（m）热模压成形的仿生
表面；（n）UV 辊—模压 V 型槽；（o）热模压成形的多孔 PLGA 支架。

180

参 考 文 献

[1] Yao D, Nagarajan P. Cold forging method for polymer microfabrication. Polym Eng Sci 2004;44:1998 −2004.

[2] Heckele H, Schomburg WK. Review on micro molding of thermoplastic polymers. J Micromech Microeng 2004;14:R1 − R14.

[3] Mekaru H, Yamada T, Yan S, Hattori T. Microfabrication by hot embossing and injection molding at LAS-TI. Microsyst Technol 2004;10:682 −688.

[4] Rotting O, Ropke W, Becker H, Gartner C. Polymer microfabrication technologies. Microsyst Technol 2002;8:36 − 32.

[5] Gross GLW. The production of nanostructures by mechanical forming. J Phys D Appl Phys 2006;39:R363 − R386.

[6] Becker H, Locascio LE. Polymer microfluidic devices. Talanta 2002;56:267 − 287.

[7] Gates BD, Xu Q, Stewart M, Ryan D, Willson CG, Whitesides GM. New approaches to nanofabrication: molding, printing, and other techniques. Chem Rev2005;105:1171 − 1196.

[8] Giboz J, Copponnex T, M'el'e P. Microinjection molding of thermoplastic polymers: a review. J Micromech Microeng 2007;17:R96 − R107.

[9] Bauer HD, Ehrfeld W, Paatzsch T, Smaglinski I, Weber L. Advanced micromolding of optical components. SPIE 1999;3878:261 −270.

[10] Nagarajan P, Yao DG. Rubber − assisted micro forming of thin polymer films. Microsyst Technol 2009; 15:251 −257.

[11] Kuduva − Raman − Thanumoorthy R, Yao D. Hot embossing of discrete microparts. Polym Eng Sci 2009; 49:1894 −1901.

[12] Hocheng H, Wen TT, Yang SY. Replication of microlens arrays by gas − assisted hot embossing. Mater Manuf Process 2008;23:261 −268.

[13] Chang JH, Yang SY. Development of fluid − based heating and pressing systems for micro hot embossing. Microsyst Technol 2005;11:396 −403.

[14] Pan LW, Shen XJ, Lin LW. Microplastic lens array fabricated by a hot intrusion process. IEEE/ASME J Microelectromech Syst 2004;13:1063 − 1071.

[15] Yang HH, Chao CK, Wei MK, Lin CP. High fill − factor microlens array mold insert fabrication using a thermal reflow process. J Micromech Microeng 2004;14:1197 − 1204.

[16] Ito H, Suzuki H, Kazama K, Kikutani T. Polymer structure and properties in microand nanomolding process. Curr Appl Phys 2009;9:e19 − e24.

[17] Hung KY, Chen YK, Huang SH, Shye DC. Molding and hot forming techniques for fabricating plastic aspheric lenses with high blue − light transmittance. Microsyst Technol 2009. Online on Nov. 5,2007.

[18] Angelov AK, Coulter JP. The development and characterization of polymer microinjection molded gratings. Polym Eng Sci 2008;48:2169 −2177.

[19] Lippmann JM, Geiger EJ, Pisano AP. Polymer investment molding: method forfabricating hollow, microscale parts. Sens Actuator A Phys 2007;134:2 − 10.

[20] Appasamy S, Li WZ, Lee SH, et al. High − throughput plastic microlenses fabricated using microinjection molding techniques. Opt Eng 2005;44:123 − 401.

[21] Tanaka H,Matsumoto K,Shimoyama I. Fabrication of a three – dimensional insectwing model by micro-molding of thermosetting resin with a thin elastomeric mold. J Micromech Microeng 2007; 17: 2485 – 2490.

[22] Choi CG. Fabrication of optical waveguides in thermosetting polymers using hot embossing. J Micromech Microeng 2004; 14: 945 – 947.

[23] Sethu P,Mastrangelo CH. Cast epoxy – based microfluidic systems and their application in biotechnology. Sens Actuators B 2004; 98: 337 – 346.

[24] Chung S,Im Y,Choi J,Jeong H. Microreplication techniques using soft lithography. Microelectron Eng 2004; 75: 194 – 200.

[25] Qin D,Xia YN,Whitesides GM. Rapid prototyping of complex structures with feature sizes larger than 20 μm. Adv Mater 1996; 8: 917 – 917.

[26] Jin YH,Cho YH,Schmidt LE,Leterrier Y,Manson JAE. A fast low – temperature micromolding process for hydrophilic microfluidic devices using UV – curable acrylate hyperbranched polymers. J Micromech Microeng 2007; 17: L1147 – L1153.

[27] Vogler M,Wiedenberg S,Muhlberger M,et al. Development of a novel,lowviscosity UV – curable polymer system for UV – nanoimprint lithography. Microelectron Eng 2007; 84: 984 – 988.

[28] Chang CY,Yang SY,Chu MH. Rapid fabrication of ultraviolet – cured polymer microlens arrays by soft roller stamping process. Microelectron Eng 2007; 84: 355 – 361.

[29] Nezuka O,Yao DG,Kim BH. Replication of microstructures by roll – to – roll UVcuring embossing. Polym Plast Technol Eng 2008; 47: 865 – 873.

[30] Kalima V,Vartialinen I,Saastamoinen T,et al. UV – curable ZnS/polymer nanocomposite for replication of micron and submicron features. Opt Mater 2009; 31: 1540 – 1546.

[31] Jeon NL,Choi IS,Xu B,et al. Large – area patterning by vaccum – assisted micromolding. Adv Mater 1999; 11: 946 – 950.

[32] Piccin E,Coltro WKT,da Silva JAF,et al. Polyurethane from biosource as a new materials for fabrication of microfluidic devices by rapid prototyping. J Chromotagr A 2007; 1173: 151 – 158.

[33] Niu XZ,Peng SL,Liu LY,et al. Characterizing and patterning of PDMS – based conducting composites. Adv Mater 2007; 19: 2682 – 2686.

[34] Mi YL,Chan YN,Trau D,et al. Micromolding of PDMS scaffolds and microwells for tissue culture and cell patterning: A new method of microfabricationby the self – assembled micropatterns of diblock copoly-mer micelles. Polymer 2006; 47: 5124 – 5130.

[35] Brehmer M,Conrad L,Funk L. New developments in soft lithography. J Dispers Sci Technol 2003; 24: 291 – 304.

[36] Klemic KG,Klemic JF,Reed MA,et al. Micromolded PDMS planar electrode allows patch clamp electri-cal recordings from cells. Biosens Bioelectron 2002; 17: 597 – 604.

[37] Michel B,Bernard A,Bietsch A,et al. Printing meets lithography: soft approaches to high – resolution patterning. IBM J Res Dev 2000; 45: 697 – 717.

[38] Xia Y,Whitesides GM. Soft – lithography. Angew Chem Int Ed Engl 1998; 37: 550 – 575.

[39] Shiu PP,Knopf GK,Ostojic M,Nikumb S. Rapid fabrication of tooling for microfluidic devices via laser micromachining and hot embossing. J Micromech Microeng 2008; 18: 025012.

[40] Nagarajan P,Yao DG. Uniform shell patterning using rubber – assisted hot embossing process—Part I: experimental. Polym Eng Sci 2011. in press.

[41] Nagarajan P,Yao DG. Uniform shell patterning using rubber – assisted hot embossing process—Part II:

process analysis. Polym Eng Sci 2011. in press.

[42] Dreuth H, Heiden C. Thermoplastic structuring of thin polymer films. Sens Actuators 1999; 78: 198 – 204.

[43] Nagarajan P, Yao DG, Ellis TS, Azadegan R. Through – thickness embossing process for fabrication of three – dimensional thermoplastic parts. Polym Eng Sci2007; 47: 2075 – 2084.

[44] Khang DY, Lee HH. Room temperature embossing lithography. Appl Phys Lett 2000; 76: 870 – 872.

[45] Wang Y, Liu ZM, Han BX, et al. Compressed – CO_2 – assisted patterning of polymers. J Phys Chem B 2005; 109: 12376 – 12377.

[46] Despa MS, Kelly KW, Collier JR. Injection molding of polymeric LIGA HARMs. Microsyst Technol 1999; 6: 60 – 66.

[47] Wimberger – Friedl RW. Injection molding of sub – μm grating optical elements. J Inject Mold Technol 2000; 4: 78 – 83.

[48] Yao D, Kim B. Injection molding high aspect ratio microfeatures. J Inject Mold Technol 2002; 6: 11 – 17.

[49] Yao D, Nagarajan P, KRT R. Constant – temperature microfeature embossing with slowly crystallizing polymers. Int Polym Process 2007; 22: 375 – 377.

[50] Malek CK, Coudevylle JR, Jeannot JC, Duffait R. Revisiting micro hot – embossing with moulds in non – conventional materials. Microsyst Technol 2007; 13: 475 – 481.

[51] Pipkin AC. Lecture notes in viscoelasticity. New York: Springer; 1972.

[52] Yao DG, Chen SC, Kim BH. Rapid thermal cycling of injection molds—an overview on technical approaches and applications. Adv Polym Technol 2009; 27: 233 – 255.

[53] Yao D, Kim B. Scaling analysis of the injection molding process. ASME J Manuf Sci Eng 2004; 126: 733 – 737.

[54] Yao D, Kim B. Increasing flow length in thin wall injection molding using a rapidly heated mold. Polym Plast Technol Eng 2002; 41: 819 – 832.

[55] Kim B, Suh N. Low thermal inertia molding. Polym Plast Technol Eng 1986; 25: 73 – 93.

[56] Yao D, Kim B. Simulation of the filling process in micro channels for polymeric materials. J Micromech Microeng 2002; 12: 604 – 610.

[57] Li JH, Young WB. Study on mold filling behaviors of micro channels in injection molding. Int Polym Process 2009; 24: 421 – 427.

[58] Michaeli W, Spennemann A, Gartner R. New plastification concepts for micro injection moulding. J Polym Eng 2004; 24: 81 – 93.

[59] Nian SC, Yang SY. Molding of thin sheets using impact micro – injection molding. Int Polym Process 2005; 20: 441 – 448.

[60] Chang PC, Hwang SJ, Lee HH, Huang DY. Development of an external – typemicro – injection molding module for thermoplastic polymer. J Mater Process Technol 2007; 184: 163 – 172.

[61] MichaeliW, Spennemann A. Injection moulding microstructured functional surfaces. Kunststoffe Plast Eur 2000; 90: 52 – 57.

[62] Schinkothe W, Walther T. Reducing cycle times—alternative mould temperature control for microinjection moulding. Kunststoffe Plast Eur 2000; 90: 62 – 68.

[63] Weber L, Ehrfeld W. Micromoulding. Kunststoffe Plast Eur 1999; 89: 192 – 202.

[64] Yao D, Kimberling TE, Kim B. High – frequency proximity heating for injection molding applications. Polym Eng Sci 2006; 46: 938 – 945.

[65] Chen SC, Jong WR, Chang JA. Dynamic mold surface temperature control using induction heating and its effects on the surface appearance of weld line. J Appl Polym Sci 2006;101:1174 – 1180.

[66] Jansen KMB, Flaman AAM. Construction of fast – response heating elements for injection molding applications. Polym Eng Sci 1994;34:894 – 897.

[67] Yao D, Kim B. Development of rapid heating and cooling systems for injection molding applications. Polym Eng Sci 2002;42:2471 – 2481.

[68] Chen SC, Jong WR, Chang YJ, et al. Rapid mold temperature variation for assisting the microinjection of high aspect ratio micro – feature parts using induction heating technology. J Micromech Microeng 2006; 16:1783 – 1791.

[69] Xu XR, Sachs E, Allen S. The design of conformal cooling channels in injection molding tooling. Polym Eng Sci 2001;41:1265 – 1277.

[70] Brown GH. Theory and application of radio – frequency heating. New York: D. Van Nostrand Company; 1947.

[71] Chang PC, Hwang SJ. Experimental investigation of infrared rapid surface heating for injection molding. J Appl Polym Sci 2006;102:3704 – 3713.

[72] Yu MC, Young WB, Hsu PM. Micro – injection molding with infrared assisted mold heating system. Mater Sci Eng A 2007;460 – 461:288 – 295.

[73] Zhao J, Mayes RH, Chen G, Chan PS, Xiong ZJ. Polymer micomould design and micromoulding process. Plast Rubber Compos 2003;32:240 – 247.

[74] Whiteside BR, Martyn MT, Coates PD, Allan PS, Hornsby PR, Greenway G. Micromoulding: process characteristics and product properties. Plast Ruber Compos 2003;32:231 – 237.

[75] Herlihy G. X – melt—a precision technology for micro – moulding and thin – wall parts. In: Coates PD, editor. Polymer process engineering 07—enhanced polymer processing. Bradford: University of Bradford; 2007.

[76] Worgull M, Hetu JF, Kabanemi KK. Modeling and optimization of the hot embossing process for micro – and nanocomponent fabrication. Microsyst Technol 2006;12:947 – 952.

[77] Kimberling TE, Liu W, Kim BH, Yao D. Rapid hot embossing of polymer microfeatures. Microsyst Technol 2006;12:730 – 735.

[78] Liu SJ, Dung YT. Ultrasonic vibration hot embossing—a novel technique for molding plastic microstructure. Int Polym Process 2005;20:449 – 452.

[79] Yao D, Nagarajan P, Li L, Yi AY. Two – station embossing process for rapid fabrication of surface microstructures on thermoplastic polymers. Polym Eng Sci 2007;47:530 – 537.

[80] Xu J, Locascio L, Gaitan M, Lee CS. Room – temperature imprinting method for plastic microchannel fabrication. Anal Chem 2000;72:1930 – 1933.

[81] Bohm J, Schubert A, Otto T, Burkhardt T. Micro – metalforming with silicon dies. Microsyst Technol 2001;7:191 – 195.

[82] Yeh MS, Lin HY, Lin HT, Chang CB. Superplastic micro – forming with a fine grained Zn – 22Al eutectoid alloy using hot embossing technology. J Mater Process Technol 2006;180:17 – 22.

[83] Heckele M, Durand A. Micro – structurede through – holes in plastic films by hot embossing. Proceedings of 2001 Euspen's 2nd International Conference Torino, Italy;2001. pp 196 – 198.

[84] Werner M. Hot embossing of through – holes in cyclo – olefin copolymer [Diploma thesis]. Technical University of Denmark;2005.

[85] Mazzeo AD, Dirckx M, Hardt DE. Single – step through – hole punching by hot embossing. SPE ANTEC

Proceedings Cincinnati, OH; 2007. pp 2977 - 2981.

[86] Ikeuchi M, Ikuta K. Development of membrane micro embossing (MeME) process for self - supporting polymer membrane microchannel. Proceedings of the IEEE International Conference on Micro Electro Mechanical Systems Miami, FL; 2005. pp. 133 - 136.

[87] Michaeli EHW, Fink B, Blomer P. Dynamic control of roll temperature. Kunststoffe Plast Eur 2005; 95: 51 - 53.

[88] Truckenmuller R, Rummler Z, Schaller T, Schomburg WK. Low - cost thermoforming of micro fluidic analysis chips. J Micromech Microeng 2002; 12: 375 - 377.

[89] Yao D, Virupaksha VL, Kim B. Study on squeezing flow during nonisothermal embossing. Polym Eng Sci 2005; 45: 652 - 660.

[90] Yao DG, Kuduva - Raman - Thanumoorthy R. Enlarged process window for hot embossing. J Micromech Microeng 2008; 18: 045023.

[91] Dirckx M, Mazzeo AD, Hardt DE. Production of micro - molding tooling by hot embossing. Proceedings of the ASME International Manufacturing Science and Engineering Atlanta, GA; 2007. pp. 141 - 150.

[92] Chen Y, Yi AY, Yao D, Klocke F, Pongs G. A reflow process for glass microlens arrays fabrication by use of precision compression molding. J Micromech Microeng 2008; 18: 055022.

[93] Jiang LT, Huang TC, Chiu CR, Chang CY, Yang SY. Fabrication of plastic microlens arrays using hybrid extrusion rolling embossing with a metallic cylinder mold fabricated using dry film resist. Opt Exp 2007; 15: 12088 - 12094.

[94] de Campo A, Greiner C. SU - 8: a photoresist for high - aspect - ratio and 3 - D submicron lithography. J Micromech Microeng 2007; 17: R81 - R95.

[95] Turner R, Desta Y, Kelly K, Zhang J, Geiger E, Cortez S, Mancini DC. Tapered LIGA HARMs. J Micromech Microeng 2003; 13: 367 - 372.

[96] Yang SP, Young WB. Microinjection molding with LIGA - like process. Int Polym Proc 2004; 19: 180 - 185.

[97] Ono Y, Whiteside BR, Brown EC, Kobayashi M, Cheng CC, Jen CK, Coates PD. Real - time process monitoring of micromoulding using integrated ultrasonic sensors, Trans Inst Meas Control 2007; 29: 383 - 401.

[98] Whiteside BR, Martyn MT, Coates PD, Greenway G, Allen P, Hornsby P. Micromoulding: process measurements, product morphology and properties. Plast Rubber Compos 2004; 33: 11 - 17.

[99] Whiteside BR, Spares R, Howell K, Martyn MT, Coates PD. Micromoulding: extreme process monitoring and inline product assessment. Plast Rubber Compos 2005; 34: 380 - 386.

[100] Whiteside BR, Brown EC, Ono Y, Jen CK. Coates PD. Real - time ultrasonic diagnosis of polymer degradation and filling incompleteness in micromoulding. Plast Rubber Compos 2005; 34: 387 - 392.

第八章　机械微制造

TUĞRUL ÖZEL
美国罗格斯大学工学院工业与系统工程系制造与自动化研究实验室
THANONGSAK THEPSONTHI
美国新泽西州立大学工业与系统工程系制造自动化研究室

8.1　引言

微细机械加工是传统车削、钻削和铣削等利用刀具进行材料去除加工过程的微缩形式。本章将重点阐述金刚石车削、微车削、微钻削和微铣削等微切削加工过程,此外,简要介绍利用磨料进行材料去除的微磨削过程。

在最近的二三十年内,微机电系统(MEMS)领域的研究与开发极为活跃,导致如湿式刻蚀、等离子腐蚀、超声微加工以及 LIGA 等微制造方法广泛应用于微小零件的加工。然而,上述方法中大多效率低下并限于使用一些硅基材料。同时,上述基于 MEMS 的方法只能实现 2 维或 2.5 维的加工,而无法制造许多具有真实 3 维特征的微小零件,如微小零件塑料注射模[1]。另外,上述大多数方法需要较长的准备时间并且成本高,因此从经济角度看不适于小批量生产。简言之,由于基于 MEMS 的方法存在材料选择、零件维度和尺寸等方面的局限性,难以应用于复杂微小零件的制造。

与此同时,在航空、汽车、生物、光学、军事以及微电子包装等工业领域,对于微小化装置的需求也迅速增多[1,3]。这些微小装置的特征尺寸为 1 ~ 10mm(介观)以及 1 ~ 1000μm(微观),而且往往具有较高长径比和高质量表面。

利用金属、高分子材料、复合材料以及陶瓷进行快速、直接、大批量制造的微小化功能产品的需求呈增长趋势。由于基于 MEMS 的方法不能满足微制造的各方面要求,因此开发新的加工方法是十分必要的。鉴于此,作为传统车削、铣削和钻削等缩小形式的机械微加工迅速获得了工业应用的强劲势头,其原因是机械微加工能够利用广泛的工程材料实现 3 维功能零件高精度制造[4-6]。

目前,采用机械微加工方法,能够利用低能耗微小机床制造出尺寸在几十微米到几毫米,具有紧公差的复杂微小零件[5,7-9]。与其他加工方法相比,灵活性是机械微加工的主要优势。由于不受几何形状的限制,采用该方法可以实现许多复杂特征的加工,如 3 维空腔、任意曲线以及高长径比的长轴和微通道。虽然深度 X 射线光刻法利用同步辐射光束(LIGA 加工)和聚焦离子束能够加工出高精度 3 维亚微米形貌,但是这些加工方法需要非常昂贵的特殊设备,成本远高于机械微加工。另外,与基于 MEMS 的加工方法相比,机械微加工具有设备构建成本低、材料去除率高的优点,因此,特别适于小批量甚至定制产品的加工。与此同时,机械微加工不受工件材料种类的限制,而不像基于光刻的加工方法那样仅适于一些硅基材料的加工。

尽管有许多优势,但从宏观尺度缩小来实现机械微加工并非看起来那么容易。很多因素在宏观加工过程中可以忽略而在微小尺度下却显得非常重要,例如,材料结构、振动和热膨胀[4,5,7,8]。由此,机械微加工的应用仍具有一定的局限性,许多技术障碍需要克服,以及各种物理现象还需要研究和理解。本章将讨论机械微加工的各种细节和基本特征。

8.2 微尺度下材料去除

尽管在宏观零件制造中取得了成功,将机械制造过程进行尺度缩小来实现微小产品的加工仍面临不少困难。必须引起注意的重要方面是,许多在宏观加工过程中无显著影响的物理和机械性能,在机械微加工中却起着非常重要的作用。结果导致机械微加工存在一些特定的问题,例如,尺寸效应和极限切削厚度。本节将阐述机械微加工中这些与材料去除相关的问题。

8.2.1 尺寸效应

当切削厚度很小时,切削比能随材料单位去除量的减小而增加,这种现象称作尺寸效应[10,11]。引起尺寸效应的主要因素可归结为:由于较大的有效负前角导致的耕犁;工件材料的弹性恢复;作用于后刀面的法向和切向力;工件材料的应变率和位错密度;较小的待切厚度引起第一变形区应变梯度的改变。在抛光、超精密加工(切削)和磨削中均发现了尺寸效应现象[12-14]。当切削厚度与刀具刃口钝圆半径相比很小时,切削过程中耕犁占主导,其成分超过了剪切[15]。

Kopalinsky 和 Oxley[16]的研究表明在切屑形成过程中,沿切削方向的切削力除以切削面积,即比切削力随切削厚度减小而增大。他们将产生这一尺寸效应的原因归结为,当切削厚度变小时应变率呈反比例增加。大多数金属中流动应力随应变率增加而增大,即率敏感。当应变率在大于 $10^4 s^{-1}$ 的范围时(适于切削过程)流动应力随应变率迅速增大,因此当切削厚度减小时比切削力将随之增加。

术语“尺寸效应”在金属切削(切屑形成)过程中常被定义为,切削比能随切削厚度的减小而呈非线性增加。Vollertsen 等人[17]利用 Backer[18] 所做的 SAE 1112 钢切削试验数据和 Taniguchi[19] 的拉伸试验数据,得到了如图 8.1 所示的曲线,从图中可看出单位体积的剪切能随切削厚度增加而减小。

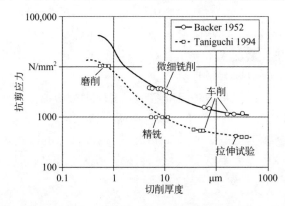

图 8.1　在一些加工过程中未变形切屑厚度减小时切应力增加

8.2.2　极限切削厚度

微切削中刀具刃口呈圆弧状,由此将引起被称作极限切削厚度的现象[20]。由于微刀具切削刃强度限制,切削厚度往往控制在与刀具刃口在尺寸上相当甚至更小,这样,可能导致切屑无法产生。只有当切削厚度达到一个临界值,即极限切削厚度[20],才能形成切屑从而实现材料去除。极限(或临界)切削厚度常被视为可获得的最高精度的度量[12,13,21]。低于临界切削厚度时无切屑产生,整个材料仅在刀具作用下发生变形。尤其是在微铣削过程中,刀具经过后弹性变形将得到恢复[22,23]。

机械微切削与宏观情形之间的一个主要区别在于切削厚度(未变形切屑厚度)与刀具刃口钝圆半径的比例。在宏观切削中切削厚度与刀具刃口钝圆半径之比很大,因此可采用传统的 Merchant 切削模型,其中刀具被视为理想的锋利状,并假定切削合力只受沿剪切面的剪切变形和沿前刀面的摩擦影响。然而,刀具理想锋利的假定在微切削中不能成立,因为切削厚度与相对较大刀具的刃口钝圆半径在尺寸上相当或更小。为了阐释机械微切削机理,考虑到刀具刃口钝圆半径的存在,导致工件材料回弹而沿后刀面滑动,以及较大的有效负前角引起的耕犁,Kim 和 Kim[14] 提出了刀具刃口呈圆弧状的切削模型。分析表明通过该模型计算的切削力比 Merchant 模型更接近于试验结果,尤其是当切削厚度小于 1μm 时。

极限切削厚度这一术语意味着形成切屑所要求的切削厚度的临界值。Aramcharoen 和 Mativenga[24] 的解释是,当切削厚度低于极限值时,工件材料只受到刀具的碾压作用,而当刀具经过后弹性变形将恢复,如图 8.2 所示,因此无切屑形成,仅产生耕犁现象。当切削厚度刚好等于极限切削厚度时,开始由剪切滑移产生切屑,同时伴有已加工表面一定量的回弹,因此材料去除量要小于预期值。当切削厚度远大于极限值,不仅能够形成切屑,而且材料去除量能够达到期望的程度。

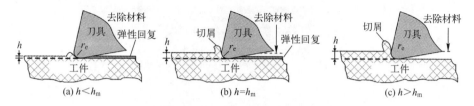

图 8.2　微切削过程中切屑形成与极限切削厚度对比

　　如前所述,如果切削厚度没有达到极限值就不能产生剪切滑移。因此,如果切削厚度(车削)或者进给率(铣削、钻削)低于极限切削厚度,将产生耕犁,只有达到切削厚度才能引起剪切滑移从而实现材料的去除,简言之,每次走刀并不形成切屑。反过来讲,只有达到极限切削厚度时才能实现切削,否则只是在工件表面引起耕犁现象。另外,Weule 等人[25]指出极限切削厚度现象直接影响表面粗糙度,尤其是当耕犁占主导成份时。极限切削厚度如何确定及其影响因素有哪些,仍然是有待解决的问题。

　　极限切削厚度被认为与材料抵抗塑性变形的能力有关,如压痕硬度。已经发现极限切削厚度很大程度上取决于切屑厚度与刀具刃口钝圆半径之比以及工件材料与刀具的组合,对不同的材料而言,极限切削厚度为刀具刃口钝圆半径的 5%～38%。

　　从切削力、刀具磨损、表面粗糙度以及加工稳定性等方面来看,极限切削厚度的存在显著影响切削加工质量[22,23,25,26]。因此,把握极限切削厚度对选择合适的切削参数非常重要。研究者们借助试验[22,23]、分子动力学模拟[27,28]、基于微结构的切削力模型[29]以及解析塑性滑移线模型[30]等,对归一化的极限切削厚度进行了预测。

8.2.3　微结构和晶粒尺寸影响

　　大多数常用的工程材料(如钢和铝)所包含的晶粒大小为 $100nm\sim100\mu m$,与微加工特征尺寸相当。因此,在机械微切削中剪切滑移发生在晶粒内部,如图 8.3 所示,而不像宏观切削那样剪切滑移沿着晶界方向。关于工件材料微结构严重影响微切削过程已有广泛的报道[29,31-34]。多晶体中的晶粒以及多相材料中的各相成分与刀具及切削厚度在尺寸上相当。对单个晶粒而言,其弹性及塑性性质为各向异性,因此,微切削过程中刀具将遇到不同性质的晶粒,切削力、前刀面磨擦及回弹都将随之产生波动[35-39]。当切削多相材料时也会出现类似的情形[29]。一些学者针对微切削基本特征以及软的或纯净材料(如,铜和黄铜)中晶体取向的影响进行了研究[33,39-41]。如中碳钢等多相材料的微切削也引起了人们的关注,如早期的纯净材料[41]及非均质钢的微切削有限元模拟[29,34,42]。

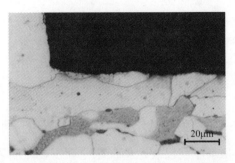

图8.3　逆铣方式微铣削黄铜已加工表面层晶粒

微加工表面特征受晶体取向的影响有三种情况:①非结晶材料的切削;②单晶体切削;③多晶体材料切削[43-45]。

在钢等多相材料的微切削中微结构对加工质量的影响更为显著。正常状态下钢结构中珠光体和铁素体具有不同的硬度及韧性,将影响切削的稳定性,使得微切削更加困难。由此,有人提出在碳化物细小且分布均匀的硬化状态下对钢进行切削[46]。材料中存在多个不同的相也会影响微切削表面形成。Vogler等人[22]考察了复相球墨铸铁微切削加工的表面粗糙度值(Ra),通过改变切削条件进行切削试验,发现复相球墨铸铁表面粗糙度值高于单相铸铁。Vogler等人认为复相球墨铸铁表面粗糙度增加的原因是刀具经过不同相时形成了断续切屑。

8.3　刀具几何、磨损与变形

微端铣刀具磨损很大程度上取决于钴和碳化钨晶粒间的结合性质。微型刀具中的碳化钨晶粒平均尺寸为400～700nm,往往随机地分布于钴基体中。硬质合金微型刀具的磨损主要是由于较硬的碳化钨晶粒从钴基体移出[33],这与磨削时刀具的磨损非常相似。磨损量依赖于结合强度、几何形状、切削轮廓(刀具作用于工件的部分),以及一些微弱的热效应。

在某些切削条件下刀具会发生崩刃现象,甚者经常无法预料,主要是裂纹在高应力区扩展引起的。碳化钨基体中的断裂机制为:①穿晶断裂;②穿过钴黏结区断裂;③沿着钴与碳化钨间界面断裂;④沿碳化钨晶界断裂。如图8.4所示。

1—穿晶断裂
2—穿过钴黏结区断裂
3—沿着钴与碳化钨间界面断裂
4—沿着碳化钨与碳化钨间界面断裂

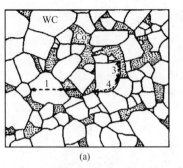
(a)

(b)

图 8.4　（a）碳化钨断裂机制；（b）已磨损微型刀具（直径 250mm）。

8.3.1　微型刀具几何形状与涂层

刀具的几何形状似乎是限制其加工性能的主要壁垒。传统的磨削可以加工刃口半径为 1 ~ 2mm 的刀具,但是,在微切削过程中为保证刀具变形最小,正常的每齿进给率应小于 1mm[9,48]。

Fang 等人[49]对不同几何形状的微端铣刀具加工性能进行了研究,共有三种类型,即两齿端铣刀（商用）、三角形端铣刀（△ – 型）和半圆形端铣刀（D – 型）,如图 8.5 所示。

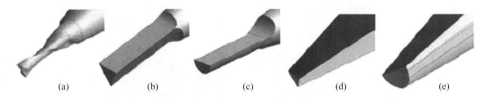
(a)　　　　　(b)　　　　　(c)　　　　　(d)　　　　　(e)

图 8.5　各种类型平顶微端铣刀几何形状
（a）带螺旋角两齿端铣刀；（b）△ – 型直体端铣刀；（c）D – 型直体端铣刀；
（d）△ – 型锥体端铣刀；（e）D – 型锥体端铣刀。

关于刀具变形的分析,主要针对具有锥体形的三角形和半圆形两种端铣刀。试验结果表明,在较低主轴转速（20,000r/min）和进给（ < 120 mm/min）的情况下,三种类型的刀具均能正常工作。随着主轴转速增加,两齿端铣刀无法进行切削甚至折断,然而,三角形和半圆形两种端铣刀仅出现缺口和磨损但不会发生断刀现象,说明三角形和半圆形两种端铣刀的刚度要高于两齿端铣刀。三种类型端铣刀中△型的刚度相比其他两种类型要高得多,但加工质量相对较低[49]。另外,对其他几何形状的刀具的失效也进行了研究,如图 8.6 所示。对比分析表明,D – 型端铣刀因具有较高的刚度和加工质量,更适于微小零件的制造。

Schmidt 和 Tritschler[50]提出聚焦离子束可用来进行刀具的刃磨,并利用离子铣工艺制造了硬质合金微型端铣刀。但是,使用该刀具进行加工时出现了毛刺,结果并不理想。如果对切削参数进行优化则可以获得较好的加工效果。

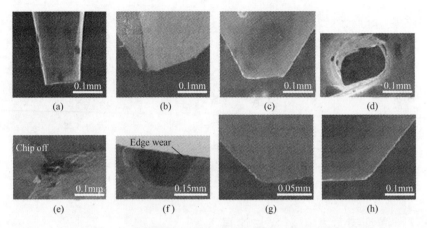

图 8.6　机械微加工中各种几何形状刀具的失效

（a,d) 0.1mm 直径两齿端铣刀；(b,e,g) △ - 型 0.1mm 直径锥角
70.5°端铣刀；(c,f,h) D - 型端铣刀。

目前使用的微铣刀采用与宏观铣刀相同的几何形状,并设想宏微观切削的运动学和切屑形成相类似。然而,微切削并非宏观切削的完全缩小形式,因此,微型刀具的设计在一定程度上与宏观刀具有所不同。另外,诸如前角、螺旋角等结构细节难于进一步微小化。基于这些原因,Fleischer[51]在考虑微切削机理的基础上设计了微型刀具(见图 8.7)。由于微型刀具的制造公差通常大于每齿进给,将引起较高切削力、严重磨损和崩刃,因此提出采用单刃微型铣刀,并

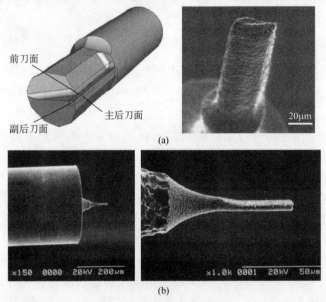

图 8.7　微型刀具

(a) 50mm 直径[51]；(b) 10mm 直径。

选取通过有限元分析证明具有最高刚度的半圆形几何形状。利用线电极放电磨削法(WEDG)成功制造了所设计的微型铣刀。但是,由于刀具制造中产生的缺口和较大的刃圆,加工结果表明毛刺增加。同时,螺旋线也没有得到优化。

众所周知,涂层可提高刀具性能。正常情况下涂层刀具在使用寿命和表面加工质量上要优于无涂层的刀具。然而,对于微切削刀具进行涂层存在一些困扰。涂层将加大刀具的几何尺寸,尤其是刀具刃口钝圆半径,这些都是影响微切削刀具的关键因素。

Heaney 等人[53]的研究表明可采用平均尺寸为 30~300nm 的细晶粒金刚石在 WC 微型端铣刀表面进行涂层,如图 8.8 所示。经过金刚石涂层的刀具性能在 6061-T6 铝合金的切削中得到了极大改进。与未涂层刀具相比,采用细晶金刚石涂层刀具进行切削,沿切削方向的力和总切削力分别减少了大约 90% 和 75%。只要涂层保持完整,就不会形成切屑黏结。而且,涂层刀具切削加工表面均匀且无毛刺。

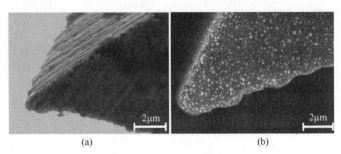

图 8.8　刀具刃口对比
(a)无涂层 WC 刀具;(b)细晶金刚石涂层刀具。

Aramcharoen 等人[54]研究微铣刀涂层材料的效应时发现,与无涂层铣刀相比,经 CrTiAlN 涂层的硬质合金端铣刀切削时磨损减少、表面加工质量有所提高。为比较不同涂层材料对硬质合金微铣刀的影响,进行了 H13 工具钢切削试验。首先,在两齿硬质合金微铣刀上,采用 TiN,TiCN, TiAlN,CrN 和 CrTiAlN 等材料通过物理气相沉积法(PVD)进行厚度为 1.50μm ± 0.15μm 的涂层,利用不同涂层的刀具在相同条件下进行切削来评价其加工性能。结果表明,在刀具磨损和崩刃的减少、表面粗糙度改进及毛刺尺寸降低等几方面,TiN 涂层的性能都是最优的。另外发现,在切削初期在表面光洁度方面涂层刀具并未显出优势。因此,为使硬质合金涂层微型铣刀的性能得到更好的改进,应采用超细晶粒涂层或自润滑、低摩擦涂层。

8.3.2　微切削刀具磨损机理

磨损是切削中非常关键的问题。很小的磨损就有可能磨掉一个微型刀具切削刃的一半,直接的结果是另一个切削刃上切削力成倍增加,从而导致刀柄中的应力增大和刀具破损。Rahman 等人[55]通过纯铜的铣削研究了刀具的磨损,微铣刀后刀面磨损如图 8.9 所示。研究发现侧切削刃与副切削刃间的角部产生了非均匀磨损,而且多数刀具在出现严重磨损前已经失效,另外,螺旋角很关键,当选用 25°螺旋角时刀具寿命得到极大提高。同时刀具寿命也随着切削深度的增加而延长。

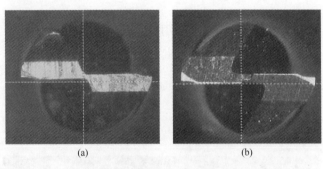

(a)   (b)

图 8.9　直径 1mm 的微铣刀加工纯铜时典型后刀面磨损
(a) 25°螺旋角细晶粒 WC 微铣刀;(b) 30°螺旋角细晶粒 WC 微铣刀。

Malekian 等人[56]认为机械微切削中导致刀具磨损的主要因素可归结为如下几个方面:工件材料的回弹;动态变形;刀具跳动;低进给非稳定性。回弹不仅使切削力增大,而且导致刀具后刀面与工件间的接触面积增加,这会引起后刀面更大程度的摩擦和研磨而使得磨损也更严重。由于刀尖的动态响应以及刀具跳动引起刀具变形将产生多种形式的刀具磨损。这是因为当刀具产生变形时,切削过程变得不均匀,一些切削刃每转进给相对较大从而切除更多的工件材料,导致这些切削刃上的切削力变大,磨损也就更快。另外,当进给率较低时刀具振动将引起从剪切向耕犁转变,从而产生对刀具的间歇式冲击,易引起刀具崩刃甚至破损。

在机械微加工中不希望产生刀具磨损,而更重要的问题是避免刀具破损。在宏观机械加工中,刀具逐渐磨损进而影响表面加工质量,最终导致刀具破损,在机械微加工中与此不同的是,即便是刀刃钝化(材料损失或堆积)或者切屑阻塞都会引起微型刀具的破损。Tansel 等人[57]研究了微铣削磨损的影响,发现当微端铣刀产生磨耗时将很快被损坏。主要原因是钝化的刀具引起超过微径铣刀强度的应力。König 等人[58]揭示了微钻削时刀具失效的主要原因是切屑阻塞。

8.3.3　动态载荷下刀具刚度和变形

微型刀具,尤其是微端铣和微钻削刀具,由于具有较高的长径比而容易产生变形。因此,与宏观切削相比,在机械微加工中与精度有关的问题显得更为

194

突出。

在制造微铸造和微成型的模具时,常常使用长径比(刀具长度和刀径之比)较高的微端铣刀具。然而,长径比越高,刀具变形越大,从而影响几何特征精度和公差。如图8.10所示,由于刀具变形使得特征精度产生了严重的偏差[43]。

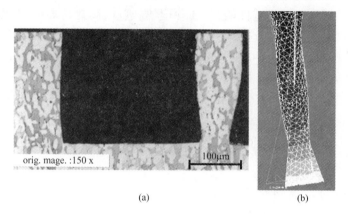

(a)   (b)

图8.10   刀具变形对几何精度的影响

(a) 微端铣刀加工的微槽横截面;(b) 微端铣刀 FEA 屈曲分析。

Dow 等人[48]认为在加工特征尺寸很小的微模具时应该对刀具变形进行补偿。这种长度较大直径很小的(直径 < 1 mm)端铣刀在加工较高长径比的特征尺寸时由于变形将会放大加工误差,而球形铣刀会使这一问题更加严重,因为切削力可能作用在刀尖上不同的点和方向上。由于刀具在径向和轴向的刚度差别很大,同样的作用力会产生不同的变形。Dow 等人提出了结合刀具刚度的切削力模型进行刀具变形的计算,变形为切削厚度、每齿进给量和零件几何形状的函数,如图8.11所示。

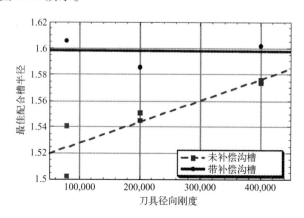

图8.11   微端铣切削力模型中刀具变形补偿[48]

8.4 微车削

微车削大多采用金刚石刀具进行加工(通常称作超精密加工),一般用于加工用于光学和其他领域的具有高几何精度的微小表面[12, 13, 59-64]。金刚石作为刀具材料具有显著的优越性能,如高硬度、高刚度、高热传导率、低摩擦(空气中)和较好的化学惰性。这种化学惰性在遇到易于吸收碳原子的工件材料时不再成立,这些内容将在8.4.1中详细阐述。金刚石将很容易被这些工件材料吸收,除非大大降低扩散率,如低温冷却[60, 65]。

元素中没有不成对 d 壳层电子的材料可采用金刚石刀具切削,包括铟、锡、铅、锌、钚、镁、铝、锗、银、金、铜、铍、硅。具有成对 d 壳层电子的元素则不能用金刚石刀具切削,包括铀、镍、钴、铁、钛、铬、钒、铑、钌、铌、钼、钽、铼、钨[59, 60, 66-68]。

8.4.1 作为刀具材料的金刚石

有三类金刚石被用于制作切削刀具。天然单晶金刚石相对昂贵,由于具有多晶向而产生不同的切削效果,并且含有杂质。尽管如此,单晶金刚石还是大量用于相容材料的超精加工。单晶金刚石刀具使用时焊接在钢制刀柄上。对于不同精度的刀刃和尺寸价格变化很大(刀具刃口钝圆半径小于 $0.5\mu m$),典型的单晶金刚石车刀的造价达到几百甚至几千美元[59,60,66-69]。

多晶金刚石由微小金刚石颗粒(几微米到几十微米量级)与钴黏结剂混合而成,形成了金属/陶瓷型的混合物并烧结成刀具形状,并且也是焊接在钢制刀柄之上。多晶金刚石不用于光学应用的单点车削,因为其材料去除主要靠磨削而不是传统的切屑,这将导致表面更加粗糙和形成"霾",但多晶金刚石砂轮用于磨削加工。多晶金刚石一般要比其他刀具材料昂贵[59,60,66-68]。

使用人造金刚石的重要之处是杂质可控。多年来已发现天然金刚石中的杂质与刀刃磨损率的变化密切相关。人造金刚石是更加可控和可预见的刀具材料,然而作为刀具材料,其造价要比天然金刚石高出好几倍[60,65]。

金刚石具有作为刀具材料的很多可取之处,如硬度最高,能够使其他材料产生变形。但是,其脆性使得金刚石在所有切削中并不令人满意,尤其是在断续切削中。与工具钢相比金刚石拥有很高的弹性模量,使其具有较高的比刚度,而在承受高切削力时产生较小的变形。较小的刀刃变形有助于保持精密切削。金刚石的临界拉应力与高强度钢相当,即使在高温下金刚石转变成石墨仍能达到这样高的强度。通过多年的加工经验,已经鉴别出哪些材料是否适于金刚石刀具加工。易于但不限于采用金刚石刀具加工的材料包括:铝、铜、金、银、锡、无电镀镍,以及大多数塑料,聚碳酸酯氟塑料(如聚四氟乙烯)、丙烯酸树脂

（如 PMMA、苯乙烯、丙烯）、硅、锗、铌酸锂、硫化锌、砷化镓、碲化镉[36,59,60,65-68]。

脆性材料即便在没有裂纹扩展时也不能承受较大的拉应力，这是脆性晶体和延性金属间的一个根本区别[70]。为减少晶体加工表面的残余裂纹，经常采用称作延性域加工方法的技术。这种方法利用非常小的切削厚度来降低在已加工表面中引起的拉应力。如果拉应力引起的局部应力强度因子大于其临界值，将产生微尺度下的不连续性裂纹，或者如果已经存在裂纹的话将导致其扩展。因此，为保持足够低的应力集中程度，通常要求切削厚度小到亚微米至纳米量级。

难以采用金刚石刀具切削的主要是引起崩刃以及能溶解金刚石的工件材料。这些材料包括：镍基合金、铍合金、黑色金属合金（不锈钢、钛合金和钼合金）。在低温下能够使这种溶解变得缓慢从而延长刀具寿命（通常为 - 1500℃的液化氮温度）。在这样的温度下材料的强度和弹性模量增加而热传导率显著下降[69]。

在空气中与很多材料相比金刚石具有非常低的摩擦系数。对于金属而言，测试表明摩擦系数是滑移速度的函数。Bowden 与 Freitag[71]测试了金刚石和铜之间的摩擦，结果表明摩擦系数在 100 m/s 的滑动速度时呈几乎跳跃式增加，摩擦系数大约从 0.03 变为 0.05。在金刚石和铬间进行同样测试，摩擦系数也表现出突变，在 200 m/s 的滑动速度时从 0.06 变为 0.4。然而在较高的速度下观察到镀有铬薄膜的金刚石比铬自身间的摩擦系数要大。金刚石刀具切削塑料时的磨损率要比切削铜时高几倍，这主要归结于切削塑料时较低的热传导率导致局部较高的温度[12,13,61]。

8.4.2　金刚石微切削

金刚石微切削被认为是一种精加工，而且金刚石刀具通常具有零度名义前角。在金属中，很小的（1°，2°）负前角能够改善表面的粗糙度，而在塑料中很小的正前角具有相同的效果。主后角一般与传统切削相同，在 6° ~ 10°范围[12,13,61,69]。

微车削参数与宏观情形有很大区别。在微车削操作中，对于金属材料，由软的铜和铝到硬的钢、钛和镍，粗加工时的径向切深一般在 50 ~ 15μm 范围[12,13,61]，而对于塑料的粗切径向切深一般在几百微米的量级。粗进给通常在 10 ~ 40μm/转。对硬金属的精加工切深一般在 1μm 左右，软金属在 3μm 左右，塑料一般在 15μm 左右[36,59,60,65-68]。

金刚石刀具加工的光学性能表面通常具有较低粗糙度（$Ra < 5nm$）。光学系统一般采用玻璃制造，能够承受大量物理伤害而无擦痕，然而利用金刚石刀具加工的金属，尤其是铜和铝，太柔软而且易受到物理和化学的损伤，如图 8.12所示。

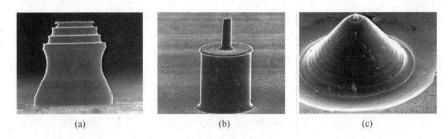

图 8.12　金刚石车削微小机械零件

（a）车削微米尺度轮廓；（b）变直径微小轴；（c）非球面压模。[72]

8.5　微端铣

机械微加工因为能够适于生产微小功能零件而获得了强劲的发展势头，其中，利用数控机床进行的微铣削成为了有效的加工方法。微铣削可以利用金属、陶瓷以及塑料制造大多数三维微小零件，而且具有可接受的精度[6,8,9,62,67,73,74]，如图 8.13 所示。

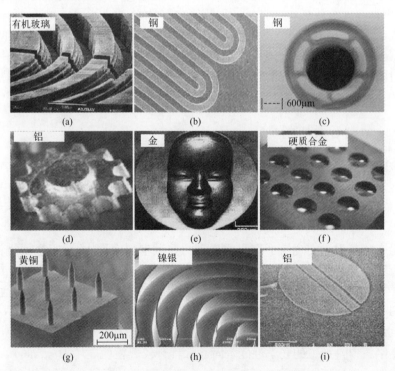

图 8.13　高精度微铣削零件和微结构实例

（a）微沟槽；（b）微反应器（感谢弗朗霍夫研究员产品技术中心）；（c）微模具；（d）微齿轮；
（e）3D 微机械部件 Noh‐mark；（f）微凸起阵列；（g）微针形阵列；（h）微薄壁；（i）核聚变靶箔。

采用平头或球头铣刀进行高转速微铣削,能够实现较好的加工精度和较低的表面粗糙度,尤其是利用最近开发的数控微小机床进行加工,即使特征尺寸小到 $5 \sim 10 \mu m$ 时,也能获得较高的去除率[9,75,79]。

市场上就可以买到直径可小到 $25 \mu m$ 的微端铣刀具(平头或球头),大多数为碳化钨钴基合金制造。有些零售商甚至能提供 $5 \mu m$ 直径的微端铣刀具,用来加工用于注塑成型的工具钢微模具[25,46,50,80]。

通过采用对各种材料的高去除率可提高微铣削生产率,然而,也会随之产生尺寸精度、表面质量和刀具效能(可能出现突然失效)等问题。目前,涂层及非涂层硬质合金微铣刀均用来加工注塑和微成形模具,工件材料为工具钢。

具有微小尺寸特征零件制造的兴起,引起了人们对微铣削动态特性及相关力学的研究,揭示出了微铣削动力学与传统铣削的区别并由此提高其加工效率[81-83]。虽然在运动学方面相同,但微铣削与传统铣削间仍存在基本的差别,即操作的尺度不同。在微铣削中每齿进给与刀具直径之比要远大于传统铣削,这将导致对切削力的预测错误[81]。微米级刀尖跳动在传统铣削中是可接受的,而在微铣削中就会严重影响加工质量[82]。由于刀具运动行为的高度不可预测,微型铣刀易产生突然失效[83]。微铣削时切屑形成取决于极限切削厚度[20],即便刀具和工件均实现了进给也不能保证始终产生切屑,而传统铣削不存在这种现象[32,84]。相比于传统铣削,刀具变形将更严重地影响切屑形成和表面质量[48]。

8.5.1 微型铣刀

制造微型铣刀主要采用的材料为烧结碳化钨(也有一些为高速钢)[85],由大约 75% 的 WC 细晶粒(约为 $0.4 \mu m$)嵌入 15% 的钴黏结剂中形成,如图 8.14

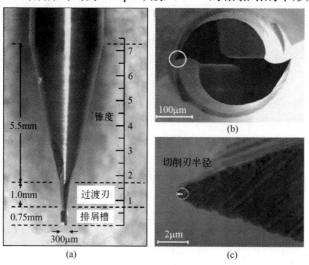

图 8.14　(a) 直径 $300 \mu m$ 的典型微端铣刀光学图像;(b) 刀具角部刃圆直径 SEM 图像。

所示。由于金刚石磨削难以生成小于硬质合金晶粒直径的切削刃,通常所制造的硬质合金微铣刀刃口钝圆半径在 1.5 ~5μm 之间[86,87]。刀具刃口钝圆半径的相对尺寸对于机械微切削效率和整个刀具性能具有重要意义,如下所述。

当切削厚度与刀具刃口钝圆半径在尺寸上相当时,刀具刃口钝圆半径(通常为 1.5~5μm)及其沿刀刃分布的均匀性对切削具有非常重要的影响[61,88]。微铣削过程中,由于切屑与刀具刃口钝圆半径尺寸处于同一量级,因此会导致尺寸效应和严重的耕犁力[22,23]。

8.5.2　微铣削力学

就加工过程特征而言微铣削与传统铣削基本相同,唯一区别在于刀具的尺寸。微铣削仍然是一种柔性的机械加工方法,能够加工诸如铸模型腔等的三维复杂形状。但是,为了顺利地加工机械微小零件除了采用微细铣削之外,还需要高主轴转速、高机床精度和低振动。有些因素在宏观铣削中可以忽略而在微铣削中却显得非常重要,主要原因在于微加工过程的动态特性及相关力学问题。因此,为顺利实现微铣削加工,掌握其动态特性及相关力学是十分必要的[89,90]。

导致微铣削与宏观铣削动力学之间存在基本差别的主要因素是:切削过程、刀具几何参数以及材料特性。

微铣削中,每齿进给与刀具半径之比要高于宏观铣削。限于刀刃的结构强度,目前的制造方法难于利用 WC – Co 加工出具有锋利刀刃的微型铣刀。广泛应用的铣刀一般具有 1.5 ~5μm 的刀具刃口钝圆半径。当刀具直径减小时其刚度也会变小,这将导致刀具在较大切屑时产生变形而突然破损。因此,尤其在微铣削中,每齿进给形成切屑被限制在几微米。低速进给时,最初在超精金刚石切削中发现的众所周知的尺寸效应[20],在微铣削中将变得非常突出。比切削力也基本上取决于切削厚度与刀具刃口钝圆半径之比。

刀具刃口钝圆半径和较小的每齿进给使得极限切削厚度现象在微铣削中占有主导地位。可通过观察刀具相对工件进给产生的切屑来观察极限切削厚度。在完全浸入式微铣削中,切削厚度 $t_u(\phi)$ 从 0 变化到每齿满进给时的 f_t,如图 8.15(a)所示,描述了刀具在刀尖处随工件进给时,切削厚度由很小逐渐增大的过程。达到极限切削厚度即切屑形成时的刀具旋转角度(ϕ)称为切屑形成角,如图 8.15(b)所示。

因此微铣削中极限切削厚度(t_{cmin})可定义为在一定旋转角度的切削厚度大于这一临界值($t_u > t_{cmin}$)时能产生切屑。在精密金刚石车削中,刀具锋利程度可达到纳米量级而且切削厚度为常数[21,61],而微铣削过程将受到刀具刃口钝圆半径(r_e,通常大于 1μm)的严重影响,如图 8.16 所示。当刀具未旋转到一定角度即切削厚度达到临界值时,工件中引起的变形主要为弹性变形,不能形成切屑。微铣削中较小的刀具刃口钝圆半径会较快达到极限切削厚度,而较大的半

200

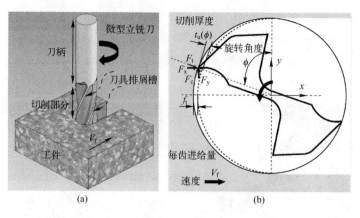

图 8.15 （a）完全浸入式微端铣加工；（b）完全浸入式微端铣切屑厚度和平面力。

径会引起耕犁。Kim 等人[84]通过试验确定了极限切削厚度取决于切削厚度与刀具刃口钝圆半径之比，对于金属材料而言比值为 10% ～25%。Liu 等人[30]计算了极限切削厚度并利用 $\lambda = t_{cmin}/r_e$ 将其表示为刃圆半径的函数，研究发现，在较大范围切削速度和刀具刃口钝圆半径的切削实验中，6082 - T6 铝的微铣削中极限切削厚度与刃圆半径之比为 35% ～40%，AISI 1018 特种钢比值为 20% ～30%。

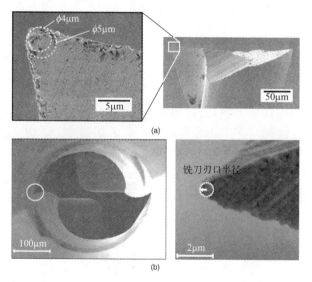

图 8.16 （a）硬质合金刀具较大切削刃和刀尖半径 SEM 图；（b）500μm 直径微端铣刀刃圆半径(r_e)。

8.5.3 微铣削数值分析

为深入理解物理过程，Dhanorker 与 Özel 对微铣削过程进行了有限元仿真分析[8],如图 8.17 所示。有限元分析的主要目的是考察微结构变形及尺寸效应。他们对微铣削中的塑性变形、白带形成、亚表面改变以及残余应力进行了模拟。另外,利用有限元仿真能够对微铣削刀具几何参数以及切削参数进行优化。

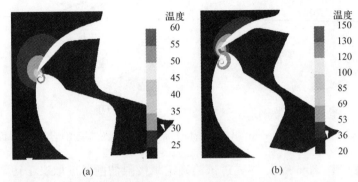

图 8.17　微铣削 FEM 模拟(彩图见书末插页)
(a) AL2024 – T6 铝合金;(b) AISI4340 钢。

Dhanorker 与 Özel[8] 以计算力学为基础对 AL2024 – T6 铝的微铣削进行了有限元模拟分析,预测了刀具旋转了 65°时产生的弯曲连续切屑,如图 8.17(a)所示。在同样的切削条件下,对 AISI 4340 钢模拟了旋转角为 53°的完整切屑,如图 8.17(b)所示。预测的温度分布如图 8.18 所示,同样的切削条件下,AL2024 – T6 铝的最高切削温度大约为 60℃,AISI 4340 钢为 150℃。Dhanorker 与 Özel 认为,由于切屑厚度很小使得温度远低于介观尺度铣削的情形,同时,在宏观高速铣削中通常是与温度相关的加速磨损导致刀具失效,相反,在微铣削中与温度相关的磨损并不明显,如图 8.18 所示的温度分布预测可以作为有力的证明。他们认为,由于耕犁和剪切更替引起的切削力波动也是微铣削中刀具失效和破损的主要因素[8]。

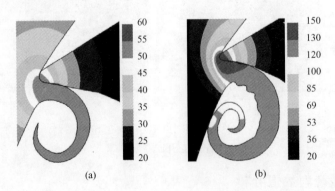

图 8.18　微铣削过程中切削区域温度(℃)分布预测(彩图见书末插页)
(a) AL2024 – T6 铝;(b) AISI 4340 钢。

在另外的研究中，Özel 和 Liu[91] 利用 Liu 等人[30] 提出的分析模型考察了 2024 – T6 铝微铣削时刀具刃口钝圆半径对极限切削厚度的影响，在分析中，在给定刀具刃口钝圆半径、进给率和表面切削速度的情况下，利用材料模型和滑移线估测了极限切削厚度。

Özel 和 Liu[91] 对 AISI 4340 钢的极限切削厚度与刀具刃口钝圆半径之比进行了估测，当刀具刃口钝圆半径为 $1 \sim 5\mu m$，切削速度在 $120 \sim 360m/min$ 范围时，比值为 $30\% \sim 36\%$，对于 AL 2024 – T6 铝而言，比值为 $42\% \sim 45\%$，如图 8.19 所示。

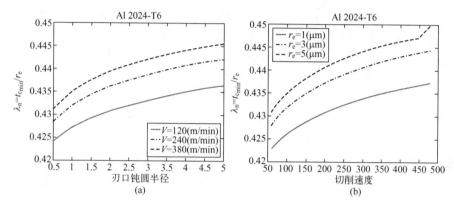

图 8.19　微铣削 AL2024 – T6 铝极限切削厚度预测
（a）刃口钝圆半径变化；（b）切削速度变化。

达到极限切削厚度并形成切屑的特定刀具的旋转角度称为切屑形成角（CFA）[91]。与 AISI 4340 钢相比，AL2024 – T6 铝微铣削的 CFA 要大，如图 8.20 所示。可能的原因是 AISI 4340 钢具有更高的弹性模量，在这种情况下，刀具的弹性变形更小，因此在较小的切削厚度时即产生塑性变形[91]。

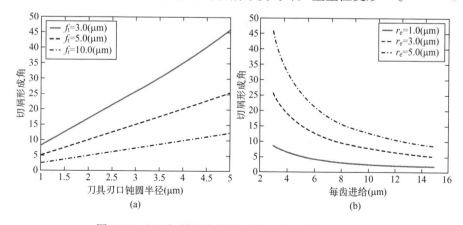

图 8.20　（a）切屑形成角随刀具刃口钝圆半径的变化；
（b）切屑形成角随每齿进给的变化（AISI 4340 钢）[91]

总而言之，Özel 和 Liu 的研究表明，刀具刃口钝圆半径为 1～5μm，切削速度在 120～360m/min 范围时，对于 AL2024－T6 铝来说，极限切削厚度与刀具刃口钝圆半径的比值为 42%～45%，AISI 4340 钢为 30%～36%。同时，在微铣削条件下确定 CFA 及其变化[91]。另外，当刀刃磨损或变钝时，由于耕犁占主导以及侧向塑流将导致微铣削表面的毛刺和粗糙度增加[26]。

8.5.4 微铣削动态特性

虽然微铣削与宏观铣削在动态特性方面相似，但是，高速旋转时的刀具跳动、刀具刚度低以及剪切滑移和耕犁交织等导致非线性的切削力，使得微铣削动态特性成为表面形成误差及刀具性能的重要影响因素。对微铣削中的动态切削力已有一些研究[89,90]，主要的局限在于力传感器及测力计的频率带宽小于高转速下刀刃通过的频率[8,33,56,93]。

各种传感器如声发射、加速度计、力传感器等广泛应用于微铣削中刀具磨损、破损监测和稳定性域图的确定，如图 8.21 所示。众所周知，频率带宽 <1kHz 的力传感器不适于监视微铣削过程，因为转速在 50000～150000r/min 的微铣削刀刃经过频率为 1～5kHz 的量级。但是，带宽为 100kHz～1MHz 的声发射传感器远高于刀具经过频率，并且信号质量不受微铣削过程动态的影响[33,56,93,94]。

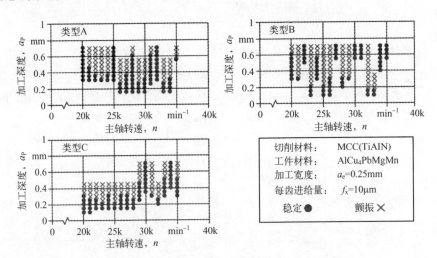

图 8.21 采用 1mm 直径微铣刀加工稳定性域图

8.5.5 微端铣工艺规划

由于微切削的复杂性，传统铣削过程的工艺策略不再适于微铣削过程[95]。随着进给率的增加切削力很容易使脆弱的微铣刀折断。刀具路径规划和加工参数选取都是非常重要的[96]。另外,低速进给有可能达不到极限切削厚度。因此,为实现高效微铣削需要先进的加工工艺策略[91]。

Özel 和 Liu [91]提出了成功实现金属模具空腔微铣削加工的工艺指导原则。对于各种刀具刃口钝圆半径,分析了加工参数(每齿进给、轴向切深、主轴转速)与加工质量的关系。他们介绍了一系列粗、精加工工艺,以实现预定的加工质量的详细规范。

在他们的研究中,首先考察了机床加工能力可达到的最大进给率。微小零件的制造涉及到进给驱动在短距离内实现很多分段运动,在进给驱动从 0 加速到规划的每齿进给率 f_t 以及从 f_t 减速到 0 的过程中,可实现更小的分段运动距离。最大可达到的每齿进给(f_{tmax})定义为在加速和减速过程中采用分段运动距离的 10%。限制最大每齿进给(f_{tmax})的主要因素:进给驱动加速能力(a);切削分段长度(d);主轴转速以及微铣刀齿数[91]。

图 8.22 所示为在不同主轴转速和分段距离时的最大每齿进给,假定进给驱动加速度为 $1g(9.8 \mathrm{m/s}^2)$。可以看出,最大每齿进给随主轴转速和分段距离 d 的增加而减小。对于 40000r/min 的主轴转速和 2mm 分段距离,在这个研究实例中,最大可达到的进给率为每齿 $33.5 \mu\mathrm{m}$ [91]。

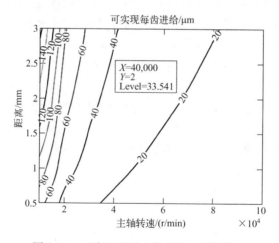

图 8.22　可实现的最大每齿进给等值线图

为了有助于加工工艺的规划,对 2024 - T6 铝粗、精加工在时域内进行模拟。粗加工的目的是限定切削力以避免刀具破损,同时实现材料去除率最大化,图 8.23 所示为垂直进给方向峰谷力等值线图。注意到,进给率在每齿 $5 \sim 10 \mu\mathrm{m}$ 范围内,当轴向切深(ADOC)超过 $140 \mu\mathrm{m}$ 时峰谷力随 ADOC 增加而迅速增大。这一区间的进给率很可能就是低速进给出现非稳定的范围。另外,峰谷力对于 ADOC 的增加比进给增加更为敏感。由于 ADOC 和每齿进给均与材料去除率成正比,限制切削力并保持高 MRR 的优化策略为采用低 ADOC 和高进给率。如,限定切削力低于5N，ADOC 为 100μm，进给率为每齿 20μm 是好的选择[91]。

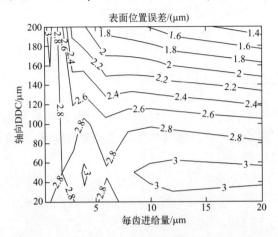

图8.23　微切削 Al 2024 – T6 峰谷力（N）等值线图

　　精加工的目的是尽量减小成形误差，由表面局部误差（SLE）来衡量。在所有的模拟中，考虑主轴跳动为 3μm，引起 3μm 的过切。图 8.24 所示为在每齿进给和 ADOC 平面内的 SLE 等值线图。与切削力情况相似，局部误差也是对 ADOC 更加敏感。由于存在主轴跳动，局部误差在所考察的条件下均为正值（过切）。刀具振动可抵消一部分由于主轴跳动引起的 SLE。另外注意到，在图中右下角，存在一个 SLE 为 3μm 的等值线，意味着在这些条件下（f_t = 10 ~ 20 μm，ADOC = 30 ~ 60μm），SLEs 不受刀具振动的影响。如果主轴跳动能够精确测量并补偿，则前述加工条件很可能成为减小成形误差的最佳加工工况。通过上述分析，可清楚看到，主轴跳动在 SLE 中占主导地位。因此，在微铣削加工中，开发在线主轴跳动检测技术对于改进加工精度非常关键[91]。

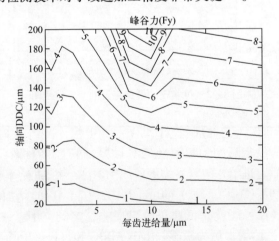

图 8.24　Al 2024 – T6 铝抛光表面局部误差等值线图

8.6 微钻削

微孔加工方法包括 EDM、超声加工、激光束加工、电化学加工以及机械微钻削等,其中机械微钻削应用较为广泛,能够在短时间内加工出具有较好圆柱度、直线度和表面粗糙度的微孔。尤其能加工具有很多孔的零件,如喷嘴、偏振片和掩模。

机械微钻削广泛用于具有很多通孔的印刷电路板(PCB)的制造。虽然存在其他可替代方法,如激光或 EDM 钻削,但在加工 PCB 时孔的质量和精度很低,难以达到要求[97]。

微钻削在陶瓷加工中也有重要的应用。带有许多微孔的陶瓷板具有多种用途,如催化转换器、过滤器、电子放大用微通道板、电绝缘器以及集成电路热传导器。Lee 等人[97]研究了陶瓷生坯上深孔的微钻削加工,所采用的钻头为硬质合金,表面通过镍电沉积 1000 目金刚石磨料,如图 8.25 所示。钻削时使用了润滑剂降低切削温度和去除铝粒子切屑。进给率为 10 ~ 80mm/min,主轴转速为 150000r/min。结果表明由于磨粒磨损和切屑负载,微钻削刀具寿命随进给线性下降。

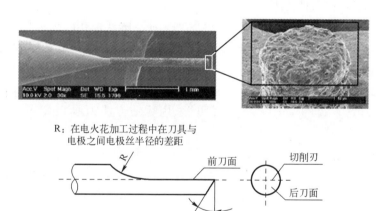

R:在电火花加工过程中在刀具与电极之间电极丝半径的差距

图 8.25　金刚石磨粒微钻削

Egashira 和 Mizutani[98]在脆性材料单晶硅上实施了微钻削加工。利用电火花线切割(WEDG)加工了 D 形截面硬质合金微型刀具,刀具刃口钝圆半径为 0.5μm。通过使用自行设计制造的微钻削刀具和利用韧性范围切削模式,可实现最小为直径为 6.7μm 孔的加工。另外,他们利用该技术实现了直径为 22μm,深为 90μm 的深孔加工,如图 8.26 所示。

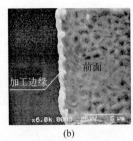
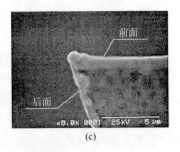

(a)   (b)   (c)

图 8.26　电火花线切割磨削制造微钻削刀具

与微钻削相关的重要问题有 3 个：切削力增加、钻头漫游运动以及刀具破损。钻头进入工件内一定量，切削力就相应增大。切削中产生切屑时刀齿和切削表面的摩擦是切削力增加的主要因素，结果导致长径比较大的深孔加工变得困难。微钻削在入口状态比宏观钻削受到更大的刀具漫游运动的困扰，通常需要较长的时间使刀具漫游运动稳定下来。也许，刀具破损是机械微钻削最严重的问题，尤其是加工深孔的时候。因为微钻削刀具刚度较低，在孔中切屑阻塞倾向严重，刀具破损时有发生，给制造者带来很多问题。另外，切削液的使用似乎对微钻削不起作用，切削液不能穿透进入切削区域以减小刀具和切屑间摩擦和降低切削温度。简言之，微钻削中孔内由于摩擦和切屑阻塞导致的轴向切削力增加和温度升高，使得刀具过早破损。

为提高微钻削刀具寿命，啄式钻孔受到关注。啄式钻孔已在宏观钻削中得到了成功的应用，尤其是深孔加工。为了有利于切屑去除和刀具冷却，这种方法采用间歇式进给进行孔加工。Kim 等人[99]引入啄钻方法在钢材中进行微深孔加工，并对轴向力信号进行监测。通过监控系统，合适的单步进给长度（OF-SL）取为刀具直径的 1/10。结果表明，采用啄钻方法刀具寿命得到了极大提高。

尽管啄式钻孔能提高刀具寿命，但与连续钻削相比生产效率低，因此，Cheong 等人[100]提出了通过控制主轴转动频率的方式来提高机械微钻削生产效率的方法。他们创建了滑移模式控制算法，该算法能够利用主轴角速度来估测钻削中扭矩变化，从而采取相应的控制。由于切削力增加得到控制，刀具寿命、刀具运动漫游稳定性和孔定位都得到了提高。

8.7　微磨削

微磨削是通过机械力进行材料去除的技术，它适用于具有非常好的表面精度和粗糙度的零件生产。就应用而言，微磨削典型的应用是加工圆柱形零件、微小尺寸沟槽和低粗糙度平整表面[2]。微磨削在零件制作上的应用包括时钟共鸣器,电子数据记录器件用的铁件,引擎和轴承用陶瓷件,锗非球面,以及在光学红外窗口的应用,如光纤光栅、光纤引线、透镜、色散补偿、光学互联[101]。与其他机械微加工方法相比,微磨削的优点是能够加工硬脆材料。例如,微磨削是加工硬质合金微铣削刀和微钻头的常用技术。另外,很多硬脆材料具有较低导电性和好的化学抵抗,如陶瓷,因此不宜采用电化学加工。

微磨削通常采用的工具是砂轮,包含基体和磨料。磨料类型、磨粒尺寸和基体材料的变化取决于工件材料和磨削目的。保持磨削深度小于100nm可获得峰谷差小于10nm的粗糙度[102]。可以通过两种方法完成上述加工。一种方法是利用超细磨粒的砂轮,可通过开发沉积技术来实现。另一种方法是保持小的磨削深度。这种方法可以使用粗磨料砂轮,但是要求机床精度较高,而且要对砂轮进行精准修整。特殊的砂轮修整技术,如 Ohmori 和 Nakagawa[103] 提出的在线电解(ELID)技术,能够成功控制砂轮表面磨粒的凸出。

传统超精密磨削可以达到纳米级公差和表面粗糙度,因此,可以用来实现平面和曲面的微磨削。然而,对于某些形状的微磨削还具有一定的局限性,如沟槽。砂轮最小刀尖半径受到磨粒大小的严重影响,因此在加工凹入的 V 形沟槽时有一定的圆弧形。磨削刀具的厚度和直径也限制其加工特征尺寸。崩刃和粗糙表面也是微沟槽微磨削加工中的严重问题。Ramesh 等人[101] 提出了新的微磨削方法,利用工作台高速反转减小砂砾切削力实现确定量微磨削。试验表明,增加工作台反转频率减小磨粒切削力能够加工微细特征。通过保持磨粒深度在临界切深内,工作台高速进给也能够有助于延性切削模式。

利用微车削加工极大长径比的柱形件是非常困难的,因为在刀尖处很小的力就很容易引起零件的弯曲。但是,Wu 等人[10] 开发的超声板无心微磨削,成功加工了直径小于100μm 的大长径比微柱体,如图 8.27 所示。不像传统无心磨削中采用调解轮,而是使用超声板来支撑工件并控制其旋转运动。采用超声板可避免使用超薄刃和出现旋转问题(黏附调解轮表面磨

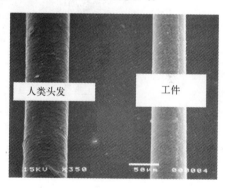

图 8.27　无心微磨削加工硬质合金工件

削液的表面张力使工件从刃处跳开),由此可以成功磨削加工微尺度柱形零件。

使用宏观磨轮可以加工平整表面或柱形微小零件。然而,加工三维微小特征,如微通道,需要小直径磨削刀具或所谓的"微磨粒铅笔"。Aurich 等人[105] 提出了柱形刀尖直径在 13~100μm 之间的微柄磨削刀具,如图 8.28 所示。为使刀体具有足够刚性,刀具的基体材料采用超细晶粒硬质合金,平均尺寸为0.2μm。硬质合金微针用直径 1~3μm 的金刚石磨粒进行电镀。在关于碳化钨

的磨削试验中,主轴转速为 60000r/min,进给为 1mm/min,切削厚度为 5μm,刀具直径为 24μm。试验表明刀具跳动未引起重大尺寸误差,也没有严重的毛刺产生,制造的表面具有非常好的粗糙度,而且刀具刃口钝圆半径也很小。另外,碳化钨磨粒是被切削的而不是从钴黏接剂中拔出的。

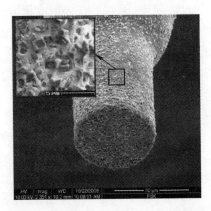

图 8.28　直径为 45μm,表面磨粒尺寸为 1～3μm 的磨削刀具的 SEM 图像

Denkena 等人[106]利用超声辅助考察了表面生成的改进,发现,超声辅助在陶瓷修整中影响并改进了表面粗糙度,如图 8.29 所示。

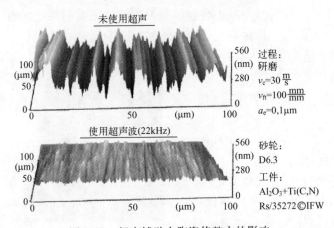

图 8.29　超声辅助在陶瓷修整中的影响

8.8　微机床

利用机械微切削采用金属、高分子材料和陶瓷制造微小功能零件的需求快速增长,与此同时,在机床技术中开发超精密微小机床成了一种发展趋势[5,9,75]。机床微小化具有一些明显的优势,如降低能耗、节省空间和资源。目

210

前,工业上已有一些超精密车床和铣床用来制造高精度零件。但是,大多数机床都是以加工光学零件为市场目标,因为高投入成本和缺乏柔性,并不适于制造精密微小零件。图8.30 展示了一些工业上多轴微精密小铣床的实例。

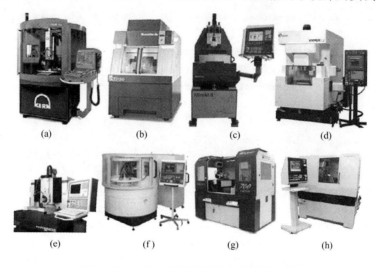

图 8.30　工业上多轴微精密小铣床的实例

(a) Kern;(b) Sodick AZ150;(c) Fraunhofer IPT Minimill;(d) Makino Hyper2J;

(e) Kuglar Micro – Master MM2;(f) Fanuc ROBOnano;

(g) Precitech freeform 700 Ultra;(h) Moore Nanotech 350FG。

本章简要回顾了机械微加工过程,如车削、铣削、钻削和磨削,并通过引用文献中的工作讨论了它们的特点。

机械微加工过程越来越多地应用于具有微纳特征尺寸的零件和产品加工。机械微加工的技术进步目前受限于低成本加工微小制造系统中使用的可靠性高的微小尺寸刀具。

参 考 文 献

［1］　Madou M. Fundamentals of microfabrication. Boca Raton(FL):CRC Press;1997.

［2］　Alting L,Kimura F,Hansen HN,Bissacco G. Micro engineering. Ann CIRP 2003;52(2):635 – 657.

［3］　De Chiffre L,Kunzmann H,Peggs GN,Lucca DA. Surfaces in precision engineering,microengineering and nanotechnology. Ann CIRP 2003;52(2):561 – 577.

［4］　Liu XR,DeVor E,Kapoor SG,Ehmann KF. The mechanics of machining at the microscale:assessment of the current state of the science. J Manuf Sci Eng 2004;126:666 – 678.

［5］　Chae J,Park SS,Freiheit T. Investigation of micro – cutting operations. Int J Mach Tools Manuf 2006;46:313.

［6］　Dornfeld D,Min S,Takeuchi Y. Recent advances in mechanical micromachining. Ann CIRP 2006;55(2):745 – 768.

[7] Asad ABMA, Masaki T, Rahman M, Lim HS, Wong YS. Tool – based micro – machining. J Mater Process Technol 2007;192 – 193;204 – 211.

[8] Dhanorker A, Özel T. Meso/Micro scale milling for micromanufacturing. Int J Mechatron Manuf Syst 2008;1;23 – 43.

[9] Liow JL. Mechanical micromachining:a sustainable micro – device manufacturing approach? J Clean Prod 2009;17;662 – 667.

[10] Armarego EJA, Brown RH. On the size effect in metal cutting. Int J Prod Res 1961;1;75 – 99.

[11] Nakayama K, Tamura K. Size effect in metal – cutting force. J Eng Ind Trans ASME 1968;90;119 – 126.

[12] Lucca DA, Rhorer RL, Komanduri R. Energy dissipation in the ultraprecsion machining of copper. CIRP Ann Manuf Technol 1991;40;69 – 72.

[13] Lucca DA, Seo YW, Rhorer RL, Donaldson RR. Aspects of surface generation in orthogonal ultraprecision machining. CIRP Ann Manuf Technol 1994;43;43 – 46.

[14] Kim J, Kim DS. Theoretical analysis of micro – cutting characteristics in ultra – precision machining. J Mater Process Technol 1995;49;387.

[15] Waldorf DJ, DeVor RE, Kapoor SG. A slip – linefor ploughing during orthogonal cutting. ASME J Manuf Sci Eng 1998;120;693 – 699.

[16] Kopalinsky EM, Oxley PLB. Size effects in metal removal processes. Institute of Physics Conference Series No 70;Bristol;1984. pp 389 – 396.

[17] Vollertsen F, Biermann D, Hansen HN, Jawahir IS, Kuzman K. Size effects in manufacturing of metallic components. CIRP Ann Manuf Technol 2009;58;566 – 587.

[18] Backer WR, Marshall ER, Shaw MC. The size effect in metal cutting. Trans ASME 1952;74;61 – 72.

[19] Taniguchi N. The state – of – the – art of nanotechnology for processing ultra – precision and ultra – fine products. Prec Eng 1994;16(1);5 – 24.

[20] Ikawa N, Shimada S, Tanaka H. Minimum thickness of cut in micromachining. Nanotechnology 1992;3 (1);6 – 9.

[21] Yuan ZJ, Zhou M, Dong S. Effect of diamond tool sharpness on minimum cutting thickness and cutting surface integrity in ultraprecision machining. J Mater Process Technol 1996;62;327 – 330.

[22] Vogler MP, DeVor RE, Kapoor SG. On the modeling and analysis of machining performance in micro – endmilling, Part I;surface generation. ASME J Manuf Sci Eng 2004;126;685 – 694.

[23] Vogler MP, DeVor RE, Kapoor SG. On the modeling and analysis of machining performance in microend-milling, Part II;cutting force prediction. ASME J Manuf Sci Eng 2004;126;695 – 705.

[24] Aramcharoen A, Mativenga PT. Size effect and tool geometry in micromilling of tool steel. Prec Eng 2009;33;402.

[25] Weule H, Huntrup V, Tritschle H. Micro – cutting of steel to meet new requirements in miniaturization. Ann CIRP 2001;50(1);61 – 64.

[26] Lee K, Dornfeld DA. An experimental study on burr formation in micro milling aluminum and copper. Trans NAMRI/SME 2002;30;255 – 262.

[27] Shimada S, Ikawa N, Tanaka H, Ohmori G, Uchikoshi J. Molecular dynamics analysis of cutting force and chip formation process inmicro cutting. Seimitsu Kogaku Kaishi/J Jpn Soc Prec Eng 1993;59;2015 – 2021.

[28] Maekawa K, Itoh A. Friction and tool wear in nano – scale machining – a molecular dynamics approach. Wear 1995;188;115 – 122.

[29] Vogler MP, DeVor RE, Kapoor SG. Microstructure – level force prediction model for micro – milling of multiphase materials. J Manuf Sci Eng Trans ASME 2003;125;202 – 209.

212

[30] Liu X, DeVor RE, Kapoor SG. An analytical model for the prediction of minimum chip thickness in micromachining. ASME J Manuf Sci Eng 2006;128:474 – 481.

[31] vonTurkovich BF, Black JT. Micro – machining of copper and aluminum crystals. J Eng Ind Trans ASME 1970;92:130 – 134.

[32] Kim CJ, Bono M, Ni J. Experimental analysis of chip formation in micro – milling. Trans NAMRI/SME 2002;30:247 – 254.

[33] FilizS, Conley CM, Wasserman MB, Ozdoganlar OB. An experimental investigation of micro – machinability of copper 101 using tungsten carbide micro – endmills. Int J Mach Tools Manuf 2007;47:1088 – 1100.

[34] Simoneau A, Ng E, Elbestawi MA. Grain size and orientation effects when micro – cutting AISI 1045 steel. CIRP Ann Manuf Technol 2007;56:57 – 60.

[35] Furukawa Y, Moronuki N. Effect of material properties on ultra precise cutting processes. CIRP Ann Manuf Technol 1988;37:113 – 116.

[36] Yuan ZJ, Lee WB, Yao YX, Zhou M. Effect of crystallographic orientation on cutting forces and surface quality in diamond cutting of single crystal. CIRP Ann Manuf Technol 1994;43:39.

[37] To S, Lee WB, Chan CY. Ultraprecision diamond turning of aluminum single crystals. J Mater Process Technol1997;63:157 – 162.

[38] Zhou M, Ngoi BKA, Hock YS. Effects of workpiece material properties on micro – cutting process. Precision Engineering – Nanotechnology: Proceedings of the 1st International Euspen Conference, Volume 1; 1999. pp 404 – 407, Bremen, Germany, 31 May – 4 June, 1999.

[39] Zhou M, Ngoi BKA. Effect of tool and workpiece anisotropy on microcutting processes. Proc Inst Mech Eng (IMechE) 2001;215:13 – 19.

[40] Ueda K, Manabe K. Chip formation mechanism in microcutting of an amorphous metal. Ann CIRP 1992; 41:129 – 132.

[41] Moriwaki T, Sugimura N, Luan S. Combined stress, material flow and heat analysis of orthogonal micromachining of copper. Ann CIRP 1993;42:75 – 78.

[42] Chuzhoy L, DeVor RE, Kapoor SG, Bammann DJ. Microstructure – level modeling of ductile iron machining. ASME J Manuf Sci Eng 2001;124:162 – 169.

[43] Takacs M, Vero B. Material structural aspects of micro scaled chip removal. Mater Sci Forum 2003; 414 – 415:337 – 342.

[44] Ueda K, Iwata K, Nakajama K. Chip formation mechanism in single crystal cutting β – brass. CIRP Ann Manuf Technol 1980;29:41 – 46.

[45] Shimada S, Ikawa N, Tanaka H, Ohmori G, Uchikoshi J, Yoshinaga H. Feasibility study on ultimate accuracy in microcutting using molecular dynamics simulation. Ann CIRP 1993;42:91 – 94.

[46] Schmidt J, Spath D, ElsnerJ, Huntrup V, Tritschler H. Requirements of an industrially applicable microcutting process for steel micro – structures. Microsyst Technol 2002;8:402 – 408.

[47] Chermant JL, Osterstock F. Fracture toughness and fracture of WC/Co composites. J Mater Sci 1976;11 (10):1939 – 1951.

[48] Dow TA, Miller EL, Garrard K. Tool force and deflection compensation for small milling tools. Prec Eng 2004;28:31 – 45.

[49] Fang FZ, Wu H, Liu XD, Liu YC, Ng ST. Tool geometry study in micromachining. J Micromech Microeng 2003;13:726 – 731.

[50] Schmidt J, Tritschler H. Micro cutting of steel. Microsyst Technol Micro Nanosyst Inf Storage Process Syst

213

2004;10:167 – 174.

[51] Fleischer J. Design and manufacturing of micro milling tools. Microsyst Technol Micro Nanosyst Inf Storage Process Syst 2008;14:1771 – 1775.

[52] Egashira K, Mizutani K. Microdrilling and micromilling of brass using a 10 μm diameter tool;2010. Available at http://www. cis. kit. ac. jp/ ~ egashira/pdf/10um – diameter_tool. pdf (last accessed 5 April,2010).

[53] Heaney PJ, Sumant AV, Torres CD, Carpick RW, Pfefferkorn FE. Diamond coatings for micro end mills: enabling the dry machining of aluminum at the micro – scale. Diamond Relat Mater 2008;17:223 – 223.

[54] Aramcharoen A, Mativenga PT, Yang S, Cooke KE, Teer DG. Evaluation and selection of hard coatings for micro milling of hardened tool steel. Int J Mach Tools Manuf 2008;48:1578 – 1584.

[55] Rahman M, Kumar AS, Prakash JRS. Micro milling of pure copper. J Mater Process Technol 2001;116: 39 – 43.

[56] Malekian M, Park SS, Jun MBG, Malekian M. Tool wear monitoring of micro – milling operations, micro milling of pure copper. J Mater Process Technol 2009;209:4903 – 4914.

[57] Tansel I, Rodriguez O, Trujillo M, Paz E, Li W. Micro – end – milling – I. Wear and breakage. Int J Mach Tools Manuf 1998;38:1419.

[58] Konig W, Kutzner K, Schehl U. Tool monitoring of small drills with acoustic emission. Int J Mach Tools Manuf 1992;32:487 – 493.

[59] Eda H, Kishi K, Ueno H. Diamond machining using a prototype ultra – precision lathe. Prec Eng 1987; 9:115 – 122.

[60] Ikawa N, Donaldson RR, Komanduri R, Koenig W, Aachen TH, McKeown PA, Moriwaki T, Stowers IF. Ultraprecision metal cutting – the past, the present and the future. CIRP Ann Manuf Technol 1991;40: 587 – 594.

[61] LuccaDA, Seo YW. Effect of tool edge geometry on energy dissipation in ultra – precision machining. CIRP Ann Manuf Technol 1993;42:83 – 86.

[62] Masuzawa T, Tonshoff HK. Three – dimensional micro – machining by machine tools. Ann CIRP 1997; 46(2):621 – 628.

[63] Arcona C, Dow TA. An empirical tool force model for precision machining. ASME J Manuf Sci Eng 1998;120:700 – 707.

[64] Lu Z, Yoneyama T. Micro cutting in the micro lathe turning system. Int J Mach Tools Manuf 1999;39: 1171 – 1183.

[65] Moriwaki T, Okuda K. Machinability ofcopper in ultra – precision micro diamond cutting. CIRP Ann Manuf Technol 1989;38:115 – 118.

[66] Ikawa N, Shimada S, Donaldson RR, Syn CK, Taylor JS, Ohmori G, Tanaka H, Yoshinaga H. Chip morphology and minimum thickness of cut in micromachining. Seimitsu Kogaku Kaishi/J Jpn Soc Prec Eng 1993;59:673 – 679.

[67] Vasile MJ, Friedrich CR, Kikkeri B, McElhannon R. Micrometer – scale machining: tool fabrication and initial results. Prec Eng 1999;19:180 – 186.

[68] Evans CJ, Paul E, Mangamelli A, Mc Glauflin ML. Chemical aspects of tool wear in single point diamond turning. Prec Eng 1996;18:4 – 19.

[69] Friedrich CR, Kang D. Micro heat exchangers fabricated by diamond machining. J Prec Eng 1994;16 (1):56 – 59.

[70] Petch NJ. The cleavage strength of polycrystals. J Iron Steel Inst 1953;174:25 – 28.

214

[71] Bowden FP, Freitag EH. The friction of solids at very high speeds I. Metal on metal; II. Metal on diamond. Proc R Soc Lond Ser A Math Phys Sci 1958; 248: 350 – 367.

[72] Weck M, Fischer S, Vos M. Fabrication of microcomponents using ultraprecision machine tools. Nanotechnology 1997; 8: 145 – 148.

[73] Friedrich CR, Vasile MJ. Development of the micro – milling process for high – aspect – ratio microstructures. J Microelectromech Syst 1996; 5 (1): 33 – 38.

[74] Schaller T, Bohn L, Mayer J, Schubert K. Microstructure grooves with a width of less than 50 micrometer cut with ground hard metal micro end mills. Prec Eng 1996; 23: 229 – 235.

[75] Huo D, Cheng K, Wardle F. Design of a five – axis ultra – precision micro – milling machine—UltraMill. Part 1: holistic design approach, design considerations and specifications. Int J Adv Manuf Technol 2010; 47: 867 – 877.

[76] Takeuchi Y, Suzukawa H, Kawai T, Sakaida Y. Creation of ultraprecision microstructures with high aspect ratio. Annals of the CIRP 2006; 56 (1): 107 – 110.

[77] Weck M, Hennig J, Hilbing R. Precision cutting processes for manufacturing of optical components. Proc SPIE 2001; 4440: 145 – 151.

[78] Brinksmeier E, Riemer O, Stern R. Machining of Precision Parts and Microstructures. Proceedings of the 10th International Conference on Precision Engineering (ICPE), Initiatives of Precision Engineering at the Beginning of a Millennium, July 18 – 20, 2001, Yokohama, Japan: S. 3 – 1.

[79] Vogler MP, Liu X, Kapoor SG, Devor RE, Ehmann KF. Development of meso – scale machine tool (mMt) systems. Soc Manuf Eng 2002; MS02 – 181: 1 – 9.

[80] Uhlmann E, Schauer K. Dynamic load and strain analysis for the optimization of micro end mills. Ann CIRP 2005; 54 (1): 75 – 78.

[81] Bao WY, Tansel IN. Modeling micro – end – milling operations. Part I: analytical cutting force model. Int J Mach Tools Manuf 2000; 40: 2155 – 2173.

[82] Bao WY, Tansel IN. Modeling micro – end – milling operations. Part II: tool run – out. Int J Mach Tools Manuf 2000; 40: 2175 – 2192.

[83] Bao WY, Tansel IN. Modeling micro – end – milling operations. Part III: influence of tool wear. Int J Mach Tools Manuf 2000; 40: 2193 – 2211.

[84] Kim CJ, Mayor JR, Ni J. A static model of chip formation in microscale milling. ASME J Manuf Sci Eng 2004; 126: 710 – 718.

[85] Friedrich C, Kikkeri B. Rapid fabrication of molds by mechanical micromilling: process development. Proc SPIE Int Soc Opt Eng 1995; 2640: 161 – 171.

[86] Yin L, Spowage AC, Ramesh K, Huang H, Pickering JP, Vancoille EYJ. Influence of microstructure on ultraprecision grinding of cemented carbides. Int J Mach Tools Manuf 2004; 44: 533 – 543.

[87] Yin L, Vancoille EYJ, Ramesh K, Huang H, Pickering JP, Spowage AC. Ultraprecision grinding of tungsten carbide for spherical mirrors. Proc Inst Mech Eng Part B (J Eng Manuf) 2004; 218: 419 – 429.

[88] Melkote SN, Endres WJ. The importance of including the size effect when modeling slot milling. ASME J Manuf Sci Eng 1998; 120: 68 – 75.

[89] Filiz S, Ozdoganlar OB. Microendmill dynamics including the actual fluted geometry and setup errors—Part I: model development and numerical solution. J Manuf Sci Eng Trans ASME 2008; 130, Paper no. 031119 (13 pages).

[90] Filiz S, Ozdoganlar OB. Microendmill dynamics including the actual fluted geometry and setup errors—Part II: model validation and application. J Manuf Sci Eng Trans ASME 2008; 130, Paper no. 031120

(13 pages).

[91] Özel T, Liu X. Investigations on mechanics based process planning of micro – end milling in machining mold cavities. Mater Manuf Process 2009;24:1274 – 1281.

[92] Torres CD, Heaney PJ, Sumant AV, Hamilton MA, Carpick RW, Pfefferkorn FE. Analyzing the performance of diamond – coated micro end mills. Int J Mach Tools Manuf 2009;49:599 – 612.

[93] Jemielniak K, Bombin′ski S, Aristimuno PX. Tool condition monitoring in micromilling based on hierarchical integration of signal measures. CIRP Ann Manuf Technol 2008;57(1):121 – 124.

[94] Biermann B, Baschin A. Influence of cutting edge geometry and cutting edge radius on the stability of micromilling processes. Prod Eng 2009;3:375 – 380.

[95] Dimov S, Pham DT, Ivanov A, Popov K, Fansen K. Micromilling strategies:optimization issues. Proc Inst Mech Eng Part B J Eng Manuf 2004;218:731 – 736.

[96] Litwinsnski KM, Min S, Lee D, Dornfeld DA, Lee N. Scalability of tool path planning to micro machining. 1st International Conference on Micromanufacturing ICOMM;Paper No:28;2006 Sep 13 – 15;Urbana – Champaign (IL):2006.

[97] Lee DG, Lee HG, Kim PJ, Bang KG. Micro – drilling of alumina green bodies with diamond grit abrasive micro – drills. Int J Mach Tools Manuf 2003;43:551 – 558.

[98] Egashira K, Mizutani K. Micro – drilling of monocrystalline silicon using a cutting tool. Prec Eng 2002; 26:263 – 268.

[99] Kim DW, Lee YS, Park MS, Chu CN. Tool life improvement by peck drilling and thrust force monitoring during deep – micro – hole drilling of steel. Int J Mach Tools Manuf 2009;49:246 – 255.

[100] Cheong MS, Cho D, Ehmann KF. Identification and control for micro – drilling productivity enhancement. Int J Mach Tools Manuf 1999;39:1539 – 1561.

[101] Ramesh K, Huang H, Yin L, Zhao J. Microgrinding of deep micro grooves with high table reversal speed. Int J Mach Tools Manuf 2004;44:39 – 49.

[102] Ikeno J, Tani Y, Sato H. Nanometer grinding using ultrafine abrasive pellets—manufacture of pellets applying electrophoretic deposition. CIRP Ann Manuf Technol 1990;39:341 – 344.

[103] Ohmori H, Nakagawa T. Mirror surface grinding of silicon wafers with electrolytic in – process dressing. CIRP Ann 1970;39:329 – 332.

[104] Wu Y, Fan Y, Kato M. A feasibility study of microscale fabrication by ultrasonic shoe centerless grinding. Prec Eng 2006;30:201 – 210.

[105] Aurich JC, Engmann J, Schueler GM, Haberland R. Micro grinding tool for manufacture of complex structures in brittle materials. CIRP Ann Manuf Technol 2009;58:311 – 314.

[106] Denkena B, Friemuth T, Reichstein M. Potentials of different process kinematics in micro grinding. Ann CIRP 2003;52(1):463 – 466.

216

第九章 微 成 形

MUAMMER KOÇ
美国国家自然科学基金委工业与大学合作精密成形研究中心
弗吉尼亚联邦大学
土耳其伊斯坦布尔城市大学
SASAWAT MAHABUNPHACHAI
泰国国家金属与材料技术中心

9.1 引言

微成形是利用材料塑性变形加工至少在两个方向上几何尺寸为亚毫米的微型构件的成形方法[1]。当成形工艺从传统尺度缩小至亚毫米范围时,坯料的微观结构和表面形貌等方面保持不变,将导致构件尺寸(如厚度、宽度、长度和高度)和微观结构(如晶粒尺寸)或表面参数(粗糙度)的关系(或比值)发生改变,即通常所指的"尺寸效应"。尺寸效应几乎改变了成形工艺的所有方面,包括材料行为、摩擦、传热和零件操纵。因此,宏观尺度已经很完善的金属成形技术或专用技术诀窍不能简单地应用到微观尺度。

在微观尺度制造过程中,材料在变形区内只有几个晶粒,因此,不能看做是均质连续体,单个晶粒的尺寸和取向对材料行为有显著的影响[2]。因此,宏观尺度上获得的机械性能(屈服强度、流动应力和延伸率)不能应用于微观尺度进行精确分析。而且,由于各晶粒在外加载荷下的响应存在显著的变化,所以微观尺度变形机理也将不同。表面积与体积比的增加,使得表面相互作用和摩擦更加明显[3,4]。对这些问题必须引起足够的重视并进行正确地阐述,才能理解"尺寸效应",并将成形工艺缩小至微观尺度,进行准确的预测工艺参数如成形力和回弹,同时减小结果的分散性。

Geiger 等人[5]提出的"相似性理论"认为,当材料试样(如工件)和工装的所有尺寸乘以几何比例因子 λ,而时间尺度保持为 1,则应变、应变率和应变分布将以同样的比例因子 λ 缩小。假定相似性理论在材料弹塑性行为方面成立,则应力和应力分布应该不随尺寸改变而改变,也就是说,在不同几何比例因子 λ 下获得的应力—应变曲线是相同的。然而,该理论只适用于将宏观尺度成形工艺和工装设计按比例缩小。微观尺度下大量的材料试验和成形试验表明,材料响应(如材料流动应力和硬度)出现了明显的偏差,与相似性理论不符[6-9]。

在微观尺度金属薄板成形领域,通过不同材料如铜铝合金[6]、铜镍合金和铜合金[7]、黄铜[8]和铝[9]的拉伸试验发现流动应力随着板材厚度的减小而减小,如图9.1所示。关于拉伸试样尺寸和几何形状对材料流动曲线的影响,一些学者进行了研究。Michel,Picart[8]和Tseng[10]等人认为试样的宽度对材料响应没有明显的影响。然而,在Sergueeva等人[11]的研究中,拉伸试样的标距长度对最大延伸率有显著的影响。

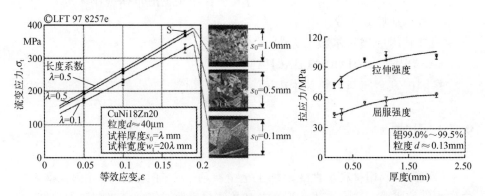

图9.1　通过金属薄板拉伸试验观察到的特征尺寸效应[7,9]

依据著名的Hall-Petch关系,材料的强度(如流动应力)随着材料晶粒尺寸的减小而增大。然而,Raulea等人[9]指出,当晶粒尺寸接近板材厚度(单晶粒变形)时,出现了与Hall-Petch相反的流动应力-晶粒尺寸关系(如当晶粒尺寸变大时流动应力增大)。Kals和Eckstein[7]也获得了同样的结果,如图9.2所示。

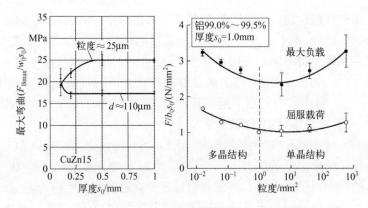

图9.2　弯曲试验中晶粒对弯曲力的影响[7,9]

另一种与尺寸效应相关的现象是,当板厚方向为单个晶粒时试验结果的分散性(变化)增加[2,12]。这种显著波动可归因于晶粒取向影响,即当晶粒尺寸与工件特征尺寸(板材厚度)为同一尺度时,表现为各向异性。当板厚与晶粒尺寸比 φ 小于 1 时,试验数据出现了很大的分散性(见图 9.3)[9]。

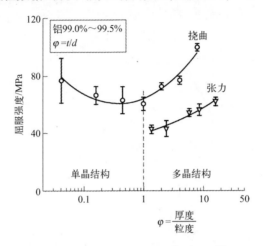

图 9.3　单晶粒变形时显著的分散性[9]

Kals 和 Eckstein[7] 在类似的研究中,也分析了微小化对材料各向异性的影响。在他们的报道中,拉伸试验中垂直方向的各向异性($\bar{r}$)随着板厚的减小而减小,如图 9.4 所示。这意味着随着板厚的减小成形特性变差,这可能引起很多问题,尤其在拉深成形应用中。然而,平面各向异性 Δr 没有随着试样尺寸等比例缩小而出现显著变化。

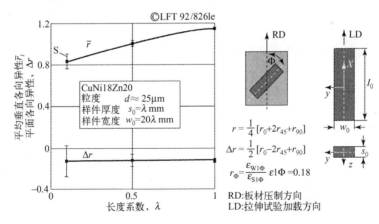

图 9.4　CuNi18Zn20 应变各向异性－长度比例因子[7]

在微尺度体积成形领域,使用铜合金的镦粗和压缩试验[12,13]也显示出同样的趋势,流动应力随着微小化程度的增加而减小。CuZn15 圆柱坯料压缩试验结果如图9.5所示。

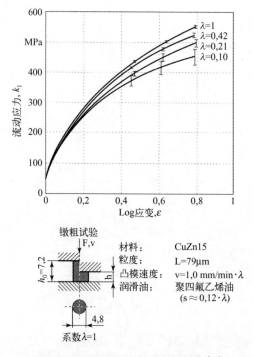

图9.5 体积成形中特征尺寸效应[12]

Miyazaki 等人[6] 以及 Engel 和他的合作者[1,2,7,12],采用"表面层模型"(图9.6)解释了由于尺寸效应引起的材料流动应力曲线分散性,并提出:"位于表层的晶粒内部位错受到的限制较材料内部的晶粒少,因此,表层晶粒硬化较小。由于微小化中(如板厚减小、特征/构件尺寸减小)自由表层晶粒数与内部晶粒数之比增大,引起流动应力减小"。

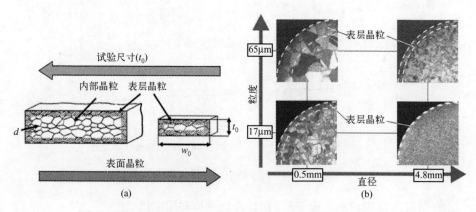

图9.6 表面层模型(a)金属板材([7]之后)和(b)体积材料[1]

220

Chen 和 Tsai[13]研究了材料硬化尺寸效应。当试样等比例减小至很小尺寸时,测量到的硬度减小。另外,材料硬度值与流动应力成一定比例关系,因此,对小尺寸试样不能通过拉伸或压缩试验获得材料数据时,可以利用硬度和流动应力的关系构建材料的流动规律曲线(见图9.7)。

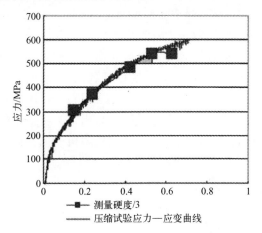

图 9.7　微型化试样硬度和流动应力比较[13]

Engel U 等人[2]利用圆环挤压和双杯挤压试验研究了微小化对摩擦的影响。圆环压缩试验过程中,环内径的演变对摩擦非常敏感。圆环压缩试验结果显示,当使用油润滑时,摩擦随微小化程度增加而增大,然而,当圆环压缩中不使用油润滑剂时,没有观察到这种趋势[12]。为进一步研究摩擦与润滑,开展了双杯挤压试验,如图9.8(a)所示。双杯挤压试验条件和实际的挤压工艺相似,

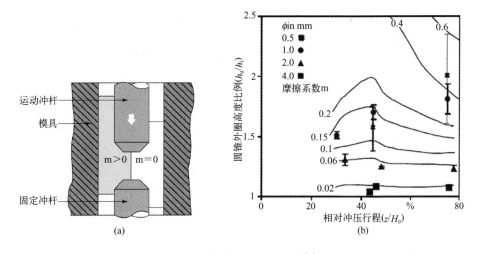

图 9.8　双杯挤压(DCE)试验[1]

(a) 试验结构图;(b) DC 试验结果。

221

试验涉及大的表面积、大应变和高成形压力。当没有摩擦时($m=0$),两个杯成形的高度相同。然而,当接触面上的摩擦力不为零时,下面杯成形较矮。上下杯成形高度值的不同可以用来描述摩擦力的大小。试验结果如图9.8(b)所示。可以看出摩擦力随着试样尺寸的减小而增大。

在圆环压缩和双杯挤压试验中摩擦力的增加可以用 Tiesler[3] 提出的"开式和闭式凹坑"模型(见图9.9(a))来解释。与表面边缘相通的粗糙度谷底不能存储润滑剂。这些开式的润滑坑不能分担载荷,导致较大的摩擦力。另一方面,闭式的润滑凹坑可以封闭润滑剂,有助于载荷传递,因此减小了粗糙峰上的正压力。随着尺寸的减小,开式凹坑与闭式凹坑的比值增加,如图9.9(b)所示,这导致摩擦力的增加。另一个开式凹坑与闭式凹坑模型的证据是用固体润滑剂取代液体润滑剂,开式凹坑与闭式凹坑模型机理的假设不再成立,因此,没有发生尺寸效应[3]。

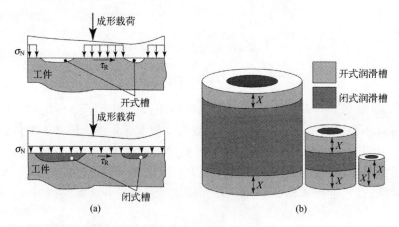

图9.9 开式和闭式润滑凹坑对摩擦的影响[1]

在接下来的内容中,将深入讨论前面提到的不同微成形工艺中的尺寸效应。

9.2 微锻造

锻造是一种体积金属成形工艺,通过压力使工件变形从而获得所需的形状。Saotome 等人[14,15]使用 V 型(100)硅微模具研究了超塑性材料和过冷态非晶合金微尺度锻造工艺的可行性。在他们的研究中,使用光刻和各向异性刻蚀技术制造了微尺度模具,V 型槽宽在 $0.1\mu m \sim 20\mu m$ 之间。试验结果表明,与传统塑性成形相比,较低的应力下,超塑性材料和过冷态非晶合金均具有好的微成形能力。使用硅模具,他们成形出超塑性合金和过冷态合金的微型金字塔和微型齿轮件。

222

Engel 等人[2]使用直径为 0.5 ~ 4.8mm 的 CuZn15 试样研究了微尺度件的温锻和冷锻。在 100℃ ~ 450℃ 条件下,对 CuZn15 材料来讲可以认为是温煅。正如所期待的,随着温度的升高,由于回复机制作用增加,流动应力减小(见图 9.10)。随着温度的升高,数据的分散性也减小了。主要原因是在温度升高时,更多的滑移系开动,使得晶粒能够在不利的方向上发生变形,结果,材料的不均匀性流动减小了。

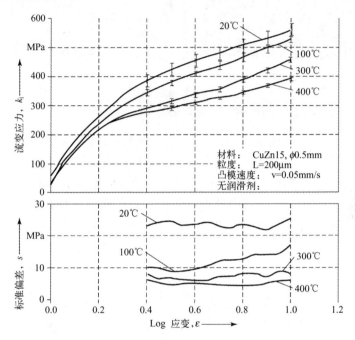

图 9.10 不同温度下流动应力和流动应力标准偏差[2]

9.3 微压印/模压

压印或模压是体积成形的一种,使用较大的力使工件仅在很小的表层发生塑性变形,从而生成精密的表面结构。Otto 和 Bohm[16,17]使用硅模具开展了微尺度压印研究。Otto 等人在室温下使用直槽结构模具压印成形 99.5% 铝材料(图 9.11)。从该研究中证实了压印成形微结构尺寸小于材料晶粒尺寸而不损坏硅模具的可行性。Bohm 等人进一步研究了采用不同几何形状、外加载荷以及工件材料时的成形精度和模具磨损问题,采用了两种不同图样硅模具:复杂结构和直槽结构。对复杂结构,使用了铝、不锈钢、铜以及黄铜板材。结果表明,能够在上述 4 种材料上成形高精度复杂结构。然而,为了制造如此高精度几何图形,需要的压应力必须远大于所用材料的屈服应力。此外,对底部的尖

223

角边缘,还需要进一步增加压应力。

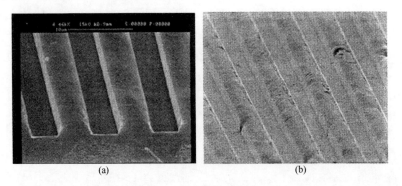

图 9.11 SEM 照片

(a) 刻蚀的硅模具;(b) 压印成形的槽深为 2.5μm 栅格[16]。

另一方面,仅使用铝材料进行的直槽几何形状试验,结果证实压印成形微结构尺寸小于材料晶粒尺寸的可行性(如铝的晶粒尺寸 > 3μm,直槽宽为 1μm)。最后,刻蚀硅模具可以实现微尺度高精度成型,但是,使用范围限于软材料和/或低压应力条件,其中硅模具寿命严重依赖于几何尺寸设计和涂层。在 Hirt 和 Rattay 的另一研究中,报道了直槽结构微模压可达到的比值(深度与宽度比)为 3,如图 9.12 所示。

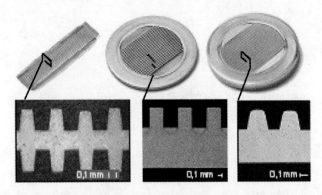

图 9.12 成形的高宽比最大达 3 的微模压成形槽[18]

在 Wang 等人[19]的近期研究中,使用 4 种晶粒尺寸(16μm,37μm,75μm 和 98μm)、直径为 3mm 和高度为 2mm 的纯铝试样,以及槽宽尺寸为 40μm ~ 120μm 的模具,在 400℃下进行了模压试验。两种材料晶粒尺寸下高宽比(成形筋高与槽宽,h/b)和槽宽曲线如图 9.13 所示。当坯料的晶粒尺寸小于槽宽尺寸时($L = 16μm$),h/b 随着槽宽尺寸的增加而增加。然而,当坯料的晶粒尺寸大于槽宽时($L = 98μm$),h/b 随着槽宽尺寸的增加而减小。换言之,当坯料的晶粒尺寸大于槽宽时,成形可以看作是单晶体变形。由于表层较少的约束,单晶

224

体的流动应力小于多晶体材料的流动应力。结果,拥有比较大晶粒尺寸的坯料即使能够以很容易的方式成形(如,无论槽宽尺寸多少,h/b 比值较大),但是,相对于细晶粒材料成形筋的顶部不够平整。

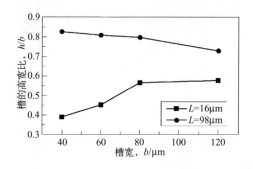

图 9.13　两种不同晶粒尺寸、不同槽宽下的筋高与槽宽比值[19]

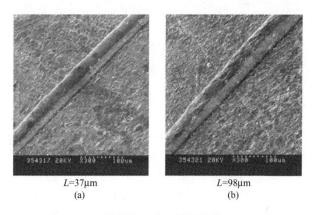

$L=37\mu m$ 　　　　　　　　$L=98\mu m$
　　(a)　　　　　　　　　　　(b)

图 9.14　不同晶粒尺寸坯料成形筋 SEM 照片
(a) 37μm ;(b) 98μm [19]。

9.4　微挤压

Geiger 和 Engel 采用前向挤压杆—后向挤压盒形式的挤压工艺试验研究了尺寸效应[1,12],试验中使用了直径分别为 0.5mm 和 4mm 的两种坯料。如图 9.15 所示,使用细晶材料(晶粒尺寸为 4μm)时,微小化过程中杯高—杆长比(h_c/l_s)增加,但是,使用粗晶材料(晶粒尺寸为 120μm)时,微小化过程中杯高—杆长比(h_c/l_s)并没有增加。观察到的结果可以用试样的微结构影响来解释:当材料的晶粒尺寸大于杯壁的厚度时,材料流向到杆部分要比杯部分容易。该事例证明了对微小化效应的精确认识对构件、工艺和工装设计非常重要。

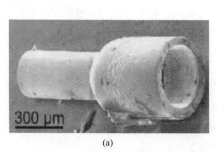

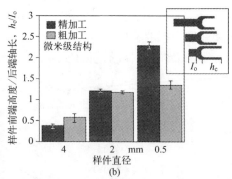

(a)   (b)

图 9.15　前向挤压杆—后向挤压杯:微观组织影响[1,12]

(a) 构件初始直径 $\phi 0.5$mm;(b) 微观组织影响。

产品的质量也受到微小化的影响。例如,在 Engel 和 Egerer 前向挤压杆 - 后向挤压盒形式的研究中,观察到了边缘的非规则成形。原因是,凹模与冲头间存在明显小于平均晶粒尺寸的间隙,当不同尺寸和取向的晶粒流过时,导致了非均匀材料流动和最终观察到的非规则形状。

在微挤压成形研究的其他例子中,使用非晶合金在相对较低的成形力下,采用正挤和反挤压工艺成功制造出了大高径比的模数为 $50\mu m$、分度圆直径为 $500\mu m$ 的齿轮轴(图 9.16)。非晶合金展现出良好的,牛顿黏性流动,适合于微型机械的制造[16]。Cao 等人使用三种晶粒尺寸为 $32\mu m$,$80\mu m$ 和 $200\mu m$ 的 CuZn30 坯料挤压出直径为 0.48mm 和 1.2mm 的微小针[20]。通过挤压力可以看到晶粒尺寸对流动应力的影响,结果显示小晶粒尺寸材料的挤压力增加。换句话说,材料的流动应力随着晶粒尺寸的减小而增加,该结果和 Hall - Petch 关系吻合。

图 9.16　正向挤压微型齿轮轴:La60Al20Ni10Co5Cu5 非晶合金,
模数为 $50\mu m$,齿数为 10[16]

9.5 微弯曲

在微尺度弯曲中也观察到类似的尺寸效应,即材料流动应力随着微小化(板厚减小)而减小。上述观测结果与尺寸减小到单个晶粒范围变形时相一致,如果进一步微小化(比如,板厚与晶粒尺寸比 $t/d < 1$)流动应力将增加,如图 9.17 所示[1,9,23]。这意味着在板厚一定的情况下,单个晶粒变形范围内流动应力随着材料晶粒尺寸的增加而增加。该结果与传统尺度金属成形理论相矛盾,在传统成形中根据 Hall - Petch 关系,认为流动应力随着晶粒尺寸的增加而减小[21,22]。

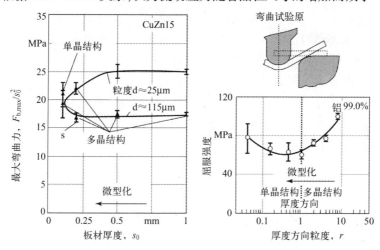

图 9.17 弯曲试验中的弯曲力和屈服强度[1]

Geiger 等人[1]也研究了在弯曲试样中晶粒尺寸对应变分布的影响。对初始厚度为 0.5mm 的 CuZn15 板材弯曲变形,在图 9.18 中绘出了细晶(10μm)和

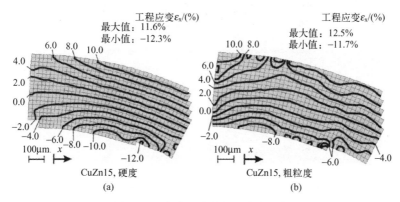

图 9.18 弯曲试验获得的应变分布

(a)细晶;(b)粗晶[1]。

粗晶(70μm)应变分布。正如弯曲变形中观察到的,细晶板材(见图9.18(a))显示出典型的应变分布。然而,粗晶板材(见图9.18(b))由于晶粒取向的不规则性而出现不规则的应变分布。当板厚方向只有一个晶粒时,变形机制在微小化后变为单晶体结构,这也许是弯曲变形力增加的原因,与细晶和多晶体需要额外的应变路径相反(比如,需要更多的晶界运动和滑移线)。

9.6 微冲压成形

冲压是将金属板材压入一对模具(凹模和凸膜)型腔内而发生变形的工艺,如图9.19(a)所示。Mahabunphachai 和 Koç[24,25]使用初始厚度为51μm 的 SS304,SS316L,SS430,Ni270 以及 Ti$_1$ 和 Ti$_2$ 薄板,以及槽宽和高度均为0.75mm 的微槽阵列刚性模具(见图9.19(b)),开展了冲压成形试验。结果表明了使用金属薄板成形微槽阵列的可行性和工艺相容性(见图9.19(c))。Peng 等人[26]开展了类似的研究,采用聚亚安酯软模而非刚性模具,对0.1mm 厚 SS304 薄板进行微槽冲压成形。通过数值模拟和试验,研究了材料晶粒尺寸、摩擦和软模硬度对成形性能的影响。

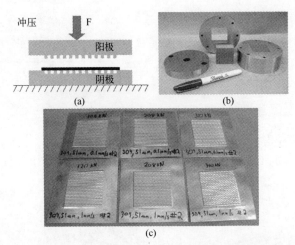

图9.19 微冲压简图、模具装置实物和燃料电池双极板(BPPs)[26]

9.7 微拉深成形

拉深成形是使用冲头将板材延径向拉入到成形模具的板材成形工艺。Saotome 人等[27]使用板厚(t)小于0.2mm 和直径(D_p)范围为1～10mm 的冲头,开展了微尺度下拉深成形工艺研究。在他们的试验中,特征比值 D_p/t 在10～100

之间。观察发现极限拉深比(LDR)随着 D_p/t 的增加而减小。当 $D_p/t > 40$ 时,可清楚地观察到压边力(p)的影响。随着 D_p/t 增加,所需的压边力增加。另外,只有在 $D_p/t < 15$ 时,观察到了冲头圆角(R_d)对拉深性能的影响。随着 R_d/t 减小,需要更高的压边力。

为研究微拉深成形工艺中几何相似性定律的适用性,在同一研究中使用厚度分别为 0.05mm,0.1mm,0.2mm 和 1.0mm 板材开展了另外一组试验,结果如图 9.20 所示。

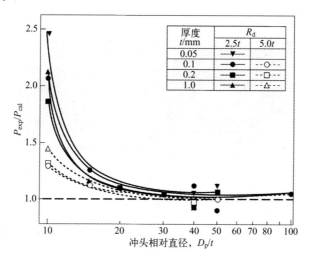

图 9.20 不同条件下 P_{exp}/P_{cal} 比值[27]

试验过程中测量到的最大冲头力(P_{exp})与基于 Hukui's 和 Yoshida's 方程计算得到的最大冲头力(P_{cal})的比值如图 9.20 所示。结果表明,当 $D_p/t > 40$ 时,比值 P_{exp}/P_{cal} 趋于一致。这说明,当 D_p/t 超过 40 时,几何相似性是成立的。然而,当 $D_p/t < 20$ 时,比值 P_{exp}/P_{cal} 发生偏离,模具圆角半径的影响变得显著。而且,当 $D_p/t = 10$ 和 $R_d/t = 5$ 时,由于压边力对拉深成形能力的影响很小,在拉深成形的后半部分对工件材料没有影响,因此主要成形机制为弯曲变形。

Witulski 等人[28] 最近使用 CuZn37 材料(厚度为 80μm ~ 300μm)进行了直径为 1mm ~ 8mm 杯形件微拉深成形研究。拉深成形出的杯形件如图 9.21 所示。试验过程中测量了冲头力,用于与后续模拟结果相比较以验

图 9.21 冲头直径为 1 ~ 8mm 微拉深成形杯[28]

229

证有限元模型,并进一步研究其他工艺参数,如摩擦系数、横向各向异性、拉深间隙以及压边间隙对整个拉深成形能力的影响。

Vollertsen 等人[4]使用直径 1mm 的冲头拉深成形了厚度为 20μm 的 99.5% 铝箔和厚度为 25μm 的软钢箔板。微尺度上获得的最终成形件和拉深过程中测量的摩擦力与宏观尺度测量结果比较分别如图 9.22 和图 9.23 所示。在微型杯边缘观察到了起皱,而在宏观尺度上没有发现。当使用润滑剂时,在宏观和微观尺度上,摩擦力均减小,然而,相对于宏观尺度杯成形,微型杯成形时摩擦力减小量明显要大。

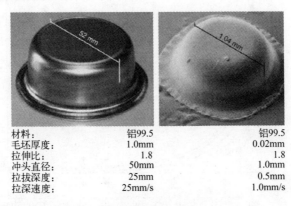

材料:	铝99.5	铝99.5
毛坯厚度:	1.0mm	0.02mm
拉伸比:	1.8	1.8
冲头直径:	50mm	1.0mm
拉拔深度:	25mm	0.5mm
拉深速度:	25mm/s	1.0mm/s

图 9.22　宏观和微拉深成形杯对比[4]

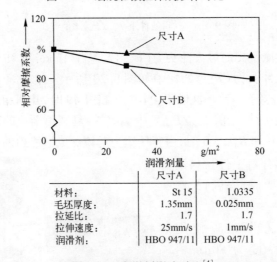

材料:	尺寸A	尺寸B
	St 15	1.0335
毛坯厚度:	1.35mm	0.025mm
拉延比:	1.7	1.7
拉伸速度:	25mm/s	1mm/s
润滑剂:	HBO 947/11	HBO 947/11

图 9.23　润滑剂影响对比[4]

在两个尺度也对冲头力进行了比较,发现微型杯成形力显著高于计算值,而宏观尺度杯的成形力与计算值几乎相等。因此,微成形中摩擦系数明显高于宏观成形。Vollertsen 等人使用 1mm 厚 St14 材料也研究了边缘和模具圆角处摩擦系数的变化。他们发现摩擦系数在两个位置上不相等,这取决于施加的垂直压力[4]。

9.8 微液压成形

液压成形是一种典型的板/管成形,使用高压流动介质将材料压入到模具型腔中。在微尺度上,Joo 等人[29]首先采用 AISI304 不锈钢(厚度为 2.5μm)和纯铜(厚度为 3.0μm)箔板研究了微液压成形微结构(槽)。使用静态压力 250MPa,成功成形出宽 10～20μm、高 5～10μm 的微槽结构,如图 9.24 所示。但是,只有铜箔板能够完全成形同心槽结构,而不锈钢不能完全成形任何槽结构。此外,当使用铜箔板时,可以明显看出槽间距(两个相邻槽的间距)对厚度分布的影响。相对于较宽的槽间隔,当采用 1μm 的窄内槽间距时,结果显示极限减薄可达 75%,如图 9.25 所示。

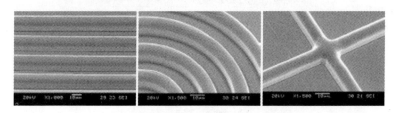

图 9.24　超薄铜箔板液压成形的微槽[29]

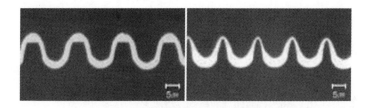

图 9.25　内槽距离对铜箔板厚度分布的影响[29]

近来,Mahabunphachai 和 Koç 使用液压胀形试验和微槽液压成形试验研究了不锈钢板材料性能和成形能力尺寸效应[30,31]。在他们的研究中,使用板厚为 51μm 的 SS304 箔板,3 种晶粒尺寸为 9.3μm,10.6μm 和 17μm,胀形模具直径尺寸为 2.5～100mm 之间的 5 种。试验结果表明,随着晶粒尺寸从 9.3μm 增加到 17μm 以及胀形直径从 100mm 减小到 10mm,流动应力减小。然而,当胀形直径进一步从 10mm 减小到 2.5mm 时,观察到了相反的趋势,即流动应力随着胀形直径的减小而增加。上述学者采用相同的 SS304 箔板开展了宽度为 0.46～1.33mm、高度为 0.15～0.98mm 微槽阵列成形。结果表明,在他们研究的晶粒尺寸范围内(9.3～17μm),晶粒尺寸对槽的成形能力没有显著的影响。然而,槽的几何形状对微槽的整体成形能力有显著影响,如图 9.26(b)所示,因此,在同一研究中采用 FEA(有限元分析)工具对其进行了优化。

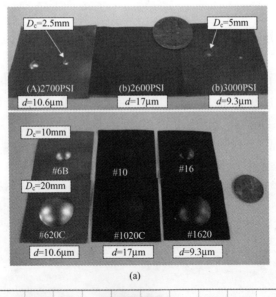

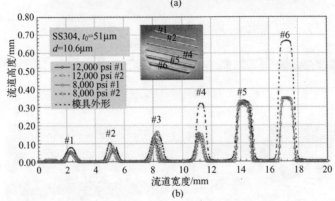

(b)

图 9.26 （a）介观和微观尺度胀形；（b）SS304 箔板
液压成形微槽[30,31]。（彩图见书末插页）

9.9 微成形应用设备和系统

　　微成形系统主要由 5 部分组成：材料、工艺、工装、设备/装备和产品（见图 9.27）。材料响应尺寸效应和几种成形工艺的变化已经在本章的前面部分进行了讨论。本节将详细讨论微型化对工装、设备/装备和产品的影响。

　　在微成形工装的设计与制造中，实现所需要的微小且复杂的几何形状非常困难，尤其是当需要紧公差和高表面质量时[32]，需要特殊的工装制造技术来解决这些困难。仔细的选择工装材料和简单形状/模块工装能帮助降低工装制造成本和工装制造中的难度，增加工装寿命。

232

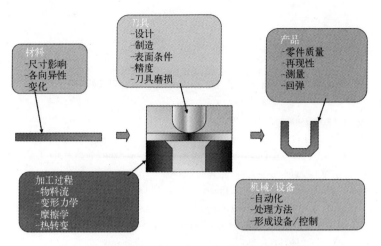

图 9.27　微成形系统的基本要素(彩图见书末插页)

关于微成形工艺的设备和装备主要的挑战来源于高精度、高速度制造。具体而言,在制造过程中微型构件的定位需要精度在几个微米甚至亚微米量级,这取决于零件类型和最后应用。此外,由于零件尺寸减小、重量很轻,以及黏附力(范德华力、静电力和表面张力)的存在使得微型构件的夹持和操作非常困难。因此,在微型构件的放置、定位和装配中,需要研制特殊的操作和工件夹持装备来克服这些困难。此外,在传统尺度可以忽略的冲头和模具间的间隙或反作用,在微型构件成形中总的需求行程和间隙在几百微米范围内时,可转变成主要问题。为实现大批量、低成本产品制造,研究和开发微尺度上的自动化操作系统是另一个挑战。

微成形系统的最后一方面是微小化关系对构件质量的影响。当构件尺寸在数百微米以内时,为保证质量而对最终微型构件的测量与检测需要高精度的特殊工装。

9.10　总结与未来工作

大量的工程师和研究人员相信,微成形是微型特征/构件大批量制造的未来发展趋势。正如本章中所详细讨论的,针对不同微成形工艺中的尺寸效应已经开展了大量的研究。虽然如此,仍需要更多的尝试,尤其是在微尺度材料特征领域,需要使用更精确的材料模型以便采用 FEA 进行构件和工艺设计。微成形需要特别关注和快速发展的另一个重要方面是,适合微尺度制造的设备。随着构件的缩小,由于不需要高的设备功率和设备空间,使用传统尺度的工装和设备已经不再经济。因此,微型设备(桌面设备)的研制和应用以及微型工厂的概念是微型特征/构件大批量制造的关键和必须条件。

参 考 文 献

[1] Geiger M, Kleiner M, Tiesler N, Engel U. Micro – forming. Ann CIRP 2001;50(2):445 – 462. Keynote paper.

[2] Engel U, Egerer E. Basic research on cold and warm forging of micro – parts. Key Eng Mater 2003;233 – 236:449 – 456.

[3] Tiesler N, Engel U. Micro – forming – effects of miniaturization. Proceedings of the Eighth International Conference on Metal Forming. Rotterdam: Balkema; 2000.

[4] Vollertsen F, Hu Z, Schulze Niehoff H, Theiler C. State of the art in micro forming and investigations into micro deep drawing. J Mater Process Technol 2004;151:70 – 79.

[5] Geiger M, MeBner A, Engel U. Production of micro – parts – size effects in bulk metal forming, similarity theory. Product Eng 1997;4(1):55 – 58.

[6] Miyazaki S, Fujita H, Hiraoka H. Effect of specimen size on the flow stress of rod specimens of polycrystalline Cu – Al alloy. Scr Metall 1979;13:447 – 449.

[7] Kals TA, Eckstein R. Miniaturization in sheet metal working. J Mater Process Technol 2000;103:95 – 101.

[8] Michel JF, Picart P. Size effects on the constitutive behaviour for brass in sheet metal forming. J Mater Process Technol 2003;141:439 – 446.

[9] Raulea LV, Goijaerts AM, Govaert LE, Baaijens FPT. Size effects in the processing of thin metals. J Mater Process Technol 2001;115:44 – 48.

[10] Tseng AA. Material characterization and finite element simulation for forming miniature metal parts. Finite Elem Anal Des 1990;6:251 – 265.

[11] Sergueeva AV, Zhou J, Meacham BE, Branagan DJ. Gage length and sample size effect on measured properties during tensile testing. Mater Sci Eng A 2009;526:79 – 83.

[12] Engel U, Eckstein R. Micro – forming—from basics to its realization. J Mater Process Technol 2002;125 – 126:35 – 44.

[13] Chen FK, Tsai JW. A study of size effect in micro – forming with micro – hardness tests. J Mater Process Technol 2006;177:146 – 149.

[14] Saotome Y, Akihisa I. Superplastic micro – forming of micro – structures. Proceedings of the 7th IEEE Workshop on Micro Electro Mechanical Systems. Oiso, Japan, January 1994. pp. 343 – 347.

[15] Saotome Y, et al. The micro – nanoformability of Pt – based metallic glass and the nanoforming of three – dimensional structures. Intermetallics 2002;10:1241 – 1247.

[16] Otto T, Schubert A, Bohm J, Gessner T. Fabrication of micro optical components by high precision embossing. Proc SPIE Int Soc Opt Eng 2000;4179:96 – 106.

[17] Bohm J, Schubert A, Otto T, Burkhardt T. Micro – metalforming with silicon dies. Micro – syst Technol 2001;7(4):191 – 195.

[18] Hirt G, Rattay B. Coining of thin plates to produce micro channel structures. 10th International Conference on Precision Engineering (ICPE) 2001;2001 July 18 – 20;Yokohama, Japan. 2001. pp. 32 – 36.

[19] Wang CJ, Shan DB, Zhou J, Guo B, Sun LN. Size effects of the cavity dimension on the Micro – forming ability during coining process. J Mater Process Technol 2007;187 – 188:256 – 259.

[20] Cao J, et al. Micro – forming—experimental investigation of the extrusion process for micro – pins and its numerical simulation using RKEM. ASME Journal of Manufacturing Science and Engineering 2004;126:

642 – 652.

[21] Hall EO. Deformation and ageing of mild steel. Phys Soc Proc 1951;64:747 – 753.

[22] Petch NJ. Cleavage strength of polycrystals. Iron SteelInst 1953;174:25 – 28.

[23] Kals RTA. Fundamentals on the Miniaturization of Sheet Metal Working Processes. Reihe Fertigung-
      stechnik – Erlangen, Hrsg. ; Geiger M. Meisenbach Bamberg;87,1999. Mahabunphachai S, Koc – M.
      Fabrication of PEMFC metallic bipolar plates with microchannel arrays using stamping and hydroforming
      processes. International Conference on Multi – Material Micro – Manufacture (4M) and International
      Conference on Micro – Manufacture (ICOMM) ; Sep 23 – 25 ; Karslruhe, Germany. 2009.

[24] Mahabunpachai S, Cora ON, Koc – M. Effect of manufacturing processes on formability and surface topog-
      raphy of proton exchange membrane fuel cell metallic bipolar plates. J Power Sources 2010;195:5269 –
      5277.

[25] Peng L, Hu P, Lai X, Mei D, Ni J. Investigation of micro/meso sheet soft punch stamping process—simu-
      lation and experiments. Mater Des 2009;30:783 – 790.

[26] Saotome Y, Kaname Y, Hiroshi K. Micro – Deep drawability of very thin sheet steels. J Mater Process
      Technol 2001;113:641 – 647.

[27] Witulski N, Justinger H, Hirt G. Validation of FEM – simulation for micro deep drawing process modeling.
      NUMIFORM 2004;2004 June 13 – 17;Columbus,OH. 2004.

[28] Joo BY, Oh SI, Son YK. Forming of micro channels with ultra thin metal foils. CIRP Ann 2004;53(1):
      243 – 246.

[29] Mahabunphachai S, Koc – M. Investigation of size effects on material behavior of thin sheet metals using
      hydraulic bulge testing at micro/meso – scales. Int J Machine Tools Manufacture 2008;48:1014 – 1029.

[30] Mahabunphachai S, Koc – M. Fabrication of micro – channel arrays on thin metallic sheet using internal
      fluid pressure; investigations on size effects and development of design guidelines. J Power Sources 2008;
      175(1):363 – 371.

[31] Qin Y. Micro – forming and miniature manufacturing systems—development needs and perspectives. J
      Mater Process Technol 2006;177:8 – 18.

第十章　微细电火花加工（μ–EDM）

MUHAMMAD PERVEJ JAHAN,ABU BAKAR Md. ALI ASAD,MUSTAFIZUR
RAHMAN,YOKE SAN WONG,TAKESHI MASAKI
新加坡国立大学机械工程系

10.1　引言

本杰明·富兰克林在1700年左右首次发现了电火花蚀除材料这一特有现象。电火花加工的起源可以追朔到1770年,当时英国科学家约瑟夫·普里斯特利发现了电火花的侵蚀作用[1]。然而,通过一系列的火花产生的可控腐蚀而使材料蚀除的工艺,俗称电火花加工,最初是在20世纪40年代从苏联开始的,当时一对科学家拉扎连科夫妇,首次将它应用到机床切削[2]。20世纪40年代早期,引入了成形加工工艺,成为电火花加工两个主要类型之一[2],此后各种高级功能被整合到电火花加工中,包括脉冲电源、行星轨迹运动技术、计算机数字化控制(CNC)和自适应控制机制。在20世纪70年代,由于电源技术的发展、新型线工具电极的出现、加工理念的进步、机器的进一步智能化及冲液条件的改善,演化出电火花线切割加工技术[3]。在过去的几十年里,电火花线切割工艺已经在很多工业领域得到广泛应用,如模具制造和无毛刺微小孔钻削。

尽管微细电火花加工是基于与传统电火花加工相同的物理原理进行电火花腐蚀,但它不仅仅是改进电火花加工工艺来对工件进行微米级水平的加工。在所使用工具电极的大小,微型工具电极的制造方法,放电电源,机床各轴运动的分辨率,间隙控制和冲液技术,以及加工工艺上与传统电火花加工都有显著差异[4,5]。例如,微细电火花铣削,线电极放电磨削(WEDG)和重复模式调用,通常会更加具体地应用到微细电火花加工工艺。

在过去的70年中,电火花加工工艺已在各行各业中得到广泛的应用,微细电火花加工的前期论证在1968年被Kurafuji和Masuzawa完成[6],他们在50μm厚的硬质合金板上钻削得到了一个直径只有几微米的微小孔。此后,在微加工工艺方面开展了大量的研究工作。尽管如此,起初微细电火花加工技术在工业领域用于产品加工的接受过程相当缓慢,直到最近,由于产品微型化的需求,在微尺度制造应用方面才变得不可或缺。

随着加工零件的微型趋势和微机电系统(MEMS)领域的发展,以及难加工材料微观特征的要求,微细电火花加工因其具有能使用微型电极非接触加工工件的能力,已经成为一个重要的且成本合理的加工技术。微细电火花加工的应用前景不只限于用硬脆材料微型模具制造,而且还包括难加工特征件的生产,如燃料喷嘴,用于合成纤维的喷丝孔,电子和光学器件,微机械驱动部件以及用于生产这些器件的微型工具[7,8]。

10.2 微细电火花加工工艺

10.2.1 微细电火花加工的物理原理

10.2.1.1 微细电火花加工的基本机制

微细电火花加工是一种在介电液中精确控制电极和工件之间的火花放电来对导电材料进行微尺度特征加工的工艺[9]。微细电火花加工和电火花加工的物理过程除了上述提到的差异外基本相似。加工过程由脉冲间隙、脉冲电压、放电能量和放电频率来分配和控制。对于每一次放电(40~100V)来说,高频率(>200Hz)和小能量(10^{-6}~10^{-7}J)能够获得高精度和良好的表面质量(约0.1μm 粗糙度)[10]。放电能量由一个脉冲发生器来提供,采用伺服系统来保证电极以一个适当的速率运动来保持正确的火花间隙,而且会在发生短路时退回电极。一个带有过滤介质的循环泵能够给放电间隙提供电介质并且会冲洗出电蚀残渣。

10.2.1.2 微细电火花加工中的火花和间隙现象

微细电火花加工中的火花现象可分3个重要阶段,即准备放电阶段、放电阶段和放电之间的间隔阶段[11]。

施加间隙电压后,就会形成电场或能量柱,在电极和工件表面最接近时,电场强度最大。电场最终会击穿工作液的绝缘性能。一旦工作液电阻率最低时,即使一个微小的火花都可以通过电离通量管来侵蚀工件。电压下降时电流产生并且放电产生的火花能够汽化与之接触的任何东西,包括工作液,之后会形成包裹火花的气体鞘层,鞘层由气体氢、碳和各种氧化物组成。被火花击中的工件区域会很快熔化,甚至可能蒸发。当电流在脉冲间隔期间消失时,热源也会消除,而且火花周围的蒸汽鞘层也会内爆。蒸汽鞘层的崩溃产生的空隙或真空会吸入新鲜的介电液冲走碎屑并且冷却该区域。电离过程也会发生,这为下一个火花的产生提供了有利条件。图10.1表明了微细电火花加工工艺的物理原理和间隙现象。

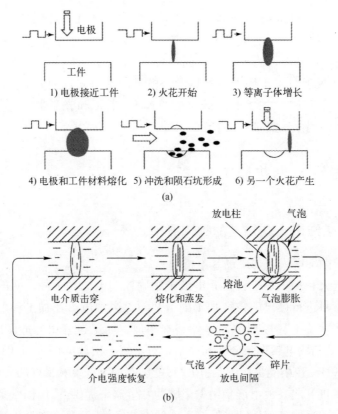

图10.1 （a）电火花加工火花现象的图示[8]；（b）电火花间隙现象模型[12]。

10.2.2 脉冲发生器/电源

正如前言所述,微细电火花加工由于具有非接触性加工的特性,其可能成为最有前途的微加工技术。传统机床微细加工过程中的精度、刚度和机床结构的可靠性是主要因素,而非传统的微加工工艺如微细电火花加工,除了需要完美的机床结构外,还需要先进的工艺控制能力。例如,为了实现精密微细加工,其中重要的一点是最小的去除单元应尽量小,它是指从工件中去除部分的体积或尺寸。例如,在微细电火花加工中,最小的加工量是一个脉冲放电所产生的陨石坑[5,13-16]。减小微细电火花加工中的去除单元,对于切削过程来说,在每个脉冲中释放更少的能量有利于控制脉冲形状。去除单元由切削深度、进给间距和一个切屑对应的切削长度组成。由于去除单元能控制表面粗糙度、最小的加工特征、加工特征的精度以及加工质量,因此在微细电火花加工中,每一个电火花释放的能量就确定了以上参数。而令人烦扰的事实是微细电火花加工的去除单元是比较大的,但是非接触加工导致其切削力非常小,另一方面对于传统加工来说,去除单元可以非常小,但切削力是相当大的。因此,对于微细电火

238

花加工技术,通过减小每个电火花所释放出的能量来获得更小的去除单元是必不可少的,这样就能得到更小的加工特征和较低的表面粗糙度。此外,保持高的加工生产能力同样重要,但在微细电火花加工中去除单元频率是量化的,由于受到火花放电条件的限制,其变化显著,这与传统切削加工中以连续进给率定义的连续去除单元频率相反。

微细电火花加工的电源有两种主要类型,即电阻—电容(RC)或弛张式和晶闸管式脉冲电源(图10.2),在早期的传统电火花加工中,基于RC型的电源被晶闸管式电源取代,如今RC型的电源又重新广泛用于微细电火花加工[12,17,18]。

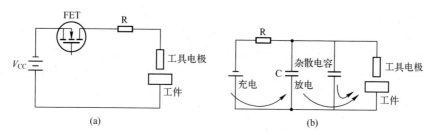

图10.2　(a)晶体管式脉冲发生器的基本电路示意图;
(b)电容式脉冲发生器的基本电路示意图。

10.2.2.1　晶体管式脉冲发生器

在晶闸管式电源中(图10.2(a)),一系列的电阻和晶闸管并联到直流电源和放电间隙之间。放电时电流随着晶体管同一时间打开的数量增加而成比例增大。门控制电路的开关由场效应晶闸管(FET)控制。为了产生单一脉冲,通过监测间隙电压来检测放电是否发生,在预定的放电时间之后,场效应管关闭。

脉冲持续时间和放电电流可以通过晶闸管式脉冲电源任意改变,根据加工特征的要求,提供了一致的脉冲波形更好的控制表面粗糙度。每一个火花的放电能量由电路中的电阻与输入电压控制(图10.2(a)中R和VCC)。应用晶闸管式电源时,最小去除单元是在电压设定60V左右时通过增加电阻来获得的,当电压低于60V时就会导致不稳定的放电[17,18]。即便去除单元可以在晶闸管电路中通过增加电阻明显减小,但去除单元频率的最小化很难,正如之前提到的微细电火花加工基本上是一个不连续的材料去除过程。从晶体管式脉冲发生器中产生的火花可以采用电子设备控制。电子设备(或微控制器)的决策过程是基于设定开启/关闭的时间、占空比、信号传播延迟以及功率晶体管的固有延迟来完成的。即使使用非常快的电子设备[12,19],所有这些过程的时间也超过几百纳秒,这限制了最短的脉冲持续时间。

晶闸管式电源已广泛应用于传统的电火花加工中,具有更大的去除单元,可产生更高的材料去除率,且可获得的单元去除频率也优于电阻电容(RC型)电路。由于这一事实需要更大容量的电容来提供更高的放电能量,相应的需要更长的充电时间来获得小的单元去除频率。

10.2.2.2　电容式脉冲发生器

在一个电容或松弛式电路中,放电脉冲的持续时间是由电容器的电容和连接电容器、工件以及电极的导线所决定的[7,8],而且放电的能量取决于电容的大小。正如一个理想的电容型脉冲发生器,如图10.2(b)所示,充电和放电周期重复发生。在充电周期的电容器 C 通过电阻 R 充电,在放电周期放电发生在电极和工件之间。间隙间的脉冲能量 E 通过以下公式计算[14,18],假设间隙电压 Vg 在放电过程中是恒值。

$$E = 2CVg(V - Vg) \tag{10.1}$$

式中:C 是放电电容;V 是供给的直流电压。当 $V = 2Vg$ 时,放电能量是最大的,等于 $0.5CV^2$,它等于存储在电容器中的能量。更现实的情况是,在电动进给器之间,工具电极与工作台之间,工具电极和工件之间,电阻电容型脉冲电源会产生寄生电容,这就需要对上述方程进行修正:

$$E = 2(C1 + C2)Vg(V - Vg) \tag{10.2}$$

这意味着当放电电容($C1$)设置为0时,可达到的最小放电脉冲能量由杂散电容($C2$)决定,因此,为了减少脉冲能量,降低线电极与工件之间的杂散电容很重要。在最后精整阶段或加工特征在微加工区的下边界时[4],最小放电能量是必要的,加工过程中只有寄生电容工作,而电容器是不连接的[7]。这可以容易地产生高峰值电流和短脉宽脉冲,实现高效精确的材料去除,同时获得所需的表面加工质量。在一个精密设计的装置中,杂散电容可以减少到大约10~12pF,产生0.2mA峰值电流和30ns的脉宽[20]。

放电频率(放电重复率)取决于充电时间,这是由电路中的电阻(R)决定的,并且电阻电容型(RC型)电源具有额外的优点:当电容减少时,根据一阶微分方程电容的充电时间也相应减少。电容器完全充满时间是 $5 \times RC$,对于 $R = 1k\Omega$ 和 $C = 10pF$ 的电容器,其完全充满电的时间只需要约50ns。由于电弧放电取代了火花放电,而电阻能够有效的防止电弧的出现,因此,"R"不应该非常低[21]。

然而,利用 RC 脉冲电源加工通常有一个极其低的去除率,当依靠不受控制的自发放电频率被所要求的充电时间所阻碍时,每个火花的能量就会明显减小。此外,在电介质被击穿之前,由于放电能量取决于电容器中存储的电荷,很难获得均匀的表面光洁度。而且,如果介电强度在先前的放电后不恢复并且电流继续流过没有充电的电容中同一等离子体的间隙通道,热损伤就很容易出现在工件上[19]。

RC 型脉冲电源仍然应用在微电火花加工中的主要原因是,对于非常小的电容器,其充电时间通常是比较短的,约几十纳秒,比最短的截止时间还要少,能够利用现有的电子元件设计可靠地晶体管式电源。此外,如果一个灵活控制的电源能够进行短路检测,晶体管电源将会要求电流在几十纳秒的时间减少到零。那么此时,电路中的大电流会造成工件已加工精密特征的损坏。

10.2.2.3　先进电源的研究

10.2.2.3.1　晶体管式脉冲发生器:晶体管式的改进

晶体管式脉冲发生器的主要问题是,检测信号传输的延迟时间长。为了缩短延迟时间,图 10.3(a)显示了应用在微细电火花加工中的晶体管式脉冲电源[19]。粗、半精加工可通过短路点 P_1 和 P_2 来完成,并通过插入辅助电路完成精加工。在粗加工和半精加工的情况下,通过 FET1 切断放电电流。对脉冲电流进行监控,而不是监测间隙电压。此外,当电流传感器输出低于5V,它可以直接输入到脉冲控制电路,避免使用电压衰减电路。因此,所研制出的新晶体管式脉冲发生器在很大的程度上缩短了延迟时间,得到的最小脉冲持续时间约 为80ns。为了进一步缩短脉冲持续时间,有必要关闭不使用的放电电流、脉冲控制电路和栅极驱动电路,该电路如图 10.3(a)中的虚线包围线所示。因此,当在放电间隙出现放电时立即关闭放电电流,该电路通过断开点 P_1 和 P_2 来激活并且在两点之间接入电路。当放电间隙中出现放电时,Tr_1,Tr_2 和 Tr_4 由于放电电流而打开,导致 FET2 被关闭。由于 FET2 被关闭,放电终止,放电电流变为零。因此,当 Tr_1,Tr_2 和 Tr_4 关闭并且 FET2 打开时,电路自动初始化。

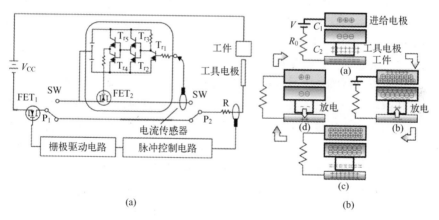

图10.3　(a)晶体管式脉冲电源的基本电路示意图[19];
(b)纳米电火花加工电容耦合脉冲发生器[22]。

10.2.2.3.2　电容耦合脉冲发生器:电容式的改进

微细电火花加工中使用电容式脉冲发生器时,每个脉冲的最小放电能量是由杂散电容所决定的,表明了小型化的局限[23]。然而,加工直径小于 $1.0\mu m$ 的微杆已经发现是困难的,由于使用传统的 RC 型脉冲电源不可能得到小于 2.0μm 的陷口直径，因为杂散电容不可能完全消除[24,25]。因此，研发出来一种新的电容耦合方式的脉冲电源。用这个方法，能够实现电动进给并且不需要与电极接触，在电路中的杂散电容的影响可以消除，从而实现纳米级陷口加工。

如图 10.3(b)所示，进给电极、工具电极与工件通过串联的电容进行耦合。在图中，C_1 是进给电极和工具电极之间形成的进给间隙电容，C_2 是工具电极与工件之间所形成的工作间隙电容。脉冲电压 V 以一个恒定的脉冲持续时间施加在进给电极和工件之间。R_0 是脉冲发生器内部的电阻。为了确保进给电极和工具电极之间不会发生放电并且没有电荷传导，在它们之间要设定一定的距离。当脉冲发生器的电压变为 V 时，进给间隙电容 C_1 和工作间隙电容 C_2 就会被充电。在工作间隙中，工具电极和工件分别聚集了正电荷和负电荷，从而形成了一个高场强的电场。因此，放电时电子就会从工件传导到工具电极。由于放电持续时间非常短，不超过几十纳秒，被击穿的工作间隙介电强度会立即恢复。

10.2.3 微细电火花加工的变型

10.2.3.1 微细电火花成型加工

微细电火花成型加工是最早和最常见的微细电火花加工类型。在微细电火花成型加工中，具有预期微特征的电极被用来加工工件来形成相对应的镜像图形。在微细电火花成型加工中，工具电极以成品工件的互补形式准确地沉入工件中进行成型加工，如图 10.4(a)所示。

10.2.3.2 微细电火花铣削加工

微细电火花铣削加工是一种相对比较新的工艺，它消除了成型加工时需要复杂形状电极的要求。在这一工艺中，通常采用管状或圆柱微型电极通过扫描的方式加工所需要的复杂形状。圆柱形电极围绕其旋转轴（Z 轴）旋转，同时在 X 和 Y 方向进行扫描运动。在数控程序中确定了一个特定层的轮廓。然而，在微细电火花加工中由于电极的磨损，存在严重的与电极磨损补偿有关的问题，加工电极磨损只发生在底部时能够保持电极的形状，而且铣削层的厚度能够被控制，因此，相当数量的运动控制策略被用来解决电极磨损补偿问题，在特定情况下，每一种方法都具有其独特的优势[4,7]。例如，在一种算法中，基于采样间隙电压的状态 Z 轴上下运动来控制间隙，同时 X 轴和 Y 轴将提供直线或圆弧振荡运动[20]，而在另一种算法中，正如在铣削工艺中那样 Z 轴被设定成按步下移[7]。这是一个特别具有挑战性的任务，从运动控制角度来满足所有这些不同的算法，并且同时还要注意间隙电压采样的很小的延迟就能导致微细电极的断裂。

10.2.3.3 微细电火花线切割加工

微细电火花线切割加工是电火花加工变型的一种,其可以很好地适应于微制造应用。在微细电火花线切割加工中,连续运动的微丝按照程序路径来切断导电工件。微细电火花线切割加工的基本机理和微细电火花加工是相同的,都是利用工件和电极丝之间产生的一系列电火花去除材料。图10.4(c)表示了微细电火花线切割加工。

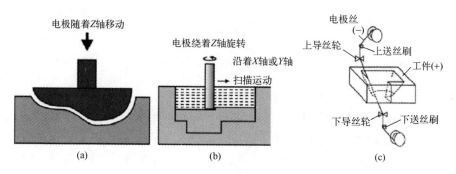

图 10.4　(a)微细电火花成型加工示意图;(b)微细电火花铣削加工示意图;
(c)微细电火花线切割加工示意图。

10.2.3.4 微细电火花磨削和微细电火花线切割磨削

一个最常用的微细电火花加工的变型是微细电火花磨削。在微细电火花加工中,为了将一个粗电极在机制造出微型电极,采用了带有消耗电极的微细电火花磨削技术。在这个工艺中,消耗电极使用了不同设置和轨迹控制,如"固定块""旋转盘"和"线电极放电磨削。"在固定块的设置上,由于消耗电极尺寸的变化,工具电极直径的制造一般是不可预知的,但可形成光滑表面。旋转盘的使用可产生较好的形状精度,但需要相当复杂的设置。线电极放电磨削工艺能够生产拥有极其良好长宽比的细长杆件,并且现在的工业领域广泛地认可这种工艺方法。块电极方法的主要优势是制造非圆柱型电极(例如,三角形或正方形电极)的能力良好,另外它的生产成本很低廉[27]。另一个重要的因素是常用于线电极放电磨削加工的市售铜丝直径精度通常为 ±1μm [28],这也影响了微细电火花加工精度,因此,在某些情况下线电极放电磨削技术所产生的表面光洁度没有使用旋转盘制造方法所产生的表面光洁度好[29]。

结合"固定块"和"旋转盘"电极制备技术的优点,开发出了"移动块电极放电磨削"工艺。在这项技术中,块电极和工具电极沿着块电极的纵向轴线做往复相对运动,工具电极(Z轴)控制消耗块表面上方的火花间隙。侵蚀均匀分布在块电极表面很大一个区域,加工出的电极是非锥形的,表面非常光滑且有很好的形状精度。然而,由于块电极的表面产生了凹槽,制造出来的微细电极长度总是小于目标长度。图10.5所示为微细电火花磨削的不同在机制造工艺。

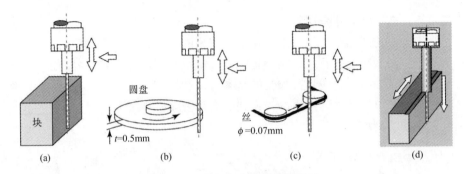

图 10.5 微细电火花磨削的类型

(a)固定块；(b)旋转盘；(c)丝；(d)移动 BEDG 工艺。

10.2.3.5 微细电火花钻削加工

在微细电火花钻削加工中,微电极用于在工件上"钻"微孔。然而,采用微细电火花加工的方法进行深微孔钻削的问题是,制造和夹紧长电极存在困难。因此,利用不同的微细电火花磨削工艺在机制作高精度微型电极,如图 10.6 所示。由于微型电极在成型过程之前就被夹紧,直到微孔加工完成才会松开[13],这也解决了电极夹紧的问题。图 10.6 上电极在机加工、微细电极在线测量以及用所加工的电极进行微细电火花钻削加工的连续工艺。表 10.1 给出了微细电火花五种工艺变型的加工能力比较。

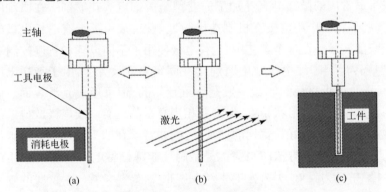

图 10.6 微细电火花钻削加工

(a)通过 BEDG 在线制造电极；(b)在线激光检测；(c)钻削高深径比微孔。

表 10.1 微细电火花加工变型的加工能力比较[8]

微细电火花加工变型	几何复杂性	最小特征尺寸	最大长宽比	表面质量,$Ra/\mu m$
钻削	2D	5 μm	~25	0.05 ~ 0.3
成型	3D	~20 μm	~15	0.05 ~ 0.3
铣削	3D	~20 μm	~10	0.5 ~ 1
电火花线切割	2.5D	~30 μm	~100	0.1 ~ 0.2
电火花磨削	轴对称	3 μm	30	0.8

244

10.2.3.6　行星轨迹式微细电火花加工

在微细电火花成型加工或者微细电火花钻削加工中一个常见的问题是加工碎屑堆积,这对于高宽比微结构的加工是影响最大的。因此,除了电极的进给运动,在电极和工件之间添加一个相对运动,从而在它们之间产生一个宽的间隙来进行流体循环,减少碎片的堆积,这样就能产生高的材料去除率、低损耗率和较高的加工精度。这使得刀具的底部边缘产生较低的磨损,因此,最大限度地减少了微型盲孔底面的不良锥形和波纹[31]。电极路径依赖被加工特征的复杂性。图 10.7(a)~(c)表示了微细电火花加工轨迹示意图,圆形微孔和方形微孔的轨道运动。

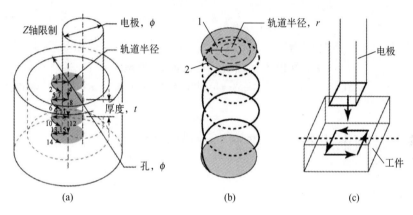

图 10.7　(a)微细电火花加工行星轨迹示意图;(b)微孔电极的行星轨迹运动;
(c)非圆孔行星轨迹运动。

10.2.3.7　微细电火花逆向加工

微细电火花逆向加工[33]由以下步骤组成,包括采用微细电火花磨削进行单个微电极的制造;微细阵列孔的制造,它将作为电火花逆向加工的负电极;最后采用微细电火花逆向加工来加工阵列电极。在微细电火花逆向加工过程中,电极和消耗工件是极性互换的,因此在微阵列孔中电极才能被加工出来。在微细电火花加工电极和工件极性互换的过程中,电极被当作工件,通过向下进给到金属板的孔上并且达到加工间隙来进行放电加工。然后,与孔相对应的区域未被加工。最后,和阵列孔一样多的阵列微电极被加工出来。微细电火花逆向加工的原理示意图如图 10.8 所示。微细电火花逆向加工工艺的连续应用也被称为微细电火花批量加工,能够通过重复转移模式进行批量加工,这是 10.5.4 节中将要详细讨论的。

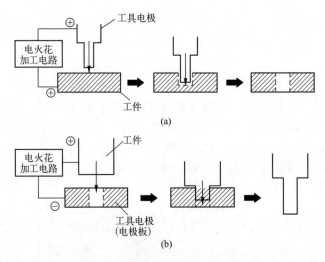

图 10.8　微细电火花逆向加工原理

（a）使用正常的微细电火花进行微小孔的制造；（b）利用微细电火花逆向加工进行微细电极制造[33]。

10.3　微细电火花加工工艺的参数控制

10.3.1　电参数

10.3.1.1　脉冲波形和放电能量

对于微细电火花加工来说脉冲波形和放电能量主要取决于脉冲发生器的类型。图 10.9（a）和 10.9（b）分别为晶体管式和 RC 式脉冲发生器的理想电压和电流信号。脉冲发生器的放电能量是由它的放电参数来确定的。放电能量越高，材料去除率越高，然而，电极相对磨损（RWR）也会增加，并且表面精度也会随着放电能量的增加而下降。微细电火花加工中所使用的脉冲形状通常是矩形的，但是由于各种功能的需要其他脉冲形状的发生器也被研制出来[34]。例如，在微细电火花加工过程中产生的梯形脉冲将能够把刀具相对磨损降低到非常低的值[35]。

在晶体管式脉冲发生器中，当晶体管被接通时，开路电压 u_e 被施加在工具电极和工件之间，但放电过程不会立即发生，而是会在点火延迟时间后发生。当电介质被击穿后，放电电流 i_e 就会通过放电间隙。电介质被击穿后栅极控制电路控制晶体管接通来保持放电持续时间 t_e，从而形成大小均匀的电蚀坑。然后在设置放电时间 t_0 后，晶体管被再次接通，开路电压被施加在电极之间。单脉冲放电能量 q 表示为

$$q = u_e \times i_e \times t_e \tag{10.3}$$

246

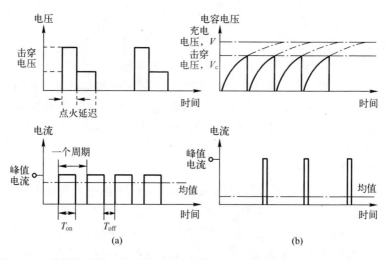

图 10.9　晶体管式脉冲发生器和 RC 式脉冲发生器的理想电压 – 时间(上)和
电流 – 时间(下)的曲线/波形特点[36-40]

（a）晶体管式脉冲发生器;（b）RC 式脉冲发生器。

式中:u_e是放电电压;i_e是放电电流;t_e是脉冲持续时间[12]。

对 RC 式脉冲发生器来说,电容(C)充电时间认为是上一脉冲结束时间或脉冲间歇,而放电时间认为是该脉冲开始的时间。RC 式脉冲发生器的一个重要特点是击穿或放电电压(V)低于充电电压,因此有时放电始于电容完全充满电之前,从而使放电能量不够均匀。峰值电流是放电开始之前所达到的电流量。考虑到在公式(10.1)中 $V = 2Vg$,则单脉冲放电能量 q 可以简化为

$$q = (1/2)CV^2 \tag{10.4}$$

式中:C 是加工的电容;V 是放电电压[15]。

10.3.1.2　放电电压、击穿电压、开路电压和间隙电压

微细电火花加工中的放电电压与放电间隙及击穿时的介电强度相关。击穿电压是击穿发生时的阈值电压。然而在形成电流之前,开路间隙电压不断增加,直到在电介质中形成一条击穿通道。一旦电流形成,电压开始下降并稳定在工作间隙电压的水平上。电极与工件之间的间隙所形成的电压称为间隙电压。所施加的电压能够决定电火花的总能量。高电压的设置会使电极与工件之间的间隙增大,从而改善冲液环境并有助于提高加工稳定性和增大材料去除率。但同时较高电压会降低加工表面粗糙度。

10.3.1.3　峰值电流

"峰值电流"通常是用来表示加工中的最大电流。峰值电流越大,放电能量越高。在每一个脉冲开始时电流增大达到预定的水平,即为峰值电流。大电流会提高材料的去除率,但是其代价是表面光洁度降低和电极的磨损。

10.3.1.4 脉冲持续时间

脉冲持续时间是每一个周期电流所持续的时间。放电能量是由峰值电流及脉冲开启时间的长度所控制的。它是火花周期的"工作"部分,电流形成及加工完成仅在此段时间内进行。材料去除与此期间所施加的能量大小成正比。电火花持续时间越长,由此产生的陨石坑将变得更宽更深。因此表面粗糙度将降低。另一方面,电火花持续时间越短,将有助于获得更优良的表面粗糙度。然而,过长的脉冲持续时间可能会适得其反[34]。

10.3.1.5 脉冲间隔

脉冲间隔是电火花停止放电时成功发生的两个脉冲之间的时间间隔。脉冲关闭时间指的是介质电离所需的暂停或者停止时间。这段时间会使熔融的材料固化并且被清除出放电间隙。如果脉冲关闭时间过短,就会引起电火花变得不稳定,然后会更容易发生短路。另一方面,较长的脉冲关闭时间,会导致更长的加工时间,但可以实现稳定的微细电火花加工。当脉冲关闭时间比脉冲开启时间短时,将导致伺服电机前进和后退的不稳定,降低其运行能力。

10.3.1.6 占空比

占空比是脉冲持续时间相对整个周期时间的百分比。这是一个用来反映效率的指标,并且可以用脉冲持续时间除以整个周期时间来进行计算。一般来说,越高的占空比意味着切削效率越高。它是通过脉冲持续时间除以整个周期的脉冲时间(脉冲开启时间 + 脉冲关闭时间)来计算百分比的。

10.3.1.7 脉冲频率

脉冲频率是一秒钟的间隙内所产生的周期次数。频率越高,可以获得越好的表面粗糙度。随着每秒钟周期次数的增加,脉冲开启时间的长度就会缩短。开启时间越短,材料去除得越少,而且陨石坑愈小。工件表面热损伤小就会产生非常好的表面粗糙度。脉冲频率的计算是用整个脉冲周期的时间(脉冲开启时间 + 脉冲关闭时间)除以 1000,单位为微秒[34]。

10.3.1.8 电极的极性

一般来说,在微细电火花加工的过程中,电子从阴极发射移动到阳极。在到达阳极后,电子撞击阳极表面而导致金属离子从阳极材料去除。因此,由于更多的材料从阳极表面去除,从而使阳极失去更多的重量。这就是当工件作为阳极,电极作为阴极(负极)时获得更高材料去除率的常见原因[37-41]。

10.3.2 材料的性能参数

10.3.2.1 工具电极材料

由于微细电火花加工是一种热加工工艺,对电极材料的热性能有显著的影响。当弧柱的热通量相等时,越高的热导率会导致电极表面[12]温度越低。因此,具有高热导率的材料适合作为工具电极。高熔点和高沸点的材料也适合作为工具电极。电极材料的重要性能参数包括热导率、电导率、熔点、沸点和比热,都能够影响微细电火花加工工艺[37-40]。

10.3.2.2 微细电火花线切割的丝材料

微细电火花线切割的性能,即材料去除率、断丝和加工速度,都受到电性能、热性能以及丝材料的抗拉强度的影响。丝材料在高温和合理的低成本前提下,应该拥有高的放电能力、低电阻、高的抗拉强度。另外,当微细电火花线切割选择合适的丝材料时,丝材料的热性能,诸如比热、热传导性、熔点、沸点都应该予以考虑。

10.3.2.3 介电材料

在微细电火花加工过程中,当加工区域浸没在介电介质中时,介质的性能参数如化学组成、黏度、介电强度和冷却速率都起到重要作用。而且,介电液提供了很多功能,如冲洗加工区碎片和作为冷却剂。闪光点温度和介电强度越高,电火花的控制越加安全精细。介电液的黏度越低,加工精度和粗糙度越好。低比重和无色的介质对于获取更好的加工性能是非常需要的。

10.3.2.4 工件材料

工件材料应该有足够的导电性,从而可以使它们能够进行微细电火花加工。工件材料的电火花加工能力取决于材料的热导率、比热、熔点和汽化点[43]。

10.3.3 机械运动控制参数

10.3.3.1 间隙控制和伺服进给

不同于其他的微加工工艺,在微细电火花加工中电极伺服运动不是连续的。除了通过最小化开路、电弧和短路在加工过程中确保加工过程更稳定之外,伺服进给控制的主要目的在于在加工过程中保持适当的电火花间隙或间隙宽度。通过间隙距离和补偿刀具位置预测,一个稳定的间隙控制系统能够使微加工特征具有更好的尺寸精度[8]。较大的间隙宽度引起较长的点火延迟时间,进而导致较高的平均电压。当所测量的平均间隙电压高于设定的伺服参考电压时,刀具进给速度增加,反之亦然[12]。除了平均间隙电压外,平均延迟时间也可以监测间隙宽度。在某些情况下,平均点火延迟时间会代替平均间隙电压用来监测间隙宽度[44]。此外,间隙监测电路也能识别开路间隙、正常放电、瞬时电弧、有害燃弧、短路的状态和比率[8]。

10.3.3.2 定位精度和重复定位精度

在微细电火花加工的过程中,所使用机器的定位精度和重复定位精度是误差的主要来源[45]。对于微细电极和微特征的加工来说,在机制造具有应该保证尺寸精度高、重复性好的微型电极,应该保证合适的定位精度。微细电火花加工机器的定位精度和重复定位精度可以用激光干涉仪进行测量。在一个特定的位置加工微小孔,机器的定位精度主要影响孔的位置,而重复定位精度会影响孔的大小和形状。测量的精度取决于电极接近工件表面的速度。相关电极的旋转速度越低,得到的误差越小。

10.3.3.3 电极形状和旋转

电极旋转可以显著提高微细电火花加工的冲洗过程和整体性能以及尺寸精度和表面粗糙度。随着电极旋转速度的提高,电极的切向速度提高,从而促进了电介质的扰动[46]。电介质流速的增加有助于从加工区域分离碎片,从而有利于进一步将材料从工件中去除。随着电极转速的增加,电极相对磨损会减少。

电极形状无疑可以提高冲洗条件和微细电火花加工的整体性能。与圆柱形电极相比,使用单侧削边电极能够提高碎片的冲洗能力[47]。对于利用微细电火花钻削加工深微孔来说,使用螺旋微细电极并结合超声振动可以大大减少电火花加工间隙、加工锥形和加工时间[49]。

10.3.3.4 微细电火花线切割丝张紧力和丝速

丝张紧力的大小影响着微细电火花线切割加工过程的动态稳定性。丝发生偏转是由于很多种力施加在线上,如电磁力、冲洗压力、电火花的压力。如果张紧力小,丝在加工过程中很可能会发生弯曲和加工不准确。由于丝的连续运动,如果不能保证适当的张紧力,就有可能在加工区域产生高频振动。这可能会引起不良的间隙宽度、过度短路、甚至断丝。太大的丝张紧力,又可能会经常断丝。

丝速是丝在加工过程中穿过工件的相对速度。丝速不应该太高以便减少丝的使用。在非常低的速度下,同一区域受到的损坏越多,丝的拉伸强度减小就会经常发生断丝。

10.3.3.5 冲洗压力和冲洗机制

在微细电火花加工中为了保持加工的稳定,防止放电位置集中,冲洗碎屑颗粒和冷却放电间隙是十分重要的[12]。冲洗压力加大可以提高整体的冲洗机制、机械稳定性和材料去除率,特别是在微细电火花钻削加工中更加明显。然而,除了在微细电火花加工中由于所使用微细电极的偏转减小了尺寸精度外,非常高的压力也会增加位置误差。另一方面,由于冲洗压力不足,微细电火花加工中产生的颗粒会迅速堆积,从而使电极之间发生短路。事实上如果对微细电火花加工电压进行适度的设置,电火花间隙可达到 $3 \sim 4\mu m$ 那么小。如果电极或者工件上必须提供孔而且不能损伤工件,那么通过这些孔的压力冲洗或者吸气冲洗应至少保留一种最有效的冲洗方法。

特殊的旋转电极运动已被用来提高介电液在升降运动中的抽运作用[50]。电极或工件的轨道已经被开发用来协助冲洗并且提高加工条件。此外,冲洗方向对加工性能有显著影响。从一个方向进行冲洗可能会引起下游碎片颗粒密度增大,导致间隙宽度的不均匀分布,降低了加工精度[51]。因此,有时从两侧冲洗、交替冲洗以及清扫冲洗的方法都是可取的。

10.4 微细电火花加工性能测试

10.4.1 材料去除率

微细电火花加工过程中材料去除率定义为单位时间内材料去除量。材料去除率可以通过加工前后的重量或者体积差来计算。这是对加工率的高低和微细电火花加工中重要参数性能的一个预测,通常是一个非常缓慢的过程。满足所需的精度和表面光洁度同时也必须达到较高加工生产率。材料去除率主要取决于工艺参数。

更高的放电电压、峰值电流、脉宽、占空比和较低的脉间可以导致更高的材料去除率。除了这些电参数,其他非电参数和材料性质对材料去除率也有显著影响。由于电火花去除材料适用于不连续模式,所以一个单一放电产生的凹坑大小、脉冲宽度和所需电容器的充电时间提供了一个可达到最大材料去除率的估计方式。然而,实际达到的材料去除率是小于可达到的最大材料去除率,主要由于稳定放电部位的形成,设备间隙控制系统和冲液条件的随机性。

10.4.2 工具电极损耗率

工具电极损耗率定义为工具电极磨损量与工件去除量之比。高的工具电极磨损率会导致加工误差大和成本增加,因此工具电极本身的加工精确性是首要前提。在微细电火花加工过程中,使用放电时间短和峰值电流低的脉冲加工会得到较低的工具电极损耗率和更好的表面粗糙度。然而,由于放电位置的电流密度较低而使热通量较少,导致去除材料的有效能量较低。工具磨损特性与材料特性,特别是与沸点有关[52]。高沸点、高熔点和高的热传导性可使电极材料磨损的比率变小,与工件材料无关。电极的边角磨损与热扩散有关,并且在热传导性较低的电极上更明显。电极的磨损也与诸如电极的放电能量分布和材料的热力学常数等因素有关。为了降低电极损耗,在制作通孔时电极厚度要大于工件厚度或者在当前的技术上准备几个电极用来粗加工和精加工,这都是非常有必要的[52]。

10.4.3 表面质量

表面质量包括平均表面粗糙度、峰谷粗糙度、表面形貌特征、凹坑特性和整体表面完整性。在微细电火花加工中,表面形貌特征和粗糙度在很大程度上取决于放电脉冲能量蚀除凹坑的大小和均匀程度[8,37-40]。窄脉宽在加工表面上产生较小的凹坑。通过改变加工路径或层的深度,可以减少微细电火花加工引起的重铸层,也可以通过使用混粉电解液消除重铸层。适当浓度的导电或半导电微/纳米粉末介电液可以显著降低表面粗糙度。重铸层的深度受到电路中电阻和电容的影响,两者都影响放电能量。更高的放电能量会导致较厚的重铸层[53]。低开路电压、高频短脉宽和足够高的脉冲间隔电参数产生的放电凹坑小,因此得到较小的表面粗糙度[16]。电火花加工的表面粗糙度随着电介质压力的增加而改善。然而,很高的电介质压力不利于加工出较好的表面粗糙度[37-40]。

10.4.4 电火花间隙/切缝宽度、间隙宽度

对于微细电火花加工来说,在电极与工件之间必须有小的空间,就是所说的微细电火花放电间隙。对于微细电火花线切割来说,电火花间隙通常被称为切缝宽度或间隙宽度。它等于所加工工件的外径减去刀具/丝直径的一半。火花间隙或切缝宽度影响所能得到的尺寸精度和表面粗糙度的能力。间隙越小和越一致,尺寸和加工精度更能预测。在微细电火花加工中为了实现微结构加工,电火花间隙应该很小[45]。人们已经发现,电火花间隙与间隙电压是成正比的关系[54]。然而,火花间隙和表面粗糙度也受到脉冲宽度的影响。峰值电流与施加的能量也影响了火花间隙。因此,影响火花间隙的主要参数被确定为开路电压、峰值电流和脉冲时间。

10.4.5 微细电火花加工小型化的公差和限制

由于微细电火花更有利于对微特征的加工,通过微细电火花加工来理解各种因素对小尺寸加工的影响是非常重要的。电火花加工获得的最小特征尺寸不只限于运动装置的精度和所使用的电极,主要是发出的每个量子耦合后的火花能量,并且可以用简单的知识通过每个放电坑所施加的能量来估计所产生的表面粗糙度。据推测,当加工特征中某些区域的一个表面与相邻表面部分重叠而没有留出加工余量材料时,特征尺寸是不可能加工出来,因此,可达到的最小特征尺寸可以从运动控制系统的精度和一个增量加上两倍 R_z 来估计,R_z 为由电源设置火花能量形成的高峰和低谷之间的平均距离。如图 10.10 所示,以加工垂直壁为例,在壁的两侧由微细电火花铣削加工。在图中,显示了一个臂的顶端视图,两端都进行了微细电火花加工。在第二种情况下当两个粗糙表面重叠时,加工结构变得不连续,由于凹坑重叠引起臂上形成小孔,导致加工失败。

此外,微细电火花加工小型化的公差的局限性和稳定性在很大程度上取决于残余应力、底面损伤和工件材料的结构[12]。结果发现,碳化钨基硬质合金微型杆(晶粒尺寸 0.4μm)的直径小于 2.3μm,这在微细电火花加工中无法制造出

252

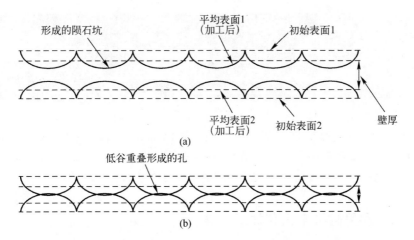

图 10.10　简化估算微细电火花加工可以实现最小凹坑尺寸

（a）显示了微细电火花铣削壁两侧形成薄壁的顶部视图；（b）显示了由于预期壁厚小于凹坑
平均尺寸的两倍，导致加工失败。

来,即使在大量的重复试验下也无法得到[23-25,55]。在电火花放电磨削中,无论微细轴被当作阴极还是阳极,其最小直径几乎是相同的。将开路电压减小到20V,可以制造出 $1\mu m$ 直径的微细轴[8]。与多晶钨相比,单晶钨微臂的最小切削厚度较小。然而,会产生平行于壁的裂纹,但是单晶并不总是比多晶更适合小型化。

10.5　微细电火花加工工艺应用与实例

10.5.1　在线电极制备

　　微细电火花加工的非接触性使得可以将加工难加工材料制成长细电极。然而,在微细电火花加工中,不建议在加工过程中更换微细电极,因为微电极在安装或夹紧过程中容易发生变形而产生误差。加工一个厚度大于所需直径的电极,使用 EDG 技术并使用损耗电极加工圆柱电极。在这个过程可以控制不同类型设置和损耗电极的轨迹,如"固定块""旋转盘""在线修电极(WEDG)"移动式电火花磨削(BEDG)。图 10.11 所示为使用固定式的块电极电火花磨削、移动式的块电极电火花磨削、微细线电极放电磨削和旋转盘式放电研磨制造的微电极。据报道,在机械制造中应用的各种微细电火花加工技术中,微细线电极放电磨削、移动式块电极电火花磨削可以生产尺寸更精确、具有更好的表面光洁度的微型电极。然而,通过微细线电极放电磨削获得的微电极,具有最小为 $4.3\mu m$ 的直径。

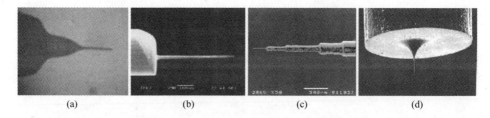

(a)　　　　　　(b)　　　　　　(c)　　　　　　(d)

图 10.11　在线制造微电极(a) 固定 BDEG 加工的 44.5μm 铜—钨电极;(b) 移动式 BDEG

加工的 45μm 钨电极[30];(c) 移动式微细电极放电磨削(WEDG)工艺加工的 10μm

电极;(d) 微细电火花放电磨削(WEDG)工艺加工的 4.3μm 直径轴[24]。

10.5.2　利用微细电火花加工刀具

10.5.2.1　微细电火花制备超精细微型刀具

市售的嵌入式多晶金刚石刀片专为精加工设计,有一个比较大的刀尖半径,例如 100μm(见图 10.12(a))。刀尖将切削力对轴的作用分为两部分,即 F_x、F_y,如图 10.12(a)所示。切削分力 F_y 做实际的切削运动,而 F_x 则会引起轴的挠度变形。市售多晶金刚石刀片经过再加工可以获得非常锋利的切削刃,所以,只需显著降低切削力 F_x,如图 10.12(b)所示,就可以加工更小直径的直轴。图 10.12 所示为圆刀尖和改进后的刀尖制备微细轴的对比图。

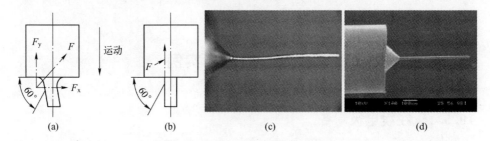

(a)　　　　　　(b)　　　　　　(c)　　　　　　(d)

图 10.12　(a) 商业多晶金刚石刀具的切削力分力(F_x 和 F_y);(b) 刀具改性后的

切削力分布;(c) 传统微细切削方法加工的直径为 100μm 的轴;(d) 改性后的 PCD

刀具制作的基体为 500μm 的 19μm 电极。

10.5.2.2　旋转电极制造

微细电火花磨削制备旋转电极有诸多优点。可以很容易改变电极的几何形状,而且可加工尺寸的潜力非常大。与其他非接触式加工技术相比,微电极电火花磨削有一个可接受的加工时间,与离子束相比加工费用可以忽略不计。使用微电极电火花铣削过程的优势是用保险卡盘可以预防不准确性[57]。图 10.13 所示为制备的旋转电极、沟槽及切屑。此外,Morgan 等人[58]采用了微细电火花在黄铜和铝等软材料上铣削凹槽。图 10.14(a)所示为 100μm 直径钨硬质合金电子显微镜图片。图 10.14(b)和 10.14(c)分别所示为铝在机械切削后产生的微型槽和表面质量。碳化钨被选作刀具材料是由于其具有高硬度和低磨损率。圆柱四分之三部分被切除掉以制备切削刃,在刀尖切削出45°斜边以备各种形式铣削使用。使用微细电火花磨削制作的微型刀具已经用来机械切削去除材料而不是放电加工,以便获得更好的表面质量和更高的材料去除率。

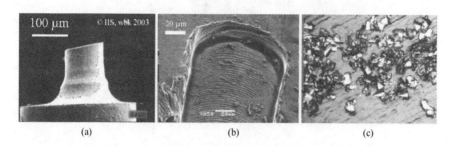

图 10.13 (a) 微细电火花磨削加工直径为 100μm 的碳化钨铣削电极;
(b) 通过所制造的铣削电极加工槽的表面和边缘;
(c) 微细铣削过程中产生的切屑。

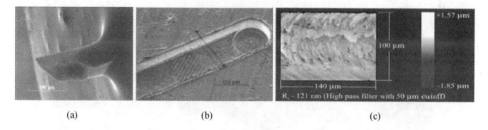

图 10.14 (a) 微细电火花磨削加工直径为 100μm 的碳化钨铣削电极;
(b) 在 AA3003 铝合金中加工的微型方槽;
(c) 方槽底部的粗糙度 Ra 为 121nm。

10.5.2.3 微型磨削工具制造

微细电火花磨削的另一个重要应用是制造微型金刚石或碳化钨材料的磨削刀具。金刚石可以通过微细电火花磨削成形,成形后的刀具可用来微磨削加工硬材料和脆性材料。钴黏结剂提供了一种导电网络,材料可以通过电火花加工去除[58]。金刚石刀刃可以通过钴黏结剂接触放电侵蚀获得。图 10.15 所示为 95μm 直径金刚石刀具的电子显微镜图片,在刀具铰孔的过程中允许切削流过凹槽(粒径 0.5μm)。图 10.15(b) 显示了磨削后的微型孔加工表面。相对于仅由微型电火花单独加工产生的表面粗糙度为 388nm 来说,其产生的表面粗糙度 Ra 的值是 41nm。虽然材料去除率只是微型电火花加工单独加工的一半,但表面质量提高了一个数量级。

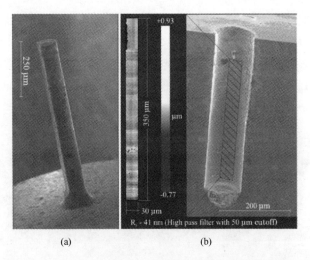

(a)   (b)

图 10.15　（a）铰孔用 D 型聚晶金刚石刀具的扫描电镜图；
　　　　　（b）带有 D 型聚晶金刚石刀具孔的微观图像。

　　上述工艺制造的金刚石刀具除了加工微小孔之外,还可以磨削微型槽和加工 V 型凹槽[59]。图 10.16 显示了微细电火花磨削加工直径 95mm 金刚石刀具的示例。图 10.16(b)和(c)所示为用金刚石刀具在碳化钨材料上加工槽距为 100μm,长度为 90μm,深度为 35μm 的凹槽阵列,在镍材料上加工宽为 30μm 的 V 型十字交叉槽。

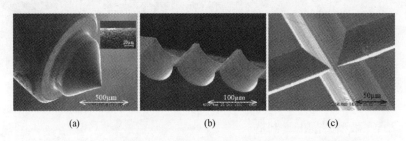

(a)   (b)   (c)

图 10.16　（a）微细电火花加工的刀具;（b）碳化钨表面微型槽;
　　　　　（c）镍表面加工十字相交 V 型槽。

10.5.3　制造用于钻孔的微型钻头（孔的尺寸与钻头相同）

　　利用微细电火花加工制备微型钻头是一个令人关注的技术,因为它首用于使用电极杆加工孔,然后利用已加工的孔来制造同样的电极杆[60]。杆电极返回到初始位置后,电极杆的轴线与中心孔有一定距离,然后杆电极的极性翻转并且电极杆送入电极板,在此期间对电极的旋转没有要求。因为杆电极可以精确加工孔(即:不需要校对)。这种方法不需要初始定位,操作简单而且时间短。图 10.17 所示为不同结构的微型电极。

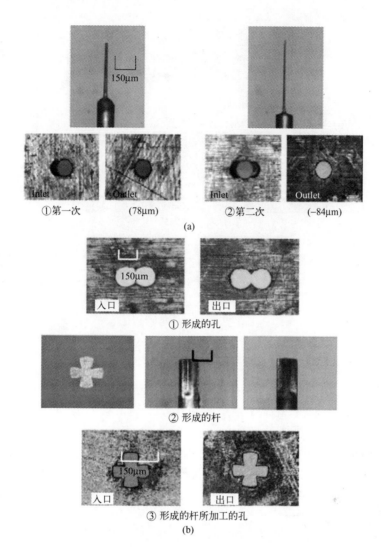

①第一次　　　(78μm)　　②第二次　　　(-84μm)

(a)

① 形成的孔

② 形成的杆

③ 形成的杆所加工的孔

(b)

图 10.17　（a）双边成型获得的微型电极；（b）通过十字型截面获得的微型电极和
微型孔；（c）十字型直角杆加工出的微型电极和微型孔[60]。

10.5.4　重复的模式转移批量处理

近年来，微细电火花加工作为一种柔性化技术，被用于重复模式转移的批量处理。通常使用微细电火花加工的微结构有微小孔阵列，微型圆盘或微型狭缝。相对于光刻、电镀、模铸成型等其他技术，微细电火花加工模式转移及批量处理模式的主要优势表现在加工材料范围较广。微型零部件的高密度微孔经常用于微机电系统中的微掩膜、处理单个胚胎细胞的生物芯片、用于医学治疗的超声波辅助振动雾化器和微型设备中的空气静压空气轴承系统[61]。在生物医学部件，喷墨喷嘴、微液滴喷涂零件上也需要大量的微小孔。

257

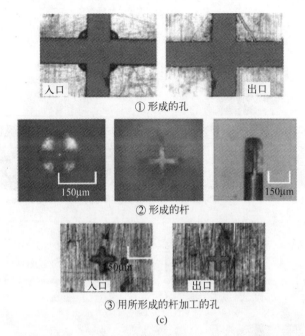

①形成的孔

②形成的杆

③用所形成的杆加工的孔

(c)

图 10.17(续)

许多基于微细电火花的技术已经成功应用于成批生产。图 10.18 所示为一种用于提高微细电火花加工生产量的新方法[62]。第一步($n=1$),微细电火花磨削加工一个微型圆柱电极。第二步($n=2$),用第一步中加工的圆柱电极在一个电极板上打孔。第三步($n=3$),使用电极板作为工具电极,在大面积工件上复制加工。第四步($n=4$),工件再作为工具电极加工孔变得精确、高效。在这之后,步骤 3 和 4 可以重复获得许多微型孔。

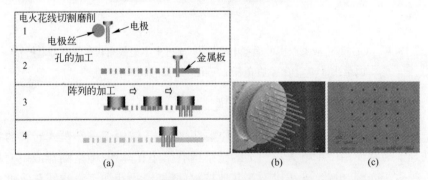

图 10.18 (a) 微细电火花阵列加工示意图;(b) 制备的微电极阵列;
(c) 由阵列电极转移加工获得阵列孔。

另一种基于微细电火花线切割的技术被用于制造微型电极阵列,微细电火花成批量钻微孔技术获得不断发展[61]。为了钻出高效的微孔阵列,有人设计了微型高比率数组的微观结构为(10×10)正方形的微型成批电极。微型电极数组由碳化钨制成,直径为800μm,由水平电极丝加工而成(见图10.19(a)和(b))。为了给电极提供足够的空间拆卸,每个微型支柱的制造长度超过700μm。因此,使用成批量微细电火花加工的微型电极数组来制造小孔阵列(见图10.19(c)和(d))。

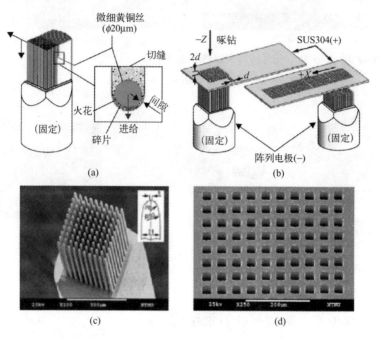

图 10.19 (a)用微细电火花线切割加工微型电极示意图;(b)微细电火花向上批量加工示意图;(c)制备的微型电极阵列;(d)微细电火花通过转移模式向上批量加工。

近年来,一种新的微细电火花反拷技术广泛用于加工多个电极或微电极阵列。在这个过程中,电极是工件,不断向金属盘小孔进给,在有放电间隙情况下金属盘被加工蚀除。然而,对应的孔区域不会被加工。最后在孔区域微电极被加工出来。图10.20(a)和(b)分别所示为具有微型电极小孔阵列的板电极用于微细电火花反拷加工,以及制造出的微电极阵列。

微细电火花磨削除了小孔阵列加工、一系列微型圆盘模式的电极制造之外,还应用于微型狭缝加工[64]。首先,未加工的销夹紧在芯轴上,在轴承表面水平旋转,直到销被加工到所需的长度和直径。然后,电极丝沿销的径向方向根据所需的深度进给。磁盘厚度用来追踪电极丝路径。制备的微型旋转圆盘电极也可以作为工具电极制造微型狭缝阵列。微型旋转圆盘电极可以进入到工件表面合适的深度。因此可以移动 Y 向工作台制备一条直线型微狭缝,微细电火花加工也可以加工阵列微型圆盘(见图10.21)。

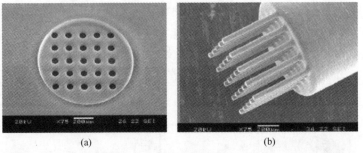

图 10.20　（a）电火花反拷加工制造的盘形电极；（b）微细电火花反拷加工的
5×5 阵列电极（直径为 35μm，长度为 1.5mm）。

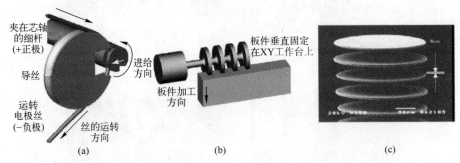

图 10.21　（a）微细电火花磨削机床制备单一微型圆盘的示意图；（b）使用
MRDE 切割阵列微型狭缝；（c）微型圆盘串联模型图片[64]。

10.5.5　成型加工微型腔和微型结构

采用微结构形式的电极进行的微细成型技术主要用于微注射成型或热压印复制模具的生产，可以实现微型机械零部件批量化生产。高抗磨损复合材料是在耐火材料的基础上合成的，如钨铜复合材料或硬质合金，是微细成型电火花加工材料的首选。常规冲洗方法不能用于微细成型加工，因其尺寸太小，通过电极冲洗是不可能实现的。和极其微小的间隙宽度一样，有限的冲洗条件对于成型电火花加工提出更为苛刻的要求[65]。图 10.22 所示为不同的成型电极

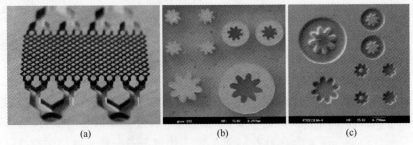

图 10.22　（a）混合装置中细粒石墨加工的微细成型电极；（b）微型齿轮电极；
（c）微细电火花成型加工的微型齿轮阵列结构。

和使用复杂形状电极制备的微结构。

10.5.6 微细电火花铣削制造三维微特征和微模具

带有微结构的微模具,比如在平板显示器玻璃压花过程中广泛应用,但因尺寸因素微模具不能用微细电火花线切割和微型刻锻模电火花加工。作为替代,微细电火花铣床作为一种替代工艺主要用于大型和复杂的几何图状。微细电火花铣机床可用一个路线控制多轴合闸执行在旋转工具电极与工件之间的多轴运动路径控制。使用几何形状简单的旋转电极显著降低了电极生产的压力和成本。也可以使用商用微型电极或在机微细电火花磨削微型电极。针状电极直径和宽度的差距决定其最小结构维度。图 10.23 所示为各种基于微型电火花电极铣削制造的微型空腔。

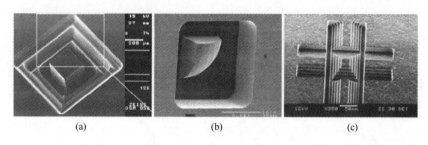

图 10.23　(a) 直径为 100μm 的单电极在热成型钢上加工的微型腔[65];
(b) 立方腔中的 1/8 球;(c) 微型电火花铣削出来的小金字塔
(长为 25mm,宽为 25mm,高为 35mm,步长为 7mm)。

在三维微结构的微细电火花铣削过程中,需要有一个特定的 CAD/CAM 系统生成电极运动轨迹和相关加工工艺。当加工一个三维微结构,需要补偿电极长度。可以通过获得补偿的电极磨损率来评估电极磨损。然而,当一个三维腔有一个不规则的几何形状和表面,很难用数学方程描述,电极磨损率的评估变得非常困难。此外,加工工件各个部分不是统一的复杂腔,评估也非常困难。因此,为了保证加工精度,电极磨损的在线测量是必要的。两个电极磨损补偿方法即线性补偿[26,68]和统一磨损的方法[69],可用于微细电火花加工。线性补偿由电极沿着工件的进给以及电极运动一个特定距离后对电极磨损长度的补偿组成,适用于有直壁的三维腔加工。均匀磨损方法包括电极轨迹设计规则和电极磨损补偿。工具路径设计基于均匀磨损方法可以使电极的顶点均匀磨损。该方法已通过生成三维微型腔斜面和球形表面得到验证,如图 10.24 所示。

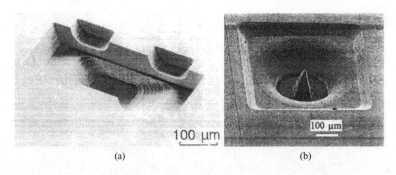

(a)   (b)

图 10.24　（a）均匀磨损方法加工出来的三维腔：微型汽车模型[69]；
（b）基于 CAD/CAM 的三维微细电火花加工[7]。

10.5.7　微细电火花铣削精细特征

微细电火花铣削也可以制造出具有锋利和平滑的边缘的微特征零件。因此可以取代设置微细线切割机床附件这一需要，可以节省加工时间。而且，相对于刻锻模，这些具有特殊形状的微型特征更容易实现制造，因为在刻锻模过程中需要制备电极。图 10.25 所示为微型电火花铣床制造各种具有锋利和边缘无毛刺的优良特性的零件。

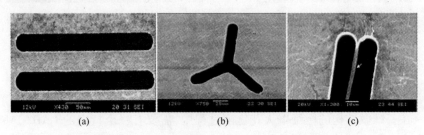

(a)   (b)   (c)

图 10.25　由微细电火花铣削加工的精细特征
（a）30μm 宽的微型槽；（b）12μm 宽的喷丝头；（c）50μm 厚 SUS 304 不锈钢上加工的
两个 10μm 槽，其中所形成的壁厚为 2.5μm [30]。

10.5.8　大深径比微孔和喷嘴制造

微孔是微加工中最基本的微加工特性。微孔具有很多应用，如燃油喷射喷嘴、喷丝板孔、标准缺陷测试材料和生物医学过滤器[15]。近年来，微细电火花加工不可避免地要在难切削材料上加工大深径比微孔，然而利用传统微钻削加工很困难。但需要使用微细电火花磨削工艺的一种在机制造微型电极，以保持高精度，以及减少夹紧和定位误差，不得不使用一些微细电火花加工工艺在机床上制造微型电极。在大多数情况下，微细电火花钻削是通过电火花放电垂直打孔。图 10.26 展示了一些微细电火花钻孔得到的非常细微电极和微孔的例子。

262

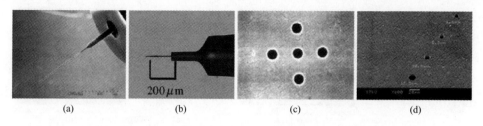

图 10.26 （a）微细电火花线切割在线加工的直径为 4.3μm 的微型电极；（b）通过自转孔加工的 4μm 电极[60]；（c）在 10μm 厚不锈钢上加工直径为 5μm 的孔；
（d）在 50μm 厚不锈钢板上加工的直径为 6.5μm 孔[30]。

为了更容易地去除碎屑，改善冲液条件，除了立式微细电火花钻孔以为，特别是针[13]。利用开发的卧式系统，制造出了 50μm 直径微孔，其深径比是常规加工的 10 倍（图 10.27（a）和（b））。此外，采用微细电火花钻孔和行星轨迹运动刀具制造出带锋利边缘高于 18 倍高纵横比的盲微孔（图 10.27（c））[69]。

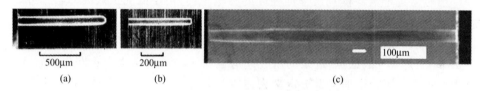

图 10.27　高深径比微型孔的截面图
（a）直径为 80μm；（b）直径为 40μm[13]；（c）直径为 120μm[31]。

10.5.9　微细电火花加工的其他创新应用

Hayakawa 等人[70]在空气中使用电火花沉积制成如图 10.28（b）中所示的显微组织。该过程是在合适的放电条件下通过工具电极和工件的过渡温度分析预测的。为了提高工具电极的损耗，其极性设定为正极，这与上述涂层和合金化的方法相反，因为其阳极的蚀除率比在空气中的阴极高。该过程被认为是类似于使用空气作为电介质并且通过使用电火花沉积的干电火花加工。Minami 等人[71]使用线切割加工工艺开发了一种钛合金着色的新方法。由于在电火花线切割加工中经常使用的去离子水，用于电解工件阳极表面形成氧化层。众所周知，钛合金和不锈钢的表面可以利用光在氧化膜中通过电解形成的干涉使阳极氧化着色，（见图 10.28（c）和（d））。该工艺是一种除其他电火花加工条件以外用去离子水来代替电解质的电火花加工工艺。然而，着色效果可以被认为是直流电火花加工和电化学加工（ECM）作用的结果，即着色是由于氧化层的形成而发生的。

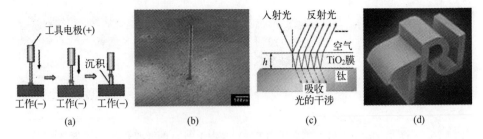

图 10.28　微细电火花加工的创新应用

（a）微细电火花加工沉积技术原理；（b）沉积的微细电极[70]；（c）微细电火花线切割着色技术原理；（d）微细电火花线切割加工后的钛合金表面颜色[71]。

10.6　微细电火花加工最近的发展和研究

虽然微细电火花能加工任何硬度的导电材料,由于低加工效率,高刀具磨损和表面缺陷等诸多缺点,单独使用微电火花不能满足机械加工部件所需性能的许多要求。因此,为了把微细电火花加工形成一种有效的加工方法,并克服微 EDM 工艺单一的缺点,近来的研究趋势已集中在发展微细电火花复合加工和混合加工。复合微加工可被定义为在单一装置中先后两种不同加工过程的组合。最近一些复合加工过程的发展,包括 LIGA 和微细电火花加工,微细电火花加工和微粉碎,微细电火花加工和微 ECM,还有微放电加工和微 USM。另一方面,该复合加工工艺可以被定义为一个集成应用或单一工艺中不同的有效物理原理的组合。目前以微细电火花加工为主的混合加工研究趋势是振动辅助微细电火花加工、粉末混合微细电火花加工,以及微 ECDM。

10.6.1　LIGA 和微细电火花加工

LIGA[德语缩写为"LITHOGRAPHIE, Galvanoformung, Abformung",在英语中表示(X 射线)光刻、电镀和成型]可以制作高纵横比的微结构、超微细的图案和非常光滑的侧壁面,但电镀仅限于少数金属,比如铜及其合金。另一方面,它们的合金通过微放电加工能在任何导电材料中产生三维微结构。因此,在该复合加工过程中,先采用 LIGA 工艺用镍制作齿轮图案的负型电极的阵列。在这之后,由碳化钨—钴工件送入其中一个放电电极中产生正型图案结构。因此,其可以使用微放电加工图案的微细孔进一步加工获得一个非常高的纵横比图案的微结构。图 10.29 给出了 LIGA 和微细电火花复合工艺的流程和制备的微结构。

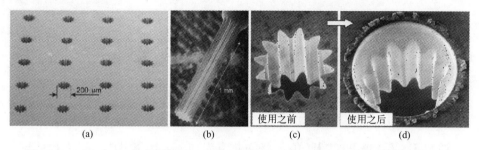

(a)　　　　　　　(b)　　　　　　　(c)　　　　　　　(d)

图 10.29　（a）LIGA 技术制备的反型镍电极阵列；（b）微细电火花制备的高长宽比的
碳化钨—钴合金微结构；（c）微细电火花加工前的初始反型电极；
（d）微细电火花加工后的反型电极[72]。

10.6.2　微细电火花加工和微磨削

在加工过程中，用微细电火花按所需要的形状加工 PCD 刀具。然后，所制造的微电极在金刚石颗粒刀具辅助下用于磨削脆而硬的玻璃材料。PCD 刀具是通过电火花加工制成的，具有导电性的黏结剂材料（通常为镍或 WC）会被去除，从而留下不导电的凸出的金刚石颗粒。将随机分布的突起尺寸约 1μm 的金刚石作为玻璃微加工的切削刃。划痕造成了附着于槽边缘的韧性切屑，并且在玻璃工件上亚表面损伤是不可见的。这表明，该 PCD 材料适合于磨削非导电脆性材料。图 10.30 和图 10.31 所述用机器制造的 PCD 刀具展示玻璃微粉磨目前的两种不同研究，在微粉磨之前通过微细电火花制备所述 PCD 刀具。

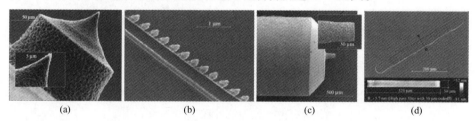

(a)　　　　　　　(b)　　　　　　　(c)　　　　　　　(d)

图 10.30　（a）电火花线切割磨削加工的 PCD 刻划刀具；（b）用（a）中的刀具刻划超低
膨胀玻璃；（c）用来切割 ULE 玻璃的 50μm 圆柱形 PCD 刀具；（d）用（c）中的刀具在
ULE 玻璃表面加工槽[58]。

10.6.3　微细电火花加工和微细电解加工

由于微细电火花加工的表面相对粗糙，特别是微观层面上由于微放电产生微坑和裂纹。因此，以微细电火花加工为主的微电解加工或电解抛光后续加工的混合过程，是改善加工表面的合适的解决方案。在微电火花加工过程中，低电流密度条件下使用去离子水作为微电解加工的电解质溶液。相比其他微细电火花加工，在应用微 ECM 后，它的表面变得更平滑而且峰缩孔谷距离（R_{max}）显著减小。微 ECM 也可应用于微细电火花铣削槽的光整。如图 10.32（a）所

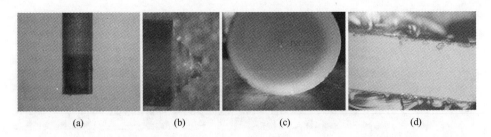

| | | | |
| (a) | (b) | (c) | (d) |

图 10.31 （a）商用 PCD 杆（直径为 500μm，长为 1mm）；（b）用微放电磨削原位制备
直径 150μm 的微细磨削工具；（c）通过微细磨削工艺在 BK - 7 玻璃上加工"NUS"
（槽宽为 150μm，深为 50μm）；（d）通过微细磨削工艺在 BK - 7 玻璃上加工的宽为
100μm，深为 100μm，长为 5mm 的槽[30]。

示,在微细电火花加工后完成微孔表面的电解修整。图 10.32（b）为复合微细
电火花加工和微 ECM 与微细电火花单独加工表面粗糙度的比较。

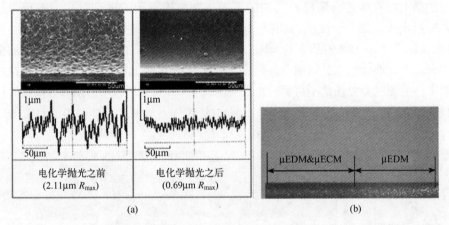

图 10.32 （a）微细电火花加工后孔表面的电化学抛光；
（b）微细电火花加工后槽的微细电化学加工[73]。

10.6.4　微细电火花加工和微超声波加工

研究发现新型微细电火花加工和微超声波加工（MUSM）混合加工方法,两
者都可以单独改善微细电火花的性能[74]。该复合工艺是微 WEDG 制造微电极
和 MUSM 非导电性玻璃材料制造微孔两种方法相结合的[75]。这个组合的过程
主要用于微细电火花钻孔（见图 10.33（a）和（b））。放电加工和磨料浆的机械
抛光都去除了材料[47]。高频脉动作用加速了电极的振动表面的浆料循环,使
加工时间缩短。间隙的压力变化导致更有效的放电,使得这一过程去除了更多的
熔化金属。因此,导致微细电火花加工的热影响层表面减小,热残余应力降低,具
有更少的微裂纹,而且由于浆料的研磨作用其抗疲劳性增加。MRR 和表面处理
的过程取决于 MUSM 使用的磨料颗粒大小（见图 10.33（b）和（c））。

(a)   (b)   (c)   (d)

图 10.33 （a）在石英玻璃上加工直径为 5μm 深为 10μm 的微孔(用微细电火花线切割制备直径为 4μm 的电极)[75]；(b) 加工直径为 5μm 深为 6μm 的微孔(用微细电火花线切割制备直径为 4μm 的电极)[75]；(c) 采用 3μm 的颗粒用 MUSM 方法制备微孔内表面[47]；(d) 采用 1.2μm 的颗粒用 MUSM 方法制备微孔内表面[47]。

10.6.5 振动辅助微细电火花加工

结合微细电火花和工件或电极的同时振动被认为是一个混合加工过程。该过程改进了冲洗和去除杂物条件,也改进了加工稳定性,从而显著减少了加工时间。这个过程也适用于硬质、难加工材料的深孔钻削,根据不同的试验设计和目的,振动可以被应用到工具电极或工件上。工具电极连接在因压电换能器致动器而引起振动的支架上,工具电极的进刀方向平行或垂直于压电换能器的振动方向。工具电极振动的这种方法,由于吸入和振动,对介质循环和碎片清除都有所改善。由于工具电极的直径只有几微米,会产生刀具偏转,相对而言工件振动器运用在微电火花加工技术上更有困难。因此近几年对微小零件的加工,尤其是深孔钻削加工中对振动辅助电火花加工可行性有更多的研究。在振动辅助微细电火花的工件振动器的研究中,信号发生器产生的正弦波信号在一定频率和振幅下产生压电换能器所需的振动。对于低频的工件振动器,在功率晶体管的辅助下,电源周期性的加在电磁铁上。功率晶体管的开关序列由频率可控的脉冲发生器控制,通过带有开关序列的柔性梁对振动垫产生拉伸和释放,向工件发射低频振动。图 10.34 表明在加工过程中,对于刀具产生的振

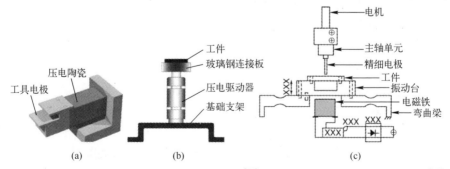

(a)   (b)   (c)

图 10.34 （a）将振动应用到工具电极上的机制[76]；(b) 将振动应用到工件上的机制[66]；(c) 工件上产生低频振动的机制[37]。

267

动和工件振动开发了不同的设备。振动辅助微细电火花加工的主要应用是用于微小而且高纵横比的微结构和微通孔的制造。如图 10.35 和图 10.36。

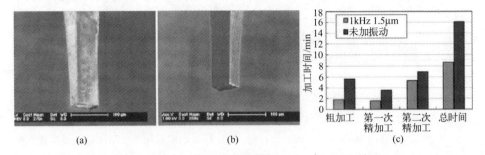

图 10.35　(a) 未加振动方形轴的制造；(b) 加振动方形轴的制造；
(c) 加振动与不加振动时加工方形轴所需时间的比较[76]。

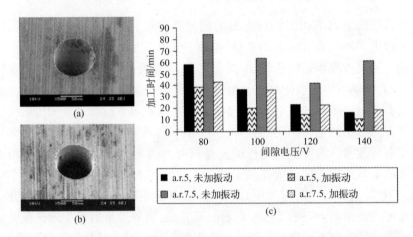

图 10.36　(a) 未加振动时的微孔(直径为 60μm，深为 0.5mm)；(b) 加振动时的微孔
(直径为 60μm，深为 1.0mm)；(c) 加振动与未加振动时所需加工时间的比较[37]。

10.6.6　混粉微细电火花加工

混粉微细电火花加工是近年来创新的微细电火花加工方式之一，一些研究者已经发现对于提高电火花加工表面的质量和减少表面缺陷很有效果。在此混合过程中，导电粉与所述电介质混合，降低了电介质流体的绝缘强度，并增加了刀具与工件之间的放电间隙。扩大的间隙，使加工产生的碎片更容易冲洗。因此，加工过程变得稳定，提高了材料去除率和表面光洁度。放电间隙的各粉末颗粒之间均匀分布，从而减少了单个火花的强度，因此产生均匀的浅蚀除坑，而不是单一、大的凹坑，因此表面光洁度获得改善。混粉微细电火花加工中如较低的放电间隙和蚀除尺寸示意图 10.37(a)和(b)所示。涂敷粉末混合电介质后在表面光洁度的改善如图 10.37(c)和图 10.37(d)所示。

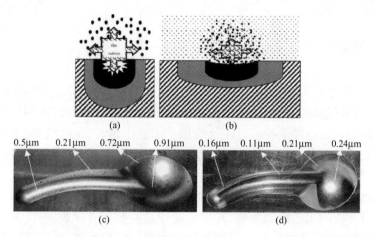

图 10.37 （a）不加粉尘时火花间隙小,气体爆炸压力大并且单个凹坑尺寸大;
（b）微细电火花加工混粉时,火花间隙变大,气体爆炸压力小并且单个凹坑尺寸小[78];
（c）不加粉尘时模具型腔表面;(d)应用硅粉后表面粗糙度明显降低[79]。

10.6.7　微细电化学放电加工

近年来,微电火花加工的重要改进是微电化学放电加工(Micro – ECDM) ,其适用于加工非导电材料和陶瓷材料。微细电化学放电加工技术是一个有效的微机械加工的制造方法,例如加工微孔、微通道和微结构,因为它可以运用到非导电材料,如硅和玻璃。该方法涉及一种电化学(EC)反应的复杂组合和放电(ED)动作,电化学作用有助于产生正电荷离子气泡,例如氢气(H_2)。放电发生在工件和刀具之间,当直流电源电压作用到阴极和阳极之间使气泡的绝缘层被击穿,致使材料发生熔化、汽化和机械侵蚀。微电火花放电加工已发现带有导电性粉末混合电解质,相比于微细电火花加工可以产生更好的表面粗糙度和完整性[55]。图 10.38 显示了 ECDM 和磨料混合 ECDM 之间的表面粗糙度比较。

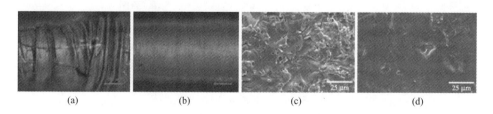

图 10.38　混粉加工的表面改性
（a）硼硅酸盐玻璃,无粉加工(Ra:4. 86μm）;(b) 在氢氧化钠中加入石墨粉:比重 0. 5%
(Ra:1. 63μm）[55];(c)高硼硅玻璃,无粉加工(Ra:1. 8μm);
(d) 在氢氧化钾中加入碳化硅粉:比重 300g/L(Ra:1. 0μm)[82]。

10.7　总结

由于微细电火花加工技术在高硬难切削材料上加工高尺寸精度的复杂微特征结构具有优越能力,已成为微机械加工中一种不可或缺的常用加工工艺。近年来,微细电火花加工技术已广泛应用于工业中,如汽车的喷嘴、喷丝头、微型模具、普通模具,光导纤维、微机电系统、航空航天、医疗、生物医学应用、微电子和微刀具等。

本章详细介绍了微细电火花的加工工艺,包括微细电火花加工的物理原理、电源及不同的工艺控制参数,其中工艺控制参数有电参数、非电参数、机械参数和运动参数以及整个加工过程的性能测量。目前的研究趋势倾向于微细电火花加工技术的提高和种类以及微结构的制造。关于微细电火花加工这一领域的先进研究方法和未来发展,列在本章的最后一节。当前的研究趋势表明,微细电火花技术由于其较低的加工速度和相对较差的表面粗糙度等局限性,在单独使用这种技术时有时不能满足所有的工艺要求,因此,基于微电火花的复合和混合微细电火花加工技术成为了解决微细电火花技术缺陷的重要手段。复合微加工技术具有结合不同工艺的优点,并且弥补其工艺缺陷的潜力。然而,复合微加工技术面临的挑战之一是如何达到在机床中实现多种加工工艺的要求,在机床中仅通过改变配件来实现不同的工艺。因此,多功能微型机床的发展可显著改善微细电火花加工技术、混粉微细电火花加工和混合微机械加工等领域的研究。

虽然近年来已经展开了微细电火花在多个领域的广泛研究,但是依然存在很多问题。未来的研究和发展方向包括提高定位精度、机床智能化以及提供先进的加工在线监控,开发具有认知功能的系统、多功能机床及加工中心。

参 考 文 献

[1]　Webzell S. That first step into EDM. Machinery,159,(4040). Kent,UK:Findlay Publications Ltd.;2001. p. 41.

[2]　Ho KH,Newman ST. State of the art electrical discharge machining (EDM). Int J Mach Tools Manuf 2003;43:1287 – 1300.

[3]　Ho KH,Newman ST,Rahimifard S,Allen RD. State of the art wire electrical discharge machining. Int J Mach Tools Manuf 2004;44:1247 – 1259.

[4]　Rahman M,Asad ABMA,Masaki T,Saleh T,Wong YS,Senthil Kumar A. A multi – process machine tool for compound micromachining. Int J Mach Tools Manuf 2010;50(4):344 – 356.

[5]　Masuzawa T. State of the art micromachining. Ann CIRP 2000;49(2):473 – 488.

[6]　Kurafuji H,Masuzawa T. Micro – EDM of cemented carbide alloys. Jpn Soc Electr Mach Eng 1968;2

270

(3):1 - 16.

[7] Rajurkar KP, Yu ZY. 3D micro - EDM using CAD/CAM. Ann CIRP 2000;49(1):127 - 130.

[8] Rajurkar KP, Levy G, Malshe A, Sundaram MM, McGeough J, Hu X, Resnick R, De Silva A. Micro and nano machining by electro - physical and chemical processes. Ann CIRP 2006;55(2):643 - 666.

[9] Jameson EC. Description and development of electrical discharge machining (EDM). Electrical discharge machining. Dearbern (MI): Society of Manufacturing Engineers;2001. p 12.

[10] Gentili E, Tabaglio L, Aggogeri F. Review on micromachining techniques, courses and lectures; 2005, www. dimgruppi. ing. unibs. it (last accessed on January 17,2011).

[11] Schumacher BM. After 60 years of EDM the discharge process remains still disputed. J Mater Process Technol 2004;149:376 - 381.

[12] Kunieda M, Lauwers B, Rajurkar KP, Schumacher BM. Advancing EDM through fundamental insight into the process. Ann CIRP 2005;54(2):599 - 622.

[13] Masuzawa T, Tsukamoto J, Fujino M. Drilling of deep microholes by EDM. Ann CIRP 1989;38(1): 195 - 198.

[14] Masuzawa T, et al. Three - dimensional micromachining by machine tools. Ann CIRP 1997;46(2): 621 - 628.

[15] Masuzawa T. Micro - EDM. In: Proceedings of the 13th International Symposium for Electromachining; 2001. pp 3 - 19.

[16] Masuzawa T, Yamaguchi M, Fujino M. Surface finishing of micropins produced by WEDG. Ann CIRP 2005;54(1):171 - 174.

[17] Masaki T, et al. Electric discharge machining method and apparatus for machining a microshaft. US patent 4,900,890. 1990.

[18] Masaki T, et al. Micro electro - discharge machining and its applications. Proceedings of Micro Electro Mechanical Systems; 1990. pp 21 - 26.

[19] Han F, Yamada Y, Kawakami T, Kunieda M. Improvement of machining characteristics of micro - EDM using transistor type isopulse generator and servo feed control. Prec Eng 2004;28:378 - 385.

[20] Rahman M, Asad ABMA, Masaki T, Wong YS, Lim HS. Integrated hybrid Micro/Nano - machining. Proceedings of the 2007 International Manufacturing Science and Engineering Conference; 2007 Oct 15 - 18; Atlanta - Georgia; 2007.

[21] Wong YS, Rahman M, Lim HS, Han H, Ravi N. Investigation of micro - EDM material removal characteristics using single RC - pulse discharges. J Mater Process Technol 2003;140(1 - 3):303 - 307.

[22] Kunieda M, Hayasaka A, Yang XD, Sano S, Araie I. Study on nano EDM using capacity coupled pulse generator. Ann CIRP 2007;56(1):213 - 216.

[23] Kawakami T, Kunieda M. Study on factors determining limits of minimum machinable size in micro EDM. Ann CIRP 2005;54(1):167 - 170.

[24] Han F, Yamada Y, Kawakami T, Kunieda M. Investigations on feasibility of submicrometer order manufacturing using micro - EDM. ASPE Ann Meet 2003;30:551 - 554.

[25] Egashira K, Mizutani K. EDM at low open - circuit voltage. IJEM 2005;10:21 - 26.

[26] Bleys P, Kruth JP, Lauwers B. Sensing and compensation of tool wear in milling EDM. J Mater Process Technol 2004;149:139 - 146.

[27] Ravi N, Chuan SX. The effects of electro - discharge machining block electrode method for microelectrode machining. J Micromech Microeng 2002;12:532 - 535.

[28] Masaki T, Kuriyagawa T, Yan J, Yoshihara N. Study on shaping spherical poly crystalline diamond tool by

271

micro – electro – discharge machining and micro – grinding with the tool, Inter – national. J Surf Sci Eng 2007;1(4):344 –359.

[29] Lim HS, Wong YS, Rahman M, Lee EMK. A study on the machining of high – aspect ratio micro – structures using micro EDM. J Mater Process Technol 2003;140:318 – 325.

[30] Asad ABMA, Masaki T, Rahman M, Lim HS, Wong YS. Tool – based micro – machining. J Mater Process Technol 2007;192 – 193:204 – 211.

[31] Yu ZY, Rajurkar KP, Shen H. High aspect ratio and complex shaped blind micro holes by micro EDM. CIRP Ann Manuf Technol 2002;51(1):359 – 362.

[32] Bamberg E, Heamawatanachai S. Orbital electrode actuation to improve efficiency of drilling micro – holes by micro – EDM. J Mater Process Technol 2009;209:1826 – 1834.

[33] Kim BH, Park BJ, Chu CN. Fabrication of multiple electrodes by reverse EDM and their application in micro ECM. J Micromech Microeng 2006;16(4):843 – 850.

[34] Kumar S, Singh R, Singh TP, Sethi BL. Surface modification by electrical discharge machining: A review. J Mater Process Technol 2009;209:3675 – 3687.

[35] Bruyn HEDe. Slope control—a great improvement in spark erosion. Ann CIRP 1968;16:183 – 186.

[36] McGeough JA. Advanced methods of machining. 1st ed. USA: Chapman & Hall;1988. ISBN 0 – 412 – 31970 – 5.

[37] Jahan MP, Saleh T, Wong YS, Rahman, M. Study of micro – EDM of tungsten carbide with workpiece vibration. Advances in Materials and Processing Technologies conference (AMPT 2009); 2006 Oct 26 – 29. Kuala Lumpur, Malaysia: 2006.

[38] Jahan MP, Wong YS, Rahman M. A study on the fine – finish die – sinking micro – EDM of tungsten carbide using different electrode materials. J Mater Process Technol 2009;209:3956 – 3967.

[39] Jahan MP, Anwar MM, Wong YS, Rahman M. Nanofinishing of hard materials using micro – EDM. Proc Inst Mech Eng Part B J Eng Manuf 2009;223(9):1127 – 1142.

[40] Jahan MP, Wong YS, Rahman M. A study on the quality micro – hole machining of Tungsten Carbide by micro – EDM process using Transistor and RC – type pulse Generator. J Mater Process Technol 2009;209(4):1706 – 1716.

[41] Lee SH, Li XP. Study of the effect of machining parameters on the machining characteristics in EDM of tungsten carbide. J Mater Process Technol 2001;115:344 – 355.

[42] Guitrau EB. The EDM handbook. Cincinnati: Hanser Gardner Publications; 1997.

[43] Mahardika M, Tsujimoto T, Mitsui K. A new approach on the determination of ease of machining by EDM processes. Int J Mach Tools Manuf 2008;48:746 – 760.

[44] Altpeter F, Perez R. Relevant topics in wire electrical discharge machining control. J Mater Process Technol 2004;149(1 –3):147 – 151.

[45] Pham DT, Dimov SS, Bigot S, Ivanov A, Popov K. Micro – EDM – recent developments and research issues. J Mater Process Technol 2004;149:50 – 57.

[46] Yan BH, Huang FY, Chow HM, Tsai JY. Micro – hole machining of carbide by electrical discharge machining. J Mater Process Technol 1999;87:139 – 145.

[47] Yan BH, Wang AC, Huang CY, Huang FY. Study of precision micro – holes in borosilicate glass using micro – EDM combined with micro ultrasonic vibration machining. Int J Mach Tools Manuf 2002;42:1105 –1112.

[48] Hung J – C, Yan B – H, Liu H – S, Chow H – M. Micro – hole machining using micro – EDM combined with electropolishing. J Micromech Microeng 2006;16:1480 – 1486.

272

［49］ Hung JC,Lin JK,Yan BH,Liu HS,Ho PH. Using a helical micro－tool in micro－EDM combined with ultrasonic vibration for micro－hole machining. J Micromech Microeng 2006;16:2705－2713.

［50］ Masuzawa T,Heuvelman CJ. A self－flushing method with spark－erosion machining. Ann CIRP 1983; 32(1):109－111.

［51］ Masuzawa T,Cui X. Improved jet flushing for EDM. Ann CIRP 1992;41(1):239－242.

［52］ Tsai Y－Y,Masuzawa T. An index to evaluate the wear resistance of the electrode in micro－EDM. J Mater Process Technol 2004;149:304－309.

［53］ Klocke F,Lung D,Antonoglou G,Thomaidis D. The effects of powder suspended dielectrics on the thermal influenced zone by electrodischarge machining with small discharge energies. J Mater Process Technol 2004;149(1－3):191－197.

［54］ Amorim FL,Weingaertner WL. The influence of generator actuation mode and process parameters on the performance of finish EDM of a tool steel. J Mater Process Technol 2005;166(3):411－416.

［55］ Han M－S,Min B－K,Lee SJ. Improvement of surface integrity of electro－chemical discharge machining process using powder－mixed electrolyte. J Mater Process Technol 1999;95:145－154.

［56］ Kim YT,Park SJ,Lee SJ. Micro/Meso－scale shapes machining by micro EDM process. Int J Prec Eng Manuf 2005;6(2):5－11.

［57］ Fleischer J,Masuzawa T,Schmidt J,Knoll M. New applications for micro－EDM. J Mater Process Technol 2004;149:246－249.

［58］ Morgan CJ,Vallance RR,Marsh ER. Micro－machining and micro－grinding with tools fabricated by micro electro－discharge machining. Int J Nanomanuf 2006;1(2):242－258.

［59］ Wada T,Masaki T,Davis DW. Development of micro grinding process using micro EDM trued diamond tools. Proceedings of the Annual Meeting of ASPE; 2002.

［60］ Yamazaki M,Suzuki T,Mori N,Kunieda M. EDM of micro－rods by self－drilled holes. J Mater Process Technol 2004;149:134－138.

［61］ Chen ST. Fabrication of high－density micro holes by upward batch micro EDM. J Micromech Microeng 2008;18:085002,9.

［62］ Masaki T,Wada T. Micro electro discharge machining. J JSAT 2002;46(12):610－613,(in Japanese).

［63］ Masaki T,et al. Repetitive pattern transfer process of micro EDM. Int J Electro Mach 2006;11:33－34.

［64］ Kuo C－L,Huang J－D. Fabrication of series－pattern micro－disk electrode and its application in machining micro－slit of less than 10 μm. Int J Mach Tools Manuf 2004;44:545－553.

［65］ Uhlmann E,Piltz S,Doll U. Machining of micro/miniature dies and moulds by electrical discharge machining—Recent development. J Mater Process Technol 2005;167:488－493.

［66］ Tong H,Li Y,Wang Y. Experimental research on vibration assisted EDM of micro－structures with non－circular cross－section. J Mater Process Technol 2008;208(1－3):289－298.

［67］ Narasimhan J,Yu Z,Rajurkar KP. Tool wear compensation and path generation in micro and macro EDM. Trans NAMRI/SME 2004;32:151－158.

［68］ Bleys P,Kruth J－P,Lauwers B,Zryd A,Delpretti R,Tricarico C. Real－time tool wear compensation in milling EDM. Ann CIRP 2002;51(1):157－160.

［69］ Yu ZY,Masuzawa T,Fujino M. Micro－EDM for three－dimensional cavities—development of uniform wear method. Ann CIRP 1999;47(1):169－172.

［70］ Hayakawa S,Ori RI,Itoigawa F,Nakamura T,Matsubara T. Fabrication of microstructure using EDM deposition. ISEM 2001;13:783－793.

[71] Minami H, Masui K, Tsukahara H, Hagino H. Coloring method of titanium alloy using EDM process. Proceedings ISEM 12; 1998. pp 503 – 512.

[72] Takahata K, Shibaike N, Guckel H. High – aspect – ratio WC – Co microstructure produced by the combination of LIGA and micro – EDM. Microsyst Technol 2000; 6(5): 175 – 178.

[73] Wong YS, Rahman M, Lim HS, Senthil kumar A. Computer controlled multi process machine tool for flexible micromachining. AUN/SEED Net 3rd Fieldwise Seminar on Manufacturing and Material Processing Technology; 2004 Mar 17 – 18; University of Malaya, Kuala Lumpur, Malaysia: 2004.

[74] Egashira K, Masuzawa T, Fujino M, Sun XQ. Application of USM to micromachining by on the machine tool fabrication. Int J Electr Mach 1997; 2: 31 – 36.

[75] Egashira K, Masuzawa T. Microultrasonic machining by the application of workpiece vibration. Ann CIRP 1999; 48(1): 131 – 134.

[76] Endo T, Tsujimoto T, Mitsui K. Study of vibration – assisted micro – EDM – the effect of vibration on machining time and stability of discharge. Prec Eng 2008; 32(4): 269 – 277.

[77] Wong YS, Lim LC, Rahuman I, Tee WM. Near – mirror – finish phenomenon in EDM using powder – mixed dielectric. J Mater Process Technol 1998; 79: 30 – 40.

[78] Tzeng Y – F, Chen F – C. Investigation into some surface characteristics of electrical discharge machined SKD – 11 using powder – suspension dielectric oil. J Mater Process Technol 2005; 170: 385 – 391.

[79] Pecas P, Henriques EA. Influence of silicon powder mixed dielectric on conventional electrical discharge machining. Int J Mach Tools Manuf 2003; 43: 1465 – 1471.

[80] Wuthrich R, Fascio V. Machining of non – conducting materials using electrochemical discharge phenomenon – an overview. Int J Mach Tools Manuf 2005; 37: 1095 – 1108.

[81] Sorkhel SK, Bhattacharyya B, Mitra S, Doloi B. Development of electrochemical discharge machining technology for machining of advanced ceramics. International Conference on Agile Manufacturing; 1996 Feb. 1996. pp 98 – 103.

[82] Yang CT, Song SL, Yan BH, Huang FY. Improving machining performance of wire electrochemical discharge machining by adding SiC abrasive to electrolyte. Int J Mach Tools Manuf 2006; 46: 2044 – 2050.

第十一章 微尺度金属粉末注射成型技术

GANG FU,NGIAP HIANG LOH,SHU BENG TOR,BEE YEN TAY
新加坡南洋理工大学机械工程系

11.1 金属注射成型技术介绍

粉末注射成型(Powder injection molding(PIM))技术是使用金属或陶瓷粉末生产净成形或近净成形零件的一种加工工艺,既具有塑料注射成型技术高效率和生产复杂形状的特点,同时具有粉末冶金技术在合金成分和各向同性的性能上几乎不受限制的优势[1]。粉末注射成型技术已经发展了数十年,初期使用的原材料为陶瓷粉末,发展到后来可以使用金属粉末。粉末注射成型分为陶瓷注射成型(CIM)技术和金属注射成型(MIM)技术。陶瓷注射成型技术在20世纪20年代发展起来,而金属注射成型技术在20世纪70年代的后半叶仍相对不够普遍。金属注射成型法专利持有者Rivers(1976)和Weich(1980)首次使用了热塑性塑料黏结剂[2]。自从20世纪80年代以来,金属注射成型技术得到了快速发展,但存在地区上的差异,北美关注陶瓷注射成型技术,而欧洲和亚洲更倾向于金属注射成型法,甚至在金属注射成型技术中,在美国采用17-4PH作为不锈钢粉末,在欧洲则是316L[3]。

一个典型的金属注射成型工艺包括4个步骤:混炼、注塑成型、脱脂、烧结。金属注射成型工艺首先将所选择的粉末和黏结剂混合——粉末和黏结剂的混合物称为原料。微粒形状接近球体且尺寸很小,通常在 $0.1 \sim 20 \mu m$ 之间,有利于烧结处理。黏结剂通常包含多种成分,一般基于普通的热塑性塑料,除此之外还可使用食品级高分子聚合物、纤维素、凝胶剂、硅烷类、水以及各种无机物质。

在注射机中材料颗粒被注塑成所要求的形状,称为原型件。在注塑成型后,将黏结剂从成型坯上去除。根据所使用的黏结剂的特点,有很多萃取方法,主要有3种方式:加热、溶解和催化[4]。注射成型的最后一道加工工艺是烧结,利用适当的收缩消除黏结剂去除后出现的空隙。烧结通常在高温下的保护气体或真空中进行,在烧结中微粒被黏结成连续性固体介质,其密度可接近或达到理论值。

目前,金属注射成型技术已经应用于复杂小零件生产。对于生产净成形或近净成形零件的加工工艺,成形后仅需少量加工或不再加工,所以金属注射成型技术具有良好的成本效益。另外,金属注射成型技术能高效率地生产复杂的零件。金属注射成型技术有 3 个重要特性[4]:形状复杂、高性能和低成本。尽管有很多优点,但同时也存在一些缺点阻碍其进一步发展,主要表现为:①原材料非常昂贵,尤其是金属粉末;②对于简单或轴对称的几何形状,相比于其他成型技术不具有竞争性;③在烧结工艺中,达到严格的尺寸公差是非常困难的,因此在一些情况下,再加工往往不可或缺,将会增加生产成本。

近几年,由于对复杂形状金属零件的需求快速增长,金属注射成型技术已经成为最常用的加工方法之一。在大批量生产中,金属注射成型技术相比于一些粉浆技术(如干压成型法、冷等静压成型、注浆成型法和流延成型法)更受偏爱[4]。金属注射成型技术广泛应用于各工业领域,如汽车、国防、航空航天、电子工业、家用电器、医疗/口腔等方面。

11.2　微金属注射成型技术

在过去的 10 年里,微系统及其相关产品在各行业中的应用不断增长,微器件和微结构的需求也相应地迅速增加。目前,生产微器件和微结构主要采用硅基材料或高分子材料[5]。然而,在很多应用中要求使用机械性能和热稳定性良好的金属微器件和微结构。微尺度的金属注射成型法,还可以被称为微金属注射成型技术,适合于大批量、复杂金属微器件和微结构的生产[6-11],是由金属注射成型工艺改进而来,同样包含 4 个工艺步骤:混炼、注塑成型、脱脂和烧结,如图 11.1 所示[12]。微金属注射成型技术还继承了金属注射成型技术和微塑料注射成型技术的优势,比如低成本、适合复杂形状生产以及对许多材料的适应性(与其他金属或陶瓷微结构的制造方法相比而言,如电镀技术、平板印刷术、铸造和其他材料去除方法)。

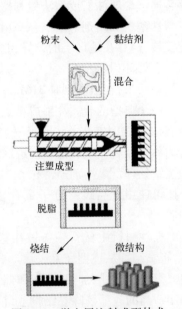

图 11.1　微金属注射成型技术加工步骤示意图

11.3 原料准备

注射成型技术的原料是混合粉末和黏结剂。

11.3.1 粉末

通常来说,金属粉末的选择对于获得无缺陷的成型坯和最终的烧结零件最为关键,同样也有利于金属微注射成型过程的控制,因此,对于粉末特性的认识是非常重要的。金属粉末微粒的大小和形状是两个重要的特性因素,微粒大小可通过确定空间尺寸进行测量,结果取决于测量技术和微粒的形状。一种合适的测量方法是相干光散射[2]。通常情况下,根据检测携带有分散粒子的流体(空气或水)的不连续特性来测量粒子尺寸[4]。粒子尺寸分布可以通过测量尺寸增量中的粉末数量直方图来表示,如图 11.2 所示。或更为典型地,通过描绘小于某一给定尺寸的累积粉末数量曲线来表征微粒分布特征。在图 11.2 中,给出了小于给定尺寸的 316L 不锈钢粉末粒子的质量百分比,横坐标为粒子尺寸的对数。在分布曲线中标出了具有代表性的三点,表示为 d_{10},d_{50} 和 d_{90},分别对应累计分布含量占 10%,50% 和 90% 的粒子尺寸。粒子尺寸分布范围较宽则粉末堆积密度更高,意味着更少的收缩,而且更容易加工和尺寸控制。然而,如果粒子尺寸分布范围较宽,在原料混炼过程中必须倍加小心,由于粒子尺寸不同,在混合粉末中出现偏聚,导致不均匀的堆积密度和烧结时产生变形。

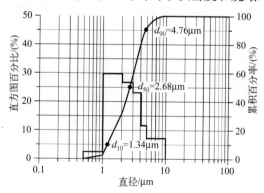

图 11.2 316L 不锈钢粉末粒子分布

在微金属注射成型技术中,金属粉末的粒子尺寸是非常重要的参数,其限制了可生产的结构尺寸及纵横比。由于这个原因,粒子平均尺寸远小于 $3\mu m$ 的高强度微细粉末是比较理想的原料。德国卡尔斯鲁厄理工学院采用的羰基铁粉粒子尺寸低于 $d_{50} = 1.5\mu m$[13],新加坡南洋理工大学使用粒子尺寸低于 $d_{50} = 2.4\mu m$ 的 316L 不锈钢粉末生产 3D 金属微结构[6,14,15]。较小的粒子尺寸有助于避免成型缺陷,同时能生产更精细的结构和尖锐棱角。另外,粒子尺寸越小则总表面积越大,从而具有更高的烧结激活能量和更快的烧结速度以及烧结后更高的密度。

对陶瓷粉末来说粒子尺寸在亚微米范围几乎已成为标准,但对于金属并不容易获得如此小尺度的粉末,主要原因是金属的延展性和活性使得生产超细粉末很困难并且昂贵[16]。而且超细粉末容易氧化,导致加工困难。超细粉末易于结块,在混炼时难以打破。另外,由于结块的存在,导致粒子尺寸越小堆积密度越低,尤其是尺寸小于 $1\mu m$ 时。同时,在烧结中收缩后的全密度取决于移除黏结剂的粒子堆积密度,因而粒子越小会导致越大的烧结收缩,增加产生缺陷的可能性,比如翘曲和裂纹。另一方面,由于粉末越小总表面积越大,从而需要大量的黏结剂,导致粉末的加工变得更加困难,更进一步增加了烧结时的收缩,经常产生裂纹和扭曲。因此,需要在粒子尺寸以及适当的微细粉末混合物之间寻求平衡[16]。

粒子的形状对成功完成微金属注射成型加工具有很大的影响。一般而言,球形粉末相比于不规则形状的粉末具有更好的可塑性,因此往往作为原料的首选。不规则形状的粒子粉末尽管在脱脂时有利于保持零件形状,然而,却导致堆积配位数和配位密度降低[17],因此,在烧结时需要夯实来弥补初始堆积的不足。一个折中的方法就是将球形粒子和不规则形状粒子组合起来,以利用每一种形状的优势[2]。图 11.3 所示为扫描电镜拍摄的水雾化 316L 不锈钢粉末微细图形[18]。

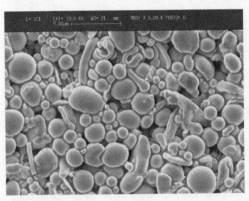

图 11.3　316L 不锈钢粉末 SEM 图

11.3.2　黏结剂

黏结剂是金属注射成型加工的关键成分,满足了原材料成型所必须的流动性。工业上使用的黏结剂种类很多,可划分成热塑性化合物、热固性化合物、水基系统、胶凝体系和无机物。尽管存在许多大批量生产的黏结剂,但是到目前为止,对热塑性塑料的认识和使用仍然最为广泛[4]。在微金属注射成型中,考虑到微部件和微结构的微小尺寸和高深宽比,必须选择合适的黏结剂,使得脱模时的成型坯强度更高,更低的黏性以便于成型时易于注入模型腔内,同时在脱脂和烧结时具有良好的形状保持和较低的收缩性[14,19,20]。

大多数黏结剂都是多组分系统,在不断进行的萃取循环中其成分将被去除。通常,黏结剂有三种主要成分——提供强度的主干聚合物(一些通常用于主干聚合物的是聚甲醛、聚乙烯醇、聚乙烯、乙烯醋酸乙烯酯、聚丙烯),在脱脂阶段非常容易被提取的填充相(如石蜡),连接黏结剂和粉末的表面活性剂。其中,表面活性剂通过建立粉末和黏结剂两界面之间的桥梁,减少了混合物的黏性并且增加了混合物中的固体含量。在脱脂过程中,黏结剂的成分逐渐被去除,首先去除基本的成分如填充相和表面活性剂来打开部分气孔,导致全部被脱脂但并未烧结的结构变得易碎,处理起来很困难。而另外的聚合物成分,残留在成型坯中,作为主干保持零件形状,避免了滑塌和扭曲[4,14]。最后,在未到达烧结温度之前的加热过程中,在脱脂时主干聚合物被去除。

11.3.3 原材料的混炼

在粉末和黏结剂混合之后,所得粒状的或者球团状的混合物,作为注射成型技术的原料。原料的特性由 5 个因素决定:粉末的特性、黏结剂的组成成分、粉末数量相对于黏结剂的比例(粉末装载量)、混合方法和制粒技术[4]。原料的流动性产生了良好的流变特性和模型腔的良好填充性。粉末和黏结剂的比例决定了后续工艺进程的成功或失败,通常在烧结过程中使用最小黏结剂含量的原料,可产生很高的成型坯密度和很小的收缩量。而对于成型工艺,理想的粉末装载数量比临界的粉末装载使用更少的粉末,临界的粉末装载是一种合成物(粒子在无外界压力时紧密堆积在一起并且所有粒子之间的空间都充满了黏结剂),对于金属注射成型技术而言这个值为 60 vol%[4]。在这点上,原材料有足够低的成型黏性,并且颗粒接触良好以确保工艺中零件形状的保持。

混合的目的是用黏结剂覆盖粒子的表面,打破结块获得均匀的原料。如果不能将粉末分散或均匀散布于黏结剂中可能会导致粉末与黏结剂分离、离析和原料结块,使得烧结时产生不均匀收缩并且最终引起性能的不均匀性[2,4]。一个正确的混合原材料要求粉末分散均匀,且在粉末中没有内部气孔和团聚体。

一个小规模的混合机可以通过监控搅拌叶片的扭矩来评价原料混合是否均匀,这在形成新原料并且选择合适的粉末装载阶段中是非常重要的。如图 11.4 所示,一个小规模的混合机,有两个滚轴叶片,最大容量达 63cm³。一个典型的混合扭矩曲线如图 11.5 所示。假如扭矩达到一个恒定的值,原料是均匀的,如果在混合时扭矩值持续增大,混合物将不能作为注射成型技术的原材料。

图 11.4　具有转矩测量功能的小规模混合机

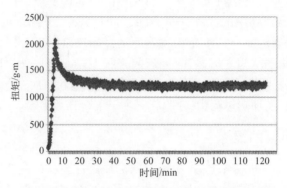

图 11.5　混合扭矩曲线

　　在小规模混合后,原料可放于大规模混合机中进行混合。一些高剪切的混合机可用于金属注射成型技术的原料准备,包括双行星搅拌机、单螺杆挤出机、活塞式挤出机、双螺杆挤出机、顶置凸轮轴挤出机、剪切棍混合机、弓刀混合机和曲拐式混合机。图 11.6 所示为实验室中使用的曲拐式混合机。

图 11.6　实验室中使用的曲拐式混合机

11.4 注射成型

11.4.1 微金属粉末注射成型技术的设备及工艺参数

注射成型是塑料成型的一种重要加工方法,它适用于有复杂形状的产品的大批量生产。对于金属粉末注射成型技术,其注射成型的过程和塑料注射成型的过程相似,金属注射成型技术也像塑料注射成型一样会产生缺陷和其他问题,另外,更高的热传导率和不同的原料流变特性也带来了更多的问题。

一些专用于塑料微注射成型的机器也可应用于微金属粉末注射成型,但需要使用耐磨性强并且硬度大的塑料装置,例如巴顿菲尔公司的微注射成型机Micro-system50。对于多数的微金属粉末注射成型技术,一些设备是基于传统的塑料注射成型机的改进,同时需要一个特殊设计加工的模具,主要原因是成型件尺寸微小和微结构的纵横比大,还要满足亚微米级精度的需求。通常包括如下方面:

- 往复注射螺杆和模具镶块等的表面需增加硬度以防止被金属原料磨损。
- 独立塑化及注射装置:对于毫克量级的注射,计量和配料必须精准。对此,可以应用独立塑化(计量和配料)装置,也可以用更小的计量螺杆和注射活塞来保证精确计量和快速注射。
- 真空腔系统:对于传统的成型过程,通风槽有利于在模具填充过程中将空气排出模具腔。但是,这些槽的尺寸接近于微结构的尺寸,因此,模具腔需要使用另外的排气系统排气[23],而且需要加入真空系统来避免裹入空气,以及成型过程中排气不良造成的"狄塞尔效应",并且提高了模具填充的效率。在有些情况下,要使用2.7Pa的压强[24]。
- VTR模具变模温加热/冷却系统:对于微塑料注射加工成型技术,微结构的极端纵横比以及微小尺寸,需要模具温度变化技术——变模温注塑[21]。在大纵横比的微结构注射成型技术中使用传统模具时,其快速的温度流失会导致模具腔的填充不充分,因此,需要增加模具温度使其达到一个有利于模具充满的高温,模具充满后,模具降温达到脱模温度,保证微结构无缺陷的安全脱模[25]。这种变模温注塑的原理对微金属粉末注射成型技术也同样适用。
- 高模具定位公差:在微注射成型过程中伴随有温度变化和高强度的夹紧力,必须保证模具定位稳定。一种有效的、精度极高的常用空间定位装置,其定位精度达到±10mm[25]。同时也需要保证封闭接头、推杆和模具镶块的高精度,生产过程中必须遵循公差小于$1\mu m$的原则[25]。
- 分离剂或基质(基体)单元:通常微结构的尺寸在数十微米量级,且有很大的纵横比。为了将这些微结构与模具镶块分离,需要使用一种分离剂或者基体单元使微结构脱模[26]。

微金属粉末注射成型技术的条件与传统的塑料注射成型技术和金属粉末注射成型技术不同,需要更高的腔体温度和成型温度以保证材料有足够低的黏度来填满模具腔,当原料具有高热传导率时,采用更高的注射速度避免热量损失。由此可避免过早固化。还需要较高的注射压强和堆积压强,例如,200 ~ 250MPa的注射压强[27,28]。另外,需要较低的喷射速度以避免微结构损坏或黏结于腔壁上。

11.4.2 微金属粉末注射成型技术的模具镶块

成型最小结构细节的能力取决于制造微结构镶块的方法、镶块的质量以及原料颗粒的大小。有很多方法适用于微米级的微结构和微小零件的制造,生产出的微结构可直接使用,或作为塑料和金属粉末注射成型技术中用于大批量生产微结构的模具镶块[29]。

下述为金属或陶瓷微结构和微小零件中所使用的模具镶块的加工方法和材料:

- 深刻电铸模造技术(LIGA)。镍模具,约500nm的金涂层镍模具镶块,镍铁合金以及钨钴合金[30-32]。
- 激光烧蚀。硬金属[13]和激准分子激光器烧蚀聚酰亚胺薄膜模具图案。
- 精密工程技术(精细铣削、微细电火花加工和线切割腐蚀等)[34]。如图11.7所示为一个用于加工直径为1mm微齿轮的微细电火花加工模具镶块。

图11.7 用于加工直径为1mm微齿轮的微细电火花加工模具镶件

- 镍钛诺和不锈钢[19,30]。
- 用于比较简单的微结构微机械加工的黄铜[5]。
- 硅橡胶。通常用于低压强的粉末注射成型技术,具有良好的脱模性能[35]。

- 硅等离子体刻蚀[6,14,36]。硅具有良好的物理和化学性能,在 MEMS 和微系统技术的应用中具有广阔前景。硅的强度非常高,弹性模量值与钢接近,不产生机械滞后,具有良好的热效应和低热膨胀系数[37]。采用等离子体干法刻蚀(例如,深反应离子刻蚀 DRIE)由硅晶片制作得到微金属粉末注射成型技术的模具镶块[6]。深反应离子刻蚀技术在保证高各向异性的同时达到相对的垂直侧壁,通过选择合适的晶片温度和氧气环境来达到更好的侧壁表面粗糙度。使用深反应刻蚀技术得到的硅模具镶块及微腔和微通道的细节如图 11.8 所示[38]。
- 微金属粉末注射成型技术。铁、316L 不锈钢以及硬金属(碳化钨—钴粉末 WC - Co10)。局限性:与深反应离子刻蚀模具镶块及深刻电铸模造技术相比表面粗糙度更高,但与微激光烧蚀技术与微切削技术相当[39]。

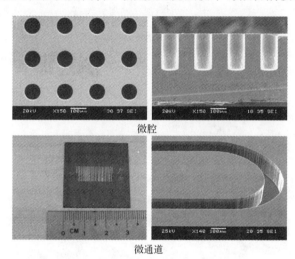

图 11.8 深反应刻蚀技术得到的硅模具镶件及微腔和微通道的细节

11.4.3 微金属粉末注射成型技术的变模温

如 11.4.1 小节所述,可以使用变模温注塑的方法解决加工微小零件或大纵横比微结构时出现的模具填充不满的问题。Fu G[24] 等人用一个有加热—冷却系统的变模温模具加工了大纵横比的 316L 不锈钢微结构。变模温的加热—冷却系统有很多优点,例如,使大纵横比微结构能够很好的填充模腔、可调节脱模温度以及减少循环时间。如图 11.9 所示,变模温注塑包含模体、加热系统、冷却系统、真空系统、热浇道系统以及计量系统(腔内压力和腔内温度)。实际变模温模具及其剖面图如图 11.10 所示。图 11.11 为变模温注塑成功加工出的直径为 40μm、高为 174μm、纵横比为 4.4 以及直径为 20μm、高为 160μm、纵横比为 8 的微结构。

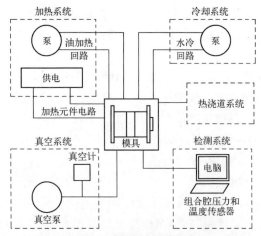

图 11.9　变模温注塑设计布局

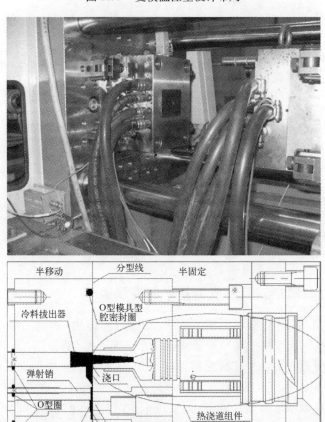

图 11.10　实际变模温模具及其剖面图

图 11.11　变模温注塑成功加工出的直径为 40μm、高为 174μm、纵横比为 4.4
以及直径为 20μm、高为 160μm、纵横比为 8 的微结构

11.5　脱脂

微金属粉末注射成型技术在注射成型后的下一步是脱脂,将黏结剂从成型坯上分离下来。目前,微金属粉末注射成型技术常使用如下的脱脂方法或这些方法的组合来脱脂:

(1) 利用有机黏结剂成分的热降解来脱脂。

(2) 使用有机溶剂分离黏结剂进行溶剂脱脂。

(3) 用催化剂催化脱脂,例如硝酸蒸汽常用于聚缩醛的脱脂。

热脱脂是在高温下使黏结剂从成型坯上分离,黏结剂会被热分离成小分子物体,如水、甲烷、二氧化碳,它们通过扩散和渗透不断地从成型坯上分离[40,41]。

图 11.12 为微金属粉末注射成型技术中 316L 不锈钢材料的热脱脂时间表,成型坯在管式炉中脱脂,放出含有 95% 氩气和 5% 氧气的混合气体。

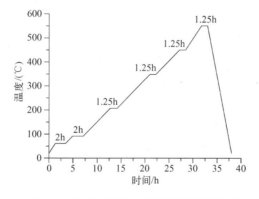

图 11.12　316L 不锈钢材料的热脱脂时间表

考虑到微结构的小尺寸和大纵横比,为保证脱脂过程结构的高保形性,需

要选定成分和构成合适的黏结剂。脱脂过程中黏结剂热分离时达到软化点会使成型微结构坍落或变形,图 11.13 所示为脱脂过程中由于原料强度不足造成的微结构坍落。

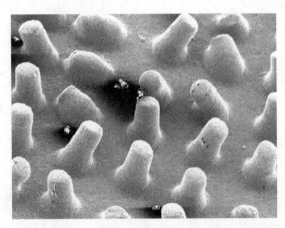

图 11.13　脱脂过程后坍落的微结构

　　除了热脱脂之外,催化脱脂也常应用于微金属粉末注射成型技术。催化脱脂去除聚缩醛类黏结剂方法的出现,使去除聚合物有更高的脱脂率。对于催化脱脂,反应取决于催化气体(如 100% 的硝酸蒸汽)扩散进入气孔和分解产物排出气孔。由于酸性气体的存在,黏结剂温度在远低于软化点之前(即固体状态)主要分解为甲醛,发生在常压下的氮气中,温度为 110 ~ 140℃[42]。低于软化点的相对低的温度保证了被脱脂物体良好的形状保持性。脱脂率取决于脱脂温度和催化剂浓度。通常,解聚率是控制因素而非分解率。一般地,脱脂率恒定不变,是 2mm/h。

11.6　烧结

　　烧结是微金属粉末注射成型加工的最后一个步骤。本文所述的烧结研究主要针对 316L 不锈钢微结构和微齿轮。图 11.14 所示为一个典型的 316L 不锈钢脱脂后结构的煅烧时间表[12]。烧结在一个管式炉中进行,首先,脱脂过的零件以 7℃/min 的升温速率从室温(25℃)被加热到 600℃,并且保持 600℃状态 1h。脱脂过后,可能仍残留有部分有机物、分离剂和一些聚合物残渣,这些在烧结过程的第一阶段会被 600℃高温迅速热解分离。烧结阶段如果使用较高的升温速率会产生大量的二氧化碳,这是因为煅烧发生在所有有机成分从零件上分离之前[2],然后将零件从 600℃加热到烧结温度 T_s,保持此温度 1h。最后,烧结零件在炉中自动降温至室温。

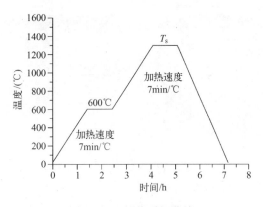

图 11.14　煅烧时间曲线

11.6.1　微结构的烧结

如图 11.15 所示,在直径为 16mm、厚度为 1.5mm 的圆盘的中心上有一个 25×25(总和为 256)的微结构阵列。使用了两种脱脂和烧结的方法,第一种方法采用自行开发材料,成型的微观结构经过了热脱脂和纯氢气环境下烧结。第二种方法采用商业材料,成型微结构经催化脱脂和真空中 0.67Pa 环境下烧结形成。

图 11.15　成型、脱脂和烧结件(直径为 16mm、厚度为 1.5mm 的微结构)

对于内部材料,经过 1300℃烧结一小时后,在微结构的直径方向和高度方向以及基底的直径方向和高度方向,基本为各向同性收缩。但是,测量得到的微结构的收缩是 19.6%～19.7%,大于基底的收缩(14.0%～15.1%)。微结构和基底的不同收缩并不在烧结零件中产生裂纹。相应地,微结构的平均分数密度(97.1%)高于基底的分数密度(89.55%)。如图 11.16 所示,在邻近微结构表面的一带是一个稠密层,超细粉末的使用和脱脂部分氧化物的存在促进了烧结后微结构的稠密层的形成和继续产生[43,44]。

对于商业材料,真空条件下 1300℃烧结后产生大约 16%的均匀收缩和 95.6%的分数密度,没有稠密层产生。如图 11.17 所示,颗粒尺寸随着烧结温度的升高而增加[12]。在低于 1200℃条件下,颗粒已经开始生长。高于 1300℃产生更高的稠化和更小的气孔,颗粒中一些均匀的气孔阻碍了稠化的进一步产生。

图 11.16　抛光的微结构微观图片

（a）氢气氛围；（b）真空中。

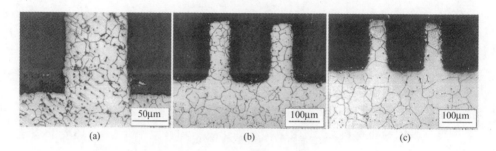

图 11.17　微结构煅烧温度图

（a）1200℃；（b）1250℃；（c）1300℃。

11.6.2　微齿轮的烧结

图 11.18 所示的是在氢气条件下 1250℃烧结加工 1h 后得到的直径为 1mm 的 316L 不锈钢微齿轮。经电子背散射（EBSD）系统检验获得微齿轮晶粒结构图像如图 11.19 所示[45]，轮齿中产生的退火孪晶远大于中心部分，轮齿边缘带（Z 带）（35μm）的平均晶粒尺寸远大于中心带（Y 带）（5μm）。与 11.6.1 小节微结构的烧结相似，在微齿轮的表面存在稠密区，主要原因可能是黏结剂中残存氧化物。

图 11.18　直径为 1mm 的 316L 不锈钢微齿轮

288

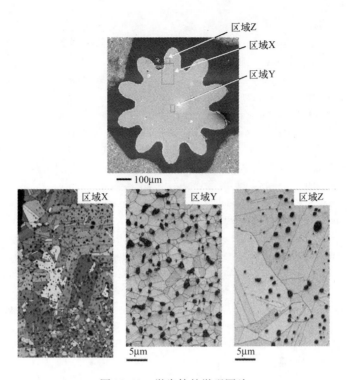

图 11.19　微齿轮的微观图片

11.7　结束语

微粉末注射成型技术是一个相对较新的技术,适用于金属微小零件或微结构的大批量生产。过去 10 年来,微粉末成型技术得到了广泛的应用,例如不锈钢侵入性手术植入物、塑料微成型的模型植入、微齿轮、散热器以及微小结构件。然而,仍然存在很多的问题和局限性有待解决,这包括更小的金属粉末、高成型强度黏结剂、脱脂时的良好形状保持和良好表面光洁度的模具镶块以便于脱模(尤其是对于大纵横比的微结构),专用于微粉末注射成型技术的设备和工具开发,烧结中收缩公差的减小,更好的表面质量以及改进的经济效益。

参 考 文 献

[1]　Schatt W, Wieters KP. Powder metallurgy processing and materials. Shrewsbury, UK: European Powder Metallurgy Association (EPMA); 1997.

[2]　German RM. Powder injection molding. Princeton (NJ): MPIF; 1990.

[3]　Wohlfromm H. Novel stainless steel for metal injection molding. Volume 3, Proceedings of Powder Metallurgy World Congress & Exhibition. Granada, Spain: European Powder Metallurgy Association; 1998. pp. 1 - 8.

[4]　German RM, Bose A. Injection molding of metals and ceramics. Princeton (NJ): Metal Powder Industries

Federation;1997.

[5] Piotter V, Haneman T, Ruprecht R, Hausselt J. Injection molding and related techniques for fabrication of micro – structures. Microsyst Technol 1997;3:129 – 133.

[6] Liu ZY, Loh NH, Tor SB, Khor K, MurakoshiY, Maeda R, Shimizu T. Micro – powder injection molding. J Mater Process Technol 2002;127:165 – 168.

[7] Piotter V. PIM looks for role in the micro world. Metal Powder Report 1999;54:36 – 39.

[8] Piotter V, Benzler T, Hanemann T, Woellmer H, Ruprecht R, Hausselt J. Innovative molding technologies for the fabrication of components for micro – systems. Proc SPIE—Int Soc Opt Eng 1999;3680:456 – 463.

[9] Piotter V, Gietzelt T, Merz L. Micro powder – injection moulding of metals and ceramics. Sadhana—Acad Proc Eng Sci 2003;28:x299 – 306.

[10] Merz L, Rath S, Piotter V, Ruprecht R, Hausselt J. Powder injection molding of metallic and ceramic micro – parts. Microsyst Technol 2004;10:202 – 204.

[11] Tay BY, Liu L, Loh NH, Tor SB, Murakoshi Y, Maeda R. Injection molding of 3D micro – structures by μPIM. Microsyst Technol 2005;11:210 – 213.

[12] Fu G, Loh NH, Tor SB, Tay BY, Murakoshi Y, Maeda R. Injection molding, debinding and sintering of 316L stainless steel micro – structures. Appl Phys A:Mater Sci Process 2005;81:495 – 500.

[13] Ruprecht R, Gietzelt T, Mueller K, Piotter V, Haußelt J. Injection molding of micro – structured components from plastics, metals and ceramics. Microsyst Technol 2002;8:351 – 358.

[14] Liu ZY, Loh NH, Tor SB, Khor K, Murakoshi Y, Maeda R. Binder system for micro – powder injection molding. Mater Lett 2001;48:31 – 38.

[15] Tay BY, Liu L, Loh NH, Tor SB, Murakoshi Y, Maeda R. Injection molding of 3D micro – structures by μPIM. Microsyst Technol 2005;11:210 – 213.

[16] Hartwig T, Veltl G, Petzoldt F, Kunze H, Scholl R, Kieback B. Powders for metal injection molding. J Eur Ceram Soc 1998;18:1211 – 1216.

[17] Miura H, Ritsu D, Takamori S, Seiji N. Effects of powder characteristics on flowability of feedstock and deformation during thermal debinding in MIM. J Jpn Soc Powder Powder Metall 1993;40(5):479 – 483.

[18] Liu L, Loh NH, Tay BY, Tor SB, Murakoshi Y, Maeda R. Mixing and characterisation of 316L stainless steel feedstock for micro powder injection molding. Mater Characterization 2005;54:230 – 238.

[19] Guber E, Herrmann D, Muslija A. Fabrication of metal and polymer micro – structures. Med Device Technol 2001;12(3):22 – 26.

[20] Liu L, Loh NH, Tay BY, Tor SB, Murakoshi Y, Maeda R. Mixing and characterisation of 316L stainless steel feedstock for micro – powder injection molding. Mater Characterization 2005;54:230 – 238.

[21] Ruprecht R, Finnah G, Piotter V. Micro – injection molding—principles and challenges. In: Lo¨he D, Haußelt J, editors. Advanced micro and nanosystems, Volume 3 : micro – engineering of metals and ceramics, Part I: design, tooling and injection molding. , Weinheim, Germany: Wiley – VCH Verlag GmbH & Co. KGaA;2005. pp 253 – 288.

[22] Michaeli W, Spennemann A, Gaertner R. New plastification concepts for micro injection moulding. Microsyst Technol 2002;8:55 – 57.

[23] Heckele M, Schomburg WK. Review on micro molding of thermoplastic polymers. J Micromech Microeng 2004;14:R1 – R14.

[24] Fu G, Tor S, Loh N, Tay B, Hardt DE. A micro powder injection molding apparatus for high aspect ratio metal micro – structure production. J Micromech Microeng 2007;17:1803 – 1809.

[25] Menges G, Michaeli W, Mohren P. How to make injection molds. Munich: Carl Hanser Verlag;2001.

[26] Huber N, Tsakmakis C. Finite element simulation of micro – structure demolding as part of the LIGA process. Microsyst Technol 1995;2:17 – 21.

[27] Spennemann A, Michaeli W. Process analysis and injection molding of micro – structures. In: Heim HP, Potente H, editors. Specialized molding techniques. New York: Plastics Design Library, William Andrew Inc. ;2001. pp 157 – 162.

[28] Merz L, Rath S, Piotter V, Ruprecht R, Ritzhaupt – Kleissl J, Hausselt J. Feed – stock development for micro powder injection molding. Microsyst Technol 2002;8:129 – 132.

[29] Bacher W, Bade K, Matthis B, Saumer M, Schwarz R. Fabrication of LIGA mold inserts. Microsyst Technol 1998;2:117 – 119.

[30] Weber L, Ehrfeld W, Freimuth H, Lacher M, Lehr H, Pech B. Micro molding—a powerful tool for the large scale production of precise micro – structures. SPIE 1996;2879:156 – 167.

[31] Benzler T, Piotter V, Ruprecht R, Hausselt J. Fabrication of micro – structure by MIM and CIM. Volume 3, Proceedings of Powder Metallurgy World Congress & Exhibition. Granada, Spain: European Powder Metallurgy Association;1998. pp 9 – 14.

[32] Guttmann M, Schulz J, Saile V. Lithographic fabrication of mold inserts. In: Lo"he D, Haußelt J, editors. Advanced micro and nanosystems, Volume 3: micro – engineering of metals and ceramics, Part I: design, tooling and injection molding. Weinheim, Germany: Wiley – VCH Verlag GmbH & Co. KGaA;2005. pp 187 – 220.

[33] Shimizu T, Murakoshi Y, Sano T, Maeda R, Sugiyama S. Fabrication of micro parts by high aspect ratio structuring and metal injection molding using the supercritical debinding method. Microsyst Technol 1998;5:90 – 92.

[34] Loh NH, Tor SB, Tay BY, Murakoshi Y, Maeda R. Fabrication of micro gear by micro powder injection molding. Microsyst Technol 2008;14:43 – 50.

[35] Bauer W, Knitter R, Emde A, Bartelt G, Goehring D, Hansjosten E. Replication techniques for ceramic micro – components with high aspect ratios. Microsyst Technol 2002;9:81 – 86.

[36] Bohm J. Micro – metalforming with silicon dies. Microsyst Technol 2001;7:191 – 195.

[37] Rangelow IW. Reactive ion etching for high aspect ratio silicon micro – machining. Surf Coat Technol 1997;97:140 – 150.

[38] Fu G, Loh NH, Tor SB, Murakoshi Y, Maeda R. Replication of metal micro – structures by micro powder injection molding. Mater Des 2004;25:729 – 733.

[39] Rota A, Duong T – V, Hartwig T. Wear resistant tools for reproduction technologies produced by micro powder metallurgy. Microsyst Technol 2002;7:225 – 228.

[40] German RM. Theory of thermal debinding. Proceedings of the Powder Metallurgy World Congress & Exhibition. Granada, Spain: European Powder Metallurgy Association;1998. pp 159 – 167.

[41] Nash P. Kinetics of binder burnout and oxide reduction in injection moulded iron parts. Metal Powder Rep 1998;53(12):42.

[42] Catamold—the range to suit your needs, BASF AG. Catalogue, Business Division Inorganics, Marketing Powder Injection molding, Ludwigshafen, Germany, 2002.

[43] Tay BY, Liu L, Loh NH, Tor SB, Murakoshi Y, Maeda R. Characterization of metallic micro rod arrays fabricated by μMIM. Mater Characterization 2006;57:80 – 85.

[44] Liu L, Loh NH, Tay BY, Tor SB, Murakoshi Y, Maeda R. Densification and grain growth of stainless steel micro – size structures fabricated by μMIM. Appl Phys A: Mater Sci Process 2006;83:31 – 36.

[45] Tay BY, Loh NH, Tor SB, Ng FL, Fu G, Lu XH. Characterisation of micro gears produced by micro powder injection moulding. Powder Technol 2009;188:179 – 182.

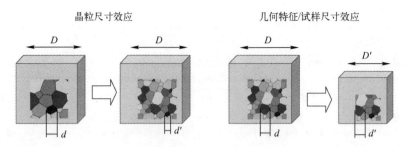

晶粒尺寸效应　　　　　　　　　几何特征/试样尺寸效应

图1.4　两类尺寸效应:"晶粒尺寸效应"和
"几何特征/试样尺寸效应"

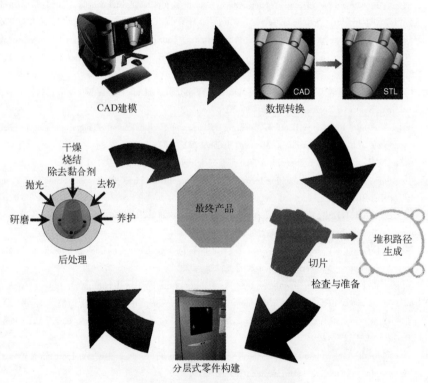

CAD建模　　　　　　数据转换

干燥
烧结
除去黏合剂　　去粉
抛光　　　　　　　　最终产品
研磨　　　　　　养护
后处理　　　　　　　　切片　　　堆积路径
生成
检查与准备

分层式零件构建

图5.3　分层制造基本工艺步骤

启动   ⟶   模压   ⟶   冷却和脱膜

图7.8 分立微型构件贯穿厚度模压成型工步

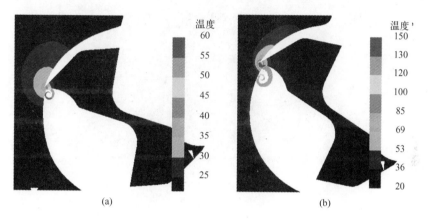

(a)   (b)

图8.17 微铣削 FEM 模拟

（a）AL2024 – T6 铝合金；（b）AISI4340 钢。

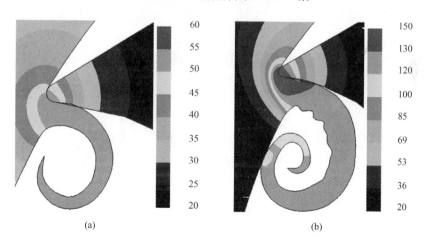

(a)   (b)

图8.18 微铣削过程中切削区域温度(℃)分布预测

（a）AL2024 – T6 铝；（b）AISI 4340 钢。

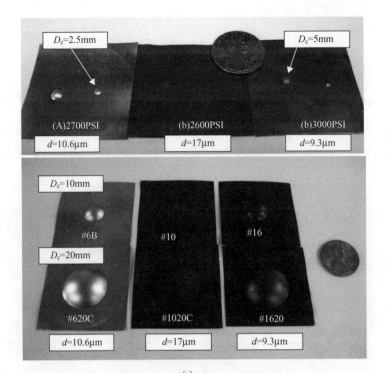

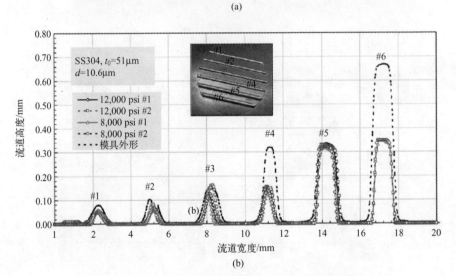

图 9.26 （a）介观和微观尺度胀形；（b）SS304 箔板
液压成形微槽[30,31]。

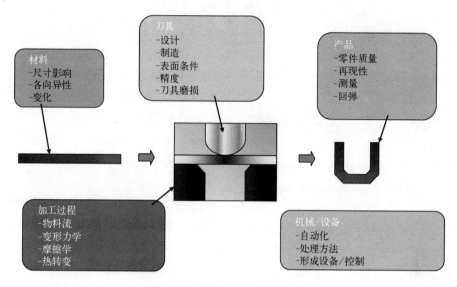

图 9.27 微成形系统的基本要素

主题词索引

Ab initio calculations, molecular dynamics modeling
第一性原理计算,分子动力学模拟,
35 – 36

ABINIT software, first – principle electronic – state calculation for frictional interface
第一性原理电子态计算软件,摩擦界面的第一性原理电子态计算 41 – 45

Ablation mechanisms, nanosecond – pulsed laser ablation,
烧蚀机理,纳秒脉冲激光烧蚀,
140 – 142

Absorption, laser – based micro – fabrication,
吸收,基于激光的微制造,127 – 129

Accelerometry, mechanical micromachining, micro – end milling,
加速度计,机械微加工,微端铣,
203 – 205

Accuracy in layered manufacturing, future improvements in,
分层制造精度,在未来的改进,113

Acoustic emission sensors, mechanical micromachining, micro – end milling,
声发射传感器,机械微加工,微端铣,
204 – 206

Adatoms, semiconductor microfabrication, chemical vapor deposition,
吸附原子,半导体微制造,化学气相沉积,23 – 25

Adhesion process: first – principle electronic – state calculation for frictional interface,
黏结过程,摩擦界面的第一性原理计算电子态计算,41 – 45
  molecular dynamics modeling,
  分子动力学模拟,35 – 36

Aerospace industry, rapid – direct manufacturing applications, 142 – 143
航空航天工业,快速/直接制造技术应用,109 – 110

Amorphous polymers, micro – molding applications, 200 – 202
非晶聚合物,微模具成型应用,
159 – 161

Anisotropic etching, semiconductor microfabrication, wet bulk micromachining,
各向异性刻蚀,半导体微制造工艺,湿法体材料微加工,28 – 29

Anisotropy: finite – element polycrystal modeling: molecular dynamics (injection upsetting),
各向异性,有限元多晶建模,分子动力学(注射镦粗),45 – 50
  plasticity,

296

可塑性,55-59

micro-forming process,

微成形工艺微成形过程,218-222

Aspect ratios:mechanical micromachining,tool stiffness and deflection,dynamic loading,

长径比,微切削过程,刀具刚度和变形,动态载荷,186-194

micro-embossing/coining,

微压印/模压,223-224

Atmospheric chemical vapor deposition (APCVD),semiconductor microfabrication,

常压化学汽相沉积(APCVD),半导体微细加工,23-26

Atomic distance,first-principle electronic-state calculation for frictional interface,

原子距离,摩擦界面第一性原理电子态计算,41-45

Atomic force microscopy (AFM):bending test,metrology of mechanical properties,

原子力显微镜(AFM),弯曲测试,机械性能测量,66-67

micro-scale metrology,

微观尺度测量,62-65

Auto focusing probing,metrology of micro-scale manufacturing,

自动对焦探针法,微尺度制造测量,55-56

Automotive industry,rapid-direct manufacturing applications,

汽车行业,快速/直接制造技术应用,110-111

Axial depth of cut (ADOC),mechanical micromachining,micro-end milling,

轴向切深(ADOC),机械微加工,微端铣,204-206

Ballistic particle manufacturing,printing processes,

弹道粒子制造,印刷术,95

Batch processing,micro-electro discharge machining,repetitive pattern transfer,

批处理,微放电加工,重复模式转移,258-260

Beam quality,laser processing,

光束质量,激光加工,131

Bending test:metrology of mechanical properties,

弯曲测试,机械特性的测量,66-67

micro-bending processes,

微弯曲过程,227-228

Binder materials,metal injection molding feedstock,

粘结剂材料,金属原料注射成型,278-279

Binder printing,layered manufacturing,

粘结剂打印,分层制造,93-95

Blank holder pressure,micro-deep drawing,

压边力,微拉深成形,228-230

Bond-then-form processes,layered manufacturing,

先黏结后成形,分层制造,90-95

Boundary-layer model,semiconductor microfabrication,chemical vapor deposition,

边界层模型,半导体微制造,化学气

相沉积,23 – 26

"Breakdown plasma," laser shock peening,
等离子击穿,激光冲击强化,146 – 147

Brittle materials, mechanical micromachining:diamond turning,
脆性材料,机械微加工,金刚石车削,196 – 198

  micro – drilling techniques,
  微钻削技术,207 – 208

Build layout,layered manufacturing,
建立叠层,分层制造,77

Build times:future reductions in,
构建时间,在以后的削减,112 – 113

  layered manufacturing techniques,
  分层制造技术,105 – 106

Capacity – coupled pulse generator, micro – electro discharge machining,
电容耦合脉冲发生器,微细电火花加工,241 – 242

Carbon absorption,mechanical micromachining,micro – turning,
碳吸收率,机械微加工,微车削,196 – 197

Carbon dioxide lasers,metals and alloy processing,
二氧化碳激光器,金属和合金加工,129 – 130

Catalytic debinding, metal injection molding,
催化脱脂,金属注射成型,285 – 286

Cavity vacuum system, metal injection molding,
真空腔系统,金属注射成型,281 – 282

Ceramics manufacturing:laser processing,
陶瓷加工,激光加工,130 – 131

  layered manufacturing technologies,
  分层制造技术,105 – 106

  metal injection molding,powder properties,
  金属注射成型,粉末性能,277 – 278

  micro – drilling techniques,
  微钻削技术,207 – 208

  micro – electrochemical discharge machining,
  微细电化学放电加工,269 – 270

Channel structures:micro – embossing/coining,
槽结构,微压印/模压,223 – 225

  micro – hydroforming process,
  微型液压成形工艺,231 – 233

Charge – coupled device (CCD) camera, optical microscopy,metrology methods for micro – scale manufacturing,
电荷耦合器件相机,光学显微镜,微观尺度制造测量方法,53 – 54

Chemical (plasma) etching, semiconductor microfabrication,
化学(等离子体)刻蚀,半导体微细加工,28 – 29

Chemical vapor deposition (CVD), semiconductor microfabrication,
化学气相沉积,半导体微细加工,23 – 24

Chip formation process, mechanical micromachining:micro – end milling,
切屑形成过程,机械微加工,微端铣,200 – 206

  size effects,
  尺寸效应,187

Classical mechanics, molecular dynamics modeling,
经典力学,分子动力学模拟,35 – 36
Close – packed crystallographic slip planes, continuum models, micro – scale deformation,
密排晶体滑移面,连续介质模型,微尺度变形,32 – 34
Coating materials, mechanical micromachining tools,
涂层材料,机械微加工刀具,191 – 193
Cobalt grains, mechanical micromachining, tool wear mechanism,
钴晶粒,机械微加工,刀具磨损机理,190 – 194
Coining operations, micro – embossing/coining,
模压操作,微压印/模压,223 – 225
Composite materials, laser processing,
复合材料,激光加工,130
Computational mechanics, mechanical micromachining, micro – end milling,
计算力学,机械微加工,微端铣,202 – 206
Computed tomography (CT): layered manufacturing, data conversion,
计算机断层扫描,分层制造,数据转换,77
micro – scale metrology, micro – computed tomography,
微观尺度测量,微计算机 X 射线照相术,63 – 64
Computer – aided design (CAD): layered manufacturing:checking and preparation,
计算机辅助设计,分层制造,检查和准备,77 – 78
data conversion,
数据转换,77
shape deposition manufacturing processes,
形状沉积制造工艺,97 – 98
layered manufacturing technologies,
分层制造技术,76 – 77
milling micro – electro discharge machining, micro – molding/forming,
微细电火花铣削,微成型/成形,262 – 263
Computer – aided manufacturing of laminated engineering materials (CAM – LEM), layered manufacturing, form – then – bond processes,
材料层状工程计算机辅助制造,分层制造,先成形后粘结加工,92 – 93
"Confined plasma," laser shock peening,
约束等离子,激光冲击强化,145 – 146
Confocal laser scanning microscopy (CLSM), metrology of micro – scale manufacturing,
激光共聚焦显微镜,微尺度制造测量,53 – 54
Conservation equations, polymer micro – molding,
守恒方程,聚合物微成型,163 – 166
Constant – temperature embossing, polymer microfabrication,
恒温模压成形,聚合物微细加工,173
Continuous micro – profiles, polymer micro – molding applications,
连续微轮廓,聚合物微成型应用,

163 – 165

Continuous – wave laser technology, micro – scale manufacturing, overview,
连续波激光技术, 微观尺度制造, 概述, 125 – 127

Continuum mechanics: micro – scale deformation,
连续介质力学, 微尺度变形, 7 – 8

  model limitations,
  模型局限性, 32 – 34

  model modifications,
  模型修改, 34 – 35

  polymer micro – molding,
  聚合物微成型, 163 – 166

Controlled metal buildup (CMB), layered manufacturing, metal deposition processes,
可控金属构件加工方法, 分层制造, 金属沉积加工, 95 – 97

Convective heating, polymer micro – injection molding,
对流加热, 聚合物微注射模具, 168 – 169

Coordinate measurement machine (CMM): layered manufacturing, computer – aided design,
坐标测量机, 分层制造, 计算机辅助设计, 76 – 77

  metrology of micro – scale manufacturing,
  微尺度制造测量, 55 – 56

  micro – scale metrology, micro – coordinate measuring machines (μ – CMM),
  微观尺度测量, 微坐标测量机, 61 – 62

Coulomb explosion, ultrashort – pulsed laser ablation,
库仑爆炸, 超短脉冲激光烧蚀, 133, 135 – 136

Coupled momentum, polymer micro – molding,
动量耦合, 聚合物微成型, 163 – 166

Critical – point phase separation (CPPS), ultrashort – pulsed laser ablation,
临界点相分离, 超短脉冲激光烧蚀, 133

  hydrodynamic expansion,
  流体动力学的膨胀, 137 – 138

Crucible heating, semiconductor micro-fabrication, physical vapor deposition,
坩埚加热, 半导体微细加工, 物理气相沉积, 26 – 27

Cryogenic temperatures, mechanical micromachining
低温, 机械微加工, 微车削, 196 – 197

Crystalline materials: continuum models, micro – scale deformation,
晶体材料, 连续介质模型, 微变形, 32 – 34

  finite – element polycrystal modeling, anisotropy of plasticity, uniform friction,
  有限元多晶建模, 各向异性塑性变形, 均匀摩擦, 36 – 37

  silicon semiconductor substrates,
  硅半导体衬底, 19 – 22

Crystallographic orientation, mechanical micromachining, grain size effects
晶体取向, 机械微加工, 晶粒尺寸效应, 189 – 190

Cutting process: mechanical micromachining,micro – end milling,

切削过程,机械微加工,微端铣,
200 – 206

    micro – electro discharge machining,
on – machining cutting tool fabrication,

    微细电火花加工,在线加工刀具,
253 – 254

Czochralski（CZ）growth, silicon wafer manufacture,

提拉生长法,硅片制造,20 – 21

Data conversion,layered manufacturing,

数据转换,分层制造,77

Data scattering,micro – forming process,

数据分散,微成形过程,219 – 222

Debinding process, metal injection molding,

脱脂工艺,金属注射成型,285 – 286

Deborah number,polymer micro – molding,

德博拉数,聚合物微成型,164 – 166

Deep drawing process, micro – scale manufacturing,

拉深成形工艺,微尺度制造,228 – 230

Deflection compensation, mechanical micromachining, tool stiffness and deflection,dynamic loading,

变形补偿,机械微制造,刀具刚度和变形,动态载荷,194 – 195

Deformation/flow conditions, polymer micro – molding,

变形/流动条件,聚合物微成型,
164 – 166

Deposition path,layered manufacturing,

堆积路径,分层制造,78

Diamond – cubic crystal structure, silicon semiconductor substrates,

金刚石型立方晶体结构,硅半导体衬底,19 – 20

Diamond materials,laser processing,

金刚石材料,激光加工,131

Diamond micro – machining,basic principles,

金刚石微加工,基本原则,197 – 198

Diamond turning, mechanical micromachining,

金刚石车削,机械微制造,196 – 199

    tool materials,

    刀具材料,197 – 199

Dielectric material:

介电材料:

    micro – electro discharge machining,

    微细电火花加工,248

    powder – mixed micro – electro discharge machining,

    粉末混合微细电火花加工,269

Die – sinking micro – electro discharge machining,

微细电火花成型加工,242

    micro – cavity/micro – structure formation,

    微腔/微结构的形成,260

Die surfaces,first – principle electronic – state calculation for frictional interface,42

模具表面,摩擦界面第一性原理电子态计算,36 – 42

Diffusion – pumped evaporation system, semiconductor microfabrication, physical vapor deposition,

扩散泵蒸发系统,半导体微加工,物理气相沉积,26 – 28

Digital holographic microscope (DHM) systems, macro – scale metrology,

数字全息成像显微(DHM)系统,常规尺度测量,59,52

Digital image correlation (DIC), metrology of mechanical properties, tensile test,

数字图像相关法(DIC),机械特性的测量,拉伸测试,67,53,67

Direct laser ablation, pulse repetition rate,

激光直接烧蚀,脉冲重复率,132

Direct laser deposition (DLD), layered manufacturing,

直接激光沉积(DLD),分层制造,95 – 97

Direct light fabrication (DLF), layered manufacturing,

直接光制造(DLF),分层制造,95 – 97

Direct manufacturing:

直接制造:

    future trends in,

    发展趋势,147

    layered manufacturing technologies,

    分层制造技术,73

Direct metal deposition (DMD), layered manufacturing technologies,

直接金属沉积(DMD),分层制造技术,80,104

Direct metal laser sintering (DMLS), layered manufacturing,

直接金属激光烧结(DMLS),分层制造,83

Direct part manufacturing, layered manufacturing technologies, rapid tooling,

直接零件制造,分层制造技术,快速

模具,104,105,106

Direct printing, layered manufacturing,

直接打印,分层制造,93 – 97

Direct tooling, layered manufacturingtechnologies,

直接模具制造,分层制造技术,107,105

Direct write (DW) technologies, layered manufacturing,

Direct write (DW)直写技术,分层制造,99,97

Discharge energy, micro – electro discharge machining,

放电能量,微细电火花加工,246 – 247

Discharge repetition rate, relaxation – type circuit (RC) – type pulse generator, micro – electro discharge machining,

放电重复率,松弛型电路(RC)型脉冲发生器,微细电火花加工,240 – 247

Discharge voltage, micro – electro discharge machining,

放电电压,微细电火花加工,247

Discrete micro – manufacturing: micro – machining and, polymer micro – molding applications,

分立零件微制造,微加工,8 – 13,聚合物微模具成型应用,162 – 163

Dislocation dynamics (DD), laser shock peening,

位错动力学(DD),激光冲击强化,148

Doping techniques, silicon semiconductor substrates,

掺杂技术,硅半导体衬底,27 – 30

Double – cup extrusion (DCE) tests,

micro – forming process,

双杯挤压试验,微成型工艺,222

Double – formed electrodes, micro – rod fabrication,

双重成形,电极,微棒制备,324 – 327

Double – pulsed laser ablation, micro-fabrication using,

双脉冲激光烧蚀,微制造使用,142

Dross attachment, laser processing,

熔渣附着,激光加工,131,130

Dry etching techniques, semiconductor microfabrication,

干法刻蚀技术,半导体微制造,28,23

D – shell electron pairing, mechanical micromachining, micro – turning and,

d 壳层电子配对,机械微制造,微车削,196

Ductile – regime machining, mechanical micromachining, micro – turning,

韧性范围加工,机械微制造,微车削。189,197

Duty ratio/duty factor, micro – electro discharge machining,

占空比/占空因素,微细电火花加工,248

Dynamic metrology: mechanical micromachining, micro – end milling,

动态测量:机械微制造,微端铣削,190

scanning white light interferometry metrology,

扫描白光干涉法测量,56

"Early plasma" formation, ultrashort – pulsed laser ablation,

早期等离子体成形,超短激光烧蚀,136,133

Elastic recovery, mechanical micromachining, tool wear mechanisms,

回弹,机械微制造,刀具磨损机理,194,189,193

Electrical discharge machining (EDM), research background,

电火花加工(EDM),研究背景,236

Electrical parameters, micro – electro discharge machining,

电参数,微细电火花加工,246 – 248

Electrical resistive heating, polymer micro – injection molding,

电阻加热,聚合物微注射模具成型,168

Electrodes, micro – electro discharge machining: double forming,

电极,微细电火花加工,双成形,252

flushing pressure and mechanism,

冲洗压力和机制,250

micro – hole and nozzle fabrication,

微孔和喷嘴制造,262

on – machine electrode fabrication,

在线机电极制备,253

plate electrodes,

电极板,260

polarity,

极性,248

series – pattern micro – disk electrodes,

系列微型圆盘模式电极,260

shape and rotation,

形状和旋转,250

tool electrode wear ratio,

工具电极损耗率,251

tool material,

303

刀具材料,249

Electrolytic in – process dressing(ELID), mechanical micromachining, micro – grinding,

在线电解,机械微制造,微磨削,189,209

Electron back scattering pattern, finite – element polycrystal modeling, anisotropy of plasticity, uniform friction,

电子背散射衍射花样,多晶体有限元模拟,各向异性塑性变形,均匀摩擦,36,40

Electron beam melting (EBM), layered manufacturing,

电子束熔炼(EBM),分层制造,75,81

Electron emission, ultrashort – pulsed laser ablation: plasma formation,

电子发射,等离子体成形,超短激光烧蚀,136

    surface and Coulomb explosion,
    表面和库仑爆炸,136

Electronic grade polysilicon (EGS), silicon wafer manufacture,

电子级多晶硅(EGS),硅片制造,21

Electronics, rapid – direct manufacturing applications,

电子,快速直接制造应用,110

Electro – optic holographic microscopy (EOHM), micro – scale metrology,

光电全息成像显微法,微尺度测量,60

Electrostatic pull – in, bending test, metrology of mechanical properties,

静电牵引,弯曲测试,机械特性的测量,67,67,66

Embossing techniques: evolution of,

模压技术,演化,157 – 158

    micro – embossing/coining,
    微压印/模压,223

    polymer microfabrication: constant – temperature embossing,
    聚合物微制备,常温模压,173

    efficient thermal cycling,
    高效热循环,171

    hot embossing,
    热模压,170

    pressure buildup,
    成形压力,176

    shell patterns,
    壳体结构,174

    through – thickness embossing,
    贯穿厚度压印,173

End face analysis, first – principle electronic – state – molecular dynamics modeling, injection – upsetting techniques,

端面分析,第一性原理电子态分子动力学模拟,注射 – 镦粗技术,47 – 50

Energy conservation equation, polymer micro – molding,

能量守恒方程,聚合物微成型,166,137

Equal – channel angular pressing(ECAP), micro – scale deformation, FECP with molecular dynamics,

等通道转交挤压(ECAP),微尺度变形,FECP 分子动力学,45,41

Equation of state (EOS) model, ultrashort – pulsed laser ablation,

状态方程(EOS)模型,超短激光烧蚀,134,133

Equipment design:

设备设计:

metal injection molding,
金属粉末注射成型,275

micro – forming applications,
微成型应用,232

Extrusion – based processes, layered manufacturing,
挤压加工,分层制造,87,97

Feature/specimen size effect: micro – forming process,
结构/试样尺寸效应,微成型工艺,222

    micro – forming (micro – scale deformation) process,
    微成形(微尺度变形)工艺,4

Feed per tooth parameters, mechanical micromachining, micro – end milling,
每齿走刀量参数,机械微加工,微端铣,189,205

Feedstock preparation, metal injection molding,
原料准备,金属粉末注射成型,278,276

    binder selection,
    粘结剂的选择,351 – 352

    mixing process,
    混合过程,352 – 354

    powder selection,
    粉末选择,277 – 278

    sintering,
    烧结,287

Femtosecond lasers, micro – machining applications,
飞秒激光器,微机械加工应用,159 – 162

Fine feature fabrication, milling micro – electro discharge machining,
细微特征的制造,微细电火花铣削加工,332

Finite element analysis (FEA):
有限元分析(FEA):

    mechanical micromachining, micro – end milling,
    机械微加工,微端铣,189,198

    micromachining applications,
    机械微加工应用,12 – 13

    micro – scale deformation,
    微观尺度变形,7

Finite – element polycrystal method (FEPM):
多晶体有限元法(FEPM):34

    continuum model modification,
    连续模型修改,48 – 48

    microscale modeling: molecular dynamics with,
    微观建模:分子动力学,61 – 69

    uniform friction,
    均匀摩擦,36

Finite element stress analysis, rapid prototyping,
有限元应力分析,快速原型,106,105

First – principle electronic – state calculations, frictional interface, molecular dynamics with interatomic potential,
第一性原理电子态计算,摩擦界面,分子动力学,原子间作用势,36

Float – zone (FZ) crystal growth, silicon wafer manufacture,
区熔晶体生长法,硅片制造,21

Flow stress, micro – forming process,
流动应力,微成形工艺,218,222

Flushing pressure and mechanism, micro – wire electrical discharge machining,

冲洗压力和冲洗机制,微细电火花加工,250

Focused ion beam cutting, mechanical micromachining, tool geometry and wear mechanisms,

聚焦离子束切削,机械微加工,刀具几何和磨损机理,191 – 192

Force generation, mechanical micromachining, micro – end milling,

耕犁力,机械微加工,微端铣,200,189,200

Force sensing integrated readout and active tip (FIRAT), micro – scale metrology,

力传感及主动探针(FIRAT),微观尺度测量,63

Force sensors, mechanical micromachining, micro – end milling,

力传感器,机械微加工,微端铣,204,189,190

Form – action UC machine, layered manufacturing, bond – then – form processes,

成形动作 UC 设备,分层制造,先成形后黏结工艺,93

Form – then – bond processes, layered manufacturing,

先黏结后成形工艺,分层制造,94 – 95

Forward rod – backward cup extrusion, micro – scale manufacturing,

前向挤压杆 – 反向挤压杯,微尺度制造,225

Fracture mechanisms, mechanical micromachining, tool breakage,

断裂机制,机械微加工,刀具崩刃,190,189,190

Fragmentation, ultrashort – pulsed laser ablation,

破碎,超短脉冲激光烧蚀,133,133

Free carrier absorption, ultrashort – pulsed laser ablation,

自由载流子吸收,超短脉冲激光烧蚀,133

Fresnel approach, digital holographic microscopy, micro – scale metrology,

菲涅尔法,数字全息成像显微法,微尺度测量,60,60

Friction force: first – principle electronic – state – molecular dynamics modeling: calculation,

摩擦力:

第一原理电子态分子动力学模拟:计算,49

    future research issues,
    未来的研究问题,69

    injection upsetting,
    注射 – 镦粗,46

    interatomic potential,
    原子间作用势,41

    macro – scale deformation,
    宏观变形,46 – 47

    micro – deep drawing,
    微拉深成形,228

    micro – forming process,
    微成形工艺,222

    micro – scale deformation,
    微尺度变形,34

    micro – stamping,
    微冲压,228

Fringe projection microscopy, metrology of micro – scale manufacturing,

条纹投影显微法,微尺度制造测

量,54

Full－width at half－maximum(FWHM)
Stark broadening, nanosecond － pulsed
laser ablation,

Stark 线的最大半峰宽,纳秒脉冲激光
烧蚀,144,143

Fused deposition modeling（FDM）:lay-
ered manufacturing:build times,

丝状材料选择性熔覆(FDM):

分层制造:构建时间,75,114

  extrusion－based processes,

  挤压加工,87

  rapid prototyping applications,

  快速成型应用,138

  rapid tooling applications,

  快速模具应用,138－141

Gallium arsenide（GaAs）,silicon semi-
conductor substrate,

砷化镓(GaAs),硅半导体衬底,22

Gap phenomena, micro － electro dis-
charge machining,

间隙现象,微细电火花加工,237,236

  gap control and servo feed,

  间隙控制及伺服进给,249

  spark gap/kerf width/gap width,

  电火花隙/切缝宽度/间隙宽度,252

  voltage parameters,

  电压参数,247－248

General process dynamics, polymer mi-
cro － molding,

加工普遍动力学,聚合物微模具,
163,157

Geometrical scaling factor, micro － form-
ing process and,

几何比例因子,微成形工艺,218－222

Glasses:laser processing,

玻璃:

激光加工,130

  micro － electrochemical discharge
machining,

  微细电化学放电加工,269

Glass transition temperature, polymers,
micro － molding applications,

玻璃态转变温度,聚合物,微成型应
用,157－163

Grain size effect:mechanical micromma-
chining,

晶粒尺寸影响,微切削过程,189－190

  micro － bending processes,

  微弯曲工艺,227－228

  micro － extrusion process,

  微挤压工艺,225－226

  micro － forming process,

  微成形工艺,217－222

Grain size effect:（Continued）micro －
forming （ micro － scale deformation）
process,

晶粒尺寸效应:(续)

微成形(微观尺度变形)工艺,4－7

  micro － stamping,

  微冲压,成形,228

Grinding operations, mechanical mi-
cromachining. See also Micro － grind-
ing techniques size effects,

磨削加工,机械微加工,另见微磨削
技术

尺寸效应,187－210

  tool geometry and wear mechanisms,

  刀具几何和磨损机理,186－195

Groove height/width ratio, micro － ex-
trusion process,

沟槽的高度/宽度比,微挤压工艺, 225 - 226

Hall - Petch equation: micro - bending process,

霍尔 - 佩奇公式:

微弯曲工艺,227

micro - extrusion process,

微挤压工艺,288

micro - forming process,

微成形工艺,2 - 7,217 - 222

Hardness properties of materials: micro - forming process,

材料的硬度特性:

微成形工艺,217 - 222

micro - stamping,

微冲压,228

Heat transfer, polymer micro - molding,

热量传递,聚合物微模具,159 - 160

High - aspect - ratio microholes: micro - electro discharge drilling,244 - 247

高纵横比的微孔:

微细电火花钻削,244 - 245

batch processing applications,

批量处理应用,258 - 259

micro - electro discharge machining,

微细电火花加工,260 - 263

Hole area modulation, laser - based micro - machining,

孔面积调制,基于激光的微切削,132

Hot embossing process, polymer micro-fabrication,169 - 170,157

热模压成型工艺,聚合物微加工, 215 - 216

efficient thermal cycling,

高效热循环,171 - 173

Hot isostatic pressing (HIP), layered manufacturing,

热等静压(HIP),分层制造,104 - 105

Huber - Mises yielding criterion, continuum models, micro - scale deformation,

Huber - Mises 屈服准则,连续介质模型,微尺度变形,

Hugoniot elastic limit (HEL), laser shock peening,31 - 50

Hugoniot 弹性极限(HEL),激光冲击强化,146 - 150

Hybrid layered manufacturing processes,

混合分层制造工艺,97 - 98

Hydraulic bulge testing, micro - hydroforming process,

液压胀形实验,微液压成形工艺, 231 - 232

Hydrodynamic expansion: nanosecond - pulsed laser ablation,

流体动力学膨胀:140 - 143

纳秒脉冲激光烧蚀,177

ultrashort - pulsed laser ablation,

超短脉冲激光烧蚀,139

Hydroforming, micro - scale manufacturing,

液压成形,微尺度制造,231 - 232

Indirect tooling, rapid tooling applications,

间接模具制造,快速制模应用,106 - 107

Infrared microscopy, thermometry of microelectromechanical systems,

红外显微镜,微机械部件的测温, 63,65

Injection molding, metal injection molding, equipment and processing parameters,

注射成型,金属粉末注射成型,设备和工艺参数,281 – 282

Injection upsetting, micro – scale deformation, FECP with molecular dynamics,

注射 – 镦粗,微尺度变形,晶体塑性有限元与分子动力学结合,45 – 46

Inkjet – based processes, layered manufacturing,

基于喷墨的工艺,分层制造,102 – 104

Integrated circuits（ICs）, silicon wafer manufacture,

集成电路（ICs）,硅片制造,20 – 22

Intensified charge – coupled device（ICCD）, nanosecond – pulsed laser ablation,

增强式电荷耦合器件（ICCD）,纳秒脉冲激光烧蚀,143 – 145

Interatomic potential, first – principle electronic – state calculation for frictional interface,

原子间作用势,摩擦界面第一性原理电子态计算,41 – 44

Interchannel distance, micro – hydroforming process,

槽间距,微液压成形工艺,231

Interfacial properties, metrology of,

界面特性,测量,68

Ironing process, first – principle electronic – state calculation for frictional interface,

变薄拉深过程中,摩擦界面第一性原理电子态计算,41 – 43

Isothermal holding stage, polymer micro – molding,

等温保压阶段,聚合物微模具,166 – 168

Isotropic etching, semiconductor microfabrication, wet bulk micromachining,

各向同性刻蚀,半导体微加工,湿法体材料微加工,28 – 30

Isotropic shrinkage, metal injection molding, sintering,

均匀收缩,金属注射成型技术,烧结,286 – 289

Kelvin probe, first – principle electronic – state calculation for frictional interface,

Kelvin 探针,摩擦界面第一性原理电子态计算,38 – 39

Kerf width, micro – electro discharge machining,

切缝宽度,微细电火花加工,252

Laminated object manufacturing（LOM）:
applications,

分层实体制造（LOM）:
应用,75

    bond – then – form processes,
    先黏结后成形工艺,90

    layered manufacturing,
    分层制造,89 – 97

Laser – based metal deposition: layered manufacturing,

基于激光的金属沉积:
分层制造,97,89 – 97

    metal injection molding inserts,
    金属粉末注射成型,282 – 283

Laser – based microfabrication:
基于激光微加工:

    laser shock processing,
    激光冲击处理,150

advantages, disadvantages and applications,
优点,缺点和应用,150

laser shock peening,
激光冲击强化,146 – 150

material properties,
材料特性,149 – 150

physics of,
物理现象,146

materials properties,
材料的性质,127 – 128

ceramics and silicon,
陶瓷和硅,130

glasses and silica,
玻璃和二氧化硅,130

metals and alloys,
金属和合金,129

polymers and composites,
聚合物和复合材料,130

micro – electro discharge drilling,
微细电火花钻削,244 – 245

nanosecond – pulsed laser ablation,
纳秒脉冲激光烧蚀,144

ablation mechanisms,
烧蚀机制,140

double – pulsed laser ablation,
双脉冲激光烧蚀,142

plasma formation,
等离子体成形,143

overview,
概述,125 – 127

processing parameters,
加工工艺参数,131

radiation, absorption and thermal effects,
辐射,吸收和热效应,127 – 129

ultrashort – pulsed laser ablation,
超短脉冲激光烧蚀,133

electron emission: plasma formation,
电子发射:
等离子体形成,135 – 136

from surface and Coulomb explosion,
从表面和库仑爆炸,135 – 136

hydrodynamic expansion,
流体动力学膨胀,137 – 138

Laser – beam interference technique,
pulse repetition rate,
激光束干涉技术,脉冲重复率,132

Laser beam micro – machining (LBM):
laser – beam interference technique,
激光微加工(LBM):
激光束干涉技术,132

principles of,
原理,10

Laser direct – write processes, layered manufacturing,
激光直写过程,分层制造,99

Laser Doppler vibrometry (LDV), micro – scale metrology,
激光多普勒振动测量法(LDV),微尺度测量,59 – 65

Laser – engineered net shaping (LENS), layered manufacturing,
激光工程净成型,分层制造,95

Laser – induced fluorescence, microelectromechanical systems,
激光诱导荧光,微机电系统,54 – 66

Laser interferometric thermometry, microelectromechanical systems,
激光干涉测温法,微机电系统,54 – 66

Laser shock peening (LSP), microfabrication applications,
激光冲击强化(LSP),加工中的应

用,145 – 146

advantages, disadvantages and applications,

优点,缺点和应用,150

basic principles,

基本原则,10

material properties,

材料性能,100

physics of,

物理的,145

Layered manufacturing technologies(LMTs):advantages of,

分层制造技术(LMTS):80

优势,106 – 107

capability analyses,

能力分析,102 – 104

classification,

分类,81

direct tooling applications,

直接模具应用,107

future directions,

发展趋势,112

history,

历史,74

indirect tooling applications,

间接模具应用,108 – 109

materials,

材料,100

overview,

概要,73 – 74

processes,

过程,75

CAD modeling,

CAD 模型,76

checking and preparation,

检查与准备,77

data conversion,

数据转换,77

extrusion – based processes,

挤压加工,87

hybrid processes,

复合制造混合过程,97

layer – wise part building,

分层式零件构建,79

metal deposition,

金属沉积,95 – 96

photopolymerization,

光聚作用,85

postprocessing,

后处理,79

powder bed sintering/melting,

粉末层烧结/熔融,81

printing processes,

打印加工,93

sheet lamination,

薄片叠层,90

rapid/direct manufacturing applications,

快速/直接制造应用,80

rapid prototyping applications,

快速成型应用,105

rapid tooling applications,

快速模具应用,80

Layer – wise part building,preparation for,

分层式零件构建,准备,79

Lensless Fourier holography, micro – scale metrology,

无透镜傅里叶全息成像法,微尺度测量,60

LIGA (lithography, electroplating, and molding)technology:development of,

LIGA(光刻,电镀,和成型)技术:发

展,186

metal injection molding inserts,
金属注射成型技术,281－283

micro－electro discharge machining and,
微细电火花加工,263

Lithography:polymer micro－mold fabrication,
光刻蚀方法,178
聚合物微模具制造,177

semiconductor microfabrication,
半导体微制造工艺,25

Local thermodynamic equilibrium(LTE),
nanosecond－pulsed laser ablation,
局部热力平衡(LTE),143
纳秒脉冲激光烧蚀,143

Low－pressure vapor deposition(LPCVD),
semiconductor microfabrication,
低压化学气相淀积(LPCVD),23
半导体微制造工艺,25

Macro－mechanical machining:minimum chip thickness,mechanical micromachining vs. ,
宏观切削:188
极限切屑厚度,
机械微加工,186

tool geometry and wear mechanisms,
刀具几何和磨损机制,193

Macro－scale deformation:finite－element polycrystal modeling,anisotropy of plasticity,uniform friction,50－51
宏观尺度变形,40
多晶体有限元模型,
各向异性,均匀摩擦,36

metrology techniques,
测量技术,52

phenomenological modeling,
唯象模型,34

Master－curve equation,polymer micro－molding,
主曲线公式,165
聚合物微模塑,164

Material flow stress,micro－forming (micro－scale deformation) process,size effect and,
材料流动应力,微塑性成形(微尺度变形)过程,尺寸效应,4

Material parameters:finite－element polycrystal modeling,anisotropy of plasticity,uniform friction,
材料参数:37
多晶体有限元模型,各向异性,均匀摩擦,36

micro－electro discharge machining,
微细电火花加工,246

Material removal rate (MRR):mechanical micromachining systems,
材料去除率(MRR):机械微加工系统,187

micro－end milling,
微端铣,198

micro－grinding,
微磨削,207

micro－structure and grain size effects,
微观结构和晶粒尺寸效应,189

minimum chip thickness,
极限切屑厚度,188

size effect,
尺寸效应,187

tool geometry and coatings,
刀具几何形状与涂层,191

tool stiffness and deflection, dynamic

loading,
刀具刚度和挠度,动态载荷,194
tool wear mechanisms,
刀具磨损机理,193
micro – electro discharge machining,
微细电火花加工,246
performance measurement,
性能测试,251

Materials properties：future improvements in,
材料性能：未来改进,72
laser – material interaction,
激光材料相互作用,128
ceramics and silicon,
陶瓷和硅,130
glasses and silica,
玻璃和二氧化硅,130
metals and alloys,
金属和合金,129
polymers and composites,
聚合物和复合材料,130
laser shock processing,
激光冲击处理,149
layered manufacturing,
分层制造,100
micro – forming applications,
微成形设备,232
Matrix – assisted pulsed laser evaporation(MAPLE) ,layered manufacturing,
基材辅助脉冲激光蒸发直写技术,99
(MAPLE) ,分层制造,100
Maxwell's wave equation, ultrashort – pulsed laser ablation,
麦克斯韦波动方程,超短脉冲激光烧蚀,134

Mechanical micro – machining：diamond micro – machining,
机械微加工:198
金刚石微切削,197
metrology of,
测量,66
bending test,
弯曲测试,67
interfacial properties,
界面特性,68
Raman spectroscopy,
拉曼光谱,66
tensile test,
拉伸测试,67
micro – drilling,
微钻削,207
micro – end – milling,
微端铣,198
dynamics,
动态特性,204
mechanics of,
力学,200
mill components,
铣削部件,198
numerical analysis,
数值分析,201
process planning,
工艺规划,204
micro – grinding,
微磨削,207
micro – scale material removal,
微尺度材料去除率,187
micro – structure and grain size effects,
微观结构和晶粒尺寸效应,189
minimum chip thickness,
极限切屑厚度,188

size effect,
尺寸效应,187
tool geometry and coatings,
刀具几何形状和涂层,191
tool stiffness and deflection, dynamic
loading,
刀具刚度和挠度,动态载荷,194
tool wear mechanisms,
刀具磨损机理,193
micro – turning,
微车削,196
overview of,
概述,211
principles,
原则,15
tools for,
机床,210
Medical applications, rapid – direct
manufacturing technology,
医疗应用,快速直接制造技术,109
Melted extrusion modeling (MEM),
layered manufacturing,
熔融挤压成形(MEM),分层制造,87
Meso – scale materials deposition(M3D),
layered manufacturing,
掩模介观尺度材料沉积(M3D),分层
制造,99
Metal deposition processes, layered
manufacturing,
金属沉积加工,分层制造,95
Metal injection molding (MIM): micro –
scale processes,
金属注射成型(MIM):276
微尺度加工,276
debinding,
脱脂,285

equipment,
设备,281
feedstock preparation,
原料制备,277
metal injection molding,
金属注塑成型,276
mold inserts,
模具镶块,282
sintering,
烧结,286
variotherm mold,
变模温,283
Metal organic chemical vapor deposition
(MOCVD), semiconductor microfabri-
cation,
金属有机化学气相沉积,23
(MOCVD),半导体微制造工艺,25
Metal powders, layered manufacturing,
金属粉末,101
分层制造,100
Metals and alloys:
laser processing,
金属及合金:129
激光加工,129
laser shock processing,
激光冲击处理,149
Metrology techniques:
测量技术:52
micromachining applications,
机械微加工应用,8
micro – scale manufacturing:
微尺度制造:2
digital holographic microscope systems,
数字全息显微镜系统,59
scanning electron microscopy,
扫描电子显微镜,60

314

mechanical properties,

机械性能,66

bending test,

弯曲测试,67

interfacial properties,

界面特性,68

Raman spectroscopy,

拉曼光谱,66

tensile test,

拉伸测试,67

micro coordinate measuring machines,

微坐标测量机,61

scanning probe microscopy,

扫描探针显微镜,62

micro – computed tomography,

微计算机 X 光照相术,63

micro – machined component thermometry,

微机械元件测温,65

scanning acoustic microscopy,

扫描声学显微镜,64

spatial metrology,

空间检测,53

auto focusing probing,

自动对焦探针法,55

confocal mciroscopy,

共聚焦显微法,53

fringe projection microscopy,

条纹投影显微法,54

micro – fabricated scanning grating interferometer,

微制造扫描式光栅干涉仪,57

optical microscopy,

光学显微检测法,53

scanning interferometry,

扫描干涉法,56

scanning laser Doppler vibrometry,

扫描式激光多普勒振动测量法,59

Micro – bending,basic principles,

微弯曲,基本原理,227

Micro – cavity formation, die – sinking micro – electrodischarge machining,

微腔形成,凹模,微电放电加工,260

Micro – computed tomography, micro – scale metrology,

微计算机 X 光照相术,微尺度测量,63

Micro – coordinate measuring machines (μ – CMM),micro – scale metrology,

微坐标测量机,(μ – CMM),微尺度测量,61

Micro – deep drawing,basic principles,

微拉深成形,基本原理,228

Micro – drilling:

微钻削:207

mechanical micromachining,

机械微加工,207

micro – electro discharge machining drilling,

微细电火花加工,243

flushing pressure and mechanism,

冲洗压力和冲洗机制,250

micro – ultrasonic machining and,

微超声波加工,266

Micro – electrochemical discharge machining(Micro – ECDM),applications,

微细电化学放电加工(Micro – ECDM),应用

Micro – electrochemical machining (Micro – ECM), micro – electro discharge machining and,

微电解加工(Micro – ECM),微细电

火花加工,265

Micro – electro discharge machining (μEDM): comparison of variants,
微细电火花加工(μEDM):236
变型的比较,242

current research and developments,
目前的研究和发展,264

die – sinking variant,
凹模,变型,242

micro – cavity/micro – structure formation,
微腔/微结构的形成,260

drilling variant,
钻削变型,244

electrical parameters,
电参数,246

duty factor/ratio,
占空比,248

electrode polarity,
电极极性,248

open – circuit and gap voltage discharging and breakdown,
开路和间隙放电击穿,247

peak current,
峰值电流,248

pulse duration,
脉冲持续时间,248

pulse frequency,
脉冲频率,248

pulse interval,
脉冲间隔,248

pulse waveform and discharge energy,
脉冲波形和放电能量,246

fine feature fabrication,
精细的特征制作,262

grinding/wire micro – electro – discharge grinding,
磨削/线切割微电火花磨削,243

LIGA,
光刻技术,264

material parameters,
材料性能参数,249

mechanical/motion – control parameters,
机械/运动控制参数,249

micro – electrochemical discharge machining(M – ECDM),
微细电化学放电加工(M – ECDM),269

micro – electrochemical machining,
微电解加工,265

micro – grinding and: recent developments,
微磨:265
最近的发展,265

tools fabrication,
工具制造,255

micro – holes and nozzle fabrication,
微孔和喷嘴制造,262

micro – rod fabrication,self – drilled holes,
微型钻头制造,自钻孔,257

micro – ultrasonic machining,
微超声加工,266

micro – wire electrical discharge machining(WEDM),
微细电火花线切割加工(WEDM),243

fabrication milling tool,
旋转电极的制造,255

milling variant,
铣削变型,242

on – machine cutting – tool fabrication,
在线加工刀具制作,254

on – machine electrode fabrication,

在线电极的制作,253

introduction,

引言,236

performance measurements,

性能测试,251

physical principles,

物理原理,237

planetary/orbital,

行星/轨道,245

powder – mixed micro – EDM,

混粉微细电火花加工,268

power supply,

电源,241

pulse generators,

脉冲发生器,240

capacity – coupled pulse generator,

容量耦合脉冲发生器,242

relaxation – type circuit（RC）type,

松弛型电路(RC)类型,240

transistor – type,

晶体管类型,239

repetitive pattern transfer and batch processing,

重复的模式转移批量处理,258

reverse micro – EDM,

微细电火花逆向加工,245

sparking and gap phenomena in,

火花和间隙现象,237

three – dimensional micro – features and micro – mold fabrication,

三维微特征和微模具制造,261

transistor – type isopulse generator,

晶体管式脉冲发生器,241

ultrasharp micro – turning tool fabrication,

超精密微型刀具制造,254

vibration – assisted micro – EDM,

振动辅助微细电火花加工,267

wire electro – discharge machining applications,

电火花线切割加工应用,263

Micro – electromechanical systems（MEMS）:development of,

微机电系统(MEMS)：

发展,186

discrete micro – manufacturing,

分立微制造业,8

evolution of,

演化,8

metrology of,optical microscopy,

光学显微镜,光学显微检测法,53

micro – injection molding,

微注塑成型,9

scanning electron microscopy,metrologic analysis,

扫描电子显微镜,测量分析,60

scanning white light interferometry metrology,

扫描白光干涉测量,56

size effects,

尺寸效应,11

thermometry of,

测温,65

thermometry of components,

测温元件,65

wet bulk techniques,semiconductor microfabrication,

湿体技术,半导体微细加工技术,24,29

Micro – embossing/coining, basic principles,

微压印/模压,基本原则,223

Micro – end milling: mechanical micromachining:

微端铣:204

机械微加工:

coating materials,

涂层材料,193

tool geometry and coatings,

刀具几何形状和涂层,191

tool stiffness and deflection, dynamic loading,

刀具刚度和挠度,动态载荷,194

tool wear mechanisms,

刀具磨损机理,194

mechanical micro – machining,

机械微加工,198

dynamics,

动态特征,204

mechanics of,

力学,200

mill components,

铣削部件,198

numerical analysis,

数值分析,201

process planning,

工艺规划,204

Micro – extrusion, basic principles,

微挤压,基本原理,225

Micro – fabricated scanning grating interferometer(μSGI), micro – scale metrology,

微扫描光栅干涉仪(μSGI),微尺度计量,57

Micro – forging, basic principles,

微锻造,基本原理,222

Microforming process,

微成形工艺,3

basic principles,

基本原理,217 – 222

equipment and systems for,

设备和系统,232 – 233

future research issues,

未来研究课题,233

layered manufacturing, photopolymerization,

分层制造,光聚合,85 – 87

modeling and analysis:

建模与分析:31

continuum model limitations,

连续模型的局限性,32 – 34

continuum model modification,

连续介质模型的修正,34 – 35

finite – element polycrystal modeling:

有限元多晶体建模:36

molecular dynamics modeling and,

分子动力学模拟,41 – 50

uniform friction, plasticity anisotropy,

均匀摩擦,塑性各向异性,50 – 55

future research issues,

未来的研究课题,50

molecular dynamics modeling,

分子动力学模拟,35

finite – element crystal plasticity combined with,

晶体塑性有限元,45 – 50

first – principle electronic – state calculation, frictional interface interatomic potential,

第一性原理计算电子态,摩擦界面原子间作用势,41 – 45

research background,

研究背景,31 – 32

numerical modeling,

数值模拟,7 – 8

recent developments in,
最近的发展,1-2

semiconductor industry:
半导体产业:1-2

chemical vapor deposition,
化学气相沉积,22-24

dry etching techniques,
干法蚀刻技术,28-29

lithography,
光刻技术,25-26

physical vapor deposition,
物理气相沉积,26-28

research background,
研究背景,19

substrate properties,
衬底特性,19-22

wet bulk micromachining,
湿法体材料微加工,29-30

size effects,
尺寸效应,4-7

Micro-gear sintering, metal injection molding,
微齿轮烧结,金属注射成型,288-289

Micro-grinding techniques:
微研磨技术:208-210

mechanical micromachining,
机械微加工,208-210

micro-electro discharge grinding,
微细电火花磨削,242-246

tool fabrication,
刀具制作,254-257

micro-electro discharge machining and,
微细电火花加工,265

Micro-hole fabrication:
微孔加工:207-208

micro-electro discharge drilling,
微细电火花钻削,242-246

electropolishing and,
电解抛光,265-266

micro-rod fabrication,
微型钻头制备,257-259

reverse micro-electro discharge machining,
微细电火花逆向加工,245-246

vibration-assisted micro-electro discharge machining,
振动辅助微放电加工,267-268

Micro-hydroforming, basic principles,
微液压成形,基本原理,231-232

Micro-injection molding:
微注射成型:166-169

evolution of,
演化,157-159

metal-injection molding:210-211
金属注射成形:166-169

debinding,
脱脂,287-288

equipment,
设备,281-282

feedstock preparation,
原料准备,277-279

future research issues,
未来的研究课题,289

metal injection molding,
金属注塑成型,276-277

mold inserts,
模具镶件,282-283

overview,
概述,275-276

sintering,
烧结,286-288

variotherm mold,

变模温成形模,283 – 285

polymer micro – structures,
聚合物微结构,160 – 165

machine configuration,
机器配置,167 – 168

processing strategies,
处理策略,169 – 170

rapid thermal cycling,
快速热循环,168 – 169

stages of,
阶段,166 – 167

Micro – layered manufacturing:
分层微制造:81

advantages of,
优势,80 – 81

capability analyses,
能力分析,102 – 104

classification,
分类,81

direct tooling applications,
直接模具应用,106 – 109

future directions,
发展趋势,112 – 114

history,
历史,74 – 75

indirect tooling applications,
间接模具应用,106 – 109

materials,
材料,100 – 102

overview,
概述,73 – 74

processes,
步骤,75 – 79

CAD modeling,
CAD 模型,76 – 77

checking and preparation,
检查和准备,77 – 78

data conversion,
数据转换,77

extrusion – based processes,
挤压工艺,87 – 89

hybrid processes,
复合加工,97 – 100

layer – wise part building,
分层式零件构建,79

metal deposition,
金属沉积,95 – 97

photopolymerization,
光聚合,85 – 87

postprocessing,
后处理,79 – 80

powder bed sintering/melting,
粉末床烧结/熔化,81 – 83

printing processes,
打印加工,93 – 97

sheet lamination,
薄片叠层,90 – 94

rapid/direct manufacturing applications,
快速/直接制造应用,80 – 81,109 – 112

rapid prototyping applications,
快速成型应用,80,105 – 106

rapid tooling applications,
快速模具应用,80,106 – 108

Micro – machining,laser technology:
overview,
微加工,激光技术:125
概述,161

pulse repetition rate,
脉冲重复频率,132 – 133

Micro – molding/forming processes:
milling micro – electro discharge machi-
ning,

微成型/成形工艺:
微细电火花铣削加工,260,261-266
polymers:
聚合物:157
constant-temperature embossing,
恒温模压成形,173
embossing pressure buildup,
模压成形压力实现,176
future research issues,
未来的研究课题,178-181
hot embossing,
热模压,170-171
micro-injection molding,
微注塑成型,166-169
micro-mold fabrication process,
微模具制造工艺,177-178
overview,
概述,157-158
physical properties,
物理性质,159-160
process dynamics,
加工动力学,163-166
rapid thermal cycling,
快速热循环,168-169
shell pattern embossing,
壳型图案模压,173-175
taxonomy of processes,
工艺分类,160-163
thermal cycling efficiency,
热循环效率,171-173
through-thickness embossing,
通过厚度压印,173
Micro-rod fabrication, micro-electro discharge machining,
微刀具加工,微细电火花加工,254-257
Micro-scale manufacturing:

微尺度制造:236
deep drawing process,
深拉深工艺,228-231
discrete part micromachining,
分立件微机械加工,8-14
hydroforming,
液压成形,231-232
laser technology, overview,
激光技术,概述,125-127
metal-injection molding:
金属注射成形:281-282
debinding,
脱脂,285-286
equipment,
设备,281-282
feedstock preparation,
原料制备,277-280
future research issues,
未来的研究课题,289-291
metal injection molding,
金属注塑成型,276-277
mold inserts,
模具镶件,282-283
overview,
概述,275-276
sintering,
烧结,286-289
variotherm mold,
模具,283-285
metrology techniques:
测量技术:52-53
digital holographic microscope systems,
数字全息显微系统,59-60
mechanical properties,
机械性能,66-67
micro coordinate measuring machines,

微坐标测量机,61

overview,

概述,52－53

scanning probe microscopy,

扫描探针显微镜,62－65

spatial metrology,

空间测量,53－58

micro－bending,

微弯曲,227－228

micro－embossing/coining,

微压印/压印,223－225

micro－extrusion process,

微挤压工艺,225－227

micro－forging,

微锻造,222－223

micro－forming:

微成形:222－223

numerical modelng,

数值模拟,7－8

overview,

概述,3－8

size effects,

尺寸效应,3－8,217－222

micro－stamping,

微冲压,228

modeling and analysis:

建模与分析:31－35

continuum model limitations,

连续模型的局限性,32－34

continuum model modification,

修正的连续介质模型,34－35

finite－element polycrystal modeling:

多晶体有限元建模:36－40

molecular dynamics modeling and,

分子动力学模拟,45－50

uniform friction,plasticity anisotropy,

均匀摩擦,塑性各向异性,36－41

future research issues,

未来的研究课题,50

molecular dynamics modeling,

分子动力学模拟,35－36

finite－element crystal plasticity combined with,

晶体塑性有限元,45－50

first－principle electronic－state calculation,frictional interface interatomic potential,

第一性原理计算电子态,摩擦界面原子间作用势,41－45

research background,

研究背景,30

principles and specifications,

原理和规范,11－14

recent developments in,

最近的发展,1－3

Micro－slit fabrication,micro－electro discharge machining,

微缝加工,微细电火花加工,260－261

Micro－stamping,basic principles,

微冲压,基本原理,228

Micro－structure formation:

微结构形成:232－233

die－sinking micro－electro discharge machining,

凹模微放电加工,260

metal injection molding,sintering,

金属注射成型,烧结,287－288

Micro－turning:

微车削:196－197

mechanical micromachining,

机械微加工,196－197

ultrasharp micro－turning tool fabrica-

tion,
超精细微型刀具制备,253 - 254

Micro - ultrasonic machining (MUSM),
micro - electro discharge machining and,
超声微细加工,微细电火花加工,
266 - 267

Micro - wire electrical discharge machining (micro - WEDM):
微细电火花线切割:242 - 245

basic principles,
基本原理,242 - 245

batch processing applications,
批处理应用,258 - 260

electropolishing and,
电解抛光,265

innovations in,
创新,263

micro - hole and nozzle fabrication,
微孔和喷嘴制造,262 - 263

spark gap/kerf width/gap width,
火花隙/切口宽度/间隙宽度,252

wire materials for,
线材料,249

wire tension and speed,
导线张力和速度,249

Miller indices, silicon semiconductor substrates,
米勒指数,硅半导体基板,19 - 22

Milling micro - electro discharge machining:
basic principles,
微细电火花铣削加工:242

basic principles,
基本原则,242

fine feature fabrication,
精细的特征制作,262

three - dimensional micro - components,
三维微型元件,261 - 262

tool fabrication,
工具制作,254 - 255

Miniaturization limitation, micro - electro discharge machining,
小型化限制,微细电火花加工,252 - 253

Minimum chip thickness:
极限切屑厚度:187 - 188

mechanical micromachining,
机械微加工,187 - 188

micro - end milling,
微端铣,200 - 204

micro - manufacturing,
微制造,11 - 14

Mixing process, metal injection molding feedstock,
搅拌过程,金属注射成型原料,279 - 280

ModelMaker printing process, layered manufacturing,
生成的印刷过程中,分层制造,95

Mold construction:
模具结构:282 - 283

metal injection molding inserts,
金属注射成型镶件,282 - 283

polymer micro - mold fabrication,
聚合物微模具制造,177 - 178

Molecular dynamics:
分子动力学:

micro - scale deformation,
微尺度变形,7 - 8,35 - 36

finite - element crystal plasticity combined with,
晶体塑性有限元,45 - 50

frictional interface, interatomic potential,
摩擦界面,原子间作用势,41 - 45

Molecular dynamics：（Continued）

分子动力学:(续)

ultrashort – pulsed laser ablation, hydrodynamic expansion,

超短脉冲激光烧蚀,流体力学扩展,139

Morse – type function, first – principle electronic – state calculation for frictional interface,

Morse 函数,摩擦界面第一性原理电子态计算接口,41 –45

Moving block electrical discharge grinding(BEDG)process,

移动块体放电磨削(BEDG)过程, 243 –244

ultrasharp micro – turning tool fabrication,

制备超精细型刀具,254 –255

M parameter, micro – forming（micro – scale deformation）process,size effect and,

微成形(微尺度变形)过程,尺寸效应,4 –7

Multifunctional solar cells, laser technology,

多功能太阳能电池,激光技术,127 –128

Multiphase jet solidification(MJS),layered manufacturing,

多相喷射凝固(MJS),分层制造,87 –89

Multiphase materials,mechanical micromachining,grain size effects and,

多相材料,机械微加工,晶粒尺寸效应,189

Multi – wafer chemical vapor deposition, semiconductor microfabrication,

多晶化学气相沉积,半导体微细加工技术,22 –24

Nanosecond lasers,micro – machining

applications,

纳秒激光,微加工应用,127 –128

overview,

概述,125 –126

Nanosecond – pulsed laser ablation, microfabrication,

纳秒脉冲激光烧蚀,微制造,140 –144

ablation mechanisms,

烧蚀机理,140 –141

double – pulsed laser ablation,

双脉冲激光烧蚀,142 –143

plasma formation,

等离子体形成,143 –145

Neodymium – YAG lasers：

metals and alloys,

Nd:YAG 激光器:金属和合金,100 –102

micro – machining applications,

机械微加工应用,125 –127

Newtonian equation, molecular dynamics modeling,

牛顿方程,分子动力学模拟,35 –36

Newtonian viscous flow, micro – extrusion process,

牛顿粘性流动,微挤压过程,227 –228

Nozzle fabrication, micro – electro discharge machining,

喷嘴制备,微细电火花加工,262 –263

N parameter, micro – forming（micro – scale deformation）process,size effect and,

参数,微成形(微尺度变形)过程,尺寸效应,4 –7

Numerical modeling：

数值模拟:7 –8

laser – based micro – fabrication,

基于激光的微制造技术,129

mechanical micromachining, micro – end

324

milling,

机械微加工,微端铣削,201 – 204

micromachining applications,

机械微加工应用,13 – 14

micro – scale deformation,

微尺度变形,7 – 8

polymer micro – injection molding,

聚合物微注塑成型,213 – 215

Objet PolyJet process, layered manufacturing,

Objet PolyJet 过程,分层制造,85 – 86

Offset fabbers, layered manufacturing, form – then – bond processes,

平版印刷成型,分层制造,现成形后粘结,92 – 93

One – step feed length(OSFL), mechanical micromachining:

micro – drilling,

单步进给长度(OSFL),机械微加工:微钻,208

micro – grinding,

微磨削,208

On – machine electrode fabrication, micro – electro

discharge drilling,

在线电极制备,微细电火花钻削,243 – 244

On – maching cutting tool fabrication, micro – electro discharge machining,

在线刀具制备,微细电火花加工,254 – 255

"Open and closed lubricant pockets" model, micro – forming process,

"开示和闭式凹坑"模型,微成形工艺,222 – 223

Open – circuit voltage, micro – electro discharge machining,

开路电压,微放电机械加工,241 – 242

Open – die embossing, polymer microfabrication,

开式模压成形,聚合物微加工,176 – 177

Optical microscopy, metrology methods for micro – scale manufacturing,

光学显微镜检测法,测量方法微尺度制造业,53 – 54

Optomec LENS – 750 system, layered manufacturing, metal deposition processes,

Optomec lens – 750 系统,分层制造,金属沉积加工,95 – 97

Orbital micro – electro discharge machining,

行星齿轮轨道的微细电火花加工,245

Oxidation, silicon semiconductor substrate,

氧化硅半导体衬底,22

Paper lamination technology (PLT), bond – then – form processes,

纸层压技术(PLT)先黏结后成形,90 – 91

Parallel – plate sputtering, semiconductor microfabrication, physical vapor deposition,

平行板溅射,半导体微制造,物理气相沉积,26 – 28

Particle size and shape, metal injection molding, powder materials,

颗粒尺寸与形状,金属注射成型,粉体材料,276 – 278

Part orientation, layered manufacturing,
零件定位，分层制造，77 - 78

Parts positioning, micro - forming applications,
零件定位，微成形应用，233

Peak power, laser processing,
峰值功率，激光加工，131

Peck drilling, mechanical micromachining, micro - drilling techniques,
啄式钻孔，机械微加工，微钻削技术，208

Pen - based processes, layered manufacturing,
笔式加工过程，分层制造，99 - 100

Performance measurements, micro - electrodischarge machining,
性能测量，微放电加工，250 - 253

Phase explosion：
  nanosecond - pulsed laser ablation,
  相爆炸：纳秒脉冲激光烧蚀，140
  ultrashort - pulsed laser ablation,
  超恒脉冲激光烧蚀，133

Photoresist, semiconductor microfabrication, lithographic techniques,
光致抗蚀剂，半导体微制造，光刻技术，22 - 25

Physical etching, semiconductor microfabrication,
物理刻蚀，半导体微制造，28

Physical vapor deposition (PVD), semiconductor microfabrication,
物理气相沉积（PVD），半导体微制造，24 - 28

Picosecond pulse lasers, micro - machining applications,
短脉冲激光器，微加工应用，125 - 126

Pipkin diagram, polymer micro - molding,
Pipkin 图超短脉冲激光烧蚀，164

Photo - curable resins, stereolithography apparatus,
  layered manufacturing,
  光固化树脂，光固化快速成形设备，分层制造，85 - 87

Photolithography, semiconductor microfabrication,
  光刻，半导体微加工技术，25

Photopolymerization, layered manufacturing,
  掩模固化，分层制造，85 - 87
  micro - fabrication,
  微制造，114 - 115
  rapid prototyping applications,
  快速成型应用，105
  solid ground curing,
  掩模固化法，85
  stereolithography apparatus,
  立体光刻设备，84

Pipkin 图，聚合物微铸造，

Planetary micro - electro discharge machining,
行星式微细电火花加工，245

Plasma - enhanced vapor deposition (PECVD), semiconductor microfabrication,
等离子体增强化学气相沉积（PECVD），半导体微制造，23

Plasma etching：
等离子体刻蚀：
  metal injection molding inserts,
  金属注射模具镶块，83

semiconductor microfabrication,
半导体制造,29

Plasma formation：
等离子体形成：

  laser shock peening,
  激光冲击强化,145

  nanosecond – pulsed laser ablation,
  纳秒脉冲激光烧蚀,140

  ultrashort – pulsed laser ablation,
  超短脉冲激光烧蚀,136

Plastication units, metal injection molding,
塑化装置,金属注射成型,281 – 282

Plasticity, anisotropy of, finite – element polycrystal modeling,
塑性理论,各向异性,有限元多晶体建模,36 – 40

Poisson equation, ultrashort – pulsed laser ablation, surface and Coulomb explosion,
泊松方程,超短脉冲激光烧蚀,表面和库仑爆炸,134 – 135

Pole figures, finite – element polycrystal modeling, anisotropy of plasticity, uniform friction,
极图,有限元多晶体建模,各向异性塑性变形,均匀摩擦,37 – 42

Polycrystalline diamonds：
多晶金刚石：

  mechanical micromachining, tool materials,
  机械微加工,刀具材料,196 – 197

  micro – electro discharge grinding：
  微细电火花磨削：

  micro – electro discharge machining and,

  微细电火花加工,265

  tool fabrication,
  模具制造,255

  Ultrasharp micro – turning tool fabrication,
  超精细微型刀具制造,

Polymers：
聚合物：

  laser processing,
  激光加工工艺,130

  micro – molding/forming processes：
  微成型/成形工艺：

  constant – temperature embossing,
  恒温模压成形,173

  embossing pressure,
  模压成形压力实现,176

  future research issues,
  未来的研究问题,177 – 180

  hot embossing,
  热模压,170

  micro – injection molding,
  微注射模具成型,116

  micro – mold fabrication process,
  微模具制造工艺,177

  overview,
  概述,167 – 169

  physical properties,
  物理性能,159 – 160

  process dynamics,
  加工动力学,163

  rapid thermal cycling,
  快速热循环,168

  shell pattern embossing,
  壳体图案模压,174

  taxonomy of processes,
  工艺分类,160

thermal cycling efficiency,
热循环效率,171

through – thickness embossing,
贯穿厚度压印,173

Positioning accuracy, micro – electro discharge machining,
定位精度,微电火花加工,250

Postprocessing, layered manufacturing,
后处理,分层制造,79

bond – then – form processes,
先黏结后成形加工,92

Powder bed sintering/melting, layered manufacturing technologies,
粉末层烧结/融化加工,分层制造技术,81

Powder materials, metal injection molding feedstock,
粉末材料,金属注射成型原料,277 – 278

Powder – mixed micro – electro discharge machining (micro – EDM),
混粉微细电火花加工(micro – EDM),268

Power supply, micro – electro discharge machining,
电源,微细电火花加工,241

Precision engineering, metal injection molding inserts,
精密工程,金属注射模具镶块,281 – 283

Precompression, finite – element polycrystal modeling, anisotropy of plasticity, uniform friction,
预压,多晶体有限元模拟,各向异性塑性变形,均匀摩擦,38 – 40

Predeformation, finite – element polycrystal modeling, anisotropy of plasticity, uniform friction,
预压,多晶体有限元模拟,各向异性塑性变形,均匀摩擦,38 – 40

Pressure buildup problems, polymer embossing,
压力构建问题,晶化聚合物,176 – 178

Pre – tension mechanisms, finite – element polycrystal modeling, anisotropy of plasticity, uniform friction,
预张紧机理,多晶体有限元模拟,各向异性塑性变形,均匀摩擦,38 – 40

Printed circuit boards (PCBs), mechanical micromachining, micro – drilling techniques,
印刷电路板(PCB),机械微加工,微钻削技术,207 – 208

Printing processes, layered manufacturing,
打印加工,分层制造,93,95

Process planning: mechanical micromachining, micro – end milling,
工艺规划:机械微加工,微端铣,204 – 206

metal injection molding,
金属注射成型,281 – 282

micro – electro discharge machining,
微细电火花加工,246 – 248

Prosthetic devices, rapid – direct manufacturing technology,
假体装置,快速直接制造技术,109 – 112

Pseudopotentials, molecular dynamics modeling,
赝势,分子动力学模拟,35 – 36

Pulse duration: laser processing,
脉冲持续时间:激光加工工艺,131 – 132

micro – electro discharge machining,
微细电火花加工,248

Pulsed – wave laser technology: ceramics and silicon,

脉冲波激光技术:陶瓷,硅,131

    diamond and silicon materials,

    金刚石和硅材料,131

    micro – scale manufacturing, overview,

    微观尺度制造,概述,125 – 127

processing parameters,

工艺参数,131 – 132

Pulse frequency, micro – electro discharge machining,

脉冲频率,微细电火花加工,248

Pulse generators, micro – electro discharge machining,

脉冲发生器,微细电火花加工,237 – 241

    capacity – coupled pulse generator,

    电容耦合脉冲发生器,242

    relaxation – type circuit(RC)type,

    松弛型电路(RC)的类型,240 – 241

    transistor – type,

    晶体管型,239 – 241

Pulse interval, micro – electro discharge machining,

脉冲间隔,微细电火花加工,248

Pulse repetition rate, laser processing,

脉冲重复频率,激光加工工艺,131 – 132

Pulse waveform parameters, micro – electro discharge machining,

脉冲波形参数,微细电火花加工,246 – 249

Punch force, micro – deep drawing,

冲压力,微拉深,228 – 230

PZT actuator, vibration – assisted micro – electro discharge machining,

压电陶瓷驱动器,振动辅助微细电火花加工,267 – 268

Quality control and assurance:

质量控制和保证:340

    micro – electro discharge machining,

    微细电火花加工,251 – 253

    micro – forming applications,

    微成形应用,233

Quantum mechanics, molecular dynamics modeling,

量子力学,分子动力学模拟,35 – 36

Race – tracking of flow fronts, polymer micro – structures,

流动前端竞流效应,聚合物微结构,169 – 170

Radial depth of cut (RDOC):

径向切削深度(RDOC):

    diamond micro – machining,

    金刚石微切削,197 – 198

    mechanical micromachining, micro – end milling,

    机械微加工,微端铣,204 – 206

Radiation:

辐射:127 – 129

    laser – based micro – fabrication,

    基于激光的微制造,127 – 129

    glasses and silica,

    玻璃和硅,130 – 131

    polymers and composites,

    聚合物和复合材料,130

    polymer micro – injection molding,

    聚合物微注射成型,168 – 169

    constant – temperature embossing,

    恒温模压成形,173

Raman spectroscopy, metrology of mechanical properties,

拉曼光谱法,机械特性度量,66

Rapid cooling, polymer micro – injection molding,

快速冷却,聚合物微注射成型,169

Rapid freeze prototyping（RFP）, layered manufacturing,

快速冷冻成型（RFP）,分层制造,95

Rapid manufacturing（RM）, layered manufacturing technologies,

快速制造（RM）,分层制造技术,
80 – 81

  advantages,

  优势,80

  basic principles,

  基本原则,73

Rapid prototyping（RP）, layered manufacturing technologies：

快速成型（RP）,分层制造技术：73

  advantages,

  优势,80

  applications,

  应用,104 – 106

  basic principles,

  基本原则,73

Rapid thermal cycling, polymer micro – injection molding,

快速热循环,聚合物微注射成型,
168 – 169

Rapid tooling（RT）, layered manufacturing technologies：

快速模具（RT）,分层制造技术：73

  advantages,

  优势,80

  applications,

  应用,104 – 106

  basic principles,

基本原则,73

Rayleigh criterion, optical microscopy, metrology methods for micro – scale manufacturing,

瑞利准则,光学显微检测法,微观尺度加工的测量方法,53 – 54

Relative electrode wear（RWR）, micro – electro discharge machining,

相对电极损耗（RWR）,微细电火花加工,246 – 249

  electrode shape and rotation,

  电极形状与旋转,250

  tool electrode wear ratio,

  工具电极损耗率,251

Relaxation – type circuit（RC）– type pulse generator, micro – electro discharge machining,

松弛型电路（RC）型脉冲发生器,微细电火花加工,240 – 242

pulse waveform and discharge energy,

脉冲波形和放电能量,246

Repeatability procedures, micro – electro discharge machining,

重复性程序,微细电火花加工,250

Repetitive pattern transfer, micro – electro discharge machining,

重复模式调用,微细电火花加工,236

  batch processing applications,

  批处理应用,258 – 260

Residual stress variation, laser shock peening,

残余应力变化,激光冲击强化,147 – 148

Resistive evaporation, semiconductor microfabrication, physical vapor deposition,

电阻加热蒸发,半导体微制造,物理

气相沉积,26 – 27

Reuss' equation, continuum models, micro – scale deformation,

Reuss 方程,连续介质模型,微尺度变形,32 – 34

Reverse micro – electro discharge machining,

微细电火花逆向加工,245 – 246

  batch processing applications,

  批处理应用,258 – 260

Ring compression, micro – forming process,

圆环挤压,微成形工艺,221 – 222

Ring shape analysis, finite – element polycrystal modeling, anisotropy of plasticity, uniform friction,

环状分析,多晶体有限元模拟,各向异性塑性变形,均匀摩擦,36 – 38

Ronchi grid, optical microscopy, metrology of micro – scale manufacturing,

朗奇光栅,光学显微检测法,微观尺度加工测量,53

Room temperature vulcanizing (RTV), rapid tooling applications,

室温硫化(RTV),快速模具应用,108 – 109

Rotating sacrificial disc, micro – electro discharge grinding,

旋转盘,微细电火花磨削,243 – 244

Scaffold materials:

支架材料:

polymer micro – injection molding, constant – temperature embossing,

聚合物微注射成型,恒温模压成形,173

  rapid – direct manufacturing technology,

直接快速制造技术,110 – 111

Scaling properties, polymer micro – molding,

尺度特性,聚合物微成型,164 – 166

Scanning acoustic microscopy (SAM), micro – scale metrology,

扫描声学显微镜(SAM),微米级测量,64 – 65

Scanning electron microscopy (SEM), micro – scale metrology,

扫描电子显微镜微米级测量,60 – 61

Scanning interferometry, metrology of micro – scale manufacturing,

扫描干涉法;微观尺度加工测量,56 – 58

Scanning laser Doppler vibrometry, micro – scale metrology,

扫描式激光多普勒振动测量法,59 – 60

Scanning near – field microscopy(SNAM), micro – scale metrology,

扫描近场显微镜(SNAM),微米级测量,65

Scanning probe microscopy (SPM), micro – scale metrology,

扫描探针显微镜(SPM),微米级测量,62 – 63

Scanning thermal microscopy (SThM), microelectromechanical systems,

扫描热显微镜(SThM),微机电系统,65

Scanning tunneling microscopy (STM), micro – scale metrology,

扫描隧道显微镜(STM),微米级测量,62 – 63

Scanning white light interferometry (SWLI), metrology of micro – scale manufacturing,

扫描白光干涉（SWLI），微观尺度加工测量，56 – 57

Schrödinger equation，molecular dynamics modeling，

薛定谔方程，分子动力学模拟，35 – 36

Segment milling manufacturing（SMM）process，layered manufacturing，

分部铣削制造（SMM），分层制造，98 – 100

Selective laser remelting, powder bed sintering/melting，

选择性激光熔融、粉末层烧结/融化加工，83

Selective laser sintering（SLS）technology：

选择性激光烧结（SLS）技术：81 – 82

  materials for，

  材料，100 – 102

  powder bed sintering/melting，

  粉末层烧结/融化加工，81 – 83

  rapid prototyping applications，

  快速成型应用，105

Self – drilled holes：

自钻孔：257

  micro – electro discharge machining,
  micro – hole and nozzle fabrication，

  微细电火花加工，微孔和喷嘴制造，262 – 263

  micro – rod fabrication，

  微杆制造，制备微型钻头，257 – 258

Semicircle – based end – mills，mechanical micromachining，

半圆形端铣刀，机械微加工，191 – 193

Semiconductor industry，micro – fabrication processes：

半导体工业，微制造工艺：

  chemical vapor deposition，

  化学气相沉积，22 – 24

  dry etching techniques，

  干法刻蚀技术，28 – 29

  lithography，

  光刻，25

  physical vapor deposition，

  物理气相沉积，26 – 27

  research background，

  研究背景，19

  substrate properties，

  基材性能，19 – 20

  wet bulk micromachining，

  湿法体材料微加工，29 – 20

Semicrystalline polymers，micro – molding applications，

半晶质聚合物，微模具成型，159 – 160

Sensor technology，mechanical micromachining，micro – end milling，

传感器技术，机械微加工，微端铣，204 – 206

Separation units，metal injection molding，

分离单元，金属注射成型，281

Series – pattern micro – disk electrodes，micro – WEDGE processing，

系列图案微圆盘电极，微细电火花加工，258 – 260

Servo feed，micro – electro discharge machining，

伺服进给，微细电火花加工，249

Shape deposition manufacturing（SDM）process，layered manufacturing，

形状沉积制造（SDM）工艺，分层制造，97 – 98

Shear stress, micro – manufacturing,
切应力, 微制造, 8 – 11

Sheet lamination processes:
板材层压工艺:

  form – then – bond processes,
  先成形后粘结加工, 92

  layered manufacturing,
  分层制造, 90

Sheet metal formation:
金属薄板成形:

  hydroforming,
  冲压成形, 228

  micro – deep drawing,
  微拉深成形, 228

  micro – forming process,
  微成形工艺, 217 – 222

Shell micro – structures, polymer micro-molding applications,
壳微结构, 聚合物微成型应用, 161 – 163

  embossing techniques,
  模压技术, 174 – 176

Short – pulsed lasers:
短脉冲激光器:

  micro – fabrication: overview,
  微加工: 概述, 125

  thermal effects,
  热效应, 127 – 129

  research background,
  研究背景, 127

Silica, laser processing,
硅, 激光加工, 130 – 131

Silicon:
硅:

  laser processing,
  激光加工工艺, 130

  semiconductor substrates,

半导体衬底, 19

Silicon carbide (SiC), silicon semiconductor substrate,
碳化硅(SiC), 硅半导体衬底, 21 – 22

Similarity theory, micro – forming and,
相似性理论, 微成形工艺, 217, 282

Single – crystal diamonds, mechanical micromachining, tool materials,
单晶金刚石, 机械微加工, 刀具材料, 196 – 197

Single – fiber – optic confocal microscope (SFCM), metrology of micro – scale manufacturing,
单光纤共焦显微镜(SFCM), 微观尺度加工的测量, 54

Single – grain deformation:
单晶粒变形: 218

  micro – bending,
  微弯曲, 227

  micro – forming process,
  微成形工艺, 222

Sintering, metal injection molding,
烧结, 金属注射成型, 286 – 289

  micro – gears,
  微齿轮, 288 – 289

  micro – structures,
  微结构, 288

Size effects:
尺寸影响:

  mechanical micromachining,
  微切削, 189

  micro – end milling,
  微铣削, 199 – 200

  micro – extrusion process,
  微挤压工艺, 225

micro – forming process,

微成形工艺,3 – 7,217 – 222

micro – hydroforming,

微液压成形,231 – 232

micromachining,

微加工,9 – 14

Slicing operations, layered manufacturing,
切片表征,分层制造,77

Solid free – forming, layered manufacturing technologies,
固体自由成型,分层制造技术,102

Solid ground curing（SGC）:
固基光敏液相法（SGC）:

  layered manufacturing,

  分层制造,85

  rapid prototyping applications,

  快速成型应用,105

Solid – state forming, polymer micro – injection molding, constant – temperature embossing,
固态成型,聚合物微注射模具成型,恒温模压成型,173

Solvent – assisted embossing, polymer microfabrication,
溶剂辅助模压,聚合物微加工,173

Spallation, ultrashort – pulsed laser ablation,
碎裂,超短脉冲激光烧蚀,133

Sparking effects:
火花效应:

  micro – electro discharge machining,

  微细电火花加工,237

spark gap/kerf width/gap width,
火花间隙/切缝宽度/间隙宽度,252

  powder – mixed micro – electro discharge machining

  混合粉微电火花加工,268 – 269

Spatial metrology, micro – scale manufacturing,
空间检测,微尺度加工,52 – 53

  auto focusing probing,

  自动对焦探针法,55 – 56

  confocal microscopy,

  共聚焦显微法,53 – 54

  fringe projection microscopy,

  条纹投影显微法,54 – 55

  micro – fabricated scanning grating interferometer,

  微制造扫描式光栅干涉仪,57,58

scanning interferometry,
扫描干涉法,56 – 57

scanning laser Doppler vibrometry,
扫描式激光多普勒振动测量法,590

  optical microscopy,

  光学显微检测法,53

Spatial size scale effects, micro – scale deformation,
空间尺度效应,微尺度变形,7 – 8

Specimen size effect, micro – forming（micro – scale deformation）process,
试样尺寸效应,微尺度成形（微尺度变形）工艺,7 – 8

Spindle speed, mechanical micromachining, micro – end milling,
主轴转速,微切削,微端铣,205 – 206

Spot size, laser processing,
光斑尺寸,激光加工,131

Sputtering techniques, semiconductor microfabrication, physical vapor deposition,
溅射技术,半导体微制造工艺,物理气相沉积,25 – 26

334

Stair – case/stair – stepping effect, layered manufacturing technologies,

阶梯效应, 分层制造技术, 102 – 104

Stark broadening of spectral lines, nano-second – pulsed laser ablation,

谱线的 Stark 加宽, 纳秒脉冲激光脉冲诱导, 144

Stationary sacrificial block, micro – electro discharge grinding,

固定块, 微细电火花磨削, 243 – 244

Steel materials, mechanical micromachining, grain size effects and,

钢, 微切削, 晶粒尺寸影响, 189 – 190

Stereolithography apparatus (SLA):

立体光刻加工 (SLA):

  layered manufacturing,

  分层制造, 76

  build times,

  构建时间, 103 – 104

  micro – stereolithography process,

  微立体光刻技术, 87

  photopolymerization,

  光聚合加工, 86

  postprocessing,

  后处理, 86

  thickness parameters,

  厚度参数, 103

  rapid prototyping applications,

  快速成型应用, 105 – 106

  rapid tooling applications,

  快速模具应用, 106 – 109

Stiction force, metrology of interfacial properties,

静态阻力, 测量这些界面的特性, 68

Strain anisotropy:

应变各向异性:

micro – bending processes,

微弯曲工序, 227 – 228

micro – forming process,

微成形工艺, 217 – 222

Strain rate, micro – scale deformation,

应变率, 微尺度变形, 7 – 8

Stress – strain relationship, continuum models, micro – scale deformation,

应力 – 应变关系, 连续介质模型, 微尺度变形, 32 – 35

Submicron particles, metal injection molding,

亚微米颗粒, 金属注射成型, 275 – 283

Substitution units, metal injection molding,

替代品, 金属注射成型, 281 – 282

Substrates, semiconductor fabrication,

半导体衬底, 半导体制备, 19 – 22

Support structure development, layered manufacturing,

支撑结构的发展, 分层制造, 81 – 102

Surface finishing, polymer micro – mold fabrication, 224 – 225

表面处理, 聚合物微模具制造, 177, 159 – 160

Surface layer model, micro – forming process,

表面层模型, 微成形工艺, 220, 222, 217

Surface location error (SLE), mechanical micromachining, micro – end milling,

表面局部误差 (SLE), 机械微加工, 微端铣削加工, 206, 186, 198

Surface micro – structures, polymer mi-

cro – molding applications,
表面微结构,聚合物微成型应用,
162 – 163
Surface quality, micro – electro discharge machining,
表面质量,微细电火花加工,252
Surface texturing:
表面纹理:
  laser scribing,
  激光刻划,127
  ultrashort – pulsed laser ablation,
  超短脉冲激光烧蚀,133
Surface vaporization, nanosecond – pulsed laser ablation,
表面汽化,纳秒脉冲激光烧蚀,140
Synthetic diamonds, mechanical micromachining, tool materials,
人造钻石,机械微加工,刀具材料,
196 – 197

Taylor factor, continuum model modification,
泰勒因子,连续介质模型修正,34 – 35
Tensile testing:
拉伸测试:
  metrology of mechanical properties,
  机械特性的测量,66
  micro – forming process,
  微成形工艺,217 – 222
Thermal cycling, polymer micro – injection molding:
高效热循环,聚合物微注射模具:
  efficient thermal cycling,
  高效热循环,171 – 172
  rapid thermal cycling,
  高效热循环,168 – 169

Thermal equilibrium:
热平衡:
  laser – based micro – fabrication,
  基于激光微加工,127 – 129
  polymer micro – molding processes,
  聚合物微成型工艺,163
Thermal evaporation, semiconductor microfabrication, physical vapor deposition,
热蒸发,半导体微加工,物理气相沉积,26 – 27
Thermal reflectance thermometry, microelectromechanical systems,
热反射测温法,微机电系统,65
Thermoforming mechanics:
热成型机械:
  polymer microfabrication, shell embossing techniques,
  聚合物微加工,外壳模压技术,
  174 – 175
  polymer micro – molding,
  聚合物微成型,165 – 166
Thermometry of micro – machined components,
微机械部件的测温,65 – 66
Thermoplastic polymers, micro – molding applications,
热塑性聚合物,微成型应用,159 – 160
Thermosetting polymers, micro – molding applications,
热固性聚合物,微成型应用,159 – 160
Thickness parameters, layered manufacturing techniques,
厚度参数,分层制造加工能力,102 – 103
Thin film processing, polymer microfabrication, shell embossing techniques,

薄膜处理,聚合物微加工,壳体模压技术,174 – 175

Three – dimensional micro – components :

三维微元件 :

  micro – electro discharge machining-milling,

  微细电火花铣削,261 – 262

  recent developments in,

  最新发展,1

Three – dimensional printing (3DP) :

立体印刷(3DP) :

  layered manufacturing,

  分层制造,93 – 95

  build times,

  构建时间,102 – 103

  rapid prototyping applications,

  快速成型应用,106 – 107

Through – thickness embossing,polymer microfabrication,

贯穿厚度压成型,聚合物微加工,174

Time domain analysis, mechanical micromachining,micro – end milling,

时域分析,机械微加工,微端铣,205 – 206

Titanium – sapphire lasers : ceramics and silicon,

钛蓝宝石激光器:陶瓷与硅,130

  metals and alloy processing,

  金属及合金加工,130

  micro – machining applications,

  微制造应用,126 – 127

Tolerance parameters :

公差参数 :

  metal injection molding,

  金属注射成型,281 – 282

micro – electro discharge machining,

微细电火花加工,252

Tool edge radius, mechanical micromachining :

刀具刃口钝圆半径,机械加工 :

  geometry and coatings,

  几何形状与涂层,191 – 193

  micro – end milling,

  微端铣,198 – 204

  minimum chip thickness and,

  最小切削厚度,188

Tool electrode wear ratio, micro – electro discharge machining,

工具电极损耗率,微细电火花加工,251

Tool fabrication, micro – electro discharge machining,

加工刀具制备,微细电火花加工,254 – 256

Tool geometry and coatings :

模具几何形状和涂层 :

  mechanical micromachining,micro – end milling,

  微铣削,微端铣,201 – 204

  micro – electro discharge machining, electrode tool materials,

  微细电火花加工,工具电极材料,249

  micro – forming applications,

  微成型应用,232

Tool path planning,mechanical micromachining,micro – end milling,

刀具路径规划,机械微加工,微端铣,204 – 205

Tool wear mechanisms, mechanical micromachining :

刀具磨损机理,机械微加工:

  micro – cutting operations,

  微切割操作,191 – 192

  micro – end milling,

  微端铣,198 – 204

  stiffness and deflection,dynamic loading,

  刚度和变形,动态载荷,194 – 195

Torque measurement, metal injection molding feedstock mixing,

转矩测量,金属注射成型原料的混炼,279 – 280

Transient evaporation depth, nanosecond – pulsed laser ablation,

瞬间蒸发深度,纳秒脉冲激光烧蚀,140 – 141

Transistor – type isopulse generator,micro – electro discharge machining,

晶体管式脉冲电源,微细电火花加工,241 – 242

Transistor – type pulse generator,micro-electro discharge machining,

晶体管式脉冲发生器,微细电火花加工,239 – 240

  pulse waveform and discharge energy,

  脉冲波形和放电能量,246 – 247

Transmission electron microscopy(TEM),

透射电子显微镜(TEM),

  micro – scale metrology,

  微米级的度量,60 – 61

Triangle – based end – mills, mechanical micromachining,

三角形端铣刀,微切削,190 – 193

Tungsten – carbide workpiece,mechanical micromachining:

碳化钨工件,机械微加工:

micro – drilling techniques,

微钻削技术,207 – 208

micro – end milling using,

微端铣用,199 – 206

micro – grinding,

微磨削,208 – 210

tool wear mechanism,

刀具磨损机理,193 – 194

Two – flute end – mills, mechanical micromachining,

两齿端铣刀,机械微加工,191 – 193

Two – temperature model(TTM)

双温模型(TTM):128

  laser – based micro – fabrication,

  基于激光微加工,127 – 128

ultrashort–pulsed laser ablation,

超短脉冲激光烧蚀,133 – 135

Ultrafast pulse laser interference, pulse repetition rate,

超快脉冲激光干涉,脉冲重复频率,132

Ultraprecision machining (UPM), mechanical micromachining:size effects,

超精密加工(UPM),机械微加工:尺寸效应,187

  tool design and components,

  刀具设计和部件,210 – 211

Ultrasharp micro – turning tool fabrication, micro – electro discharge machining,

超精细车刀加工,微细电火花加工,254

  electron emission:

  电子发射:135

Ultrashort – pulsed laser ablation, microfabrication applications,

超短脉冲激光烧蚀,微加工应用,133 – 135

plasma formation,

等离子体形成,136 – 137

from surface and Coulomb explosion,

从表面和库仑爆炸,135 – 136

hydrodynamic expansion,

流体动力学膨胀,137 – 139

Ultrasonic welding (US), layered manufacturing, bond – then – form processes,

超声波焊接(US),分层制造,先黏结后成形加工,90 – 91

Undeformed chip thickness, mechanical micromachining,

切削厚度,机械微加工,187 – 188

Uniform friction, anisotropy of plasticity, finite – element polycrystal modeling,

均匀摩擦,各向异性塑性变形,,有限元多晶体模型,36 – 40

Uniform wear method, micro – molding/forming, milling micro – electro discharge machining,

均匀磨损法,微型/微细电火花加工,261 – 262

Unit removal (UR), micro – electro discharge machining,

单元去除(UR),微细电火花加工,238 – 239

Variotherm mold heating/cooling system, metal injection molding,

变模温加热/冷却系统,金属注射成型,281 – 282

insert fabrication,

镶块制造,282 – 283

V – groove micro – dies, micro – forging applications,

V 型微模具,微锻造应用,222 – 223

Vibration – assisted micro – electro discharge machining (micro – EDM),

振动辅助微细电火花加工(micro – EDM),267 – 268

Wear mechanisms, mechanical micromachining, micro – cutting tools,

磨损机理,机械微加工,微切削刀具,193 – 194

Weissenberg number, polymer micro – molding,

韦森堡数,聚合物微成型,164 – 167

Wet bulk micromachining, semiconductor microfabrication,

湿法体材料微加工,半导体微加工,29 – 30

Wheel dressing techniques, mechanical micromachining, micro – grinding,

砂轮修整技术,机械微加工,微磨削,208 – 210

Wire electrical discharge grinding(WEDG)

电火花线切割磨削:243

mechanical micromachining:

机械微加工:

micro – drilling techniques,

微钻削技术,207 – 208

tool geometry and wear mechanisms,

刀具几何形状和磨损机理,192 – 194

micro – electro discharge grinding (micro – WEDG),

微细电火花磨削, 243 – 244

batch processing applications,
批处理应用程序, 258 – 260

micro – ultrasonic machining and,
微超声波加工, 266 – 267

milling tool fabrication,
旋转电极制造, 255

on – machine electrode fabrication,
在线电极制备, 253 – 254

Wire materials, micro – wire electrical discharge machining,
丝材料, 微细电火花线切割加工, 249

wire tension and speed,
切割丝张紧力和丝速, 250

Workpiece micro – structure:
工件微结构:

mechanical micromachining:
机械微加工:

grain size effects and,
晶粒尺寸影响, 189 – 191

micro – end milling,
微端铣, 200 – 205

micro – electro discharge machining,
微细电火花加工, 249

micro – forming process,
微成形工艺, 217 – 221

X – melt process, polymer micro – injection molding,
X 熔融工艺, 聚合物微注射成型, 169 – 170

X – ray secondary emission microscopy (X – SEM), micro – scale metrology,
X 射线的二次发射显微镜(X – SEM), 微米级的度量, 60 – 61

Yielding criterion, continuum models, micro – scale deformation,
屈服准则, 连续介质模型, 微尺度变形, 32 – 34

Young's modulus, metrology of mechanical properties:
杨氏模量, 力学性能的测量:

bending test,
弯曲测试, 67 – 68

tensile test,
拉伸测试, 67

Z – height values, metrology of micro – scale manufacturing:
Z 高度值, 微尺度加工测量 55 – 56:

auto focusing probing,
自动对焦探针法, 55 – 56

optical microscopy,
光学显微法, 53 – 54

内 容 简 介

　　本书在世界范围内收集了微制造领域著名学者的研究成果,全面总结了微制造技术的最新进展,系统介绍了机械微制造、激光微制造、微锻造、微成形及分层微制造等微制造工艺,同时阐述了微制造过程的建模与分析,另外还介绍了微尺度下测量、检测及质量控制等的基本手段和方法。该书是国际上第一部关于非硅机械微制造的著作,技术先进、学术思想新颖、内容具体详实,对我国微制造领域的研究发展具有较大推动作用。

　　本书可供机械、材料、生物医学工程、微电子学等专业的师生和研究人员参考,也可供相关专业的企业技术人员阅读。